观赏植物学

（第二版）

主　编　童丽丽

副主编　许晓岗　李玉萍　王　磊

上海交通大学出版社

内 容 提 要

本书较全面系统地介绍了观赏植物的基本知识,全书共分 7 章,第 1 章为概论,对观赏植物学的定义、观赏植物的分类、作用、栽培历史等作了简要叙述;第 2 至第 5 章采用实用分类法,按观赏植物的观赏部位,分为观花、观叶、观果、观茎干、观芽 5 大类,对它们作了具体详尽的介绍,具有鲜明的实用性;第 6 章介绍了常见的草坪及地被植物;第 7 章结合实际案例诠释了观赏植物在景观营造中的具体应用。

本书内容丰富,图文并茂,具有较强的实用性、针对性和先进性,突出了知识的应用和技能的培养。本书可供高等院校园林、园艺、环境艺术、城市规划、林学、生态学、旅游等专业使用,也可供其他相关人员参考。

图书在版编目(CIP)数据

观赏植物学/童丽丽主编. —2 版. —上海:上海交通大学出版社,2013(2020 重印)
ISBN 978-7-313-05936-9

Ⅰ. 观… Ⅱ. 童… Ⅲ. 观赏园艺—植物学
Ⅳ. S68

中国版本图书馆 CIP 数据核字(2013)第 023121 号

观赏植物学
(第二版)

童丽丽　主编

上海交通大学出版社出版发行
(上海市番禺路 951 号　邮政编码 200030)
电话:64071208
当纳利(上海)信息技术有限公司 印刷　全国新华书店经销
开本:787mm×1092mm 1/16　印张:19　插页:4　字数:469 千字
2009 年 10 月第 1 版　2013 年 3 月第 2 版　2020 年 1 月第 9 次印刷
ISBN 978-7-313-05936-9　定价:43.00 元

菝葜

垂丝海棠

百日草

冬珊瑚

秤锤树（果）

枸骨

合欢（花）

龟背竹

荷包牡丹

桂花

荷花

黄杜鹃

红枫

火棘

蜡瓣花

桔梗

蓝羽扇豆

老鸦柿

洒金桃叶珊瑚

木茼蒿

牡丹

桃花

山茶

天竺葵

肾蕨

贴梗海棠

睡莲

铁线蕨

羊踯躅

小叶扁担杆

月季

紫荆

栀子花

前　　言

　　观赏植物学是一门综合性很强的专业课,它与植物学、园林树木学、花卉学、园林植物栽培学等均有联系,是园林、园艺、环境艺术、城市规划、林学、生态学、旅游等多专业的理论基础必修与选修课。

　　本教材在编撰过程中,打破了其他观赏植物学书籍编写的老式框架,省去了传统普通植物学中关于植物分类部分的内容,从观赏植物的观赏性出发,采用了实用分类法,按观赏植物的观赏部位,分为观花、观叶、观果、观茎干、观芽五大类观赏植物,具有非常鲜明的实用性。在一种植物具有多重观赏性时,以其主要的观赏性质所在的部分进行详细介绍。例如,银杏既是观叶植物也是观果植物,因其观叶的价值大于观果,所以列入木本类观叶植物。为了提高其实用性,本教材还介绍了常见的草坪与地被植物,并增加了观赏植物在园林中的应用实例,通过各种案例来诠释观赏植物在实践中的实际应用。

　　本教材共收录了 132 科 381 属 557 种观赏植物(含变种及品种),其中蕨类植物采用秦仁昌系统,裸子植物采用郑万钧系统(1978),被子植物采用恩格勒分类系统(1964)。本书所采用的形态术语基本上按照中国科学院植物研究所主编的《中国高等植物图鉴》中所附的形态术语。

　　本教材由金陵科技学院童丽丽副教授(博士)担任主编,南京林业大学许晓岗讲师(博士)、金陵科技学院李玉萍讲师(博士在读)、江苏农林职业技术学院王磊副教授(博士)担任副主编。河南科技大学林学院楚爱香副教授(博士)、南京林业大学林树燕讲师(博士在读)、江苏农林职业技术学院张虎讲师(硕士)、南京林业大学在读博士宿静参加了编写。童丽丽负责审阅、校对、统稿、排图以及定稿的文字修改。

　　参加编写人员的具体分工为:童丽丽:第 1 章第 2,3 节,第 3 章第 2 节中的蕨类观赏植物,第 4 章,第 5 章,附录;许晓岗:第 1 章第 1、4 节,第 2 章第 3、6 节,第 7 章;李玉萍:第 2 章第 1、7、8 节,第 6 章;王磊:第 3 章第 1、5、6 节;楚爱香:第 2 章第 2 节,第 3 章的第 4 节;林树燕:第 2 章第 4、5 节。宿静:第 2 章第 9 节。张虎:第 3 章第 2 节中的非蕨类观赏植物,第 3 章第 3 节。

　　白描图由负责编写的老师扫描,童丽丽负责所有图片的补充、处理与修改。白描图均来自《中国高等植物图鉴》、《中国植物志》、《中国树木志》、《花卉学》、《园林树木学》、《园林植物学》、《宿根花卉》等参考书,书中未标明出处,在此表示感谢。书中少部分植物采用了实拍图。书中彩图由许晓岗、童丽丽提供。

　　在编写过程中,得到了金陵科技学院教务处、上海交通大学出版社、南京爱玉子环境艺术有限公司的支持与帮助。衷心感谢恩师汤庚国教授在百忙之中为本书提出许多参考意见,并亲自校对植物的拉丁名。最后,向本书所引文献的所有作者们致以深深的谢意!

　　由于编者水平所限,编写时间仓促,书中难免有错漏之处,望各位读者不吝指正。

编者

20013 年 1 月

目　　录

1　概论 ……………………………………………………………………………………………… 1

　1.1　观赏植物学的含义及观赏植物的栽培历史 …………………………………………… 1

　1.2　观赏植物的作用 ………………………………………………………………………… 3

　1.3　观赏植物的分类 ………………………………………………………………………… 6

　1.4　观赏植物学的学习方法 ………………………………………………………………… 8

2　观花植物 …………………………………………………………………………………… 9

　2.1　观花植物的定义及分类 ………………………………………………………………… 9

　2.2　常见的一二年生观花植物 ……………………………………………………………… 10

　2.3　常见宿根观花植物 ……………………………………………………………………… 24

　2.4　常见球根观花植物 ……………………………………………………………………… 37

　2.5　常见水生观花植物 ……………………………………………………………………… 48

　2.6　常见岩生观花植物 ……………………………………………………………………… 58

　2.7　常见花灌木 ……………………………………………………………………………… 61

　2.8　常见观花乔木 …………………………………………………………………………… 90

　2.9　常见观花藤本 …………………………………………………………………………… 117

3　观叶植物 …………………………………………………………………………………… 131

　3.1　观叶植物的定义与分类 ………………………………………………………………… 131

　3.2　草本类观叶植物 ………………………………………………………………………… 132

　3.3　多浆类观叶植物 ………………………………………………………………………… 142

　3.4　木本类观叶植物 ………………………………………………………………………… 151

　3.5　竹类观赏植物 …………………………………………………………………………… 192

　3.6　棕榈类观赏植物 ………………………………………………………………………… 201

4　常见的观果植物 …………………………………………………………………………… 208

　4.1　观果植物的定义及分类 ………………………………………………………………… 208

　4.2　草本类观果植物 ………………………………………………………………………… 208

　4.3　木本类观果植物 ………………………………………………………………………… 212

5　其他观赏类植物 ·· 236

　5.1　观茎干类植物 ·· 236

　5.2　观芽植物 ·· 242

6　常见的草坪及地被植物 ·· 243

　6.1　草坪与地被植物的定义 ·· 243

　6.2　常见的草坪植物 ·· 245

　6.3　常见的地被植物 ·· 252

7　观赏植物在景观营造中的应用 ·································· 261

　7.1　观赏植物在景观营造中的应用原则 ······························ 261

　7.2　观赏植物造景与配置的基本形式 ································ 262

附录　中国部分城市市花和市树 ·································· 289

参考文献 ·· 298

1 概 论

1.1 观赏植物学的含义及观赏植物的栽培历史

1.1.1 观赏植物学的含义

观赏植物通常是指人工栽培的,具有一定的观赏价值和生态效应的,可应用于花艺、园林,以及室内外环境布置和装饰的,以改善和美化环境、增添情趣为目标的植物总称。有木本、草本之分,其中木本者称观赏树木或园林树木,草本称花卉。

观赏植物学是研究观赏植物的分类、生物学特性、生态学特性和观赏特性及园林应用的科学,它是园林专业、花卉专业、森林旅游专业和生物院校艺术设计专业基础课之一。观赏植物学是一门综合性的学科,它与植物分类学、花卉学、园林树木学、植物地理学、植物病理学、植物育种学、植物栽培学等学科有着密切的关系。

1.1.2 观赏植物资源

中国地域辽阔,横跨寒温带、温带和热带,地形条件复杂。这种多样的气候类型和复杂的地形条件为观赏植物的繁衍生息创造了优越的自然环境,不仅使我国观赏植物的野生种质资源相当丰富,而且还保存着许多第三纪以来的古老孑遗植物,如银杏、水杉、金钱松、银杉、珙桐等,被誉为"世界园林之母"。据统计,我国现有高等植物种类 3 万余种,居世界第三位。其中著称于世的观赏植物达 100 多属,3 000 多种。中国传统的十大名花(梅花、牡丹、菊花、兰花、月季、杜鹃、山茶、荷花、桂花、水仙)便是在中国栽培历史悠久,在人们生活中应用广泛,有历史文化记载,并深受人们喜爱的观赏植物。

丰富的中国植物资源早就为世界园林学界所关注。早在 1899 年,亨利·威尔逊先后受英国威奇公司和美国哈佛大学的委托 5 次来中国搜集中国植物。在长达 18 年的时间里,他的足迹遍及川、鄂、滇、甘、陕、台等地,采集蜡叶标本约 65 000 份,并引进种子和鳞茎交给美国哈佛大学阿诺德树木园繁殖栽培,同时分送部分种子和鳞茎至世界其他地方。1913 年,亨利·威尔逊根据他多年对中国植物的考察,编写了 *A Naturalist in Western China*(《一个博物学家在华西》)。本书共分两卷,记述了中国众多的植物种类。1929 年,Wilson 又出版了他的中国采集记事,书名叫《中国·园林的母亲》(*China,Mother of Gardens*)。书中写道:"中国的确是园林的母亲,因为我们的花园深深受惠于她所具有的优质的植物,从早春开花的连翘、玉兰,夏季的牡丹、蔷薇,直到秋天的菊花,显然都是中国共享给世界园林的丰富资源,还有现代月季亲本,温室的杜鹃、樱草以及食用的桃子、橘子、柠檬、柚等。老实说,美国或欧洲的园林中无不具备中国的代表植物,而这些植物都是乔木、灌木、草本、藤本行列中最好的!"

由于中国丰富的观赏植物资源,世界各国纷纷从中国引种。美国阿诺德树木园引种中国植物 1500 种以上,甚至把中国产的四照花作为园徽;美国加州的树木花草中有 70% 以上来自中国；意大利引种中国植物 1 000 余种；德国现在植物中的 50％ 来源于中国；荷兰 40％ 的花木从中国引入；英国爱丁堡皇家植物园引种了中国植物 1527 种，其中杜鹃花就有 400 多种，这些植物大都用之于英国的庭园美化。1818 年，英国从中国引入的紫藤，至 1839 年（经 21 年），在花园中已开了 675 000 朵花，成为一大奇迹。1876 年英国从我国台湾引入一种叫驳骨丹 (*Buddleja asistica* Lour.) 的植物，并与产于马达加斯加的黄花醉鱼草进行杂交，培育出蜡黄醉鱼草，冬季开花，成为观赏珍品，于 1953 年荣获英国皇家园艺协会优秀奖，次年再度获得该协会"一级证书"奖。难怪英国人感叹，没有中国植物就没有英国园林。

今日西方庭园中许多有魅力的花木，追溯其历史，大多是利用中国植物为亲本，经反复杂交育种而成，例如月季，由于引入了中国四季开花的月季、香水月季、野蔷薇并参与杂交，才形成繁花似锦、香气浓郁、四季开花、姿态万千的现代月季。可以说，世界各地现代月季均具有中国月季的"血统"。

由此可见，丰富的中国观赏植物资源是世界园林的基石，是全人类宝贵的物质财富。

1.1.3　观赏植物的栽培历史

观赏植物（花卉）的文字记载，最早始于公元前 11 世纪商朝甲骨文中，但不是现在花卉一词的含义，花和卉两字各有其意，花是指开花植物的花而言，卉则为各种草的总称。公元 6～7 世纪，《梁书·何点传》中才真正出现花卉二字，即指魅力的花和草，这说明从那时起人们就开始利用和欣赏花卉。

战国时期（前 475～前 221）是中国封建社会的开端，宫室庭园中广植花草树木，并形成了园林的雏形。此时人们对花卉的应用和欣赏已开始赋予感情色彩，以情赏花，以花传情之趣体现在劳动与生活之中。在中国最早的民歌总集《诗经》以及《楚辞》《礼记》《博雅》等古籍中都有记载。如《诗经》中记"维士与女，伊其相谑，赠之于芍药"，"摽有梅，其实七兮"，"昔我往矣，杨柳依依"等，都是记述当时男女青年相爱或亲友之间别离用芍药切花、梅子、柳枝以及其他芬芳花枝相互赠送表达爱慕或惜别之情的。《楚辞·离骚》中记"余既滋兰之九畹"，文中之兰是指菊科的泽兰 (*Eupatorium fortunei* Tuncz.)，古代称兰草、佩兰，茎叶含芳香油，又可杀虫，深受古人喜爱，认为此花"能杀虫毒、除不详"，又视为此自喻，比拟自己的高洁品德，抒发自己忧国忧民不得志的惆怅之情。这些都说明这一时期，花卉在我国的栽培亦相当广泛，在我国先民的物质生活和精神生活中都起过相当大的作用。

秦汉时期（公元前 221～公元 220 年），封建统治者出于维护封建秩序和显示王权威严的政治目的，统治阶级将花卉制品视为表彰功臣、宣扬王室功业的主要方式。

魏晋南北朝时期（公元 220～589 年），玄学的发展、佛教的传入、西行求法等活动为古代文化艺术的形成、中西文化的交流起到一定的积极作用。在大量修建佛教建筑（寺、塔、石窟）和都城建筑的同时，也促进了园林建设的发展与花卉栽培，使花卉由纯生产栽培走向观赏栽培。皇家权贵广辟园苑，大造温室，穿池堆山，遍植奇花异木；民间种花、卖花、赏花也渐成风尚。有关花卉的书、诗、画、歌、工艺品、艺术品陆续面世。例如，记载花卉科学技术方面的书籍有北魏贾思勰著的《齐民要术》、西晋嵇含著的《南方草木状》，后者是世界上最早的植物分类学专著。

至隋、唐和两宋时期，随着大唐盛世的百业兴旺、宋代的稳定与繁荣，养花、赏花蔚然成风。据传，当时点茶、挂画、燃香和插花合称"四艺"，成为社会上特别是文人士大夫阶层的时尚。花卉工艺品和花卉绘画以及盆景、插花等艺术品层出不穷，可称中国史上花文化发展的鼎盛时期。此时,著名的花卉专著专谱也相继问世,如《魏王花木志》、《园庭草木疏》(唐·王方庆)、《平泉山居草木记》(唐·李德裕)、《本草图经》(宋·苏颂)、《扬州芍药谱》(宋·王观)、《菊谱》(清·弘皎)、《梅花喜神谱》(宋·宋伯仁)等。

明清两代,是中国各类花卉著作甚多且内容全面丰富、科学性较强的时期。标志着中国花卉栽培和应用理论的日臻完善和系统化。花史、花谱、专家等屡见不鲜,尤其是插花专著的面世,轰动了日本花道界,至今仍为中外插花艺术家借鉴。这一时期内,著名的花卉专史、专谱和专著有:《群芳谱》(明·王象晋)、《本草纲目》(明·李时珍)、《长物志》(明·文震亨)、《学圃杂疏》(明·王世懋)、《灌园史》(明·陈诗教)、《花史左编》(明·王路)、《汝南圃史》(明·周文华)、《罗蘺斋兰谱》(明·张应文)、《花镜》(清·陈淏子)、《广群芳谱》(清·汪灏)、《菊谱》(清·李奎)、《凤仙谱》(清·赵学敏)等。盆景艺术著作有:《盆景》(明·吴初泰)、《盆景偶录》(清·苏灵)、《素园石谱》(明·林有麟)。插花艺术专著和涉及插花艺术的著作有:《尊生八笺》(明·高濂)、《瓶花三说》(明·高濂)、《瓶花谱》(明·张谦德)、《瓶史》(明·袁宏道)、《瓶史月表》(明·屠本畯)、《浮生六记》(清·沈复)。

清末以来至新中国成立前夕,由于中国连年战患,国力下降,花卉业停滞,花田几尽荒芜。花卉资源及名花品种屡被掠夺,或大量丢失或流向国外,仅有少数地区经营花卉栽培。新中国成立以后,随着国民经济的恢复与发展,城市园林建设逐渐受到重视,中国花卉业有了蓬勃的发展。如菏泽、洛阳的花农重整花田,收集品种,恢复牡丹生产;武汉园林部门积极开展荷花品种的收集整理和研究,等等。

近年来,在改革开放政策下,百业兴旺,人民生活水平不断提高,观赏植物作为一种产业得到空前发展。园林观赏植物及其产品再次走进国民经济领域中,成为高校农业生产的组成部分,正朝着商品化、专业化方向迈进,很多地方已经形成了自己的特色产业。目前,全国已有百余个城市选定了市树市花,每年各地有花市或专业性花卉展览活动,加速了国际间花卉科技、花卉艺术方面的交流与切磋。花卉业的兴旺,花文化的深入发展,标志着中国改革开放的新成就,展现着中华民族创造现代文明的新姿态。

1.2 观赏植物的作用

植物是园林中有生命的题材,植物造景是世界园林发展的趋势,其中观赏植物是基本素材。观赏植物种类繁多,色彩千变万化,既具有生态的要求,也具有综合观赏的特性,以多样的姿态组成了丰富的轮廓线,以不同的色彩构成瑰丽的景观,不但以其本身所具有的色、香、姿作为园林造景的主题,同时还可衬托其他造园题材,形成生机盎然的画面。实践证明,园林质量的优劣,很大程度上取决于园林植物的选择和配置。

观赏植物的作用主要体现在以下几方面:

1.2.1 美化环境,陶冶情操

观赏植物的美除其固有的色彩、姿态及风韵等外,亦以光线、气温、气流、雨、霜、雪等气象上的复杂变化遂致朝夕不同、四时互殊而成宇宙间千变万化之奇观。观赏植物的各个部分具有色彩美,不同植物的花、果、叶、茎、树皮呈现出不同的色彩,且色彩随气象之变而互殊。当群花开放时节,争芳竞秀;果实成熟季节,绿树红果,点缀林间,为园林增色非浅。树木的叶色随着季节不同而互殊,如枫香、黄连木、黄栌、漆树等秋天变为红色;银杏、金钱松秋季为金黄色。一些树其叶正背面色彩显著不同,称"双色叶树",如银白杨,叶表绿色,叶背为银白色,红背桂的叶面绿色,叶背则为红色。一些色叶树种终年有色,如金边黄杨、变叶木、红叶李、紫叶桃等。

姿态美是观赏植物美观构成的重要因素之一。松树的苍劲挺拔,毛白杨的高大雄伟,牡丹的娇艳富贵,碧桃的婀娜妩媚,以及各类草本花卉的姹紫嫣红,各具特色之美。树干直立的毛白杨、落羽杉、水杉、塔柏等给人以豪迈雄伟之感;叶形奇特的八角金盘、棕竹、苏铁、银杏、南洋杉等,让人备感奇妙;而那些外形奇特的猪笼草、捕蝇草、茅膏菜等,则是让人惊讶不已。

观赏植物的美还体现在风韵美上。风韵美亦称内容美、象征美,是一种抽象美,它既能反映出大自然的自然美,又能反映出人类智慧的艺术美。人们常把植物人格化,从联想上产生某种情绪或意境。例如,荷花寓意高尚,出淤泥而不染。梅、松、竹有"岁寒三友"之称,喻在寒冷中,不畏严酷的环境。桃、李喻意门生。红豆表示思慕,唐代王维红豆诗:"红豆生南国,春来发几枝,愿君多采撷,此物最相思。"柳树表示依恋,诗《小雅采薇中》有"昔我往矣,杨柳依依",依依本表示柳条飘荡之状,喻思慕之意,今指惜别时依依不舍。桑梓象征着故乡,"维桑与梓,必恭敬止"。紫薇具有"雄辩之才"的含义。合欢树寓意"合家团聚"。可见,观赏植物不仅是美化环境的物质材料,也是传承精神文化的载体。

1.2.2 提高环境质量,增进身心健康

栽植花草树木能有效改善环境,提高环境质量。通过科学选择树种,合理配置组成的树丛、树带,以及与草本植物配合形成的各种形式的绿化对改变区域性小气候作用明显。同时,绿色可以消除疲劳,让人感到心情舒畅,增进人们身心健康。

1.2.2.1 具有调节空气温度和湿度作用

观赏植物的降温作用主要来自于观赏植物的庇阴作用。绿阴树可植于庭间、园内、路旁。常见的绿阴树种有常绿的榕树、银桦、荔枝、龙眼、肉桂、香樟、广玉兰等,落叶的有鹅掌楸、喜树、悬铃木、梧桐、香椿、榉、白蜡等及紫藤、葡萄、凌霄花等各类藤本类。树木浓阴下的温度比阳光下要低十几摄氏度,草坪也可降温 3℃左右。

植物具有强大的蒸腾作用,可以提高空气的湿度。有关资料表明:在有园林树木的地方由于树木的蒸腾作用,空气相对湿度可提高 20% 左右,绿地面积越大,增加湿度的效应更明显。据测定,树林里的湿度比城市提高 30%,一般树林空气相对湿度比空旷地高 7%～14%。

1.2.2.2 具有净化空气的作用

地球上的绿色植物是 CO_2 的消耗者,它们在白天进行光合作用时吸收 CO_2,放出 O_2,晚上大部分绿色植物在呼吸作用中,吸收 O_2,放出 CO_2。据测定,光合作用吸收的 CO_2 要比呼吸作用排出的 CO_2 多 20 倍。自然界中还有一种 CAM 植物(景天酸代谢植物),如景天科和仙人掌属一类的荒漠肉质植物,在夜间开启气孔用 PEP 羧化酶捕集 CO_2,贮存起来;白天关闭气孔,依靠贮备的 CO_2 进行光合作用。地球上 60% 以上的 O_2 来自绿色植物,所以,人们把绿色植物喻为"新鲜空气的加工厂"。

1.2.2.3 具有吸收有害气体的作用

凡是人烟稠密、工业发达的大都市及与工厂矿山毗邻的乡村,各种废气排放不但污染空气,危害人畜,而且对植物的生长也产生不良影响。很多观赏植物具有减轻有害气体的污染,对有害气体具有吸收和滞留作用。对 SO_2 具有较强吸收和滞留能力的植物有加拿大杨、垂

柳、臭椿、刺槐、苹果、桧类、松类、柳杉等。吸收 HF 的常见植物有泡桐、梧桐、榉树、大叶黄杨、女贞等。具有滞尘作用的树种有刺楸、榆树、朴树、木槿、广玉兰、重阳木、女贞、刺槐、大叶黄杨、臭椿、三角枫、夹竹桃、紫薇等。具有杀菌作用的树种有悬铃木、桧柏、雪松、柳杉等。一些水生植物能吸收水中的有害物质,如水葫芦能吸收富含铅、镉、汞,可用于净化工业污水。

1.2.2.4　具有减噪的作用

在城市工矿、机关或住宅区栽植一定宽度的乔灌木混交林带,可以阻隔和减弱噪声,创造清静的环境。常见树种组合有:雪松-枫香-珊瑚树的组合;松柏-雪松的组合;悬铃木-椤木石楠-海桐的组合等。

1.2.2.5　具有防风固沙,保持水土的作用

凡是枝干强韧而具弹性、根深而不易折断者,皆为防风植物。常见的有圆柏、银杏、糙叶树、柽柳、侧柏、棕榈、梧桐、女贞、朴树、竹类、枇杷、鹅掌楸等。

1.2.2.6　具有防火作用

一般在住宅及其他建筑物周围、林缘与住宅之间、林缘之间营造防火隔离林带。树种之选应以常绿、少蜡、无树脂、表皮质厚、叶富含水为原则。常见的树种有珊瑚树、桃叶珊瑚、厚皮香、山茶、油茶、罗汉松、蚊母树、八角金盘、海桐、冬青、女贞、青冈、大叶黄杨、银杏、栓皮栎等。

1.2.2.7　具有防湿作用

住宅基地具有相当的湿气,易导致墙之表面脱落,易滋生虫体,易致人疾病。因此,可选择一些防湿树种,如垂柳、赤杨、桤木、桦木、枫杨、白杨、泡桐、水青冈、落羽杉、水松、水杉等,可以防止湿气的发生。

1.2.3　增加经济效益,促进社会和谐发展

观赏植物的生产是一项很具发展前景的绿色朝阳产业,经济价值较高,并能带动其他工业生产,如陶瓷工业、塑料工业、玻璃工业、化学工业以及包装运输业等的共同发展。观赏植物是世界各国出口创汇的重要物资之一。荷兰的郁金香、风信子;日本的百合类、菊花、香石竹、月季;新加坡的热带兰;意大利的干花等,长期被栽培,在各国的出口中占有很重要的地位。其中荷兰是世界上最大的花卉生产出口国,花卉业是该国经济收入的主要来源。我国特产花卉种类极为丰富,有着巨大的潜力和广阔的前景,如漳州水仙、兰州百合、云南山茶花、盆景以及上海香石竹的切花等,历年均有大量出口。

很多观赏树种既具有很高的观赏价值,又具有相当高的经济价值。很多观赏植物的根、茎、叶、花、果等都具有较高的药用价值和保健作用,可用作药材、油料、香料等。因此,在发挥观赏植物的社会效益的同时,应注意其经济效益的开发和利用。如发展月季、桂花、白兰花、竹类、杨树、泡桐、核桃、柿树、枣、苹果、桃、茶、金银花、枸杞、沙棘、槟榔、椰子、菠萝蜜、松类等,既使园林达到绿化、美化、香化的作用,还可生产和提供香精、木材、果品、油、饮料、松节油等产品。此外,就观赏植物本身,苗木和经过对其加工的桩景、盆景、根雕、椰雕等都具有相当的发展潜力和生产价值。

1.2.4　弥补其他造园材料的不足

观赏植物具有形状的变化、大小的变化、色相的变化、季相的变化,甚至晨昏的变化等,这是其他无生命的造园材料所没有的。

1.3 观赏植物的分类

1.3.1 植物分类学的产生和发展

分类学的产生和发展可追溯到 16 世纪中国明代的李时珍。他历经 26 年(1552～1578)所著《本草纲目》对 1095 种药草作了详细的表述,并根据植物的外形及用途将植物分为草、木、谷、果、菜等五个部分。当时还有许多学者也在探索植物的分类,但由于科学水平的限制,那些分类仅根据各种植物的用途,如油料植物、药用植物等来进行分类,并不能反映物种之间的亲缘关系和演化关系,这时的分类称为人为分类。

近代分类学起源于林奈(C. Linnaeus)。1753 年,林奈出版了《植物种志》,根据雄蕊的数目和一些其他特征,把他当时所知道的植物分成 24 纲。该分类法没有物种进化的思想,更谈不上探讨物种间的亲缘关系,故其系统被后人认为是人为分类系统的典型。

1859 年,英国博物学家达尔文(Charles Darwin)发表了《物种起源》(*Origin of Species*)一书,奠定了生物进化理论的基础,使生物演化规律得到了科学的论述。以此为标志,植物分类才进入自然分类的时期,逐渐摆脱了人为的因素,考虑到物种之间的进化和亲缘关系。其中影响最大的有恩格勒(A. Eagler)系统(1897)和哈钦松(J. Hutchinson)系统(1959),以及近代有代表性的柯朗奎斯特(A. Cronquist)系统(1981)、塔赫他间(A. Takhtajan)系统(1980,1987)等。虽然同是自然分类系统,但由于研究者的论据不同,所建立的系统也是不同的,甚至有的部分是相互矛盾的。所以,迄今为止,还没有一个为大家所公认的、完美的、真正反映系统发育的分类系统,要达到这个目的,还需各学科的深入研究和大量工作。

1.3.2 分类的等级

目前植物界采用的分类等级为:界—门—纲—目—科—属—种,见表 1。

在这些分类单位中,科、属、种是基本分类单位,而种更是其中最基本的。在以上各级分类单位中,如某一单位过大或产生了某些特征的变异时,再划分成更细的分类单位,如亚门(Subdivisio)、亚纲(Subclassis)、亚目(Subordo)、亚科(Subfamilia)、族(Tribus)、亚族(Subtribus)、亚属(Subgenus)、组(Sectio)、系(Series)、亚种(Subspecies)、变种(Varietas)、变型(Forma)等。这些分类单位彼此之间有着密切的亲缘关系和历史的渊源。

表 1   植物界的主要分类单位表

中　文	拉丁名	英　文	分类单位举例
界	Regnum	Kingdom	植物界(Plantae)
门	Divisio	Division	种子植物门(Spermatophyta) 裸子植物亚门(Gymnospermae)
纲	Classis	Class	松柏纲(Coniferae)
目	Ordo	Order	松柏目(Coniferales)
科	Familia	Family	松科(Pinaceae)

中 文	拉丁名	英 文	分类单位举例
属	Genus	Genus	松属（Pinus）
种	Species	Species	油松（Pinus tabulaeformis）

在系统分类的等级中,上级特性是下级的共性,下级共性是上级的特性,共性是归合物类的根据,要求反映历史的连续,特性是区分物类的根据,要求反映历史的间断,如同属的植物在外部形态和内部构造上都存在着共同的特征。例如木兰属 Magnolia 和含笑属 Michelia,它们的小枝都具有环状托叶痕,叶全缘,花两性,单生,心皮分离,具聚合蓇葖果等,这些都是共性,反映了上级分类等级木兰科的特性。而这两个属都有自己的特征,木兰属花单生枝顶,雌蕊群无柄,含笑属花单生叶腋,雌蕊群有柄,这些特征就是区分它们的特性。

1.3.3 植物的命名

《国际植物命名法规》中规定,植物的学名以"双名法"命名。双名法是从两个拉丁词或拉丁化的词给每种植物命名,第一个字是属名,用名词(第一个字母要大写),第二个字是种加词(种名或种区别词),一般用形容词,少数为名词(第一个字母要小写),由此共同组成国际通用的植物的科学名称即学名(Scientific name)。一个完整的学名还要在种名之后附以命名人的姓氏缩写,即完整的学名应为:属名＋种加词＋命名人(缩写)。例如,银白杨的拉丁名是 *Populus alba* L.,第一个字为属名,是拉丁词"白杨树"之意(名词),第二个字中文意为"白色的"(形容词),第三个字是定名人林奈(Linnaeus)的缩写。

种以下的分类单位有亚种(subspecies)、变种(varietas)、变型(forma)等,这三个词的简写为 subssp. 或 ssp.(亚种)、var.(变种)、f.(变型)。例如:

银白杨　*Populus alba* L.
新疆杨　*Populus alba* L. var. *pyramidalis* Bye.(为银白杨的变种)
桃　　　*Prunus persica* （L.）Batsch
白碧桃　*Prunus persica* f. alba Schneid(为桃的变型)

1.3.4 观赏植物的分类

观赏植物的分类体系,各说不一,至今没有定论,大致有以下分类方法:

1.3.4.1 实用分类法
以植物在园林中的栽培目的为分类的依据,侧重实用。如观花、观叶、观果、观茎干、观芽、观根等。

1.3.4.2 类型分类法
以树木姿态为特征,进行分类,如树干之高低,树冠之色泽、形态、叶、花果的色彩、形状等。凡姿态大体相似者,就称作类型,如梧桐型、榉树型、香椿型等。树木的类型及其树型大体相同者,均可互相通用。

1.3.4.3 美观实用综合分类法
美观包括色彩美、形态美、风韵美三方面,而实用指的是目的和用途。

1.3.4.4　气候条件分类法(依据原产地气候特点)

可分为四类,具体为①热带观赏植物,如热带雨林和季雨林观赏植物、热带高原观赏植物、热带沙漠观赏植物;②副热带观赏植物,如地中海气候观赏植物、副热带季风气候观赏植物、副热带高山观赏植物、高原副热带沙漠观赏植物;③暖温带观赏植物,如大洋东岸纯净林气候观赏植物、暖温带季风气候观赏植物;④冷温带观赏植物。

1.3.4.5　依据用途及栽培方式分类法

可分为露地植物、温室植物、盆栽植物三类。

1.3.4.6　生态分类法

可分为水生植物、高山植物、温室植物等。

各种分类方法仍在探索中,但观赏植物以植物分类为基础,离不开分类鉴定、命名的法则,因此很多世界著名园艺学家的专著仍按一般植物分类的分科分属形式进行分类编排,这样便于检索鉴定,并有利于引种驯化及育种工作的开展。

为了使本书的实用性增加,本书采用了实用分类法,从植物的观赏价值分类,划分为观花、观叶、观果、观茎、观芽等观赏植物。

1.4　观赏植物学的学习方法

观赏植物学是一门实践性很强的学科,强调"观"与"赏"的结合。在学习过程中,不仅要进行种类识别,还要认真地了解观赏植物的观赏特性和用途、物候与环境的关系、植物的文化内涵,同时要充分利用本地或他地的各种条件。只有在此基础上,才能在景观设计、环境规划、配置树种等方面达到建设优质景观的目的。

要学好观赏植物学,首先要学会识别各种植物。只有在识别的基础上才能进一步了解各物种的其他方面的内容。要求勤翻课本,多阅读各种参考书籍,包括图鉴、植物志等各类工具书。此外,要加强实践教学环节,处处留心皆学问。做到勤学、勤问、勤练习、勤实践,不断地积累。古人云"行走坐卧,不离这个"就是这个道理。只有先做到"识地识树",才能达到"适地适树"。相信如此,熟练应用观赏植物必然有果。

2 观花植物

2.1 观花植物的定义及分类

2.1.1 观花植物的定义

观花植物指以植物的花(包括花柄、花托、花萼、雄蕊和雌蕊)为主要观赏部位,花开时为最佳观赏时期的一类植物。这类植物的主要特征为花色艳丽或花形奇特。观花植物有广义和狭义之分,狭义的观花植物指具有观赏价值的草本植物,如菊花、芍药、香石竹等;广义的观花植物除草本植物外,还包括具有一定观赏价值的花灌木、乔木、盆景等。它们是园林绿化和室内美化不可缺少的材料。本书所讲的观花植物是广义的定义。

2.1.2 观花植物的分类

2.1.2.1 依生活型与生态习性分类

观花植物按照其生活型与生态习性可分为两大类:

(1)露地观花植物类　指在自然条件下,完成全部生长过程的观花植物,不需保护地(如温室等)栽培。可根据生长史分为五类:

① 一二年生观花植物:生长、开花、结籽直至死亡在一二年内完成的草本观赏植物。一年生花卉指在一年内完成其生活史的草本植物,即春天播种、夏秋开花、结实、后枯死的植物,如鸡冠花、波斯菊、百日草、茑萝、千日红、半支莲、大花秋葵等。二年生花卉指在二年内完成其生活史的草本植物,即秋天播种、幼苗越冬、翌年春夏开花、结实、后枯死的植物,如金鱼草、三色堇、桂竹香、金盏菊、雏菊等。

② 多年生观花植物:这种植物的地下茎和根连年生长,地上部分多次开花、结实,即其个体寿命超过两年。又因其地下部分的形态不同,可分为两类:

a. 宿根观花植物:地下部分的形态正常,不发生变态现象;地上部分表现出一年生或多年生性状的植物,如菊花、萱草、万年青、麦冬、桔梗、蓍草、鸢尾等。

b. 球根观花植物:地下部分的根或茎发生变态,肥大呈球状或块状等的植物,如唐菖蒲、郁金香、百合、大丽花、美人蕉、风信子等。又因其形态不同,可分为鳞茎类、球茎类、块茎类、根茎类、块根类。

③ 水生观花植物:指生长在沼泽地或水中及耐水湿的花卉,如荷花、睡莲、萍蓬草、菖蒲、凤眼莲、黄菖蒲等。

④ 岩生观花植物:指耐旱性强,适合在岩石园栽培的花卉,如瞿麦、景天类等。

⑤ 花木类:指花具有观赏价值的木本植物,如梅花、牡丹、山茶、杜鹃等。

(2)温室观花植物类　原产热带、亚热带及南方温暖地区的观花类植物,在北方寒冷地区栽培必须在温室内培育,或冬季须在温室内保护越冬。通常可分为下面几类:

① 一二年生观花植物:如瓜叶菊、蒲包花、彩叶草、报春花等。

② 宿根观花植物:如非洲紫罗兰、鹤望兰、百子莲、非洲菊等。

③ 球根观花植物:如仙客来、香雪兰、马蹄莲、大岩桐、球根秋海棠等。

④ 兰科植物:依其生态习性不同,又可分为地生兰类,如春兰、蕙兰、建兰、墨兰、寒兰等;附生兰类,如卡特兰、蝴蝶兰、石斛、兜兰等。

⑤ 多浆植物:指茎叶具有特殊贮水能力,呈肥厚多汁变态状的植物,并能耐干旱,如仙人掌、蟹爪兰、昙花、芦荟、绿铃、生石花、龙舌兰等。

⑥ 食虫植物:如猪笼草、捕蝇草、瓶子草等。

⑦ 凤梨科植物:如彩叶凤梨、虎纹凤梨、金边凤梨、筒凤梨等。

⑧ 草木本植物:又称亚灌木花卉,如倒挂金钟、香石竹、天竺葵、竹节海棠等。

⑨ 花木类:如一品红、米兰、叶子花等。

⑩ 水生观花植物:如王莲、热带睡莲。

2.1.2.2 依花期分类

此分类根据长江中下游地区的气候特点,从传统的二十四节气的四季划分法出发,依据诸多花卉开花的盛花期进行分类。

(1) 春季观花植物 指 2～4 月期间盛开的观花植物,如白玉兰、茶花、丁香、虞美人、郁金香、花毛茛、风信子、水仙等。

(2) 夏季观花植物 指 5～7 月期间盛开的观花植物,如凤仙花、金鱼草、荷花、火星花、芍药、石竹、紫薇、夹竹桃等。

(3) 秋季观花植物 指在 8～10 月期间盛开的观花植物,如一串红、菊花、万寿菊、石蒜、翠菊、大丽花、桂花、木芙蓉等。

(4) 冬季观花植物 指在 11 月至翌年 1 月期间开花的观花植物。因冬季严寒,长江中下游地区露地栽培的观花植物能开花的种类较少,如腊梅、茶梅等。温室内开花的有藏报春、鹤望兰等。

2.2 常见的一二年生观花植物

2.2.1 千日红 *Gomphrena globosa* L.(图 2.1)

又名火球花、杨梅花、千日草、百日红。苋科,千日红属。原产亚洲热带。

图 2.1 千日红

形态特征:一年生草本。高 30～60 cm,全株密被灰白色柔毛。茎粗壮,有沟纹,直立多分枝。枝条略成四棱形,有灰色糙毛,幼时更甚,茎节部膨大。单叶对生,椭圆形至倒卵形;全缘,有柄。头状花序,球形或矩圆形,1～3 个簇生枝顶,花序径 2.0～2.5 cm,有叶状总苞 2 枚;花小,每小花有卵状小苞片,膜质有光泽,紫红色;干后不落,色泽不退。花被片 5,密生白色绵毛。胞果近球形,种子细小,橙黄色。花、果期 6～11 月。

变型有:

千日白(f. *alba* Hort.):小苞片白色。

红花千日红(f. *rubra* Hort.)：小苞片红色。

此外，还有株高仅 20 cm 的矮生种。

生态习性：喜光、喜炎热干燥气候，不耐寒；要求疏松、肥沃的土壤。

观赏用途：植株低矮，繁花似锦，花序枯而不落。宜布置夏、秋季花坛、花境；也是制作干花、花篮、花圈的良好材料。

繁殖：播种法繁殖，发芽适温 16～23℃，7～10 d 发芽。

2.2.2　鸡冠花 *Celosia cristata* L.（图 2.2）

又名红鸡冠、鸡冠海棠。苋科，青葙属。原产东亚及南亚亚热带和热带地区。

形态特征：一年生草本。高 30～90 cm。全株光滑无毛，茎直立，粗壮，有棱线或沟，近上部扁平，绿色、红色、黄绿色等，少分枝。单叶互生，叶片卵状至线状披针形；绿色或红色；先端渐尖，全缘；具柄。穗状花序顶生大，肉质，扁平似鸡冠状，红色或黄色；中下部集生小花，花被 5 片，干膜质状，上部花退化成短丝状；但密被羽状苞片；苞片、花被片、萼片同色，红色、黄色、白色、肉色、橙色、红黄相杂及红紫色等。胞果，种子小，黑色有光泽。花期7～10 月。

图 2.2　鸡冠花

常见变种有：

凤尾鸡冠(var. *pyramidalis* Hort.)：又称芦花鸡冠、扫帚鸡冠、塔鸡冠。植株高大，60～150 cm，多分枝而开展，各枝端着生疏松的火焰状大花序，表面似芦花状细穗，穗状花序聚生成金字塔状的圆锥花序，直立或略倾斜，色彩多变，红或黄色、银白、玫瑰红、橙红、单或复色等。按花期分有早花种、晚花种。按花序形状分有球形、扁球形。按花色分有黄色、红色、红黄间色或洒金、杂色等等。

生态习性：喜阳光充足炎热干燥的气候，不耐寒；忌涝，要求肥沃、疏松的沙壤土。能自播。

观赏用途：花序形状奇丽，色彩丰富，花期长，宜布置夏、秋季的花境；丛植、列植都十分壮观。矮生种宜布置花坛或盆栽观赏。

繁殖：播种繁殖，发芽适温 20℃，7～10 d 发芽。若用于国庆节装饰，则推迟至 6 月上旬播种。

2.2.3　紫茉莉 *Mirabilis jalapa* L.（图 2.3）

图 2.3　紫茉莉

又名草茉莉、胭脂花、夜晚花、地雷花、宫粉花、夜娇娇。紫茉莉科，紫茉莉属。原产于南美洲热带地区。

形态特征：一年生草本。叶对生，卵状心形。夏季开花，花萼漏斗状，有紫、红、白、黄等色，亦有杂色，无花冠，常傍晚开放，翌日早晨凋萎。果实卵形，黑色，有棱，似地雷状。花期 6～10 月；果期 8～11 月。

生态习性：不耐寒，喜温暖湿润的环境。不择土壤，在略有蔽阴处生长更佳。能自播。

观赏用途：可于房前、屋后、篱垣、疏林旁丛植，黄昏散发浓香。

繁殖：常用种子繁殖。早春播种，夏秋季开花结实。

2.2.4　半支莲 *Portulaca grandiflora* Hook.（图 2.4）

又名松叶牡丹、洋马齿苋、太阳花。马齿苋科,马齿苋属。原产南美洲巴西。

图 2.4　半支莲

形态特征:一年生肉质草本。高 10～15 cm。茎细而圆,平卧或斜生,节上有丛毛。叶散生或略集生,圆柱形,长 1.0～2.5 cm。花顶生,直径 2.5～4.0 cm,基部有叶状苞片,花瓣颜色鲜艳,有白、深、黄、红、紫等色。蒴果成熟时盖裂,种子小,棕黑色。园艺品种很多,有单瓣、半重瓣、重瓣之分。花果期 6～7 月。

生态习性:喜温暖、阳光充足而干燥的环境。耐瘠薄,一般土壤均能适应。见阳光花开,早、晚、阴天闭合。

观赏用途:植株矮小,茎、叶肉质光洁,花色丰艳,花期长。宜布置花坛外围,也可辟为专类花坛。

繁殖:播种繁殖,早春气温回升到 20℃ 左右播种,播后 10 d 左右发芽。扦插繁殖,在生长期摘取嫩茎扦插,不久就可开花。

2.2.5　石竹 *Dianthus chinensis* L.（图 2.5）

又名中国石竹、洛阳花、剪绒花。石竹科,石竹属。原产中国东北、华北、西北地区和长江流域一带。

形态特征:多年生草本,作二年生栽培。高 30～50 cm。茎直立或稍铺散,有分枝。单叶对生,线状披针形,基部抱茎,中脉显。花大单生或数朵成聚伞花序着生枝顶,花径 2～3 cm,苞片 4～6,花萼圆筒形;花瓣 5,呈红、粉红或白色,先端具浅齿,稍香。蒴果矩圆形。花期 5～6 月。

常见变种有:

锦团石竹(var. *heddewigii* Regel):又名繁花石竹,株高 20～30 cm,茎叶被白粉,花大,径 4～6 cm,先端齿裂或羽裂,花色丰富且艳丽如锦;重瓣性强。

生态习性:喜阳光充足。耐寒,不耐炎热。耐干旱,喜肥。要求疏松、肥沃、排水良好的土壤,在轻度石灰质土上也能良好地生长。

图 2.5　石竹

观赏用途:植株整齐、花期一致,是布置春季和春末夏初花坛、花境的优良材料,矮生型宜点缀岩石园或作花坛的镶边材料。也可盆栽或栽作切花。

繁殖:以播种为主,也可扦插。春播与秋播均可,但以秋播为主。在 20℃ 条件下 5～6 d 便可发芽。

同属花卉:

须苞石竹(*D. barbatus* L.):又名美国石竹、五彩石竹、十样锦。原产欧洲、亚洲,美国盛行栽培。茎直立、粗壮,具四棱,节部膨大。叶对生,呈阔披针形、卵状披针形。花小密集成扁平状聚伞花序,序径 10 cm;苞片先端须状;呈墨紫、绯红、粉红或白色,稍香,花期 5～6 月。此种比中国石竹更不耐酷暑,不耐 28℃ 以上的高温。

2.2.6　飞燕草 *Consolida ajacis*（L.）Schur（图 2.6）

又名彩雀花、千鸟草等。毛茛科,翠雀属。原产于欧洲南部,全国各地零星栽培。

形态特征:一年生草本。高 50～90 cm,茎直立。自基部以上分枝。茎下部叶有长柄,掌状 3 裂再作细裂状,中部以上具短柄或无柄;叶片长约 3 cm,小裂片线形。总状花序生于各分枝顶端;花被紫色、粉红色或白色,有距,长 1 cm 余。蓇葖果。花期 5～6 月,果熟期 7 月。

生态习性:喜阳光充足和凉爽的气候,怕高温。能耐寒,耐旱,忌渍水。在肥沃富含腐殖质的黏质土壤中生长较好。

观赏用途:其花型奇特,有较高的观赏性,常盆栽或作切花材料或布置花坛。

繁殖:常用播种繁殖。春、秋季节均可播种,以秋播为好,播后 2 周左右发芽,若温度过高,反而出苗不整齐。

图 2.6　飞燕草

2.2.7　虞美人 *Papaver rhoeas* L.（图 2.7）

又名丽春花、赛牡丹、小种罂粟花。罂粟科,罂粟属。原产欧、亚大陆温带。

形态特征:一二年生草本。高 40～60 cm。分枝细弱,被短硬毛。叶互生,羽状深裂,裂片披针形,具粗锯齿。花单生,有长梗,未开放时下垂,花瓣 4 枚,近圆形,花径 5～6 cm,花色丰富。蒴果杯形,种子肾形。花期 5～6 月。

生态习性:喜阳光充足的环境。耐寒,怕暑热。喜排水良好、肥沃的沙壤土。不耐移栽。能自播。

观赏用途:虞美人花姿美好,色彩鲜艳,是优良的花坛、花境材料,也可盆栽或作切花用。

繁殖:播种繁殖。9～10 月播于预先整理好的苗床中,发芽适温 20℃。

图 2.7　虞美人

2.2.8　醉蝶花 *Cleome spinosa* Jacq.（图 2.8）

又名西洋白花菜、凤蝶草、紫龙须、蜘蛛花。白花菜科,白花菜属。原产南美热带地区。

形态特征:一年生草本。高 60～100 cm。被有黏质腺毛,枝叶具气味。掌状复叶互生,小叶 5～7 枚,长椭圆状披针形,有叶柄,两枚托叶演变成钩刺。总状花序顶生,边开花边伸长,花多数,花瓣 4 枚,淡紫色,具长爪;雄蕊 6 枚,花丝长约 7 cm,超过花瓣一倍多,蓝紫色,明显伸出花外;雌蕊更长。蒴果细圆柱形,内含种子多数。花期 7～10 月。

生态习性:喜温暖干燥环境。喜光、略能耐阴,不耐寒。要求土

图 2.8　醉蝶花

壤疏松、肥沃。

观赏用途:醉蝶花花色丰富,颇为美丽,适于布置花坛、花境或在路边、林缘成片栽植。对二氧化硫、氯气的抗性都很强,为非常优良的抗污花卉,也可作切花。

繁殖:种子繁殖,可春播。

2.2.9　紫罗兰 *Matthiola incana*（L.）R. Br.（图2.9）

又名草桂花、四桃克。十字花科,紫罗兰属。原产地中海沿岸,现各地普遍栽培。

形态特征:二年生或多年生花卉。高30~60 cm。全株被灰色星状柔,茎直立,基部稍木质化。叶互生,长圆形至倒披针形,基部呈叶翼状,先端钝圆,全缘。顶生总状花序,有粗壮的花梗,花瓣4枚,瓣片铺展为"十"字形,花淡紫色或深粉红色。果实为角果,成熟时开裂。花期4~5月。

生态习性:喜冷凉、光照充足环境,也稍耐半阴。喜疏松肥沃、土层深厚、排水良好的土壤。

观赏用途:紫罗兰色艳浓香,花期较长,是春季花坛的主要花卉。也是重要的切花。矮生多分枝品种,可用于盆栽观赏。

图2.9　紫罗兰

繁殖:播种繁殖,秋天播种,发芽适温16~18℃,4d左右发芽。

2.2.10　凤仙花 *Impatiens balsamina* L.（图2.10）

又名指甲草、透骨草、金凤花、洒金花。凤仙花科,凤仙花属。原产中国与印度。

形态特征:一年生直立肉质草本。高1 m左右。上部分枝,有柔毛或近于光滑。叶互生,阔或狭披针形,长达10 cm左右,顶端渐尖,边缘有锐齿,基部楔形;叶柄附近有几对腺体。花大而美丽,粉红色,也有白、红、紫或其他颜色,单瓣或重瓣,生于叶腋内。蒴果纺锤形,有白色茸毛,成熟时弹裂为5个旋卷的果瓣;种子多数,球形,黑色。花果期6~9月。

生态习性:性喜阳光,怕湿,耐热,不耐寒。适生于疏松肥沃的微酸性土壤,也耐瘠薄。适应性较强,移植易成活,生长迅速。

观赏用途:可作花境和盆景装置,也可作切花。

图2.10　凤仙花

繁殖:播种繁殖,3~9月均可进行,以4月最为适宜。播前,将苗床浇透水,播后约10 d后可出苗。

2.2.11　锦葵 *Malva sinensis* Cav.（图2.11）

又名钱葵、欧锦葵、棋盘花。锦葵科,锦葵属。原产于欧、亚温带。

形态特征:二年生草本。株高 60~100 cm。茎直立,少分枝,具粗毛。叶互生,心状圆形或肾形,边缘有钝齿,叶脉掌状,叶柄较长。花数朵至多数簇生叶腋,花色紫红、浅粉或白色。种子扁平,圆肾形。花期 5~6 月。

生态习性:生长势强。喜阳光充足,耐寒,耐干旱。不择土壤,以沙质土壤最为适宜。

观赏用途:可作花坛、花境材料,或用作绿化背景及空隙地绿化。

繁殖:播种繁殖为主,也可分株,均在秋末或初春进行。

图 2.11　锦葵

2.2.12　三色堇 *Viola tricolor* L.(图 2.12)

又名蝴蝶花、猫儿脸、鬼脸花。堇菜科,堇菜属。原产欧洲。

形态特征:多年生草本,常作二年生花卉栽培。高 15~25 cm。全株光滑无毛,茎多分枝,常倾卧地面。叶互生,基生叶近圆心脏形,茎生叶较狭窄,锯齿圆钝,托叶大而宿存,基部羽状深裂。花大,径约 5 cm,1~2 朵腋生,下垂,有总梗及 2 小苞片;萼片 5,宿存;花瓣 5 枚,不整齐,近圆形,一瓣有短距,下面花瓣有线形附属体,向后伸入距内;花色通常每花有白、黄、紫三色,也有单色的。蒴果易开裂,种子圆形,褐色。花期 3~6 月。

生态习性:喜光,略耐半阴。稍耐寒,忌炎热,忌涝。喜疏松肥沃、排水良好、富含腐殖质的土壤。

观赏用途:多用于布置早春花坛、花境及作镶边材料,也可作盆栽观赏及切花。

图 2.12　三色堇

繁殖:以播种繁殖为主,也可扦插和压条。7 月下旬~9 月初播种,发芽适温 15~20℃,7~10 d 发芽。

2.2.13　月见草 *Oenothera biennis* L.(图 2.13)

又名夜来香、山芝麻、野芝麻。柳叶菜科,月见草属。原产北美。

形态特征:两年生草本。高 1.5~2.0 m。根圆柱状,茎直立,有分枝。幼苗期呈莲座状,基部有红色长毛。叶互生,茎下部的叶有柄,上部的叶近无柄;叶片长圆状,披针形,长 6~9 cm,宽 1.5~3.0 cm,边缘有疏细锯齿,两面被白色柔毛。花单生于枝端叶腋,排成疏穗状,萼管细长,先端 4 裂,裂片反折;花瓣 4,黄色,雄蕊 8,4 枚与花瓣对生;雌蕊 1,柱头裂。蒴果圆筒形,先端尖,外端尖,外被白色长毛,成熟后自然开裂;种子小,棕褐色,呈不规则三棱状。花期 6~10 月,果熟期 8~11 月。

生态习性:适应性强。耐酸,耐旱。对土壤要求不严,一般中

图 2.13　月见草

性、微碱或微酸性、排水良好、疏松的土壤中均能生长。土壤太湿,根部易得病。

观赏用途:月见草花夜晚开放,香气宜人,适于点缀夜景,配合其他绿化材料用于园林、庭院、花坛及路旁绿化。

繁殖:自播能力强,经一次种植,其自播苗即可每年自生,开花不绝。人工播种繁殖,宜在10月间秋播。

2.2.14　长春花 *Catharanthus roseus* (L.) G. Don(图 2.14)

又名雁来红、日日新、四时春、人面桃花。夹竹桃科,长春花属。原产热带。

图 2.14　长春花

形态特征:多年生草本。在南方呈亚灌木状,高达 60 cm;北方多作一年生栽培,高约 40 cm。幼枝绿色或红褐色,和叶背、花萼、花冠筒及果均被白色柔毛。单叶对生,长圆形或倒卵形,全缘,光滑,先端中脉伸出成短尖。花 1~2 朵腋生;花萼绿色,5裂;花冠高脚碟状,粉红色或紫红色,长 2.5~3.0 cm,裂片 5;雄蕊 5,内藏;心皮 2 枚,分离,花柱连合。蓇葖果 2 枚,圆柱形,长2~3 cm,有种子数枚。在热带、南亚热带花期近全年,在长江流域及其以北花期 7~9 月,果熟期 9~10 月。

生态习性:性强健,很少发生病虫害。喜阳光,要求排水良好的壤土或黏质壤土。怕积水,水分过多生长不良。

观赏用途:适合布置花坛、花境,也可作盆栽观赏。

繁殖:播种繁殖,种子发芽适温 18~25℃。扦插繁殖,春季或初夏剪取嫩枝扦插,插后 15~20d 生根。

2.2.15　美女樱 *Verbena hybrida* Voss.（图 2.15）

又名铺地锦、四季绣球、美人樱。马鞭草科,马鞭草属。原产巴西、秘鲁等地。

形态特征:多年生草本,常作一二年生栽培,南京作一年生栽培。高 20~50 cm;茎 4 棱,多分枝,匍匐状。全株被灰色柔毛。单叶对生,有柄,叶片长圆形或披针状三角形;边缘具粗齿,近基部稍深裂;穗状花序呈伞房状排列于枝顶,花小密集;花萼细长筒形;花冠高脚碟状,先端 5 裂,呈红、紫蓝、粉以及复色,并在花冠中央有白色或带黄色的眼,略具芳香,花径 1.8 cm。蒴果,内含 4 枚小坚果。花期 4~11 月;果熟期6~11 月。

图 2.15　美女樱

生态习性:喜阳光充足、温暖湿润的环境。不耐寒,不耐旱。要求肥沃、湿润的土壤。

观赏用途:多用于花坛、花境,矮生种宜盆栽观赏。

繁殖:播种、扦插。发芽适温 20~22℃,播后 14~20 d 发芽;扦插以 5~7 月为宜,插后 14~21 d 生根。

同属花卉:

细叶美女樱(*V. tenera* Spreng.):原产巴西,沪宁一带有栽培。叶片 3 深裂,裂片再羽状浅裂。花冠玫瑰紫色。适应性强。

2.2.16　一串红 *Salvia splendens* **Ker-Gawl.**（图 2.16）

又名爆竹红、墙下红、撒尔维亚、草象牙红。唇形科,鼠尾草属。原产巴西。

形态特征:多年生草本,作一年生栽培。高 40～80 cm。茎直立,基部多木质化,茎节处常带红紫色,四棱,光滑;单叶对生,卵形;先端渐尖;叶缘有锯齿;具长柄。总状花序顶生,被红色柔毛;每花有红色苞片,早落;花萼钟状先端唇裂,宿存,与花冠同色;花冠筒状,伸出萼外,先端唇裂上唇三角状卵形,下唇深 2 裂,鲜红色。小坚果卵形,褐色。花期 7～11 月。

常见变种有:

一串白(var. *alba*):花朵白色。

一串紫(var. *atropurpura*):花朵紫色。

丛生一串红(var. *compacta*):植株较矮,花序较密,花朵亮红色。

矮一串红(var. *nana*):株高 20 cm,花朵亮红色,又称小一串红。

图 2.16　一串红

生态习性:喜阳光充足、温暖湿润的环境。略耐阴,不耐寒。喜肥沃、疏松、排水良好的土壤。

观赏用途:花色绯红,花期长,花朵耐久不落,是国庆节期间主要节日用花。用于布置花坛、花境,宜在草地中心群植或栽作盆花装饰成图案。

繁殖:播种、扦插均可。一般 3～6 月播种。发芽适温为 21～23℃,播后 15～18 d 发芽。扦插以 5～8 月为好,插后 10 d 可生根。

同属花卉:

红花鼠尾草(*S. coccinea* L.):又名朱唇,原产北美南部。高 30～60 cm。全株有毛;花小,花萼绿色或微带紫红色,花冠深鲜红色,下唇长于上唇 2 倍。能自播。

2.2.17　矮牵牛 *Petunia hybrida* **Vilm.**（图 2.17）

又名碧冬茄、杂种撞羽朝颜、灵芝牡丹。茄科,矮牵牛属。原产南美。

图 2.17　矮牵牛

形态特征:多年生草本,作一二年生栽培。高 30～40 cm。茎稍直立或倾卧,全株被黏毛。单叶,卵形,全缘,近无柄;下部叶互生,上部叶对生。花单生叶腋或茎顶,径 4～7 cm。花萼 5 深裂,绿色;花冠漏斗形,边缘 5 浅裂,紫红、粉红、白等色,或有斑纹。蒴果圆形,种子多且细小。花期 4～10 月。

生态习性:喜阳光充足、温暖湿润气候,不耐寒。对土壤要求不严,以疏松、湿润的微酸性土壤为宜,忌雨涝。

观赏用途:秋播苗布置初夏和夏季花坛;春播苗布置秋季花坛。大花、重瓣品种常盆栽观赏。

繁殖:播种、扦插繁殖。播种时间应根据用花的时间而定,如 5 月需花,应在 1 月温室或大棚内播种。10 月用花,需在 7 月初播种。发芽适温为 22～24℃。扦插,室内栽培全年均可进行。

2.2.18　夏堇 *Torenia fournieri* Linden (Jacq) A. Dc. (图 2.18)

玄参科,蓝猪耳属。原产印度。

形态特征:一年生草本。高 15～30 cm。方茎,分枝多,呈披散状。叶对生,卵形或卵状披针形,边缘有锯齿,叶柄长为叶长之半,秋季叶色变红。花在茎上部顶生或腋生(2～3 朵不成花序),唇形花冠,花萼膨大,萼筒上有 5 条棱状翼。花蓝色,花冠杂色,上唇淡雪青,下唇堇紫色,喉部有黄色。种子细小。花期 7～10 月。

生态习性:喜阳光。对土壤适应性较强,但以湿润而排水良好的壤土为佳,不耐寒,较耐热。

观赏用途:宜作花坛、花境布置,也可作盆栽观赏。

繁殖:播种繁殖,发芽适温 20～30℃,播后 10～15 d 可发芽,发芽不整齐。

图 2.18　夏堇

2.2.19　金鱼草 *Antirrhinum majus* L. (图 2.19)

又名龙口花、龙头花、洋彩雀。玄参科,金鱼草属。原产地中海沿岸。

形态特征:多年生草本,作一二年生栽培,南京作二年生栽培。高 20～90 cm,茎直立,微有茸毛。单叶对生或上部互生,披针形。先端渐尖,基部楔形全缘。总状花序顶生,长达 25 cm,被细软毛。花有短梗,花萼 5 裂;花冠筒状唇形,基部囊状,上唇 2 裂,下唇开展 3 裂,其喉凸顶部黄色明显,花呈红、紫、黄、橙、白等色,或复色。蒴果卵形孔裂,种子细小、多数球形,深褐色。花期 5～6 月。

园艺品种极多。按植株高度分,有高型种(高 90～120 cm,花期晚且长)、中型种(高 45～60 cm)、矮型种(高 15～25 cm,花期早);按花型分,有金鱼型(花形正常)、钟型(上下唇不合拢,花形似钟)。亦有单瓣和重瓣之分。还有花形特大的四倍体金鱼草。

生态习性:喜阳光充足,但能耐半阴。耐寒,喜凉爽气候,不耐炎热。要求深厚、肥沃、排水良好的土壤,在石灰质土中也能生长。

图 2.19　金鱼草

观赏用途:植株强健,花形别致、色彩丰富,宜布置夏季花坛、花境。高型种可作切花,矮型种点缀岩石园或盆栽观赏。

繁殖:播种繁殖,也可扦插。发芽适温 13～15℃,播后 7～14 d 出苗。对一些不易结实的优良品种或重瓣品种,常用扦插繁殖,一般在 6～7 月份进行。

2.2.20　福禄考 *Phlox drummondii* Hook. (图 2.20)

又名福禄花、福乐花、桔梗石竹、洋梅花、小洋花、小天蓝绣球。花荵科,天蓝绣球属(福禄考属)。原产北美南部。

形态特征:一二年生草本。高 15～45 cm。茎直立,多分枝,有腺毛。基部叶对生,上部叶有时互生,叶宽卵形、长圆形至披针形,长 2.5～4.0 cm,先端尖,基部渐狭,稍抱茎。聚伞花序顶生,花冠高脚碟状,直径 2.0～2.5 cm,裂片 5 枚,平展,圆形,花筒部细长,有软毛,原种红色。园艺栽培种有淡红、紫、白等色。蒴果椭圆形,有宿存萼片,成熟时 3 裂。种子矩圆形,背面隆起,腹面平坦、棕色。花期 5～6 月。

生态习性:性喜温暖,稍耐寒,忌酷暑。不耐旱,忌涝。在华北一带可冷床越冬。宜排水良好、疏松的壤土。

观赏用途:福禄考植株矮小,花色丰富,可作花坛、花境及岩石园的植物材料,亦可作盆栽供室内装饰。植株较高的品种可作切花。

繁殖:常用播种繁殖,暖地秋播,寒地春播,发芽适温为 15～20℃。

图 2.20　福禄考

2.2.21　蛇目菊 *Savitalia procumbens* Lam.(图 2.21)

又名小波斯菊、金钱菊、孔雀菊。菊科,蛇目菊属。原产北美洲。

形态特征:一年草本。高 60～80 cm,基光滑,上部多分枝。叶对生,基生叶具长柄,2～3 回羽状深裂,裂片披针形;茎生叶无柄或具翅柄。头状花序顶生,有总梗,常数个花序组成聚伞花丛,花序直径 2～4 cm。舌状花单轮,花瓣 6～8 枚,黄色,基部或中下部红褐色,管状花紫褐色。总苞片 2 层,内层长于外层。瘦果纺锤形。花期 6～8 月。

生态习性:喜阳光充足。耐寒力强,凉爽季节生长较佳。耐干旱瘠薄,不择土壤,肥沃土壤易徒长倒伏。

观赏用途:蛇目菊花色艳丽,适合大面积园林景观应用,因其管理粗放,耐旱性强,常用于护坡组合,同时也是地被、切花的好材料。

图 2.21　蛇目菊

繁殖:春、夏播种为主,南方可秋季播种,播后 2～3 个月开花,种子自播能力强。

2.2.22　波斯菊 *Cosmos bipinnatus* Cav.(图 2.22)

又名秋英、大波斯菊。菊科,秋英属。原产墨西哥。

形态特征:一年生草本。高 1～2 m。茎直立,具沟纹;光滑或具微毛,分枝疏散。单叶对生;呈 2 回羽状全裂,裂片线形,较稀疏。头状花序顶生或腋生,总梗长,总苞片 2 列,花序径 5～8 cm。舌状花 1 轮,8 枚,粉红或紫红、白等色;筒状花黄色。栽培类型有托桂、半重瓣、重瓣、矮生种。花色为舌状花纯白、淡红或基部深红色连成环纹等。瘦果线形,花、果期 7～11 月。

生态习性:性强健,喜阳光充足。耐干旱瘠薄。肥水过多易使枝叶徒长,开花不良。

观赏用途:枝叶婆娑,花繁似锦,花期长,宜布置花境,或作地被

图 2.22　波斯菊

植物,也可作岩石园及其他景观的背景材料,也可用作切花。

繁殖:4月春播,播后7～10 d发芽。也可用嫩枝扦插繁殖,插后15～18 d生根。

同属花卉:

硫华菊(*C. sulphureus* Cav.):又称硫黄菊、黄波斯菊。原产墨西哥。一年生草本,高60～90 cm,茎具柔毛。单叶对生,叶片呈2回羽状深裂,裂片披针形。舌状花8～14枚,螺旋状叠生,金黄色或橙黄色;筒状花黄色,突起。花期6～10月。常用于布置花坛、花境。

2.2.23　天人菊 *Gaillardia pulchella* Foug.（图2.23）

菊科,天人菊属。原产北美。

形态特征:一年生草本。高30～50 cm。全株被柔毛。叶互生,披针形、矩圆形至匙形,全缘或基部叶羽裂。头状花序顶生,舌状花先端黄色,基部褐紫色;管状花先端呈芒状,紫色。花期7～10月,果期8～10月。

生态习性:喜阳光,也耐半阴。耐干旱炎热,不耐寒。耐风、抗潮、生性强韧,是良好的防风定沙植物。宜排水良好的疏松土壤。

观赏用途:天人菊是很好的沙地绿化、美化、定沙草本植物。其花姿娇娆,色彩艳丽,花期长,可作花坛、花丛的材料。

繁殖:播种繁殖。4月上旬露地播种,发芽整齐,幼苗期生长缓慢。也可秋播,冷床越冬。

图2.23　天人菊

2.2.24　藿香蓟 *Ageratum conyzoides* L.（图2.24）

又名胜红蓟、蓝翠球、咸虾花。菊科,藿香蓟属。原产美洲热带。

形态特征:多年生草本,作一二年生栽培。植株丛状,高30～60 cm。基部多分枝,全株被毛。单叶对生,叶片卵形至近圆形;基部圆钝,有钝锯齿。头状花序呈伞房状着生枝顶,花序径约1 cm;总苞片2～3列,线形;全为筒状花,蓝色或白色;花冠先端5裂。瘦果五角形,冠毛鳞片状。花、果期6～9月。

生态习性:喜光,喜温暖湿润环境,不耐寒。对土壤要求不严,适应性强。能自播。

观赏用途:花朵繁茂,色彩淡雅,花期长,适宜布置夏秋季花坛、花境,也可片植、丛植,还可盆栽观赏。

繁殖:播种、扦插繁殖。播种,4月春播。播后2周发芽;扦插,5～6月间剪取顶端嫩枝作插条,插后15 d左右生根。

同属花卉:

大花藿香蓟(*A. houstonianum* Mill.):又称心叶藿香

图2.24　藿香蓟

蓟。原产秘鲁、墨西哥。株高 15~25 cm;丛生紧密。叶皱,基部心脏形。花序较大,蓝紫色,苞片背部有细密的黏质毛。花期秋季。我国园林中常见此种,花色丰富,还有矮生种及斑叶种。

2.2.25　百日草 *Zinnia elegans* Jacq.（图 2.25）

又名百日菊、步步高、秋罗、鱼尾菊、火球花。菊科,百日草属。原产墨西哥。

形态特征:一年生草本。高 50~90 cm,茎直立、粗壮。全株被短毛。单叶对生,叶片卵形至长椭圆形;全缘,长 6~10 cm,宽 2.5~5.0 cm;叶面粗糙,基部抱茎。头状花序单生枝顶,径约 10 cm。舌状花 1 至多数,倒卵形,顶端稍向后翻卷,呈红、紫、黄、白等色,结实;筒状花黄色或橙黄色,结实。总苞钟状,具穗缘,基部连生或数轮。瘦果扁平。花期 6~10 月。

图 2.25　百日草

栽培类型较多,主要有大花重瓣型(花序径 12 cm 以上,舌状花多轮)、纽扣型(花序圆球形,径 2~3 cm,舌状花多轮)、鸵羽型(舌状花瓣带状而扭旋)、大丽花型(舌状花瓣先端卷曲)、斑纹型(花瓣具不规则的复色条纹或斑点)、低矮型(株高仅 15~40 cm)。

生态习性:喜阳光充足的温暖气候,耐半阴,耐干旱。性强健,适应性强,能自播。对土壤要求不严格,但栽培于肥沃、疏松、排水良好的土壤发育更好。

观赏用途:百日草花期长,是布置夏、秋花坛、花境的良好材料。高型品种可用于切花,水养持久。矮型品种用于花坛,也可作盆栽观赏。

繁殖:播种繁殖,发芽适温 20~25 ℃,7~10 d 萌发。

2.2.26　万寿菊 *Tagetes erecta* L.（图 2.26）

又名蜂窝菊、臭芙蓉。菊科,万寿菊属。原产墨西哥。

图 2.26　万寿菊

形态特征:一年生草本。高 60~90 cm。茎直立、多分枝,光滑、粗壮,绿色或棕褐色晕,全株有异味。叶对生,羽状全裂,裂片披针形,边缘有齿和油腺点。头状花序顶生,径 5~13 cm;具长总梗,中空,接近花序处肿大;总苞绿色,钟状,背面边缘具油腺点;舌状花多轮,边缘略皱曲,纯黄或橙黄色;筒状花不明显。瘦果黑色,冠毛淡黄色。花期 6~10 月。

栽培类型极多,按花色有乳白、黄橙、橘红或复色;按植株高度分,有矮型(25~30 cm)、中型(40~60 cm)和高型(70~90 cm)。

生态习性:喜阳光充足,温暖湿润的环境,不耐寒。耐干旱瘠薄,适应性强。

观赏用途:花朵繁茂,色彩明快,花期长,宜布置夏、秋季花坛、花境,或丛植于隙地、林缘。

繁殖:播种繁殖,气候暖和的南方可一年四季播种,北方则多春播,发芽适温 22~24 ℃。

同属花卉:

香叶万寿菊(*T. lucida* Cav.):原产墨西哥。全株芳香。头状花序金黄色或橙黄色,径

1.5 cm。

细叶万寿菊(*T. tenuifolia* Cav)：原产墨西哥。叶片奇数羽状细裂，裂片 13 枚，线形。头状花序中舌状花一般 5 枚。

孔雀草(*T. patula* L.)：又名红黄草、小种万寿菊、卧车菊。原产墨西哥，我国园林中多有栽培。茎多分枝呈披散状，细长而晕紫色，高 20～40 cm。叶对生或互生，羽状全裂，叶裂片披针形，叶缘有细齿，先端尖细芒状，有油腺点，具异味。头状花序径约 4 cm；总苞管状，舌状花黄色或橙黄色，基部具褐红色斑；筒状花不明显。花期自 6 月至深秋。有单瓣、重瓣型等，有大花矮生品种(高 25 cm，花径约 4 cm)、小花矮生品种(高 20～25 cm，花径 2 cm)。

2.2.27 金盏菊 *Calendula officinalis* L. (图 2.27)

又名黄金盏、金盏花、长生菊、灯盏花、长春花。菊科，金盏菊属。原产南欧。

形态特征：一二年生草本，常作二年生栽培。高 30～60 cm，全株有白色茸毛，茎直立，多分枝。单叶互生，椭圆形或椭圆状倒卵形，全缘，但有时有不明显锯齿；基生叶有柄，茎生叶基部抱茎。头状花序单生茎顶，圆盘状，径 4～10 cm；舌状花平展，黄色或金黄、橘黄色；筒状花黄色。瘦果，两端内弯舟形或月牙形。花期 3～5 月，果熟期 5～6 月。

生态习性：喜阳光充足，较耐寒，忌炎热、干燥的气候。适应性强，对土壤要求不严，能自播繁衍。

观赏用途：为优良的春季观赏花卉，用于花坛、花境、花台、盆栽及切花栽培。

繁殖：以播种繁殖为主，也可扦插繁殖。播种一般在 9 月下旬～10 月初进行，发芽适温 20～22℃。

图 2.27 金盏菊

2.2.28 矢车菊 *Centaurea cyanus* L. (图 2.28)

又名蓝芙蓉、翠蓝、荔枝菊。菊科，矢车菊属。原产欧洲东南部。

形态特征：一二年生草本，常作二年生栽培。高 30～90 cm。茎直立，有分枝，全株被白色绵毛。单叶互生，基生叶大，长椭圆状披针形，羽状分裂，有柄；茎生叶条形、细长，全缘，无柄。头状花序单生枝顶，径 3～5 cm，总苞片边缘齿状；舌状花偏漏斗形，6 裂，向外伸展，呈蓝、紫、粉红或白色；筒状花细小，常与舌状花同色，结实。瘦果长卵形，先端具刺状冠毛。花期 3～5 月，果熟期 5～6 月。

栽培类型中有矮生型(株高 20～30 cm)，以及花色为浅蓝、雪青、淡红、玫红等类型。

生态习性：适应性较强。喜光，稍耐寒；不耐阴湿，忌炎热、干燥的气候。喜肥沃、疏松和排水良好的沙质土壤。

观赏用途：花期较早，花姿奇丽，适宜布置春季花坛、花境，也可作切花栽培。矮生型可盆栽供观赏。

图 2.28 矢车菊

繁殖:播种繁殖,春、秋两季皆可,但南方以秋季较适宜。在8月中旬～9月下旬播种,8～15 d发芽。

同属常见花卉:

香矢车菊(*C. moschata* L.):又名香芙蓉、绒球花、麝香矢车菊。一二年生草本。株高60～80 cm,叶长椭圆状披针形、羽状深裂,裂片边缘有牙齿。头状花序具长总梗,总苞片全缘,舌状花冠边缘剪绒状,具杏仁香味,花白、黄、紫色等,花径5 cm。

2.2.29　雏菊 *Bellis perennis* L.（图2.29）

又名春菊、小白菊、延命菊、马兰头花。菊科,雏菊属。原产西欧。

形态特征:多年生草本,常作二年生栽培。高约7～15 cm。植株低矮,全株具毛。单叶基生,叶片匙形或倒长卵形,先端钝圆,基部渐狭。花葶自叶丛中抽出,顶生头状花序,径3～5 cm;舌状花1至数轮,具红、淡红、纯白、紫色等;筒状花黄色。瘦果扁平,种子细小,长形,灰白色。花期3～6月,果熟期5～6月。

图2.29　雏菊

生态习性:喜阳光充足及凉爽气候,较耐寒,忌炎热、多雨,要求肥沃、疏松、排水良好的土壤。

观赏用途:花期较早,花序有娇小玲珑之感,适宜布置春季花坛、花境,常与金盏菊配植;也可点缀岩石园,还可盆栽观赏。

繁殖:播种、分株或扦插繁殖。种子发芽适温22～28℃。雏菊须根发达,也可于开花后分根繁殖。

2.2.30　瓜叶菊 *Pericallis hybrida* B. Nord.（图2.30）

又名千日莲、瓜叶莲、千里光。菊科,千里光属。原产非洲西北岸加那利群岛。

图2.30　瓜叶菊

形态特征:多年生草本,常作一二年生栽培。株高30～60 cm。矮生品种25 cm左右,全株密生柔毛。叶具有长柄,叶大,心状卵形至心状三角形,叶缘具波状或多角齿,形似葫芦科的瓜类叶片,故名瓜叶菊;有时背面带紫红色,叶表面浓绿色。花为头状花序,簇生成伞房状;花色有蓝、紫、红、粉、白或镶色。花期为12月～翌年4月,盛花期3～4月。

生态习性:喜凉爽湿润的气候。喜阳光充足和通风良好的环境,但忌烈日直晒。要求疏松、肥沃、富含腐殖质、排水良好的沙质壤土。忌干旱,怕积水。

观赏用途:瓜叶菊是冬春时节主要的观花植物之一。其花朵鲜艳,可作花坛栽植或盆栽布置于庭廊过道,给人以清新宜人的感觉。

繁殖:播种繁殖,发芽适温20～25℃,常7～8月播种,播后一周发芽。

2.3　常见宿根观花植物

2.3.1　剪秋罗 *Lychnis fulgens* Fisch. (图 2.31)

图 2.31　大花剪秋罗

又名光辉剪秋罗。石竹科,剪秋罗属。原产西伯利亚及我国东北、华北各省。朝鲜、日本也有分布。

形态特征:宿根草本。高 30~60 cm。茎直立,全株被白色长毛。叶卵形至卵状长椭圆形,长 3.5~10 cm,宽约 3.5 cm,两面都有柔毛。花 7~10 朵簇生顶端,深红色;花瓣成 2 阔裂片,裂片外有 2 浅裂。花期 7~8 月。

生态习性:喜湿润,耐寒。在阴蔽环境下和疏松、排水良好的土壤中生长良好。

观赏用途:多植于林下,作观花地被植物,也可布置花坛,还可盆栽或作切花用。

繁殖:分株或播种繁殖。播种于春、秋两季进行。

2.3.2　花毛茛 *Ranunculus asiaticus* L. (图 2.32)

又名芹菜花、波斯毛茛。毛茛科,毛茛属。原产土耳其、叙利亚、伊朗以及欧洲东南部。

形态特征:宿根草本。高 25~45 cm。地下部为小型块根,顶部数芽有茸毛包被。根出叶,2 回三出羽状浅裂或深裂。花单生或数朵顶生;萼片绿色,花瓣 5 至数 10 枚,花径 3~4 cm;花色有白、粉、黄、红、紫等色。花期 3~5 月。栽培品种多,有重瓣、半重瓣、单瓣之分。

生态习性:喜凉爽及半阴环境,忌炎热,较耐寒。适宜的生长温度白天 20℃左右,夜间 7~10℃,既怕湿又怕旱。要求腐殖质多、排水良好的中性或偏碱性土壤。

图 2.32　花毛茛

观赏用途:花毛茛花大而美丽,常种植于树下,或于草坪中丛植,以及种在建筑物的阴面,也适宜作切花或盆栽。

繁殖:用播种或分株法繁殖。分株于 9~10 月进行,将块根带根茎瓣开栽植。

2.3.3　楼斗菜 *Aquilegia viridiflora* Pall. (图 2.33)

毛茛科,楼斗菜属。原种产欧洲至西伯利亚,近年已与其他种进行杂交。

形态特征:宿根草本。株高 60 cm。茎直立,多分枝。2 回三出复叶,具长柄,裂片浅而微圆。一茎着生多花,花瓣下垂,距与花瓣近等长、稍内曲;花有蓝、紫、红、粉、白、淡黄等色;花径约 5 cm。花期 5~6 月。

变种有:

大花变种(var. *olympica*):花大,萼片暗紫至淡黄色,花瓣白色。

白花变种(var. *nivea*):花白色、花径约 6 cm。

重瓣变种(var. *flore-pleno*):花重瓣、多种颜色。

斑叶变种(var. *vervaeneana*):叶片有黄斑。

生态习性:耐寒,喜半阴的环境。忌酷暑和干旱。要求肥沃、湿润、排水良好的沙质壤土。

观赏用途:花姿、叶形别致,既可观花,亦可赏叶。适合种植于花坛、花境、岩石园中,或林缘、疏林下;也可作切花。

繁殖:用播种或分株法繁殖。春秋播种,播种苗 2 年左右可以开花。定植苗 3～4 年需更新一次。

图 2.33　耧斗菜

2.3.4　芍药 *Paeonia lactiflora* Pall. (*P. albiflora* Pall.)(图 2.34)

毛茛科(芍药科),芍药属。原产中国、日本及西伯利亚。

图 2.34　芍药

形态特征:宿根草本,根肉质。茎丛生,高 60～120 cm。2 回三出羽状复叶,小叶常三深裂、椭圆形、狭卵形至披针形,绿色,近无毛。花 1 至数朵着生于茎上部顶端,有长花梗及叶状苞,苞片三出;花紫红、粉红、黄或白色、绿色;花径 13～18 cm;单瓣或重瓣;萼片 5 枚,宿存;离生心皮 3～5 枚;雄蕊多数。蓇葖果,种子球形,黑色。花期 4～5 月,果期 8～9 月。

生态习性:耐寒力强,耐热力较差。喜阳光,稍有遮阴也能生长和开花。要求土层深厚、肥沃而又排水良好的壤土或沙壤土,不耐盐碱和水涝。

观赏用途:芍药是我国传统名花之一,花大色艳,适应性强,管理粗放,适宜布置花坛、花境,或做专类花园观赏,也可作切花。

繁殖:以分株繁殖为主,也可播种繁殖。分株于 8 月下旬至 9 月下旬进行。

2.3.5　荷包牡丹 *Dicentra spectabilis* (L.) Lem. (图 2.35)

又名铃儿草、兔儿牡丹、鱼儿牡丹。罂粟科,荷包牡丹属。原产中国北部。

形态特征:宿根草本。高 30～60 cm,地下茎稍肉质。茎带紫红色,丛生。叶 2 回三出复叶,全裂,具长柄,叶被白粉。总状花序,花着生一侧并下垂;萼片 2,小而早落;花瓣长约 2.5 cm,外面 2 枚粉红色,基部囊状,上部狭且反卷,内 2 枚狭长,近白色;雄蕊 6,合生成两束;雌蕊条形。花期 4～5 月。

生态习性:耐寒而忌夏季高温,喜湿润、疏松的土壤,在沙土及黏土中生长不良。生长期间喜侧方遮阴,忌日光直射。

图 2.35　荷包牡丹

观赏用途:可丛植做花境、花坛布置。因耐半阴,也可作地被植物。或作切花栽植。

繁殖:主要用分株和扦插的方法繁殖。分株宜在 2 月初或花落后进行;扦插宜在 5～9 月。

2.3.6　长寿花 *Kalanchoe blossfeldiana* Poelln.（图 2.36）

景天科,伽蓝菜属。原产非洲马达加斯加岛。

图 2.36　长寿花

形态特征:常绿多年生肉质草本。高 10～30 cm,茎直立。叶对生,长圆状匙形,肉质,叶片上部叶缘具波状钝齿,下部全缘,亮绿色,有光泽,叶边略带红色。圆锥聚伞花序,长 7～10 cm;每株有花序 5～7 个;花小,花瓣 4 枚,花色有绯红、桃红或橙红等。花期 1～4 月。

生态习性:喜阳光充足,稍耐阴。耐干旱,对土壤要求不严,宜沙壤土。生长适温 15～25℃,30℃以上则生长迟缓。

观赏用途:植株矮小、株形紧凑,花朵细密拥簇成团,整体观赏效果极佳。为冬季室内盆花,布置窗台、书桌、几案等处,亦可用于秋季花坛布置。

繁殖:多用扦插繁殖,于 5～6 月或 8～9 月进行。在 20～30℃条件下,10～15 d 可生根。

2.3.7　落新妇 *Astilbe chinensis* Maxim. Franch. et Sav.（图 2.37）

虎耳草科,落新妇属。中国长江中下游至东北各地均有野生,朝鲜、前苏联也有分布。

形态特征:宿根草本。高 40～80 cm。根状茎粗壮呈块状,有棕黄色长绒毛及褐色鳞片,须根暗褐色。茎直立,被多数褐色长毛并杂有腺毛。基生叶 2～3 回三出复叶,具长柄;茎生叶 2～3 枚,较小;小叶片长 1.8～8.0 cm,边缘有重锯齿,叶上面疏生短刚毛,背面特多。圆锥花卉长达 30 cm,与茎生叶对生,花轴密生褐色曲柔毛;苞片卵形,较花萼稍短;花密集,几无柄,花瓣 4～5 枚,红紫色,狭条形,长约 5 mm;雄蕊 10;心皮 2,离生。花期 7～8 月。

生态习性:喜半阴,潮湿而排水良好的环境。耐寒,要求疏松肥沃、富含腐殖质的酸性或中性土壤,轻碱地也能生长。

观赏用途:落新妇花序紧密,呈火焰状,花色丰富,艳丽,有众多品种类型,在园林中可用于花坛,花境、溪边林缘和疏林下栽植,亦可盆栽或作切花。

图 2.37　落新妇

繁殖:以播种繁殖为主,也可分根繁殖。通常春季播种,分根于春天发芽前进行。

2.3.8　多叶羽扇豆 *Lupinus polyphyllus* Lindl.（图 2.38）

豆科,蝶形花亚科,羽扇豆属。原产北美。

形态特征:多年生草本。高 90～150 cm。茎粗壮直立,光滑或疏被柔毛。叶多基生,叶柄很长,但上部叶柄短;小叶 9～16 枚,披针形至倒披针形,长 5～15 cm,表面光滑,叶背具粗毛;托叶尖,1/3～1/2 与叶柄相连。顶生总状花序,长 30～60 cm;小花长 1.3 cm,旗瓣带紫色,翼瓣蓝色;花期 5～6 月。种子棕褐色有光泽。

生态习性:较耐寒(-5℃以上),喜气候凉爽、阳光充足的地方,忌炎热,略耐阴,需肥沃、排水良好的沙质土壤,主根发达,须根少,不耐移植。

观赏用途:适宜布置花坛、花境或在草坡中丛植,亦可盆栽或作切花。

繁殖:播种繁殖,于秋季进行;扦插繁殖,在春季剪取根茎处萌发枝条,剪成 8～10 cm,最好略带一些根茎,扦插于冷床。

图 2.38　多叶羽扇豆

2.3.9　决明 *Cassia tora* L. (图 2.39)

又名马蹄决明、英明。豆科,云实亚科,铁刀木属。原产中国台湾及日本琉球。

图 2.39　决明

形态特征:一年生半灌木状草本,作多年生栽培。高 1～2 m。羽状复叶具小叶 6 枚;叶柄无腺体,在叶轴上两小叶之间有一个腺体;小叶倒卵形至倒卵状矩圆形,长 1.5～6.5 cm,宽 0.8～3.0 cm,幼时两面疏生长柔毛。花通常 2 朵于叶腋着生,总花柄极短;萼片 5,分离;花冠黄色,花瓣倒卵形。荚果条状,长达 15 cm;种子多数,淡褐色,有光泽。花期 7 月前后,果熟期 9～10 月。

生态习性:喜高温、湿润气候。适宜于沙质壤土、腐殖质土或肥分中等的土中生长。

观赏用途:决明为粗放的草本花卉和传统的药用花卉。黄花灿烂,鲜艳夺目,在园林中最宜群植,装饰林缘,或作为低矮花卉的背景材料。

繁殖:用播种繁殖,成活甚易。可于 4 月前后进行条播。

2.3.10　天竺葵 *Pelargonium hortorum* Bailey(图 2.40)

又名石蜡红、洋绣球。牻牛儿苗科,天竺葵属。原产南非。

形态特征:为亚灌木或多年生草本。高 30～60 cm。茎肉质、粗壮,多分枝,老茎木质化。通体被细毛和腺毛,具鱼腥气味。叶互生,圆形至肾形,径 7.5～12.5 cm,通常叶缘内有马蹄纹。伞形花序顶生,总梗长,花在蕾期下垂,花瓣近等长,下 3 枚稍大;花色有白、粉、肉红、淡红、大红等色。在北京主要花期为 5～6 月,其他季节只要条件适宜,皆可不断开花。上海花期为 10 月至次年 5 月。

生态习性:喜温暖,稍耐旱,怕积水,不耐炎夏的酷暑和烈日的暴晒。生性健壮,很少病虫害;适应性强,各种土质均能生长,但以富含腐殖质的沙壤土生长最宜。

图 2.40　天竺葵

观赏用途:花密集如球,可作春季花坛用花。盆栽宜作室内外装饰。

繁殖:通常扦插繁殖,在春、秋季扦插容易成活。新老枝条扦插都能成活,但以嫩枝扦插成活率高,可春、秋插,5月以后扦插,高温伴随多湿,成活率低。

2.3.11　蜀葵 *Althaea rosea*（L.）Cav.（图 2.41）

又名端午锦、熟季花。锦葵科,蜀葵属。原产中国西南地区。

图 2.41　蜀葵

形态特征:多年生草本。高可达 3 m,茎直立。全株被毛。叶大、互生,叶片粗糙,微皱缩,圆心脏形,5～7 浅裂;托叶 2～3 枚,离生。花大,单生于叶腋或着生枝条顶部,总状花序,花径 8～12 cm,小苞片 6～9 枚,阔披针形;萼片 5,卵状披针形;花瓣 5 枚或更多,短圆形或扇形,边缘波状而皱或齿状浅裂;花色有粉红、红、紫、墨紫、白、黄、水红及乳黄色等,有单瓣、半重瓣和重瓣。花期 6～8 月。

生态习性:喜光、耐半阴、耐寒,在华北地区可露地越冬。不择土壤,但以疏松肥沃的土壤生长良好。

观赏用途:蜀葵是一种良好的园林背景材料,可作为花坛、花境的背景,也可在墙下、篱边种植,或作庭院边缘的绿化美化材料。

繁殖:播种繁殖,也可进行分株和扦插。8、9 月种子成熟后即可播种,次年开花;春播,当年不易开花。分株繁殖在春季进行,扦插法仅用于繁殖某些优良品种。

2.3.12　四季秋海棠 *Begonia semperflorens* Link. et Otto.（图 2.42）

又名瓜子海棠、洋秋海棠。秋海棠科,秋海棠属。原产巴西。

形态特征:多年生常绿草本。高 15～30 cm。具须根,茎直立、肉质,光滑。叶互生,有光泽,卵圆形至广椭圆形,边缘有锯齿,叶基部偏斜,绿色、古铜色或深红色。聚伞花序腋生,花单性,雌雄同株,花具红、粉、白等色或复色;雄花较大,花瓣 2 枚,宽大,萼片 2 枚;雌花稍小,花被片 5。花期 11 月至翌年 5 月。

生长习性:阳性,喜强光。夏季高温期呈半休眠状态,宜 50%～70% 的光照并注意通风。生长适温为 15～25℃。华东地区栽植需温室越冬。

观赏用途:花品高雅,可观叶、观花。可成簇栽培,作地被或美化花台、花坛,景观尤佳,也可作盆栽。

繁殖:播种、扦插与分株法繁殖。春、秋均可播种;分株多于春季结合换盆进行。

图 2.42　四季秋海棠

2.3.13　随意草 *Physostegia virginiana* Benth.（图 2.43）

又名假龙头花、芝麻花。唇形科,假龙头花属。原产北美。

形态特征:宿根草本。高 0.6～1.2 m。茎丛生而直立,稍四棱形。单叶对生,叶长椭圆形至披针形,端锐尖,缘具锯齿,长 7.5～12.5 cm。顶生穗状花序,长 20～30 cm,单一或分枝,花色淡紫、红至粉色。萼于花后膨大。花期 7～9 月。

生态习性:性喜温暖、阳光充足环境。喜疏松肥沃、排水良好的沙质壤土,较耐寒,能耐轻霜冻,适应能力强。

观赏用途:枝条挺拔、俊秀、花朵繁茂、秀丽。群体观赏效果很好,常用于配植花坛、花境,片植或丛植,亦可盆栽。

繁殖:用分株或扦插法。春、秋季为分株适期。地下匍匐根茎较发达,花后地上部枯萎,而地下根茎会蘖萌许多新芽形成新植株。

图 2.43　随意草

2.3.14　金苞花 *Pachystachys lutea* Nees.(图 2.44)

又名艳苞花、花叶爵木、黄虾花、金苞虾衣花。爵床科,厚穗爵床属。原产秘鲁和墨西哥。

图 2.44　金苞花

形态特征:常绿亚灌木。茎近无毛,多分枝,直立,基部逐渐木质化,节部膨大。叶对生,狭卵形,向基部渐尖,有明显的叶脉,叶面皱褶有光泽,叶缘波浪形。穗状花序,苞片金黄色,长 10～15 cm;花冠唇形,白色,长约 5 cm,从花序基部陆续向上绽开,金黄色苞片可保持 2～3 个月。花期自春至秋。

生态习性:喜温暖,越冬温度不得低于 15 ℃。不耐直射阳光,但光照不足又不能开花。无明显的休眠期,适温下可周年生长开花。

观赏用途:株丛整齐,花色鲜黄,花期较长。适作会场、厅堂、居室及阳台装饰。南方用于布置花坛。

繁殖:扦插繁殖。栽培中适当摘心,以促进分枝。

2.3.15　宿根福禄考 *Phlox paniculata* L.(图 2.45)

又名天蓝绣球、锥花福禄考。花荵科,天蓝绣球属(福禄考属)。原产北美东部。

形态特征:宿根草本。高 60～120 cm。茎粗壮直立,近无毛。叶交互对生或 3 叶轮生,长椭圆形,端尖基狭。圆锥花序顶生呈锥形,花冠呈高脚碟状,花径约 2.5 cm。花色有白、红、紫、粉、复色等。花期 6～9 月,果熟期 9～10 月。

生态习性:喜阳光,也耐半阴;喜排水良好的腐殖土,耐寒。忌积水、过热、过干。

观赏用途:可用于布置花坛、花境,亦可点缀于草坪中,是优良的庭园宿根花卉,也可用作盆栽或切花。

繁殖:用播种、分株、压条和扦插法繁殖。

图 2.45　宿根福禄考

2.3.16　桔梗 *Platycodon grandiflorum* Jacq. A. DC.（图 2.46）

又名六角花、梗草、僧冠帽。桔梗科,桔梗属。原产日本,中国南北各省均有分布。

图 2.46　桔梗

形态特征:宿根草本。高 30～100 cm,上部有分枝。块根肥大多肉,圆锥形。叶互生或 3 枚轮生,几无柄,卵形至卵状披针形,端尖,边缘有锐锯齿。花单生枝顶或数朵组成总状花序;花冠钟状,蓝紫色,径 2.5～5.0 cm,花冠裂片 5 枚,三角形;雄蕊 5 枚,花丝基部扩大;花柱 5 裂。花期 6～10 月,果期 8～11 月。

生态习性:喜凉爽、湿润、阳光充足的环境。耐阴、耐寒。要求肥沃、排水良好的沙质土壤。

观赏用途:花期长,花色淡雅,是很好的露地观赏花卉,多作背景材料,或用于岩石园中,亦可作盆栽或切花。

繁殖:播种繁殖。秋播或春播均可。秋播在每年的 10 月下旬至 11 月上旬进行,春播则在 3 月进行,不宜超过 3 月底。

2.3.17　千叶蓍 *Achillea millefolium* L.（图 2.47）

又名锯叶蓍草、西洋花蓍。菊科,蓍草属。原产欧洲、亚洲及北美,中国东北、西北有野生。

形态特征:宿根草本。高 60～100 cm。茎直立,稍有棱,上部有分枝,密生白色长柔毛。叶矩圆状披针形,2～3 回羽状深裂至全裂,裂片线形。头状花序白色,径 5～7 mm,伞房状着生;舌状花 4～6 个。花期 6～10 月。

变种有:

红花蓍草（var. *rubrum* Hort.）:高 1 m,花红色。

生态习性:喜阳光充足,耐寒,耐旱,略耐阴;对土壤的适应性强,但不能积水。以排水良好、腐殖质及石灰质之沙壤土为宜。

观赏用途:千叶蓍因其花期长、花色多、耐旱等特点,在园林中多用于花境布置。有些矮小品种可布置岩石园,亦可群植于林缘形成花带,也可作为花坛布置材料。

图 2.47　千叶蓍

繁殖:于春、秋分株,也可春秋播种,播种后保持土壤湿润,一周左右可发芽。

2.3.18　菊花 *Dendranthema morifolium*（Ramat.）Tzvel.（图 2.48）

又名秋菊、黄花、鞠、帝女花、治蔷、金蕊等。菊科,菊属。原产中国中部河南等地。

形态特征:宿根草本。高可达 60～150 cm,茎基部半木质化。青绿色至紫褐色,被柔毛。单叶互生,有柄,卵形至披针形,羽状浅裂至深裂,边缘有粗锯齿,基部楔形,托叶有或无,依品种不同,其叶形变化较大。头状花序单生或数个聚生茎顶,微香;花序径 2~30 cm;缘花为舌状的雌花,有白、粉红、雪青、玫红、紫红、墨红、黄、棕色、淡绿及复色等;心花为管状花,两性,可结实,多为黄绿色。瘦果,褐色、细小。花期 10~12 月,也有夏季、冬季、四季开花等不同生态型。果成熟期 12 月下旬至翌年 2 月,其他生态型种子成熟期不同。

图 2.48　菊花

　　菊花是中国的传统名花,栽培历史悠久。当今世界上园艺品种达 2 万多种,中国约有 7 000 多种。按花序大小分:小菊:花序径在 6 cm 以下,宜作悬崖菊、扎菊;中菊:花径 6~10 cm,宜作立菊、花坛菊;大菊:花径 10 cm 以上,宜作独本菊、盆菊、案头菊。

2.3.18.1　按花瓣类型分类

　　大菊中按花瓣类型、头状花序的花型变化,可分成 5 个瓣类 30 个花型 13 个亚型,现将类型简介如下(亚型从略)。

　　(1) 平瓣类　舌状花瓣宽,平展,瓣基联合成管,管部小于瓣长 1/3。

　　① 宽带型:舌状花 1~2 轮,略呈舟形平展,如'帅旗'、'粉十八'。

　　② 荷花型:舌状花 3~6 轮,整齐,略呈半球形,露心,如'墨荷'、'落日熔金'。

　　③ 芍药型:舌状花多轮,筒状花少或缺,各轮近等长,不露芯或微露,如'绿牡丹'。

　　④ 平盘型:舌状花多轮,外轮向里瓣片层层缩短,全型顶平如盘,半露或不露芯,如'墨麒麟'、'绿衣红裳'。

　　⑤ 翻卷型:舌状花多轮,外轮外翻,中内轮向内抱合,全花外翻内卷,微露芯,如'金鸡红翎'。

　　⑥ 叠球型:舌状花多轮,中间有匙瓣,向四周射出并向心内抱,如层瓦覆叠成球状,不露芯,如'光辉'、'黄石公'。

　　(2) 匙瓣类　花瓣基部筒状,先端开裂成扁平状,形似茶匙,管部介于瓣长的 1/3~2/3。

　　① 匙荷型:匙瓣 2~4 轮,整齐,顶平,露芯,如'金凤舞'。

　　② 雀舌型:多轮,外轮瓣直伸,瓣端匙口底部大于管的尖端,如'红飞雀'。

　　③ 蜂窝型:多轮,短,各瓣基部直立,排列整齐,露出瓣口,呈蜂窝状,如'白玉佛见笑'、'黄金球'。

　　④ 莲座型:多轮,外轮长、内轮短,内轮间有匙、管瓣,紧抱整齐,微露芯,如'大青莲'、'惊艳'。

　　⑤ 卷散型:多轮,外轮舒展四出间有平瓣,中、内轮内芯卷抱,微露芯,如'温玉'、'太真图'。

　　⑥ 匙球型:多轮,间有平瓣,排列整齐,重叠而互相紧抱,全花球形不露芯,如'虎啸'、'凌波仙子'。

　　(3) 管瓣类　舌状花瓣圆管状,先端闭合或张开,管部大于瓣长的 2/3。

　　① 单管:管状 1~3 轮,间有钩拱匙瓣,露芯,如'百鸟朝凤'、'金狮飞舞'。

　　② 翎管型:多轮,短粗刚硬直射,内外轮近等长,如'玉翎管'、'紫翎管'。

③ 管盘型：管瓣花外轮长，直伸；内轮短，内曲成盘状，如'绿衣红裳'、'陶然醉'。

④ 松针型：管瓣花细长直射，不露芯，如'黄松针'、'粉松针'。

⑤ 疏管型：多轮，中管，内外轮近等长，外轮四出、疏伸不整，如'迎风掸尘'。

⑥ 管球型：多轮，管瓣，弯曲，不整，间有匙瓣，互相追抱，呈球状或扁球状，如'黄龙'、'粉龙'。

⑦ 丝发型：多轮、细管、长、下垂、弯曲或微卷或扭捻，如'十丈珠廉'。

⑧ 飞舞型：多轮，管瓣间有匙，平瓣，瓣端弯曲呈环状，内抱或乱抱，外轮下垂，微露蕊，如'灰鹤展翅'。

⑨ 钩环型：多轮、细管、中管、外轮下垂、弯、有勾环，如'长生乐'、'绿云'。

⑩ 璎珞型：多轮、软、下垂，直伸四出，主为勾管，如'墨龙须'。

⑪ 贯珠型：多轮、细管长，先端直或卷曲珠状，外轮长，平伸或下垂，内轮短，不露心，如'赤线金珠'。

（4）畸瓣类　舌状花瓣畸形，呈平、匙、管状，先端扩大多变成龙爪、毛刺、剪绒型等。

① 龙爪型：舌状花管瓣，间有平、匙瓣，先端破裂呈龙爪状或流苏状，心花显著或稀少，如'千手观音'。

② 毛刺型：舌状花平、匙或管瓣，一至多轮，瓣上附有毛刺，心花显著或稀少，如'黄毛菊'。

③ 剪绒型：多轮，狭平瓣，直伸，瓣端细切如剪绒状，半露或不露芯，如'白绒球'。

（5）桂瓣类　盘状花发达，饱满突出，管端呈不规则开裂，呈'桂花状'。

① 平桂型：舌状花平瓣，1～2轮，如'芙蓉托桂'。

② 匙桂型：舌状花匙瓣，1～2轮，如'大红托桂'。

③ 管桂型：舌状花管瓣，1～2轮，如'蝉宫桂色'、'月明星稀'。

④ 全桂型：无舌状花瓣，全为筒状花。

2.3.18.2　按开花季节分类

按开花季节分类，可分为夏菊：5～9月开花；秋菊：9～11月开花，又可分成早中菊（花期在9月中下旬，花径10 cm以下）、晚秋菊（花期在10月后，花径10 cm以上）；寒菊：12月至翌年1月开花。

生态习性：中国十大名花之一。适应性强，喜凉，较耐寒，生长适宜温度为18～21℃，喜光，稍耐阴。较耐干旱，最忌积涝。喜地势高燥、土层深厚、富含腐殖质、疏松肥沃而排水良好的沙壤土。在微酸性至中性的土中均能生长。而以pH 6.2～6.7较好。

观赏用途：菊花品种繁多，色彩丰富，花形多变，姿态万千，不仅可以配植在花坛、花境或假山上，亦可以制作盆花、盆景、花篮、花圈等。近几年开始发展地被菊，被作为开花地被使用。

繁殖：可播种繁殖，发芽适温25℃，2～4月播种，当年可开花。生产中以扦插法繁殖为主，又可分为根蘖插、嫩枝插、单芽插及带蕾插等。亦可用分株和组织培养法繁殖。

2.3.19　木茼蒿 *Argyranthemum frutescens* (L.) Sch.-Bip. (图 2.49)

又名蓬蒿菊、木春菊。菊科，木茼蒿属。原产非洲加那利群岛。

形态特征：常绿亚灌木。高可达1.5 m。全株光滑无毛，多分枝。单叶互生，二回羽状深裂,裂片线形,端突尖。头状花序着生于上部叶腋,具长总梗,花径约 5 cm;舌状花 1～3 轮,狭长形,白色或淡黄色,筒状花黄色。花期全年。

生态习性:喜凉爽、湿润环境,忌高温多湿。耐寒力不强,在最低温度 5℃以上的温暖地区才能露地越冬。好肥,要求富含腐殖质、疏松肥沃、排水良好的土壤。

观赏用途:花色丰富,冬、春季为盛花期,可盆栽,也可作切花,是不可多得的年宵花卉,也可片植于花坛、阳台花槽中。

繁殖:扦插繁殖。春、秋季都可进行,具体时间一般多根据开花时间要求而定。9～10 月扦插,次年"五一"开花,6～7 月扦插,次年早春开花。

图 2.49　木茼蒿

2.3.20　紫菀 *Aster tataricus* **L. f.** (图 2.50)

图 2.50　紫菀

菊科,紫菀属。原产中国东北、华北、西北,朝鲜、日本也有分布。

形态特征:多年生草本,高 0.4～2.0 m。茎直立,上部有分枝。叶披针形至长椭圆状披针形,基部叶大,上部叶狭、粗糙,边缘有疏锯齿。头状花序,径 2.4～4.5 cm,排成复伞房状。总苞半球形,具苞片 3 层,边缘宽膜质,紫红色;舌状花 20 枚左右,淡紫色,管状花黄色。瘦果。花期 7～9 月,果期 8～10 月。

生态习性:喜阳光充足、通风良好、夏季凉爽的环境。喜较湿润又排水良好的肥沃土壤,亦耐旱,忌连作。

观赏用途:可用于风景区、公共绿地、庭园,常作花坛、花境和地被布置。也可作盆栽或切花。

繁殖:常用播种或扦插繁殖。播种于 3 月春播,播后 12～15 d 发芽;扦插在春季剪取顶端嫩茎扦插,插后 15～20 d 生根。

2.3.21　荷兰菊 *Aster novi-belgii* **L.** (图 2.51)

又名柳叶菊、纽约紫菀。菊科,紫菀属。原产北美。

形态特征:多年生草本。高 50～150 cm。茎丛生,基部木质化。叶互生,线状披针形,无黏性,近全缘,叶基略抱茎,暗绿色。头状花小,径约 2.5 cm;舌状花 15～25 枚,暗紫色或白色;总苞片线形,端急尖,微向外伸展。花期 8～10 月。

生态习性:耐寒、耐旱,喜阳光充足、通风良好的环境,要求疏松、肥沃、排水良好的土壤。

观赏用途:花朵秀丽,适宜布置花坛、花境,也可进行盆栽,可用于制作花篮、花圈的配花。

繁殖:分株和扦插法繁殖,有的品种分蘖力极强,可直接用分栽蘖芽的方式,极易成活。扦插于夏季进行。

图 2.51　荷兰菊

2.3.22　大花金鸡菊 *Coreopsis grandiflora* Hogg.（图 2.52）

菊科,金鸡菊属。原产北美,1826 年输入欧洲。

图 2.52　大花金鸡菊

形态特征:宿根草本。高 30～60 cm。全株稍被毛,有分枝。叶对生,基生叶及下部茎生叶披针形,全缘;上部叶或全部茎生叶 3～5 深裂,裂片披针形至线形。头状花序 4.0～6.3 cm,具长梗,内外列总苞近等长;舌状花通常 8 枚,黄色,长 1.0～2.5 cm,端 3 裂;管状花黄色。花期 6～9 月。

生态习性:耐寒,耐旱,耐瘠薄,喜光,对土壤要求不严。生长势健壮。

观赏用途:应用较广泛,适合种植于花坛中心部位,或作花境及背景材料,丛植于山前、篱旁、林中,亦可盆栽欣赏或作切花。

繁殖:栽培容易,常能自行繁衍。生产中多采用播种或分株繁殖,夏季也可进行扦插繁殖。

同属植物:

大金鸡菊(*C. lanceolata* L.):高 30～60 cm,无毛或疏生长毛。叶多簇生基部或少数对生,茎上叶甚少,全缘。头状花具长梗,径 5～6 cm,外列总苞常较内列短;舌状花 8 枚,宽舌状,黄色,端 2～3 裂。管状花黄色。花期 6～8 月。

轮叶金鸡菊(*C. verticillata* L.):高 30～90 cm,无毛,少分枝。叶轮生,无柄,掌状 3 深裂,各裂片又细裂。管状花黄色至黄绿色。花期 6～7 月。

2.3.23　一枝黄花 *Solidago canadensis* L.（图 2.53）

又名加拿大一枝黄花。菊科,一枝黄花属。原产北美。

形态特征:多年生草本。高 1.5～2.0 m。全株被粗毛。叶披针形,长 13 cm,表面粗糙,背面具柔毛,全缘或具齿。头状花序成偏向一侧的复总状,再与下部叶腋的花序集成顶生的圆锥状花丛,花黄色,舌状花短小。花期 7～8 月。

生态习性:喜阳光充足、凉爽高燥的环境。较耐寒、耐旱,以疏松肥沃、排水良好的壤土为宜。

观赏用途:一枝黄花株丛繁茂,浓绿叶丛中伸出黄色花穗,格外鲜艳。园林中可条植、丛植作花坛背景或成片点缀在开阔林缘,亦可作切花用。

繁殖:分株和播种法繁殖。分株春、秋季均可进行,3～4 月播种,10～15 d 出苗,地栽翌年开花。

图 2.53　一枝黄花

2.3.24　紫松果菊 *Echinacea purpurea* Moench.（图 2.54）

又名紫松菊、紫松花菊。菊科,松果菊属。原产北美。

形态特征:宿根草本。高 60～120 cm。全株具糙毛。叶卵形至卵状披针形,边缘具疏浅锯齿；基生叶基部下延；茎生叶叶柄基部略抱茎。头状花序单生枝顶；总苞5层，苞片披针形，革质，端尖刺状；舌状花一轮，粉红、紫红、白色等，瓣端2～3裂，稍下垂；管状花具光泽，呈深褐色，盛开时橙黄色；花径约10 cm。花期6～10月。

生态习性：稍耐寒，喜生于温暖向阳处，喜肥沃、深厚、富含有机质的土壤。

观赏用途：松果菊花形奇特，花期长，花色鲜艳、丰富，适用于自然式丛栽，布置花境、庭院隙地，也可作墙前屋后的背景材料，盆栽摆放建筑物周围，粗犷奇特，也可作切花观赏。

繁殖：可春、秋季播种；也可分株，于早春或秋末进行。

图2.54　紫松果菊

2.3.25　金光菊 *Rudbeckia laciniata* L.（图2.55）

菊科，金光菊属。原产北美。各国园林广泛栽培。

图2.55　金光菊

形态特征：宿根草本。高60～250 cm。有分枝，无毛或稍被短粗毛。叶片较宽，基生叶羽状，5～7裂，有时又2～3中裂；茎生叶3～5裂，边缘具稀锯齿。头状花序一至数个着生于长梗上；总苞片稀疏，叶状；径约10 cm；舌状花6～10枚，倒披针形而下垂，长2.5～3.8 cm，金黄色；管状花黄绿色。花期7～9月。

生态习性：既耐寒，又耐旱。喜向阳通风环境。有自播习性。一般土壤均可栽培。

观赏用途：多用作庭园布置，可作花坛、花境材料，或布置草地边缘，亦可作切花。

繁殖：用播种、扦插或分株法繁殖。9月播种于露地苗床，待苗长至4～5片真叶时移植，11月定植，露地越冬。

2.3.26　萱草 *Hemerocallis fulva* L.（图2.56）

百合科，萱草属。原产中国南部。

形态特征：宿根草本。根状茎粗短，有多数肉质根。叶披针形，长30～60 cm，宽2.5 cm，排成2列状。圆锥花序，着花6～12朵，橘红至橘黄色，阔漏斗形，长7～12 cm，边缘稍为波状，盛开时裂片反曲；径约11 cm，无芳香。花期6～8月，果期9～10月。

生态习性：性强健，耐寒，华北可露地越冬。适应性强，喜湿润也耐旱，喜阳光又耐半阴。对土壤选择性不强，但以富含腐殖质、排水良好的湿润土壤为宜。

观赏用途：花色鲜艳，栽培容易，且春季萌发早，绿叶成丛

图2.56　萱草

极为美观。园林中多丛植或于花境、路旁栽植。又可做疏林地被植物。

繁殖:春秋以分株繁殖为主,每丛带2~3个芽,施以腐熟的堆肥,通常3~5年分株一次。播种繁殖春秋均可。

2.3.27　火炬花 *Kniphofia uvaria* Hook.(图2.57)

图2.57　火炬花

又名红火棒、火把莲。百合科,火炬花属。原产非洲南部。

形态特征:宿根草本。基生叶丛生,广线形,长60~90 cm,宽2.0~2.5 cm。花茎高约100 cm,为密穗状总状花序,长15~25 cm,上面花通常深鲜红,下面花黄色;小花稍下垂,花被长2.5~5.0 cm,裂片半圆形,雄蕊稍外伸。花期6~10月。

生态习性:喜温暖,较耐寒。对土壤要求不严,但喜在排水良好的沙壤土或壤土上生长。

观赏用途:适宜在花境中成片种植或丛植。庭院中多丛植做背景,在翠绿的叶丛中,艳丽犹如火把状的独特花序别具特色,也可用于切花。

繁殖:播种法繁殖,发芽适温约25℃,14~20 d出苗。也可春、秋季将蘖芽带根分切栽植,可独立成株。

2.3.28　德国鸢尾 *Iris germanica* L.(图2.58)

鸢尾科,鸢尾属。原产欧洲中部,多数品种系欧洲原种杂交而来,世界各国广为栽培。

形态特征:宿根草本。高60~90 cm,根茎粗壮。叶剑形,稍革质,绿色略带白粉。花葶长60~95 cm,具2~3分枝,共有花3~8朵,花径可达10~17 cm,有香气;垂瓣倒卵形,中肋处有黄白色须毛及斑纹;旗瓣较垂瓣色浅,拱形直立。花期5~6月,果期7~8月。

生态习性:耐寒性较强。喜阳光充足、气候凉爽、土壤肥沃的生长环境,在排水良好的石灰质土壤中生长良好。

观赏用途:本种花朵硕大,色彩鲜艳,园艺品种繁多,花色丰富,有纯白、姜黄、桃红、淡紫、深紫等,常用于花坛、花境布置,也是重要的切花材料。

图2.58　德国鸢尾

繁殖:以分株繁殖为主。一般每3年于花后休眠期即新根萌发前进行1次分株。

2.3.29　鸢尾 *Iris tectorum* Maxim.(图2.59)

又名蓝蝴蝶、扁竹叶。鸢尾科,鸢尾属。中国云南、四川、江苏、浙江等省均有分布。

形态特征:宿根生草本。高 30～40 cm。根茎粗短,淡黄色。叶剑形,纸质、淡绿色。花茎稍高于叶丛,单一或有二分枝,每枝着花 1～2 朵,花蓝紫色,径约 8 cm;垂瓣倒卵形,蓝紫色,具深褐色脉纹,中肋的中下部有一行鸡冠状肉质突起;旗瓣较小,淡蓝色,呈拱形直立;花柱花瓣状,与旗瓣同色。蒴果长圆形,种子球形,有假种皮。花期 5 月,果期 6～8 月。

生态习性:性强健,耐半阴,耐干燥。喜生于排水良好、适度湿润、微酸性的壤土,也能在沙质土、黏土上生长。

观赏用途:花朵大而艳丽,叶丛也很美观。在花坛、花境、地被等栽植中也常见应用。

繁殖:用分株或播种繁殖。分株,可于春、秋季和开花后进行。

图 2.59 鸢尾

2.3.30 射干 *Belamcanda chinensis*(L.)DC.(图 2.60)

图 2.60 射干

鸢尾科,射干属。原产中国、日本、朝鲜,中国各省区均有分布,多野生于山坡、石缝间。

形态特征:宿根草本。高 0.5～1 m。地下茎短而坚硬。叶剑形,扁平而扇状互生,被白粉。二歧状伞房花序顶生;花橙色至橘黄色,外轮花瓣 3 枚,长倒卵形,有红色斑点;内轮花瓣 3 枚,稍小;花径 5～8 cm;雄蕊 3 枚;花丝红色。花期 7～9 月,果期 9～10 月。

生态习性:性强健,耐寒性强。喜干燥气候。对土壤要求不严,喜阳光充足、排水良好的沙壤土。

观赏用途:多用于多年生花坛、花境或林缘,可作切花,果序干制后可作干花。

繁殖:分株繁殖为主,3～4 月份进行,也可播种繁殖。

2.4 常见球根观花植物

2.4.1 美人蕉 *Canna generalis* Bailey.(图 2.61)

又名大花美人蕉、红艳蕉、兰蕉、昙华。美人蕉科,美人蕉属。原产美洲热带和印度。

形态特征:多年生球根花卉。高 60～150 cm。地下茎肉质,不分枝。叶大形互生,披针形或长椭圆形,叶脉羽状,呈绿色或紫红色。总状花序,小花具花梗,每小花具有萼片 3 枚,形小而呈绿色;雌蕊 5 枚,变形呈花瓣状,呈黄、红、橙、粉色;雄蕊一枚,扁平而直立。蒴果,外面有无数刺状的突起,种子黑色而坚硬。花期 5～11 月。

生态习性:喜高温炎热、阳光充足的环境。要求肥沃、富含有机质

图 2.61 美人蕉

的土壤。畏强风和霜害。对氯气及二氧化硫有一定抗性,适合于污染区栽种。

观赏用途:布置于花境、花坛、庭院、草坪和台阶两旁,也可以作为盆栽和切花材料。

繁殖:一般用分株、块茎繁殖。分株在 3～4 月进行。将老根茎挖出,分割成块状,每块根茎上保留 2～3 个芽,并带有根须,栽入土壤中 10 cm 深左右,株距保持 40～50 cm,浇足水即可。

2.4.2　大丽花 *Dahlia pinnata* Cav.（图 2.62）

又名大丽菊、大理花。菊科,大丽花属。原产墨西哥高原地区和危地马拉。

图 2.62　大丽花

形态特征:多年生草本。高 50～100 cm。地下具肥大纺锤状肉质块根,茎中空。叶对生,1～3 回羽状分裂,小叶卵形,正面深绿色,背面灰绿色,具粗钝锯齿,总柄微带翅状。头状花序,具长梗,顶生或腋生,外围舌状花色彩丰富而艳丽,除蓝色外,有紫、红、黄、雪青、粉红、洒金、白、金黄等;管状花两性,多为黄色。瘦果黑色,长椭圆形。花期 6～10 月。

生态习性:性喜温暖、向阳及通风良好的环境。既不耐寒又畏酷暑,喜干燥、凉爽及富含腐殖质、疏松、肥沃、排水良好的沙质壤土。

观赏用途:大丽花是世界名花之一,植株粗壮,叶片肥满,花姿多变,花色艳丽,花坛、花境或庭前丛栽皆宜,矮生品种盆栽可用于室内及会场布置。高秆品种可用作切花。花朵亦是花篮、花圈、花束的理想材料。

繁殖:分株和扦插繁殖,分株繁殖在 3～4 月进行。可用播种繁殖培育新品种。

2.4.3　菊芋 *Helianthus tuberosus* L.（图 2.63）

又名洋姜、鬼子姜。菊科,向日葵属。原产北美。

形态特征:多年生球根花卉。高 2～3 m。茎直立,扁圆形,有不规则突起。叶卵形,先端尖,绿色,互生,粗糙。头状花序,花黄色。瘦果楔形,有毛。花期 8～10 月。

生态习性:耐寒、耐旱能力特强。耐瘠薄,对土壤要求不严,除酸性土壤、沼泽和盐碱地带不宜种植外,一些不宜种植其他作物的土地,如废墟、宅边、路旁都可生长。

观赏用途:宜作远景陪衬或作其他杂物的遮掩材料。

繁殖:多用块茎繁殖。秋霜后收获,留在土中的小块茎,翌春可萌发出苗。

图 2.63　菊芋

2.4.4　马蹄莲 *Zantedeschia aethiopica*（L.）Spreng.（图 2.64）

又名水芋、野芋、慈菇花、观音莲。天南星科,马蹄莲属。原产南非。

形态特征:多年生草本。具肥大的肉质块茎。叶大,基生,箭形,先端锐尖,基部截形,全缘,鲜绿色。佛焰苞白色,形大,似马蹄状,故名。肉穗花序鲜黄色,直立于佛焰苞中央,上部着生雄花,下部着生雌花。在冬季不冷、夏季不炎热的温暖、湿润的环境中,能全年开花。长江下游一带花期自11月至翌年5月,3~4月为盛花期。

生态习性:性喜温暖气候,不耐寒,不耐高温,稍耐阴。生长适温为20℃左右,0℃时根茎会受冻死亡。冬季需充足日照,光线不足着花少,夏季需适当遮阴。喜潮湿,不耐干旱。喜疏松肥沃、腐殖质丰富的黏壤土。

观赏用途:叶片翠绿,花苞片洁白硕大,宛如马蹄,形状奇特,是国内外重要的切花花卉,用途十分广泛。也可用于盆栽。

繁殖:以分球为主,也可播种。分球,可在9月初进行,每盆种7~8个小球;盆播在10月进行。

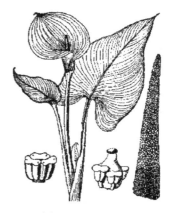

图2.64 马蹄莲

2.4.5 麝香百合 *Lilium longiflorum* Thumb. (图2.65)

又名铁炮百合、龙牙百合。百合科,百合属。原产中国台湾和日本的琉球群岛。

图2.65 麝香百合

形态特征:多年生草本。高45~100 cm。地下具无皮鳞茎扁球形,纵径2.5~5.0 cm,白色。单叶散生,叶片窄披针形,长约15 cm,平行脉;先端渐尖。花1~3朵簇生茎顶,径10~12 cm;花被片6枚,后部成筒状,前部外翻呈喇叭状,基部具蜜腺,有白、粉、橙、洋红、紫或具赤褐色斑点;全长10~18 cm,具浓香;花丝和柱头均伸出花被之外,花药鲜黄色。蒴果3裂,种子扁平膜质。花期6~9月,果熟期9月。

同属观花植物:

卷丹(*L. lancifolium* Thunb.):又名南京百合、虎皮百合。原产中国、日本和朝鲜。地上茎紫褐色,叶腋有珠芽。圆锥形总状花序着花3~20朵,橙红色下垂,花被片内面散生紫黑色斑点并向外翻卷,花药红色。可采用珠芽繁殖(图2.66)。

兰州百合(*L. davidii* Duch. var. *unicolor* Cotton.):为川百合之变种。原产甘肃南部。鳞茎大,横径可达15 cm。总状花序有花多达30~40朵,橙黄至橙红色,下垂。

岷江百合(*L. regale* Wils.):又名峨嵋百合。原产中国四川、云南。鳞茎紫红色。叶密生,细软下垂,深绿色。花2~9朵簇生茎顶,白色,内侧基部黄色;芳香。

川百合(*Lilium davidii* Duch.):原产中国西北、西南、中南等地。鳞茎白色。叶线形多而密集。花多达30~40朵,下垂,花被片反卷,里面近基部2/3处有斑点或突起(图2.67)。

生态习性:较耐寒,抗病力较差,在高温、多湿环境下易感病。生长适温15~25℃,低于12℃时生长缓慢,高于30℃时则会出现发生"哑花"现象。喜疏松肥沃、排水良好、腐殖质多的沙质壤土。

观赏用途:百合类花姿艳丽优美,色、香俱佳,是夏、秋园林花卉的佼佼者。在园林中,高的大种类和品种是花境中独特的优良材料,中高类可片植在灌木林缘或疏林下,也可作开花地被、花坛布景、花境背景;矮生品种则适宜于岩石园点缀与盆栽观赏。现代切花中,百合花枝已成为插花装饰中的名贵花卉。

繁殖:可分球、分珠芽、扦插鳞片或播种繁殖。以分球法最为常用,扦插鳞片亦较普遍应用,分珠芽和播种则仅用于少数种类或培育新品种。

图 2.66 卷丹

图 2.67 川百合

2.4.6 葡萄风信子 *Muscaris botryoides* **Mill.**（图 2.68）

又名蓝壶花、葡萄水仙。百合科,蓝壶花属。原产欧洲中部的法国、德国及波兰南部。

图 2.68 葡萄风信子

形态特征:多年生草本。高 15～30 cm。地下鳞茎卵圆形,外被白色皮膜。叶片基生,线形;暗绿色,稍肉质,边缘内卷,先端略下垂。花葶 1～3,自叶丛中抽出,高 10～25 cm;上部着生总状花序;花小、多数,花被呈小坛状,蓝色或先端带白色。另有白、肉红、淡蓝等品种。花期 3～4 月,果熟期 6 月。

生态习性:喜温暖湿润的环境,耐寒性强,冬季不畏严寒,初夏宜凉爽,亦耐半阴,宜肥沃。喜疏松和排水良好的腐叶土。鳞茎在夏季有休眠习性。

观赏用途:植株矮小,花期早,开放时间长,是良好的林下地被花卉。由于其开花时间较长,多用它布置多年生混合花境或点缀山石旁,亦可作盆栽或鲜切花用。也适于盆栽观赏。

繁殖:一般采用播种或分球繁殖。种子于秋季露地直播,次年 4 月发芽,实生苗 3 年后开花。分球可于夏季叶片枯萎后进行,秋季生根,入冬前长出叶片。

2.4.7 郁金香 *Tulipa gesneriana* **L.**（图 2.69）

又名洋荷花、草麝香、郁香、金香。百合科,郁金香属。原产地中海沿岸及中亚细亚、伊朗、土耳其,以及中国西藏、新疆等地。

形态特征:多年生草本。鳞茎扁圆锥形,具褐色皮膜。茎叶光滑,具白粉。叶 3～5 枚,长椭圆状披针形,长 10～25 cm,宽 2～7 cm;分为基生叶和茎生叶,一般茎生叶仅 1～2 枚,较小。

花单生茎顶,大形直立,有杯形、碗形、百合花形、重瓣型等。花色丰富,有白、粉、红、紫、黄、橙、黑、洒金、浅蓝等色,也复色。白天开花,傍晚或阴雨天闭合。蒴果成熟后开裂,种子扁平。花期3~5月。

生态习性:适应性强,可生长在夏季干热、冬季严寒环境中。耐寒性强,可经受−35℃低温。在富含腐殖质、排水良好的沙壤土中生长良好。

观赏用途:郁金香是重要的春季球根花卉,矮壮品种宜布置春季花坛。高茎品种宜作切花或布置花境,也可丛植于草坪边缘。中矮品种还可盆栽,点缀室内环境。

繁殖:常用分球繁殖和播种繁殖。分球繁殖时,分剥小鳞茎即可。利用种子播种繁殖时,于6~7月种子成熟后,沙藏到9月播种。

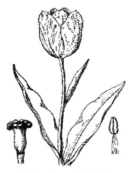

图 2.69　郁金香

2.4.8　大花葱 *Allium giganteum* **Rgl.**（图 2.70）

又名硕葱、高葱。百合科,葱属。原产亚洲中部。

图 2.70　大花葱

形态特征:多年生草本。地下鳞茎球形,皮膜白色。叶近基生,倒披针形,长达60 cm,宽10 cm,灰绿色。花葶自叶丛中抽出,高达1.2 m,伞形头状花序硕大,直径约18 cm,由2 000~3 000余小花组成,小花紫色。种子球形,坚硬,黑色。花期5~6月。

生态习性:性喜冷凉、阳光充足的环境。要求疏松肥沃的沙壤土,忌积水,适合中国北方地区栽培。

观赏用途:大花葱花型奇特,花色艳丽,适作花境、岩石旁材料或灌木草坪间丛植;也可盆栽观赏或作切花用。

繁殖:播种或分鳞茎繁殖。种子7月上旬成熟,可9~10月进行露地直播,翌年3月下旬发芽。盛夏地上部分枯萎,可挖出小鳞茎置通风处越夏,秋后栽植。

2.4.9　风信子 *Hyacinthus orientalis* **L.**（图 2.71）

百合科,风信子属。原产于欧洲、非洲南部和小亚细亚一带,以荷兰栽植最多。

形态特征:秋植球根花卉。鳞茎球形或扁球形,外被紫蓝、粉或白色皮膜,常与花色相关。叶带状披针形,质地较肥厚有光泽。花葶高15~45 cm,中空,先端着生总状花序;花小,基部筒状,上部裂片反卷,有红、黄、白、蓝、紫各色,有香味。蒴果。花期3~4月。

生态习性:较耐寒,喜凉爽、空气湿润、阳光充足的环境。宜在排水良好、肥沃的沙壤土中生长,在低湿黏重土壤中生长极差。

图 2.71　风信子

观赏用途:花期早,花色艳丽,植株低矮且整齐,是春季布置花境、花坛及草坪边缘的优良球根花卉,也可盆栽、水养或作切花观赏。

繁殖:以分球繁殖为主,也可用鳞茎繁殖。为培育新品种可播种繁殖,需培养4~5年方能开花。

2.4.10 水仙 *Narcissus tazetta* L. var. *chinensis* Roem. (图 2.72)

又名中国水仙、凌波仙子、天葱、雅蒜。石蒜科,水仙属。分布在中国东南沿海地区,以福建漳州、上海崇明、浙江舟山栽培为多。

图 2.72 水仙

形态特征:多年生草本。高约 30 cm。地下鳞茎肥大成扁球形,外被棕褐色薄皮膜,基部茎盘处着生多数白色肉质根。叶片 2 列,狭长带状,长 30~80 cm,宽 1.5~4.0 cm,稍肉质,先端钝;自鳞茎顶端长出。花葶从叶丛中央抽出,中空,顶端着生伞形花序,有花 3~12 朵,芳香,总苞膜质;花被片 6 枚,高脚碟状,边缘 6 裂,白色;副冠浅杯状,鲜黄色;雄蕊 6 枚,子房下位。蒴果。花期 1~3 月。

生态习性:喜温暖、湿润及阳光充足的环境,尤以冬无严寒、夏无酷暑、春秋多雨之地最适宜。喜水、喜肥,要求土层深厚富含有机质和排水良好的中性或微酸性土壤。

观赏用途:水仙花凌波吐艳、花形奇特,芳香馥郁,为中国十大名花之一,是元旦、春节期间的重要观赏花卉,既适宜室内案头、几架、窗台点缀,又可布置花坛、花境或在草坪上成丛、成片种植。

繁殖:侧球繁殖、双鳞片繁殖和组织培养法繁殖。秋季将鳞茎两旁的侧球与母球分离,栽种。双鳞片繁殖四季均可进行,以 4~9 月为好。

2.4.11 喇叭水仙 *Narcissus pseudo-narcissus* L. (图 2.73)

又名洋水仙、漏斗水仙。石蒜科,水仙属。原产瑞典、英格兰、西班牙和罗马尼亚等地。

形态特征:多年生草本。具肥大卵圆形鳞茎,直径 3~6 cm,具有多层肉质鳞片,被黄褐色的膜质外皮。叶扁平带状,灰绿色,叶面被白粉,5~6 枚。花茎高 35~80 cm;花单生茎顶,花色黄或淡黄,花被片分内外两层,共 6 枚,副冠喇叭状或钟状,黄色。花期 3~4 月。

生态习性:适应冬季寒冷和夏季干热的生态环境,在秋、冬、春生长发育,冬季能耐-14.7℃低温,夏季地上部分枯萎,37℃高温下鳞茎在土壤中可顺利休眠越夏,但其内部进行着花芽分化过程。喜肥沃、疏松、排水良好、富含腐殖质的微酸性至微碱性沙质壤土。

观赏用途:同水仙。

繁殖:播种、分球、分切鳞茎繁殖,也可用组织培养法繁殖。

图 2.73 喇叭水仙

2.4.12 晚香玉 *Polianthes tuberosa* L. (图 2.74)

又名夜来香、月下香。石蒜科,晚香玉属。原产墨西哥及南美洲。

形态特征:多年生球根类草本。地下块茎球状,形圆似洋葱,下端生根,上端抽出茎叶。基生叶带状披针形,茎生叶较短,愈向上则呈苞状。总状花序顶生,小花成对着生,12～20朵,自下而上陆续开放;花白色,漏斗状,长4～5 cm,花冠筒细长;具浓香,夜晚香味更浓。花期7～11月中旬。

生态习性:喜光,怕寒冷,地下块茎在北方需贮藏在8℃左右的室内。对土壤适应性广,但以肥沃沙质土壤最好,耐盐碱。

观赏用途:晚香玉是美丽的夏季观赏植物和切花材料。在园林中可片植,也可用来布置岩石园或球茎花卉专类园。因其夜晚开花,香气特别浓郁,还可配置于庭院和屋顶花园的花坛、花槽中,亦可盆栽和切花。瓶插水养装饰室内,可使满室生辉,香气满堂。

图2.74 晚香玉

繁殖:以分球繁殖为主,亦可播种,但播种主要是为培养新品种。母球自然增殖率很高,通常一母球能分生10～25个子球。

2.4.13 葱兰 *Zephyranthes candida*（Lindl.）Herb.（图2.75）

又名葱莲、玉帘、白花菖蒲莲。石蒜科,葱莲属。原产南非。

形态特征:多年生常绿草本。高15～20 cm。具小而颈部细长、长卵圆形的鳞茎。叶基生,线形稍肉质,暗绿色,叶直立或稍倾斜。花茎从叶丛一侧抽出,花茎中空,顶生一花,白色,花被6片,花冠直径4～5 cm,花瓣长椭圆形至披针形。花期7～10月。

生态习性:喜光,耐半阴。喜温暖,有较强的耐寒性。喜湿润,耐低湿。喜排水良好、肥沃而略黏质的土壤。

观赏用途:葱兰植株低矮,花朵洁白,花期又长,可成片植于林缘或疏林下。

繁殖:分株繁殖,一般在春天将大株分成数株,然后将小株栽植、浇水,成活的植株当年就能开花。

同属观花植物:

韭兰(*Z. grandiflora* Lindl.):又名红花葱兰、红玉帘、红花菖蒲莲。原产墨西哥。花茎自叶丛抽出,顶生一花,粉红色。花期6～8月(图2.76)。

图2.75 葱兰

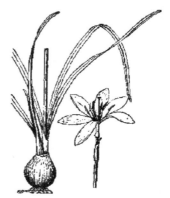

图2.76 韭兰

2.4.14 文殊兰 *Crinum asiaticum* L.（图 2.77）

又名白花石蒜、文珠兰、十八学士。石蒜科，文殊兰属。原产亚洲热带。

图 2.77 文殊兰

形态特征：多年生球根花卉。叶片宽大肥厚，常年浓绿，长可达 1 m 以上，前端尖锐，似一柄绿剑。花葶一年四季均直立生出，高度约与叶片等长，但大多只在夏秋两季开花，一般有花 10～24 朵，呈伞形聚生于花葶顶端；每朵花有 6 枚细长的花瓣，中间紫红，两侧粉红；花被线形，白色，清香。蒴果，种子大，绿色。盛花期 7 月。

生态习性：喜温暖，不耐寒，稍耐阴，喜潮湿，忌涝，耐盐碱，宜排水良好肥沃的土壤。

观赏用途：文殊兰花叶并美，具有较高的观赏用途，既可作园林绿地、住宅小区的草坪点缀品，又可作庭院装饰花卉，还可作房舍周边的绿篱。可盆栽，用于布置会议厅、宾馆、宴会厅等地，雅丽大方，满堂生香，令人赏心悦目。

繁殖：分株或播种法繁殖。分株 2～3 年一次，早春或晚秋进行。播种则在种子成熟后即播。

2.4.15 百子莲 *Agapanthus africanus* Hoffmgg.（图 2.78）

又名紫穗兰、紫花君子兰。石蒜科，百子莲属。原产南非，中国各地多有栽培。

形态特征：为多年生草本。有根状块茎。叶直立，线状披针形或带形，近革质，生于短根状茎上，左右排列，叶色浓绿。花葶直立，高至 60 cm，伞形花序，有花 10～50 朵，花漏斗状，深蓝紫色。花期 6～8 月。

生态习性：要求温暖湿润环境，喜光照充足，在肥沃疏松、排水好的沙质土壤中生长良好。越冬温度不得低于 8℃。

观赏用途：适于盆栽作室内观赏，在南方置半阴处栽培，作岩石园和花境的点缀植物。

繁殖：用分株或播种法繁殖。分株，3～4 月结合换盆进行，将过密老株分开，每盆以 2～3 丛为宜；播种，播后 15 d 左右发芽，小苗生长慢，需栽培 4～5 年才开花。

图 2.78 百子莲

2.4.16 石蒜 *Lycoris radiata* Herb.（图 2.79）

又名龙爪花、蟑螂花、老鸦蒜、红花石蒜、一枝箭。石蒜科，石蒜属。原产中国。

形态特征：多年生草本。地下鳞茎肥厚，广椭圆形，外被紫红色薄膜。叶线形，深褐色，中央具一条淡绿色条纹，于花后自基部抽出，5～6 片，冬季抽出，夏季枯萎。花葶高 30～60 cm，着花 4～12 朵，呈顶生伞形花序；花鲜红色，筒部很短，长 0.5～0.6 cm，裂片 6 枚，狭倒披针形，向外翻卷,边缘波状而皱缩;雌雄蕊很长,伸出花冠外并与花冠同色;子房下位,花后多不结实。花期9~10月。

生态习性:喜阴湿环境,耐寒。土壤以排水良好、肥沃的沙质土壤生长良好。

观赏用途:石蒜叶色翠绿,夏、秋季花朵怒放,披针形花被片向外侧反卷,雌雄蕊突出花冠外,姿色活泼妖艳,适宜布置溪流旁小径、岩石园叠水旁作自然点缀,更是作林下地被的极好材料,也可盆栽、水养,或作切花使用。

繁殖:以分球为主,也可鳞片扦插。在叶片或花茎刚枯萎时,掘起鳞茎,分栽小鳞茎。自然结实率不高,种子成熟度差,播种繁殖,发芽不整齐。实生苗需5~6年才能开花。

图 2.79　石蒜

2.4.17　君子兰 *Clivia miniata* Reg.（图 2.80）

又名箭叶石蒜、大叶石蒜、大花君子兰。石蒜科,君子兰属。原产非洲。

图 2.80　君子兰

形态特征:多年生常绿草本。肉质根粗壮,茎分根茎和假鳞茎两部分。叶剑形,互生,排列整齐,长30~50 cm。聚伞花序,可着生小花10~60朵,小花有柄,在花葶顶端呈两行排列;花漏斗状,黄或橘黄色。浆果球形,初为绿色或深绿色,成熟后呈红色。可全年开花,但以春、夏季为主。

生态习性:喜半阴,怕强烈直射阳光。喜温暖,冬季要保持5~8℃的温度。夏季喜凉爽,要遮阴,30℃以上的温度容易使植株徒长。要求肥沃、疏松、透气性良好且稍带酸性的土壤。不耐水湿。

观赏用途:花姿态优美,端庄典雅,寓意美好,象征着富贵吉祥、繁荣昌盛和幸福美满。可盆栽,常用于宾馆点缀、会场布置和家庭环境美化。南方地区可地栽,作开花地被。

繁殖:用播种与分株繁殖。因其自花授粉结实力低,需进行人工授粉获得种子。

2.4.18　朱顶红 *Hippeastrum vittatum* Herb.（图 2.81）

又名柱顶红、孤挺花、华胄兰、百子莲、百枝莲。石蒜科,孤挺花属。原产南美热带。

形态特征:多年生草本。具鳞茎。剑形叶左右排列,柱状花葶巍然耸立当中,顶端着花4~8朵,两两对角生成,花朵硕大,花色艳丽。常见栽培有大红、粉红、橙红各色品种,有的花瓣还密生各色条纹或斑纹。花期4~6月。

生态习性:喜温暖、半阴环境,冬季休眠,稍耐寒,喜湿润,但畏涝,不耐干旱,宜于疏松肥沃沙壤土生长。生

图 2.81　朱顶红

长适温为 18～22℃。

　　观赏用途:配置花坛、花境,也可盆栽观赏、插花。南方地区可地栽,作开花地被。

　　繁殖:用分球、分割鳞茎、播种或组织培养法繁殖。分球繁殖于 3～4 月进行。

2.4.19　唐菖蒲 *Gladiolus gandavensis* **Van Houtt.**(图 2.82)

　　又名菖兰、剑兰、苍兰、十样锦、扁竹莲。鸢尾科,唐菖蒲属。原产地中海沿岸及南非好望角。

图 2.82　唐菖蒲

　　形态特征:多年生草本。高 60～150 cm。球茎扁圆形,外被褐色膜质鳞片。茎粗壮直立,常不分枝。叶剑形,嵌叠为 2 列抱茎互生。花葶自叶丛中央抽出,顶生穗状花序,有花 8～24 朵,排成 2 列并侧向一边,由下向上渐次开放。佛焰状苞片 2,绿色;花被筒漏斗状,上部 6 裂,上方 3 裂片大并先端外翻;花色丰富,有红、黄、粉、白、紫、蓝等色,或复色,具斑点、条纹。蒴果矩圆形。花期 6～11 月。

　　据统计,品种已达万种以上,按花色分白、粉、黄、橙、红、浅紫、蓝、烟、紫 9 个系;按花被裂片形态分平瓣、皱瓣、波瓣;按自然花期分早花(生育期 60～65 d)、中花(生育期 70～75 d)、晚花(生育期 80～90 d)等。

　　生态习性:性喜光,怕寒冷,不耐涝,喜凉爽气候,不耐过度炎热。宜在排水良好的沙质土壤中生长。

　　观赏用途:唐菖蒲与香石竹、菊花、月季共为世界著名四大切花。唐菖蒲品种繁多、花色丰富,可周年栽培用作切花,也可以布置夏季、秋季的花坛、花境。

　　繁殖:生产切花的种球以栽植籽球为主,也可采用组织培养方法。播种方法只用于育种,种球切割只在球茎缺少时采用。

2.4.20　番红花 *Crocus sativus* **L.**(图 2.83)

　　鸢尾科,番红花属。原产欧洲南部。

　　形态特征:多年生草本。鳞茎扁球形,大小不一,直径 0.5～10 cm,外被褐色膜质鳞叶。叶基生,9～15 枚,窄条形,长 15～20 cm,宽 2～3 mm。花顶生;花被片 6 枚,倒卵圆形,淡紫色,花筒细管状;雄蕊 3,花药基部箭形;子房下位,3 室,花柱细长,黄色,柱头 3,膨大呈漏斗状,伸出花被筒外而下垂,深红色。蒴果长圆形,具三钝棱;种子多数,球形。花期 10～11 月,华东地区 2～3 月。

　　生态习性:喜冷凉湿润和半阴环境,较耐寒,宜排水良好、腐殖质丰富的沙壤土。球茎夏季休眠,秋季发根、萌叶。

　　观赏用途:番红花株矮、叶细、花大,是秋末园林布置的良好材料,可作花坛、花境、镶边的材料,也可点缀草坪、岩石园,或盆栽观赏。

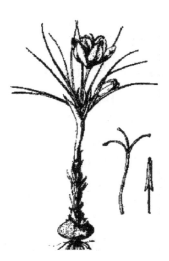

图 2.83　番红花

繁殖:以球茎繁殖为主。成熟球茎有多个主、侧芽,花后从叶丛基部膨大形成新球茎。也可播种繁殖,3～4年后开花。

2.4.21 小苍兰 *Freesia refracta* Klatt.（图 2.84）

又名香雪兰、小菖兰、洋晚香玉。鸢尾科,香雪兰属。原产南非好望角一带。

形态特征:多年生草本。地下球茎圆锥形或卵圆球形,外被棕褐色薄膜,直径1～2 cm。地上茎细弱,有分枝。基生叶成2列迭生,叶片带状披针形,全缘,茎生叶较知。花茎细软,分枝,顶端倾斜,花侧生,有花10朵以上,排列成聚伞花序;每5～6朵花有一佛焰状膜质苞片;花被狭漏斗形,长约5 cm,上部分为6瓣,先端圆,具香味,有白、黄、粉、紫红、蓝等色。蒴果近圆形。自然花期2～3月。

生态习性:喜温暖、潮湿、阳光充足的环境,耐冷凉,但不耐寒,遇高温休眠。要求土壤肥沃疏松。

观赏用途:小苍兰花色明丽,花姿新颖,花期较长,芳香浓郁,是南方庭院冬春重要的球根花卉。装饰点缀厅堂、案头,深受人们喜爱。其切花花枝是鲜花市场冬春的紧俏品种,在花束、花篮、桌饰等布置中高雅宜人。

图 2.84　小苍兰

繁殖:多用分球法繁殖,也可用播种繁殖。种子成熟后即播种,15 d发芽。分球多在夏季地上部分枯萎后进行。

2.4.22 姜花 *Hedychium coronarium* Koen.（图 2.85）

又名蝴蝶花、姜兰花。姜科,姜属。原产中国南部。

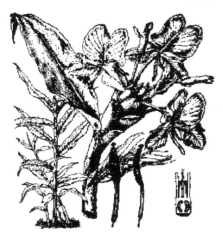

图 2.85　姜花

形态特征:多年生球茎花卉。球茎鳞茎状,有鳞皮,卵圆或圆锥形;茎细长,有分枝。具数枚小叶,叶基生者为条形。穗状花序着生于假茎顶端,花序长10～20 cm,顶生苞片绿色,每苞片内有花2～3朵,花大、白色,形如蝴蝶,花瓣不相等,具香气。种子成熟时鲜红色,露出苞片之外。花期8～9月。

生态习性:喜温暖、湿润气候和稍阴蔽的自然环境。全日照和半日照条件下,均生长良好。生长健壮,对肥水及土壤要求不严,但在微酸性,肥沃的沙质土壤中生长更好。

观赏用途:姜花花形美丽醒目,盛开时形似蝴蝶飞舞,芳香沁人,可植于庭院、花坛、花境,供观花、观叶。

繁殖:分地下茎繁殖,于春季进行,也可播种繁殖,种子成熟后采下立即播种,发芽率较高,但繁殖后代会变异。

2.5 常见水生观花植物

2.5.1 三白草 *Saururus chinensis*（Lour.）Baill.（图 2.86）

三白草科,三白草属。原产中国。

图 2.86 三白草

形态特征:多年生草本。高 30～80 cm。根茎较粗,白色。茎直立,下部匍匐状。叶互生,纸质,叶柄长 1～3 cm,基部与托叶合生为鞘状,略抱茎;叶片卵形或卵状披针形,长 4～15 cm,宽 3～6 cm,先端渐尖或短尖,基部心形或耳形,全缘,两面无毛,基出脉 5。总状花序 1～2 枝顶生,花序具 2～3 枚乳白色叶状总苞;花小,无花被,生于苞片腋内;雄蕊 6 枚,花丝与花药等长;雌蕊 1,由 4 个合生的心皮组成,子房上位,圆形,柱头 4 枚。果实分裂为 4 个果瓣,分果近球形,表面具多疣状突起,不开裂,种子球形。花期 4～8 月,果期 8～9 月。

生态习性:喜光照充足的环境,在疏阴环境下亦能生长良好,以每天接受 4 h 以上散射日光为佳。性喜温暖,适温范围为 16～28℃,稍耐低温,越冬温度不宜低于 4℃。

观赏用途:用于沼泽园林绿化,在水边条状配置或湿地成片作地被种植,均有良好的景观效果。

繁殖:以分株繁殖为主,多在每年 3～5 月进行,亦可采用扦插育苗,可于 4～5 月进行。

2.5.2 睡莲 *Nymphaea tetragona* Georgi.（图 2.87）

又名子午莲、水浮莲、水芹花。睡莲科,睡莲属。原产美洲、亚洲和大洋洲。

形态特征:多年生浮叶型水生植物。根状茎粗短,横生于泥土中,有黑色细花。叶丛生,具细长叶柄,浮于水面,圆心形或肾圆形,纸质或近革质,长 5～12 cm,宽 3.5～9.0 cm,先端纯圆,基部具深弯缺,全缘,无毛,上面浓绿,幼叶有褐色斑纹,下面暗紫色。花单生于细长的花梗顶端,花瓣多数,漂浮于水,也有挺水而出的;花色白、黄、蓝、红等;花白天开放,夜间闭合,径 3～6 cm。聚合果球形,种子多数,椭圆形,黑色。花期 5～9 月。

图 2.87 睡莲

生态习性:耐寒,喜强光和通风良好环境。在蔽阴下,虽能开花,但生长势较弱。喜高温水源,水池不宜过深,过深时水温低,不利于生长,生长所需的水深应不超过 80 cm。喜肥,对土壤要求不严,但喜富含有机质的壤土。

观赏用途:花绚丽多彩多姿,叶色青翠、斑斓,是花叶俱美的观赏植物。在园林中常作水景主题材料,或与其他植物配植形成生机勃勃的自然景观。

繁殖:一般用分株繁殖,清明前后,将根茎切割成长约 10 cm 的段块,每块具芽眼 2～3 个,分别栽入盆中。

2.5.3　荷花 *Nelumbo nucifera* Gaertn.（图 2.88）

又名莲花、芙蕖、水芙蓉、芙蓉、中国莲。睡莲科,莲属。原产中国,南北各省均有栽培。

形态特征:宿根挺水型水生花卉。具横走肥大地下茎（藕）,藕与叶柄、花梗均具许多大小不一的孔道,且具黏液状的木质纤维（藕丝）;藕的顶芽被鳞芽包被;藕有节,节上生有不定根,并抽叶开花。叶大,直径可达 70 cm,圆形,盾状,全缘。具辐射状叶脉;叶面深绿色,满布小钝刺,刺间有蜡质白粉,叶背淡绿,无毛,脉隆起;叶柄圆柱形,密布倒生刚刺。花单生,径 10～25 cm,具清香,萼片 4～5 枚;花瓣多数,因品种而异;花色有红、粉红、白、黄色等;雄蕊多数;雌蕊多数离生,藏于膨大的倒圆锥形花托内。坚果,初青绿色,熟时深蓝色。花期 6～9 月,果期 9～10 月。

图 2.88　荷花

生态习性:喜温暖、阳光充足的环境,要求肥沃的微酸性壤土或黏质土壤;宜浅水,一般水深不超过 1 m。

观赏用途:荷花花大色丽,清香远溢,赏心悦目。在近代园林中广泛用于水池、湖面景观布置。在家庭中用于布置小庭院、阳台和供插花美化居室。

繁殖:多采用分藕繁殖,时间以清明前后气温上升至 15℃以上时为宜。

2.5.4　芡实 *Euryale feron* Salisb.（图 2.89）

又名鸡米头、鸡米莲、鸡头荷、刺莲藕、假莲藕、湖南根。睡莲科,芡实属。广布于东南亚。中国南北各省区湖塘沼泽中均有野生。

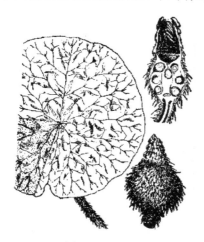

图 2.89　芡实

形态特征:一年生大型浮水草本。根须壮,白色。根壮茎短缩,叶从短缩茎上抽出,叶圆盾形或盾状心形,叶面皱褶,绿色,叶背紫红色;网状叶脉隆起,脉上具尖刺;叶柄也密生刺;叶经可达 3 m。花单生,花萼筒状,萼片 4 枚,披针状三角形,表面布满刺,外面绿色,里面紫色;花瓣多枚,蓝紫色,矩圆披针形或披针形,长 1.5～2.0 cm;雄蕊多数,花药内向,外层雄蕊逐渐变瓣。浆果球形。花期 7～8 月,果期 8～10 月。

生态习性:喜温暖水湿,不耐霜寒。生长期间需全光照。水深以 80～120 cm 为宜,最深不可超过 2 m。最宜富含有机质的轻黏壤土。

观赏用途:叶大肥厚,浓绿皱褶,花色明丽,形状奇特,与荷花、睡莲等水生花卉植物搭配种植、摆放,形成独具一格的观赏效果。

繁殖:播种繁殖。清明前后,将芡种穴播在浅水湖里,播后随即用泥复盖,约 10 d 后发芽。

2.5.5　王莲 *Victoria amasonica* Sowerby.（图 2.90）

睡莲科，王莲属。原产南美洲热带。

形态特征：多年生或一年生大型浮叶草本。有直立的根状短茎和发达的不定须根，白色。王莲的初生叶呈针状，2～3 片叶呈矛状，4～5 片叶呈戟形，6～10 片叶呈椭圆形至圆形，11 片叶后叶缘上翘呈盘状，叶缘直立，叶片圆形，像圆盘浮在水面，直径可达 2 m 以上，叶面光滑，绿

图 2.90　王莲

色略带微红，有皱褶，背面紫红色，叶柄绿色，长 1～3 m，叶子背面和叶柄有许多坚硬的刺，叶脉为放射网状。花大，单生；直径 25～40 cm，萼片 4 枚，卵状三角形，绿褐色，外面全被刺；倒卵形，长 10～22 cm，雄蕊多数，花丝扁平，长 8～10 mm；子房下位密被粗刺。花傍晚伸出水面开放，甚芳香，第一天白色，有白兰花香气，次日逐渐闭合，傍晚再次开放，花瓣变为淡红色至深红色，第 3 天闭合并沉入水中。花期 7 月下旬～10 月下旬，盛花期为 8～9 月。

生态习性：性喜高温、光照充足、空气湿度大（空气湿度以 80％为宜）及水体清洁、淤泥肥沃的静水环境。耐寒性差，要求水温 30～35℃，室温需在 25～30℃。

观赏用途：王莲叶片巨大肥厚，花形奇特，花大、香，色美，漂浮在水面，十分壮观，具很高的观赏用途，又能美化水体，惹人喜爱，被世界各大植物园、公园的温室引种栽培。

繁殖：播种法繁殖。1～2 月播种，约半月左右发芽。

2.5.6　萍蓬草 *Nuphar pumilum*（Hoffm.）DC.（图 2.91）

又名萍蓬莲、荷根、水粟子。睡莲科，萍蓬草属。原产中国东北、华北。

形态特征：多年生水生草本。根状茎肥厚块状，横卧。叶二型，浮水叶纸质或近革质，圆形至卵形，长 8～17 cm，全缘，基部开裂呈深心形；叶面绿而光亮，叶背隆凸，有柔毛；侧脉细，具数次 2 叉分枝，叶柄圆柱形；沉水叶薄而柔软。花单生，圆柱状花柄挺出水面，花蕾球形，绿色；萼片 5 枚，倒卵形、楔形，黄色，花瓣状；花瓣 10～20 枚，狭楔形，似不育雄蕊，脱落；雄蕊多数，生于花瓣以内子房基部花托上，脱落；心皮 12～15 枚，合生成上位子房，心皮界线明显，各在先端成 1 柱头，使雌蕊的柱头呈放射形盘状；房室与心皮同数，胚多数，生于隔膜上。浆果卵形，长 3 cm，具宿存萼片，不规则开裂；种子矩圆形，黄褐色，光亮。花期 7～8 月，果期 8～9 月。

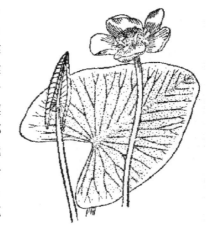

图 2.91　萍蓬草

生态习性：性喜温暖、湿润、阳光充足的环境。耐低温。对土壤选择不严，以土质肥沃略带黏性为好。易栽培管理。

观赏用途：萍蓬草为观花、观叶植物，多用于池塘水景布置，与睡莲、莲花、荇菜、香蒲、黄花

鸢尾等植物配植,形成绚丽多彩的景观。又可盆栽于庭院、建筑物、假山石前,或居室前向阳处摆放。

繁殖:以分株繁殖为主,亦可播种繁殖。春季,在植株刚开始萌发时,掘其根茎,用利刀将根茎分为若干段,每段带有一个顶芽,晾晒至块茎表面水分收干后进行分栽。

2.5.7　千屈菜 *Lythrum salicaria* L.（图 2.92）

又名水枝柳、对叶莲。千屈菜科,千屈菜属。原产欧洲和亚洲暖温带,现各地广泛栽培。

形态特征:多年生草本,高 40~120 cm。叶对生或轮生,披针形或宽披针形,叶全缘,无柄。小花密生,组成长穗状花序;苞片卵状三角形;花瓣 6 枚,紫色或淡红色。花期 7~9 月。

生态习性:喜温暖、光照充足、通风好的环境。喜水湿,多生长在沼泽地、水旁湿地和河边、沟边。较耐寒,在中国南北各地均可露地越冬。在浅水中栽培长势最好,也可旱地栽培。对土壤要求不严,在土质肥沃的塘泥基质中花艳,长势强壮。

观赏用途:千屈菜姿态娟秀整齐,花色鲜丽醒目,可成片布置于湖岸河旁的浅水处。如在规则式石岸边种植,可遮挡单调枯燥的岸线。也可与其他水生植物进行搭配。

繁殖:以扦插、分株为主,也可播种。扦插应在生长旺期 6~8 月进行,插后 6~10 d 生根;分株在早春或深秋进行,将母株整丛挖起,抖掉部分泥土,用快刀切取数芽为一丛另行种植。

图 2.92　千屈菜

2.5.8　荇菜 *Nymphoides peltatum*（Gmel.）O. Kuntze.（图 2.93）

又名水荷叶、大紫背浮萍、水镜草、水葵。龙胆科,荇菜属。原产中国。

图 2.93　荇菜

形态特征:多年生浮水草本。茎细长而多分枝,具不定根,沉水中,地下茎横生。叶卵状圆形,基部心脏形,上面绿色,下面带有紫色,叶柄长。伞房花序,生于叶腋,多花,花梗不等长;花杏黄色,花冠漏斗状,花萼 5 深裂,花冠 5 深裂,裂片卵状披针形或广披针形,边缘具齿毛,喉部有长睫毛;雄蕊 5,着生于花冠裂片基部;子房基部具 5 个蜜腺,柱头 2 裂,片状。蒴果椭圆形,不开裂;种子多数,圆形,扁平。花期 5~9 月,果期 9~10 月。

生态习性:喜阳光充足的环境,浅水或不流动的水池,喜肥沃的土壤。喜阳耐寒,对土壤要求不高,易栽培。

观赏用途:荇菜叶片形如睡莲小巧别致,鲜黄色花朵挺出水面,花多花期长,是庭院点缀水景的佳品。

繁殖:可用播种和扦插繁殖。荇菜有自繁能力,扦插在天气暖和的季节进行。

2.5.9 香蒲 *Typha orientalis* **Presl.** (图 2.94)

香蒲科,香蒲属。原产中国东北、华北、华中、华东、华南等地。

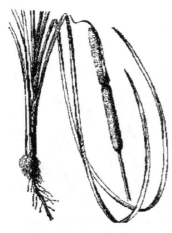

图 2.94 香蒲

形态特征:多年生草本。高 120～200 cm。叶鞘抱茎,植株下部的叶鞘向上渐狭与叶片连接,往上部依次越来越近截形与叶片相接;叶片线形,宽 6～10 mm,比花茎长。穗状花序,圆柱形,雄花序在上,雌花序在下,紧密相接,雄花未开放前具叶状苞片,开花时很快脱落;雄花穗粗 6～10(11)mm,长约 6 cm,通常比雌果穗短,雄花有雄蕊 2～4 枚,花丝合生,花粉粒单一;雌果穗成熟后长 6～10(15)cm,粗达 2.5 cm,灰棕色,雌蕊柄上的长毛比柱头稍短、等长或稍长,柱头匙形至披针形,暗棕色,杂有不育雌蕊。花期 7 月,果期 8～9 月。

生态习性:适应性极强,生于湖泊、池塘、沼泽及河流缓流带。

观赏用途:香蒲叶绿穗奇常用于点缀园林水池、湖畔,构筑水景。宜作花境、水景背景材料。也可盆栽布置庭院。蒲棒常用于切花材料。

繁殖:通常用分株繁殖。在春季将地下茎挖出,洗净后剪去老根茎,将地下茎切成 3～5 cm 长留有生长芽的茎段,即可进行种植。

同属的水生植物:

宽叶香蒲(*T. latifolia* L.):又称蒲草,高 1～2.5 m,外部形态近于香蒲,但植株较粗壮,叶片较宽。叶长 45～95 cm,宽 0.5～1.5 cm。

水烛(*T. angustifolia* L.):又名蒲草、水蜡烛、狭叶香蒲。高 1.5～3 m,叶片长 54～120 cm,宽 4～9 mm。雌雄花序相离 2.5～6.9 cm(图 2.95)。

长苞香蒲(*T. angustata* Bory. & Chaub.):高 0.7～2.5 m。叶片长 40～150 cm,宽 3～8 mm。雌雄花序远离(图 2.96)。

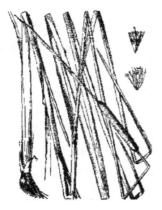

图 2.95 水烛

图 2.96 长苞香蒲

2.5.10 慈菇 *Sagittaria sagittifolia* L. (图 2.97)

又名茨菰、燕尾草、白地栗。泽泻科,慈菇属。原产中国。

形态特征:多年生挺水植物。高达 1.2 cm。地下具根茎,先端形成球茎,球茎表面附薄膜质鳞片。端部有较长的顶芽。叶片着生基部,出水成截形,叶片成箭头状,全缘,叶柄较长、中空。沉水叶呈线状。花茎直立,多单生,上部着生 3 出轮生状圆锥花序,小花单性同株或杂性株,白色,不易结实。花期 7~9 月。

生态习性:适应性很强,在陆地上各种水面的浅水区均能生长。要求光照充足,气候温和、较背风的环境下生长。要求土壤肥沃,宜在土层不太深的黏土上生长。风、雨易造成叶茎折断,球茎生长受阻。

观赏用途:慈姑叶形奇特,适应能力较强,可作水边、岸边的绿化材料,也可作为盆栽观赏。

繁殖:可用种子繁殖,也可用整个球茎或取球茎顶芽进行繁殖。种子繁殖当年所结的球茎球少,且各株的所结球茎大小不一。生产上一般用种子育苗。

图 2.97 慈菇

2.5.11 芦苇 *Phragmites australis* (Cav.) Trin. ex Steud. (图 2.98)

又名芦头、芦柴、苇子。禾本科,芦苇属。广布全球温带地区,中国南北各地均有分布。

图 2.98 芦苇

形态特征:多年生水生或湿生的高大禾草,地下有发达的匍匐根状茎。茎秆直立,秆高 1~3 m,节下常生白粉。叶鞘圆筒形,无毛或有细毛;叶舌有毛,叶片长线形或长披针形,排列成两行;叶长 15~45 cm,宽 1.0~3.5 cm。圆锥花序分枝稠密,向斜伸展,花序长 10~40 cm,小穗有小花 4~7 朵;颖有 3 脉,一颖短小,二颖略长;第一小花多为雄性,余两性;第二外样先端长渐尖,基盘的长丝状柔毛长 6~12 mm;内稃长约 4 mm,脊上粗糙。花期 9~10 月,果期 11 月。

生态习性:适应性强,耐盐碱,耐酸,抗涝,多生于低湿地或浅水中。

观赏用途:芦苇花序雄伟美观,用作湖边、河岸低湿处的背景材料,有利固堤、护坡、控制杂草之作用。

繁殖:利用根状茎繁殖,于早春进行,经常保持土壤湿润,极易成活。

2.5.12 花叶芦竹 *Arundo donax* L. var. *versicolor* Stokes. (图 2.99)

又名斑叶芦竹、彩叶芦竹、花叶玉竹。禾本科,芦竹属。原产地中海一带。

形态特征:多年生挺水型水生草本。高达 2 m 左右。具粗而多节的根状茎。地上茎通

图 2.99 花叶芦竹

直,有节,表皮光滑。叶片互生斜出,排成二列,扁平弯曲,披针形,叶端渐尖,叶基鞘状,抱茎,长 30～70 cm,宽 2～5 cm,弯垂,灰绿色,具白色纵条纹;初春乳白色间碧绿色,仲春至夏秋金黄色间碧绿色。秋季开花,圆锥花序顶生,直立,长 30～60 cm,小穗通常含 4～7 个小花,初花时带红色,后转白色。花期 10 月。

生态习性:喜温喜光,耐湿,较耐寒。在北方需保护越冬。

观赏用途:通常生于河旁、池沼、湖边,常大片生长形成芦苇荡。主要用于水景园背景材料,也可点缀于桥、亭、榭四周,可盆栽用于庭院观赏。花序可用作切花。

繁殖:可用播种、分株、扦插方法繁殖,一般用分株方法。

2.5.13 水葱 *Scirpus tabernaemontani* Gmel.（图 2.100）

又名管子草、冲天草、莞蒲。莎草科,藨草属。分布于中国东北、华北、西南以及江苏、陕西、甘肃、新疆等省区,朝鲜、日本、欧洲、美洲、大洋洲也有分布。

形态特征:多年生草本。根茎匍匐,具多数须根。秆圆柱状,高 1～2 m,基部具膜质叶鞘,长可达 38 cm,最上面一叶鞘具叶片。叶片线形,长 1.5～11 cm。苞片 1 枚,为秆的延长,直立,钻状,常短于花序。长侧枝聚伞花序简单或复出;轴射枝长可达 5 cm,边缘有锯齿;小穗单生或 2～3 个簇生,卵形成长圆形,长 5～10 mm;鳞片椭圆形或宽卵形,长约 3 mm,先端稍凹,具短尖,膜质,棕色或紫褐色,背有锈色小点,边缘具穗毛;下位刚毛 6 条,红棕色,有倒刺;雄蕊 3;柱头 2,罕 3,长于花柱,小坚果倒卵形或椭圆形,双凸状,长约 2 mm。花、果期 6～9 月。

图 2.100 水葱

同属的有:

斑叶水葱(*S. validus* var. *zebrinus*):又名花叶葱,秆高大,圆柱状,平滑,基部具 3～4 个叶鞘,管状,膜质,仅最上面的一个叶鞘具叶片。叶片细线形。花期 5～9 月。

生态习性:喜水湿,凉爽,要求空气流通,在肥沃土壤中生长繁茂。

观赏用途:水葱株丛挺拔直立,色泽淡雅,常用于水面绿化或作岸边池旁点缀,甚为美观,也可盆栽观赏。茎秆可作插花材料。

繁殖:分株繁殖。春天将地下茎挖出,洗净后剪去老根和叶,用刀将植株分割成数丛,每丛带 6～8 个芽,在适宜处挖穴种植。

2.5.14 旱伞草 *Cyperus alternifolius* L.（图 2.101）

又名伞草、水棕竹、风车草、水竹。莎草科,莎草属。原产西印度群岛等地。

形态特征:为多年生湿生(挺水型)草本植物。高 40～150 cm。丛生,茎秆粗壮,茎秆三棱形,无分枝,叶退化成鞘状,包裹茎的基部。总苞片叶状,长而窄,约 20 枚,近于等长,成螺旋状排列在茎秆的顶部,向四面开展如伞状。聚伞花序,花小,淡紫色。小坚果,倒卵形、扁三棱形,长 2～2.5 mm。花期 7 月。

生态习性:性喜温暖湿润,通风良好,光照充足的环境,耐半阴,甚耐寒,华东地区露地稍加保护可以越冬,对土壤要求不严,以肥沃稍黏的土质为宜。

观赏用途:茎秆挺直细长的叶状总苞片簇生于茎秆,呈辐射状,姿态潇洒飘逸,不乏绿竹之风韵,因此很受人们欢迎,常供盆栽观赏或作插花切叶。

繁殖:分株繁殖。春天时,将植株根部挖出,用刀分成数块,每块带数芽,直接栽种于种植区域。

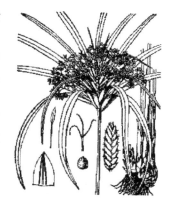

图 2.101 旱伞草

2.5.15 石菖蒲 *Acorus tatarinowii* Schott. (图 2.102)

又名岩菖蒲、山菖蒲、药菖蒲、水剑草、凌水档、十香和。天南星科,菖蒲属。原产中国长江以南各省区,印度、泰国也有分布。

图 2.102 石菖蒲

形态特征:多年生常绿草本。高达 30 cm。揉之有辛辣气味。根茎横走,有密的节;具多数肉质根。叶两侧排列,线形,长 20～50 cm,宽 7～13 mm,顶端长渐尖,无中脉,有多条平行脉,边全缘。叶状佛焰苞长 13～25 cm,为肉穗花序长的 2～5 倍;肉穗花序黄绿色,圆柱形,生于当年生叶腋内,花序、柄全部贴生于佛焰苞鞘上。浆果长圆形,藏于宿存花被之下。花期 2～3 月,果期 4～6 月。

生态习性:喜阴湿环境;不耐阳光暴晒,否则叶片会变黄;不耐干旱;稍耐寒,在长江流域可露地生长。

观赏用途:石菖蒲株丛矮小,叶色深绿光亮,揉搓具芳香,耐践踏,是良好的林下阴湿地环境的地被观赏植物。又可适应在水池中造景,生长迅速。

繁殖:分株繁殖,通常在 9～10 月进行。

2.5.16 雨久花 *Monochoria korsakowii* Regel et Maack(图 2.103)

又名水白菜、蓝鸟花。雨久花科,雨久花属。原产中国东部及北部,日本、朝鲜及东南亚也有分布。

形态特征:一年生挺水植物,高 50～90 cm。地下茎短且成匍匐状;地上茎直立。叶卵状心形,常 7～13 cm,宽 3～12 cm,端短尖,全缘;质较肥厚,深绿而有光泽;茎生叶基部扩大呈鞘而抱茎。花茎高于叶丛,端生圆锥花序;花被片 6 枚,花瓣状,蓝紫色或稍带白色;径约 3 cm。蒴果卵形。花期 7～9 月。

生态习性:性强健,耐寒,多生于沼泽地、水沟及池塘的边缘。适宜温度范围为 18～35 ℃。

观赏用途:花淡蓝色,大而美丽,如飞舞的蓝鸟;叶色翠绿,光

图 2.103 雨久花

亮、素雅。在园林水景布置中,常与其他水生观赏植物配植,是一种极好而美丽的水生花卉。亦可盆栽观赏,花序可作切花材料。

繁殖:播种、分根皆可,极易成活。种子成熟后掉于潮湿的泥土中,翌年春天在适宜的环境条件下萌芽,自行繁殖。

2.5.17 凤眼莲 *Eichhornia crassipes* (Mart.) Solms(图 2.104)

又名水葫芦、凤眼蓝。雨久花科,凤眼莲属。原产美洲热带及亚热带。

图 2.104 凤眼莲

形态特征:多年生浮叶型水生草本。高 30～100 cm。须根发达,悬垂水中。茎极短,具有匍匐枝。叶直立,卵形至肾圆形,光滑,有光泽;叶柄基部膨大,呈葫芦状气囊。花茎单生,穗状花序有花 6～12 朵;花瓣 6 枚,蓝紫色,上面的花瓣较大,在花瓣中心有一明显的鲜黄点,形如凤眼。蒴果卵形。花期 7～9 月。

生态习性:喜温暖、阳光充足的环境条件,怕寒冷,适生于富含有机质的净水中,分生能力极强。

观赏用途:凤眼莲叶色亮绿,叶柄奇特,花色美丽,颇受人们喜爱,而且其适应性强、管理粗放、又有很强的净化污水能力。在园林中常用来绿化水面和点缀水景,花序可作切花,家庭阳台种植也别具特色。

繁殖:常采用分株繁殖,于春、夏季取母株将基部萌生的匍匐枝顶端长出的新株切开即可。

2.5.18 梭鱼草 *Pontederia cordata* L.(图 2.105)

雨久花科,梭鱼草属。原产北美。

形态特征:多年生挺水或湿生草本。叶柄绿色,圆筒形,叶片较大,长可达 25 cm,宽可达 15 cm,深绿色,叶形多变,大部分为倒卵状披针形,叶面光滑。花序顶生,穗状,长约10～20 cm,上有密生小花数百朵,花蓝紫色,上方两花瓣各有两个黄绿色斑点,花葶直立,通常高出叶面。果实初期绿色,成熟后褐色;果皮坚硬,种子椭圆形。花期 5～10 月。

生态习性:喜温、喜阳、喜肥、喜湿,怕风不耐寒,静水及水流缓慢的水域中均可生长,适宜在 20 cm 以下的浅水中生长。适温 15～30℃。

观赏用途:梭鱼草叶色翠绿,花色迷人,花期较长,可用于家庭盆栽、池栽,也可广泛用于园林美化,栽植于河道两侧、池塘四周、人工湿地,与千屈菜、花叶芦竹、水葱、再力花

图 2.105 梭鱼草

等相间种植,每到花开时节,串串紫花在片片绿叶的映衬下,别有一番情趣。

繁殖:播种繁殖,可于春季室内进行;也可无性繁殖,于春节进行,将地下茎挖出,去掉老根茎,用快刀切成块状,每块留 2～4 个芽。

2.5.19 黄菖蒲 *Iris pseudacorus* **L.**（图 2.106）

又名水菖蒲。鸢尾科,鸢尾属。原产欧洲。

形态特征:多年生草本。植株基部有少量老叶残留的纤维,根状茎粗壮,直径 2.5 cm,斜伸,节明显,黄褐色;须根黄白色,有皱缩的横纹。基生叶灰绿色,宽剑形,长 40～60 cm,宽 1.5～3.0 cm,顶端渐尖,基部鞘状,中脉较明显。花茎粗壮,高 60～70 cm,直径 4～6 mm,有明显的纵棱,上部分枝,茎生叶比基生叶短而窄;苞片 3～4 枚,绿色,膜质,披针形,长 6.5～8.5 cm,宽 1.5～2.0 cm,顶端渐尖。花黄色,直径 10～11 cm;花梗长 5.0～5.5 cm;花被管长 1.5 cm,外花被裂片卵圆形或倒卵形,长约 7 cm,宽 4.5～5.0 cm,爪部狭楔形,中央下陷呈沟状,有黑褐色的条纹,内花被裂片较小,倒披针形,直立,长 2.7 cm,宽约 5 mm;雄蕊长约 3 cm,花丝黄白色,花药黑紫色;花柱分枝淡黄色,长约 4.5 cm,宽约 1.2 cm,顶端裂片半圆形,边缘有疏牙齿;子房绿色,三棱状柱形,长约 2.5 cm,直径约 5 mm。花期 5 月,果期 6～8 月。

图 2.106 黄菖蒲

生态习性:喜光,耐半阴,耐旱也耐湿,沙壤土及黏土都能生长,适宜水边栽植。生长适温 15～30℃,10℃ 以下停止生长。在北方地区,冬季地上部分枯死,根茎地下越冬,极其耐寒。

观赏用途:黄菖蒲花大美丽,鲜黄色,还有斑叶和重瓣品种,观赏价值较高,特别适合于水湿地、湖畔、池边栽植,景观别具雅趣,亦可作切花。

繁殖:常用分株和播种繁殖。分株,可于早春、秋季和花后进行。播种,夏季种子成熟,采后立即播种,不宜干藏。

2.5.20 花菖蒲 *Iris ensata* **Thunb.**（图 2.107）

又名玉蝉花。鸢尾科,鸢尾属。原产中国、日本及朝鲜。

图 2.107 花菖蒲

形态特征:多年生宿根草本。根茎粗壮,须根多而细,基部有棕褐色枯死的纤维状叶鞘。基生叶剑形,叶长 50～80 cm,宽约 1.5～2.0 cm,有明显的中脉。花茎稍高出叶片,花大,直径可达 15 cm 以上,旗瓣短于垂瓣,垂瓣为广椭圆形,内轮裂片较小,直立;花柱花瓣状;有黄色、鲜红色、蓝色、紫色等,并具蓝色、灰色、黑色在斑点和条纹,色彩多变,园艺品种达数百之多。蒴果长圆形。花期 5 月底～8 月。

生态习性:喜湿润、光线良好的环境。宜栽植于酸性、肥沃、富含有机质的沙壤土上。

观赏用途:花菖蒲花大而美丽,色彩也丰富,叶片青翠似剑。在园林中可丛栽、盆栽布置花坛,或栽植于浅水区、河滨、池旁,也可布置专类园,或植于林阴树下作为地被植物。

繁殖:分株或播种繁殖。播种分春播和秋播两种,播种易产生变异,用于选育品种。分株可在春季、秋季和花后进行。

2.5.21　燕子花 *Iris laevigata* Fisch.（图 2.108）

图 2.108　燕子花

鸢尾科,鸢尾属。原产中国东北地区,日本及朝鲜亦有分布。

形态特征:多年生宿根草木。高 60 cm。根茎粗壮,形态与花菖蒲相似,但叶无中脉。柔软光滑。花葶与叶等高;着花 3 朵左右,蓝紫色,基部稍带黄色,垂瓣与旗瓣等长;花期 4～5 月。有红、白、翠绿等品种或变种。

生态习性:同花菖蒲。

观赏用途:用于园林水景园及鸢尾专类园布置。花期较花菖蒲早,两者配合使用,可使开花景观延长。

繁殖:同花菖蒲。

2.5.22　再力花 *Thalia dealbata* Hort. ex Link.（图 2.109）

竹芋科,再力花属。原产于美国南部和墨西哥。

形态特征:多年生挺水草本。具根状茎。全株附有白粉。叶卵状披针形,革质,全缘,浅灰蓝色,边缘紫色,长50 cm,宽 25 cm。复总状花序,花小,紫堇色;花柄高可达2 m以上。花期夏秋。

生态习性:喜温暖、阳光充足的水湿环境,不耐寒,入冬后地上部分逐渐枯死,以根茎在泥中越冬。在微碱性的土壤中生长良好。

观赏用途:株形美观洒脱,叶色翠绿可爱,是水景绿花的上品花卉。或作盆栽观赏。

繁殖:分株繁殖。初春,从母株上割下带 1～2 个芽的根茎,栽入盆内,放进水池养护,待长出新株,移植于池中生长。

图 2.109　再力花

2.6　常见岩生观花植物

2.6.1　瞿麦 *Dianthus superbus* L.（图 2.110）

又名野麦、十样景花。石竹科,石竹属。主产于中国河北、四川、湖北、湖南、浙江、江苏等地。生于山坡、草地、路旁和林下。

形态特征:多年生草本。高50～60 cm。茎丛生,直立,无毛,上部分枝。叶对生,条形至条状披针形,顶端渐尖,基部成短鞘状抱茎,全缘。花单生或成对生枝端,或数朵集生成稀疏叉状分歧的圆锥状聚伞花序;萼筒长 2.5～3.5 cm,粉绿色或常带淡紫红色晕,花萼下有宽卵形苞片

4～6个；花瓣5，粉紫色，先端深裂成细线条，基部成爪，有须毛。雄蕊10；花柱2。蒴果长筒形，4齿裂，和宿萼等长；种子扁卵圆形，边缘有宽于种子的翅。花期7～8月，果期7～10月。

生态习性：喜潮湿、忌干旱、耐寒，以沙质或黏质土壤最宜生长。

观赏用途：瞿麦能在岩石缝中生长良好，其花色淡雅，片植景观效果好，是布置岩石园的良好材料。也可用作花坛、花境的配置，还可作盆栽或作切花。

繁殖：可用播种、扦插、分株法繁殖。春、夏、秋三季都能播种，以春季较佳。

图2.110 瞿麦

2.6.2 银莲花 *Anemone cathayensis* Kitagawa. (图2.111)

毛茛科，银莲花属。分布于中国的河北、山西等地，朝鲜也有分布。

图2.111 银莲花

形态特征：多年生草本。高15～60 cm。基生叶4～8；叶片圆肾形，长2.0～5.5 cm，宽4.0～6.5 cm，两面疏生柔毛或变无毛，3全裂，中央裂片宽菱形或菱状倒卵状，3裂近中部；叶柄长11～30 cm，疏被白色柔毛或变无毛。花葶高17～40 cm；总苞苞片约5，无柄，不等大。伞形花序，花2～5朵；花梗长3.5～5.0 cm；萼片5～6(～8)，白色或带粉红色，倒卵形，长1.5～2.0 cm；无花瓣；雄蕊多数，花丝条形；心皮无毛。瘦果扁，宽椭圆形或近圆形，长约6 mm。花期5～6月，果期7～9月。

生态习性：性喜凉爽、潮润、阳光充足的环境。较耐寒，忌高温多湿。喜湿润、排水良好的肥沃土壤。

观赏用途：布置岩石园、花坛、草地边缘及林缘等处，也可供盆栽与切花。

繁殖：常用分株及播种繁殖。种子成熟后即播。

2.6.3 瓦松 *Orostachys fimbriatus* (Turcz.) Berger. (图2.112)

又名瓦花、向天草、酸塔。景天科，瓦松属。分布于中国华北、西北、华东等地，蒙古、俄罗斯（远东地区）也有分布。

形态特征：二年生草本。第一年生莲座叶，叶宽条形，渐尖；基部叶早落，条形至倒披针形，与莲座叶的顶端都有一个半圆形软骨质的附属物，其边缘流苏状，中央有1长刺，叶长可达5 cm，宽可达5 mm。穗状花序，有时下部分枝，基部宽达20 cm，呈塔形；花梗长可达1 cm；萼片5，狭卵形，长1～3 mm；花瓣5，紫红色，披针形至矩圆形，长5～6 mm；雄蕊10，与花瓣等长或稍短，花药紫色；心皮5。蓇葖果矩圆形，长约5 mm。花期8～9，果期10月。

图2.112 瓦松

生态习性:适应性强,对环境条件要求不严,耐旱耐涝。主要生于石质山坡、岩石上及屋顶上。

观赏用途:主要用于屋顶绿化、岩石园的营造等,也可用于营建花坛,花境,或作地被、盆花使用。

繁殖:多采用分株和扦插,于早春或秋季进行。繁殖速度快。

2.6.4　八宝景天 *Sedum spectabile* Boreau. (图 2.113)

又名蝎子草、大叶景天。景天科,景天属。原产中国东北地区以及河北、河南、安徽、山东等地,日本也有分布。

图 2.113　八宝景天

形态特征:多年生肉质草本。高 30～50 cm。地下茎肥厚。茎直立不分枝,圆而粗壮,稍木质化,微被白粉而呈淡绿色。叶 3～4 枚轮生,倒卵形,肉质而扁平,具浅波状齿。伞房花序密集,花序径 10～13 cm,花瓣 5,淡粉红,披针形;雄蕊 10;心皮 5,离生。蓇葖果。花期 7～9 月。

生长习性:性喜强光、干燥、通风良好的环境,能耐－20℃的低温;喜排水良好的土壤,耐贫瘠和干旱,忌雨涝积水。植株强健,管理粗放。

观赏用途:八宝景天植株整齐,生长健壮,花开时似一片粉烟,群体效果极佳,是布置岩石园的好材料,也可来布置花坛、花境和点缀草坪。

繁殖:以扦插为主,也可分株或播种。扦插一般在春季抽生地上茎至开花前进行,也可结合修剪进行。

2.6.5　垂盆草 *Sedum sarmentosum* Bunge(图 2.114)

又名爬景天。景天科,景天属。原产中国华东、华北,朝鲜、日本也有分布。

形态特征:多年生肉质常绿草本。高 9～18 cm。茎平卧或上部直立,匍匐状延伸,并于节处生不定根。叶 3 片轮生,矩圆形,全缘,无柄,基部有垂距,长 15～25 mm。聚伞花序顶生,常 3～5 分枝,着花 13～60 朵;花瓣 5,鲜黄色,披针形至矩圆形;雄蕊较花瓣短。花期 5～6 月,果期 7～8 月。

生态习性:喜半阴和湿润的环境。耐寒,耐旱;耐瘠薄土壤,忌低洼积水。生长势强健,管理粗放。

观赏用途:垂盆草叶质肥厚,色绿如翡翠,颇为整齐美观,可用于岩石园绿化,也可用于模纹花坛配制图案。可作地被材料,但不耐践踏,还可作盆栽。

繁殖:通常采用分株繁殖,于早春萌芽前或晚秋枯萎后进行移栽,也可分根繁殖。

图 2.114　垂盆草

2.6.6 旱金莲 *Tropaeolum majus* L. (图 2.115)

又名金莲花、大红雀。旱金莲科,旱金莲属。原产秘鲁、智利等地,中国园林习见栽培。

形态特征:多年生草本,作一二年生栽培。茎细长,半蔓性或倾卧,长可达 1.5 m。单叶互生,近圆形,具长柄,盾状着生。花腋生,左右对称,梗甚长;萼 5 枚,其中 1 枚延伸成距;花瓣 5 枚,具爪,色有乳白、浅黄、橙黄、橙红等,或具深色网纹及斑点等复色;花径 4～6 cm。花期 7～9 月。

生态习性:喜阳光充足的环境。喜凉爽,但畏寒,一般能耐 0℃ 的低温。宜栽于排水良好的沙质壤土,忌过湿或受涝。

观赏用途:旱金莲茎叶优美,花大色艳,形状奇特,花期较长,为岩石园布置的良好材料。也可丛植布置花境。也可盆栽欣赏。

繁殖:播种繁殖,也可扦插繁殖,成活容易。

图 2.115 旱金莲

2.7 常见花灌木

2.7.1 牡丹 *Paeonia suffruticosa* Andr. (*P. moutan* Sims.) (图 2.116)

又名富贵花、洛阳花、木本芍药。毛茛科(芍药科),芍药属。原产中国西部及北部。

图 2.116 牡丹

形态特征:落叶灌木。高达 2 m。枝粗壮。2 回三出复叶,小叶广卵形至卵状长椭圆形,先端 3～5 裂,基部全缘,背面有白粉,平滑无毛。花单生枝顶,大型,径 10～30 cm,有单瓣和重瓣,花色丰富,有紫、深红、粉红、白、黄、豆绿等色,极为美丽;雄蕊多数,心皮 5 枚,有毛,其周围为花盘所包。花期 4 月下旬～5 月,9 月果熟。

牡丹从花型上分为 3 类 12 型。即单瓣类、重瓣类、重台类,单瓣型、荷花型、菊花型、蔷薇型、托桂型、金环型、皇冠型、绣球型、菊花台阁型、蔷薇台阁型、皇冠台阁型、绣球台阁型。具体如下:

(1)单瓣型 花瓣 1～3 轮,宽大,雄雌蕊正常,如'黄花魁'、'泼墨紫'、'凤丹'、'盘中取果'以及所有的野生牡丹种。

(2)荷花型 花瓣 4～5 轮,宽大一致,开放时,形似荷花。如'红云飞片'、'似何莲'、'朱砂垒'。

(3)菊花型 花瓣多轮,自外向内层排列逐渐变小,如'彩云'、'洛阳红'、'菱花晓翠'。

(4)蔷薇型 花瓣自然增多,自外向内显著逐渐变小,少部分雄蕊瓣化呈细碎花瓣;雌蕊稍瓣化或正常,如'紫金盘'、'露珠粉'、'大棕紫'。

（5）托桂型　外瓣明显，宽大且平展；雄蕊瓣化，自外向内变细而稍隆起，呈半球型，如'大胡红'、'鲁粉'、'蓝田玉'。

（6）金环型　外瓣突出且宽大，中瓣狭长竖直，呈金环型，如'朱砂红'、'姚黄'、'首案红'。

（7）皇冠型　外瓣突出，中瓣越离花心越宽大，形如皇冠，如'大胡红'、'烟绒紫'、'赵粉'。

（8）绣球型　雄蕊完全瓣化，排列紧凑，呈球型，如'赤龙换彩'、'银粉金鳞'、'胜丹炉'。

最后四型（菊花台阁型、蔷薇台阁型、皇冠台阁型、绣球台阁型）可以概括为台阁型：由两朵重瓣单花重叠而成。分为菊花叠、蔷薇叠、皇冠叠、绣球叠，如'火炼金丹'、'昆山夜光'、'大魏紫'、'紫重楼'等。

生态习性：喜光，稍遮阴生长最好；忌夏季暴晒，花期适当遮阴可使色彩鲜艳，并可延长开花时间。较耐寒，喜凉爽，畏炎热。喜深厚肥沃而排水良好之沙质壤土，在黏重、积水或排水不良处易烂根以至死亡；较耐碱，在 pH 8 处仍可正常生长。

观赏用途：牡丹花大而美丽，色香俱佳，被誉为"国色天香"、"花中之王"，为中国十大名花之一，在中国有 1500 多年的栽培历史。目前是中国国花的强有力的候选树种。在园林中常用作专类园，供重点美化区应用，又可植于花台、花池观赏。而自然式孤植或丛植于岩坡草地边缘或庭园等处点缀，常又获得良好的观赏效果。此外，还可盆栽作室内观赏和切花瓶插等用。

繁殖：常用分株和嫁接法繁殖，也可播种和扦插。

2.7.2　紫玉兰 *Magnolia liliflora* Desr. （图 2.117）

又名木笔、木兰、辛夷、红玉兰。木兰科，木兰属。原产中国湖北、四川、云南等省。

图 2.117　紫玉兰

形态特征：落叶灌木。高达 5 m。树皮灰色，小枝紫褐色，有环状托叶痕，光滑无毛，具白色显著皮孔。冬芽有细毛，花芽大，单生于枝顶。单叶互生，叶椭圆形或倒卵形，先端渐尖，基部楔形，全缘。花先叶开放，大型，钟状，花瓣外面紫红色，里面带白色。聚合果，长椭圆形，淡褐色。花期 3 月，果期 9～10 月。

生态习性：根系发达，萌蘖力强。喜光，不耐阴。较耐寒，喜肥沃、湿润、排水良好的土壤，忌黏质土壤，不耐盐碱。肉质根，忌水湿。

观赏用途：紫玉兰早春开花，花大，味香，色美，宜配置于庭前或丛植于草坪边缘。栽培历史较久，为庭园珍贵花木之一。花蕾形大如笔头，故有"木笔"之称。

繁殖：通常用分株、压条法繁殖，扦插成活率较低。

2.7.3　含笑 *Michelia figo* （Lour.）Spreng. （图 2.118）

又名香蕉花、含笑花、含笑梅、山节子。木兰科，含笑属。原产中国华南地区。

形态特征：常绿灌木或小乔木。高达 3～5 m。由紧密的分枝组成圆形树冠。树皮灰褐色，小枝有环状托叶痕。嫩枝、芽、叶、柄、花梗均密生锈色绒毛。单叶互生，革质，椭圆形或倒卵形，先端渐尖或尾尖，基部楔形，全缘，叶面有光泽，叶背中脉上有黄褐色毛，叶背淡绿色。花单生于叶腋,花乳黄色,瓣缘常具紫色,有香蕉型芳香。花期4~5月。

生态习性:喜稍阴条件,不耐烈日暴晒。喜温暖、湿润环境,不甚耐寒,宜种植于背风向阳之处。不耐干燥贫瘠,喜排水良好、肥沃深厚的微酸性土壤,碱性土中生长不良,易发生黄化病。

观赏用途:含笑自然长成圆形,枝密叶茂,四季常青,花开时有浓香,为著名芳香花木,适宜在小游园、花园、公园或街道上成丛种植,可配植于草坪边缘或稀疏林丛之下。

繁殖:以扦插为主,也可用播种、分株、压条等。扦插于6月下旬新梢半木质化时进行。嫁接以紫玉兰为砧木,春季切接。

图 2.118 含笑

2.7.4 蜡梅 *Chimonanthus praecox*（L.）Link（图 2.119）

又名蜡梅、黄梅花、香梅。蜡梅科,蜡梅属。原产于中国湖北、陕西等省。

图 2.119 蜡梅

形态特征:落叶大灌木。高可达 5 m。丛生,根颈部发达呈块状,江南称其为"蜡盘"。小枝四棱形,老枝灰褐色,近圆柱形。叶对生,近革质,卵形或椭圆状披针形,先端渐尖,基部圆形或楔形,全缘;表面绿色而粗糙,背面灰色而光滑。花单生于枝条两侧,黄色,有光泽,蜡质,具浓郁香味,内有紫红色条纹。花期 11 月下旬至翌年 3 月。

常见栽培种有:

素心蜡梅(var. *concolor* Mak.):花瓣内外均为黄色,香气浓。

馨口蜡梅(var. *grandiflorus* Mak.):叶大。花瓣圆形,深黄色,里有红紫色边缘和条纹,盛开时如馨口状,香气较浓。

狗蝇蜡梅(var. *intermedius* Mak.):花瓣狭长而尖,暗黄色,带紫纹,香气淡。

生态习性:喜光,能耐阴。较耐寒。耐旱性强,有"旱不死的蜡梅"之说。怕风、怕水涝,宜植于避风向阳之处。喜疏松、深厚、排水良好的中性或微酸性沙质土壤,忌黏土与碱土。发枝力强,耐修剪,故又有"砍不死的蜡梅"之说。

观赏用途:蜡梅在严冬冲寒吐秀,且芬芳远溢,是中国特有的珍贵观赏花木。一般以孤植、对植、丛植、群植配置于园林与建筑物的入口处两侧和厅前、亭周、窗前屋后、墙隅及草坪、水畔、路旁等处。若与天竺相配,冬天时红果、黄花、绿叶交相辉映,更具中国园林的特色。

繁殖:以嫁接为主,亦可分株繁殖。用狗蝇蜡梅作砧木,芽有麦粒大时切接成活率最高,靠接 5 月最好。要控制徒长枝,以促进花芽的分化。

2.7.5　八仙花 *Hydrangea macrophylla*（**Thunb.**）**Ser.**（图 2.120）

又名绣球、紫阳花。虎耳草科,绣球属。原产中国及日本。

图 2.120　八仙花

形态特征:落叶灌木。高可达 1~4 m。树干暗褐色,条片状裂剥。小枝绿色,有明显气孔,枝与芽粗壮。叶卵状椭圆形,先端短而尖,基部广楔形,对生,边缘具粗锯齿,叶面鲜绿色,有光泽,叶背黄绿色。顶生伞房花序,大型,半球状;花色多变,花被白色,渐转蓝色或粉红色。花期 6~7 月。

生态习性:性喜半阴、湿润和温暖,不甚耐寒。好肥沃、排水良好的疏松土壤。土壤酸碱度对花色影响很大。萌蘗力强。

观赏用途:八仙花花球大而美丽,且有许多园艺品种,耐阴性较强,是极好的观赏花木。可配植于林下、路缘、棚架边及建筑物之北面。可盆栽,常作室内布置用,是窗台绿化和家庭养花的好材料。

繁殖:可用扦插法或分株法进行繁殖。扦插宜在春夏时进行,用一年生枝条,分株繁殖宜在早春植株萌发前进行。

2.7.6　山梅花 *Philadelphus incanus* **Koehne**（图 2.121）

虎耳草科,山梅花属。分布于北温带的亚洲、欧洲和北美。

形态特征:落叶灌木。高 3~5 m。树皮片状剥落。叶片卵形至卵状长椭圆形,叶背面密生柔毛,边缘疏生锯齿。总状花序,花白色,淡香,具花 1~3 朵。果倒卵形。花期 5~7 月,果熟期 9~10 月。

生态习性:喜光,稍耐阴。喜湿润,耐寒,也较耐旱,但在肥沃排水良好的土壤上生长更好。

观赏用途:其花芳香、美丽、多朵聚焦,花期较久,为优良的观赏花木。宜栽植于庭院、风景区。亦可作切花材料。

繁殖:播种、扦插、压条和分株法繁殖。种子细小,覆以薄土。扦插、压条、分株于春季萌芽前进行。

图 2.121　山梅花

2.7.7　溲疏 *Deutzia scabra* **Thunb.**（图 2.122）

虎耳草科,溲疏属。原产中国长江流域各省。

形态特征:落叶灌木。高达 2.5 m。树皮片状剥落,小枝中空,红褐色,幼时有星状柔毛。叶对生,长卵形或卵状披针形,叶缘有不明显的小刺尖状锯齿,两面有星状毛,粗糙。直立圆锥花序,花白色或略带粉红色。蒴果近球形。花期 5~6 月,果 10~11 月成熟。

常见栽培品种有:

'白花重瓣'溲疏('Candidissima'):花重瓣,花瓣纯白色。

'紫花重瓣'溲疏('Flore Pleno'):花重瓣,外面带玫瑰紫色。

生态习性:喜光,稍耐阴。喜温暖、湿润环境,但耐寒。耐旱,对土壤的要求不严,喜富含腐殖质、pH 值 6~8 的土壤。性强健,萌芽力强,耐修剪。

观赏用途:溲疏初夏白花满树,洁净素雅,其重瓣变种更加美丽。为国内外重要的庭院观赏植物。宜丛植于草坪、路边、山坡及林缘,也可作花篱及岩石园种植材料。花枝可供瓶插观赏。

繁殖:可用扦插、播种、压条、分株等法繁殖。扦插极易成活,6、7 月间用软材插,半月即可生根;也可在春季萌芽前用硬材插,成活率均可达 90%。播种于 10~11 月采种,晒干脱粒后密封干藏,翌年春播。

图 2.122 溲疏

2.7.8 海桐 *Pittosporum tobira*(Thunb.)Ait.(图 2.123)

又名海桐花。海桐科,海桐属。原产中国、朝鲜和日本。

图 2.123 海桐

形态特征:常绿灌木或小乔木。高 2~6 m。树冠球形。干灰褐色,枝条近轮生,嫩枝绿色。单叶互生,有时在枝顶簇生,倒卵形或椭圆形,先端圆钝,基部楔形,全缘,边缘反卷,厚革质,表面浓绿有光泽。花白色或淡黄色,有芳香,成顶生伞形花序。蒴果卵球形,有棱角,成熟时三瓣裂,露出鲜红色种子。花期 5 月,果熟期 10~11 月。

生态习性:适应性强,有一定的抗旱、抗寒力,喜温暖、湿润环境。耐盐碱,对土壤的要求不严,喜肥沃、排水良好的土壤。耐修剪,萌芽力强。

观赏用途:海桐枝叶茂密,四季碧绿,叶色光亮,初夏花朵清丽芳香,入秋果熟开裂时露出红色种子,颇为美观,通常用作房屋基础种植及绿篱材料,可孤植或丛植于草坪边缘或路旁、河边,也可群植组成色块。

繁殖:可用播种法繁殖,扦插也易成活。

2.7.9 红花檵木 *Lorpetalum chinense*(R. Br.)Oliver. var. *rubrum* Yieh.(图 2.124)

又名红檵木、红叶檵木。金缕梅科,檵木属。原产中国长江中下游及以南地区,印度北部也有分布。

形态特征:常绿灌木。小枝、嫩叶及花萼均被暗红色星状毛。单叶互生,革质,卵形,全缘,嫩叶淡红色。花瓣带状线形,4 枚,淡紫红色。蒴果木质,倒卵圆形;种子长卵形,黑色,光亮。花期 4~5 月,果期 9~10 月。

图 2.124　红花檵木

生态习性:喜温暖向阳的环境,喜肥沃湿润的微酸性土壤。适应性强,耐寒、耐旱,不耐瘠薄。发枝力强,耐修剪,耐蟠扎整形。

观赏用途:红花檵木花色艳丽,花型奇特,是美丽的春季观花植物,亦可观叶。枝繁叶茂,树态多姿,木质柔韧,耐修剪蟠扎,是制作树桩分景的好材料。地植亦显婀娜多姿,是美化公园、庭院、道路的名贵观赏树种。

繁殖:播种或嫁接繁殖。亦可挖掘山野中遭砍伐而残存的老桩,经整形制作古老奇特树桩盆景。

2.7.10　蜡瓣花 *Corylopsis sinensis* Hemsl.（图 2.125）

又名中华蜡瓣花。金缕梅科,蜡瓣花属。原产中国长江流域以南各省区。

形态特征:落叶灌木或小乔木。高 2~5 m。小枝有密被短柔毛。叶互生,卵形或倒卵形,先端短尖,基部斜心形,边缘具锐尖齿,背面灰绿色,密被细柔毛。总状花序下垂;花黄色,有香气。蒴果卵圆形,种子黑色,有光泽。先叶开花,花期 3~4月,果期 9~10 月。

生态习性:暖温带树种。喜阳光,也耐阴,较耐寒,好温暖湿润、富含腐殖质的酸性或微酸性土壤。萌蘖力强。

观赏用途:蜡瓣花春日先叶开花,花序累累下垂,光泽如蜜蜡,色黄而具芳香,枝叶繁茂,清丽宜人。适于庭院内配植或盆栽观赏。花枝可作瓶插材料。

繁殖:以播种为主,亦可分株和压条。

图 2.125　蜡瓣花

2.7.11　白鹃梅 *Exochorda racemosa*（Lindl.）Rehd.（图 2.126）

又名金瓜果。蔷薇科,绣线菊亚科,白鹃梅属。原产中国华中及华东地区,沿黄河、淮河及长江流域均有分布。

形态特征:落叶灌木或小乔木。高约 5 m。枝褐色,稍具角棱,无毛。单叶互生,椭圆形至卵状椭圆形,长 3.5~6.5 cm,先端圆钝或急尖,全缘或上部有锯齿。总状花序顶生,着花 6~10 朵,花径 2.5~3.5 cm,白色。果倒圆锥形,无毛,有 5 脊。花期 4~5 月,果期 6~8 月。

生态习性:喜光,稍耐阴。喜肥沃湿润土壤,也能耐干旱瘠薄。抗寒力亦强。花期 4 月。

观赏用途:白鹃梅春季白花如雪似梅,清丽动人,宜在草地边缘或山石旁栽植,或于桥畔、亭前配植。

繁殖:播种或扦插法繁殖。于 9 月采种,翌年 3 月播种。扦插多

图 2.126　白鹃梅

用休眠枝,于早春萌芽前进行。

2.7.12　贴梗海棠 *Chaenomeles speciosa*（Sweet.）Nakai.（图 2.127）

又名皱皮木瓜、铁角海棠、贴梗木瓜。蔷薇科,梨亚科,木瓜属。原产中国陕西、甘肃、四川、贵州、云南、广东等省。

形态特征:落叶灌木。高可达 2 m。枝干丛生开展,有枝刺,紫褐色或黑褐色。冬芽小,红色无毛。单叶互生,叶卵形或椭圆形,先端尖,边缘有尖锐锯齿;托叶大,肾形或半圆形。花簇生,绯红、淡红或白色,花梗极短。梨果球形至卵形,黄绿色,有芳香。花期 3～4 月,果熟期 9～10 月。

生态习性:喜光,稍耐阴。对土壤的要求不严,酸性土、中性土都能生长。耐旱,忌水湿。喜温暖,也耐寒。根部有很强的萌生能力,耐修剪。

观赏用途:贴梗海棠花色艳丽,是重要的观花灌木,可丛植于庭院墙隅,路边,林缘等处,池畔种植。也可盆栽观赏。

繁殖:主要用分株、扦插和压条法繁殖;播种也可,但很少采用。

图 2.127　贴梗海棠

2.7.13　火棘 *Pyracantha fortuneana*（Maxim.）Li.（图 2.128）

又名火把果、救军粮。蔷薇科,梨亚科,火棘属。原产中国陕西、江苏、浙江、福建、湖北、湖南、广西、四川、云南、贵州等省区。

图 2.128　火棘

形态特征:常绿灌木。高 3 m。具枝刺,枝条暗褐色,拱形下垂,幼时有锈色短柔毛,后脱落;短侧枝常成刺状。单叶互生,倒卵状矩圆形,前端钝圆或微凹,有时有短尖头,基部楔形,边缘有钝锯齿,亮绿色。复伞房花序,近无毛,花径10 mm,白色。小核果橘红或鲜红色,经久不落,可延至翌年 3 月。花期 3～5 月,果期 8～11 月。

生态习性:喜阳光,稍耐阴,耐旱,生命力强。对土壤要求不严,适生于湿润、疏松、肥沃的壤土。萌芽力强,耐修剪、较耐寒,为保证结果丰满,应栽培在阳光充足、土壤肥沃之地。

观赏用途:火棘入夏时白花点点,入秋后红果累累,是观花观果的优良树种,在园林中可丛植、孤植配置,也可修成球形或绿篱。果枝还是瓶插的好材料,红果可经久不落。

繁殖:一般采用播种繁殖,秋季采种后即播。也可在晚夏进行软枝扦插。

2.7.14　月季 *Rosa chinensis* Jacq.（图 2.129）

又名月月红。蔷薇科,蔷薇亚科,蔷薇属。原产中国湖北、四川、云南、湖南、江苏、广东等省。原种及多数变种早在 18 世纪末、19 世纪初传至国外,成为近代月季杂交育种的重要亲本。

形态特征:常绿或半常绿灌木。枝干直立、扩展或蔓生。树干青绿色,老枝灰褐色。上有

图 2.129　月季

弯曲尖刺。奇数羽状复叶,互生,小叶 3～5 枚,卵圆形、椭圆形、倒卵形或广披针形,叶缘有锯齿,叶片光滑,有光泽,托叶与叶柄合生。花单生或成伞房花序、圆锥花序;花瓣 5 枚或重瓣,有白、黄、粉、红、紫、绿等单色或复色,不少品种具浓郁的香味。果实近球形,成熟时橙红色。花期 5～11 月,果熟期 9～11 月。

现代月季品种繁多,常分为 6 类:

(1) 杂种茶香月季　树势健壮美观,叶片多为革质而有光泽,花梗颀长挺拔,开花多,大部分单枝开花,色彩极丰富、艳丽,有的具天鹅绒或缎质绒光,花朵硕大而丰满,有的高心、卷边、翘角,形态优美。耐寒力强,花期长,从春天直到初霜期,基本上是常花不败,适于展览、切花及布置花坛,是最受欢迎的品种群,如'墨红'、'和平'、'明星'、'香云'、'林肯'、'红双喜'、'十全十美'等。

(2) 丰花月季　又名聚花月季。其长势健壮而有活力,只有黄色品种长势弱,分枝多,树形偏矮或中等高,叶和刺比杂种茶香月季略小,树形优美,灌丛状,耐寒也耐热,兼具有杂种茶香月季的丰富色彩与优美花型。花色丰富,从粉红到最深红的红色,由淡黄到金黄、橙或古铜色,由浅紫色到深紫色,还有黄、红、粉红许多双色,以及红、褐、紫、白等相结合的复色,但花朵略小,一般微香或不具香气。盛花时,繁花似锦,色彩缤纷,为极好的园林美化材料,适于布置花坛,也适于切花和盆栽,丰花月季中比较优秀的品种有:'魅力'、'法国花边'、'引人入胜'、'欧洲百科全书'等。

(3) 壮花月季　又叫大花月季,由杂种茶香月季与丰花月季香花杂种选育而成,既有杂种茶香月季大型重瓣的优雅花朵,又有丰花月季成簇开放的丰富花群,花色也很丰富,只缺少淡紫色,能够连续大量开花,抗寒性强。壮花月季长势猛壮,其优秀品种有:'伊丽莎白女王'、'东方欲晓'、'金色太阳'、'茶花女'、'红钻石'等。

(4) 藤蔓月季　藤蔓月季包括一年开一次花的藤蔓蔷薇和连续开花的藤蔓月季两大类。是野蔷薇及其杂交系统、杂种光叶蔷薇系统、木香和硕苞蔷薇与杂种长春月季、茶香月季、杂种茶香月季、诺赛特月季、月月红等杂交或芽变产生的系列品种。连续开花的藤本蔓月季是麝香蔷薇与连续开花的若干月季杂交,波旁月季和其他蔷薇或月季杂交,野蔷薇和杂种茶香月季及杂种矮花小灌丛月季杂交,野蔷薇和杂种茶香月季及杂种矮花小灌丛月季杂交;以及茶香月季、杂种茶香月季、杂种长春月季等的芽变而产生的品种。优秀的藤蔓月季品种有'红宝石'、'满天星'、'小姐妹'、'婴儿五彩缤纷'、'小墨红'等。

(5) 微型月季　植株矮小,一般不超过 30 cm,枝茎细密而坚韧,叶小,通常长 1.9 cm,宽 1.3 cm,甚至更小,开花甚密,花朵较小,其花色种类繁多,有深红、粉红、白、黄、橙、淡紫、紫红、混色等多种,有单瓣,有的品种则花瓣重叠,花型优美,还有一些品种芳香四溢。微型月季原产中国,18 世纪传入欧洲,在欧洲进行了一系列的杂种育种,目前微型杂交种已达 500 多种。类型多,主要有:四季成簇开花的丰花型微型;有长梗、单开、高心大花的杂种茶香型微型;有梗、蕾密被细毛的毛萼洋蔷薇;有高约 15 cm,花径 0.7 cm 的微小型月季;有茎长 1.5～2.0 m 的藤本微型月季,以及茎高 4～8 cm 的微型月季等。微型月季小巧玲珑、花形精致,深受人们喜爱,非常适合布置窗台、案头、阳台,或配以山石、古木制成高雅的树桩盆景,还可成排植于花坛,构成微型树篱,并可陈设于花架、假山之上。优秀的微型月季品种有:'小女孩'、'彩虹'、'红宝石'等。

（6）灌丛月季 灌木月季是一个庞杂的类群,几乎包括前五类所不能列入的各种月季。有半栽培品种、老月季品种,也有新近育成的灌木月季新种。大多数非常耐寒,生长强健,特别繁茂,有韧性,适于粗放管理,并有较强的抗病性。花有单瓣、重瓣,花色多样,有的是春季或初夏季开花,也有的自春季至秋季开出大量花朵,还有些灌木月季,秋、冬结出大量发亮的蔷薇果,有的还具有独特的香气。

生态习性:喜阳光充足、空气流动的环境,忌遮阴。生长最适温度为白天 15～26℃,夜间10～15℃,低于 5℃时休眠,持续高于 30℃时半休眠。喜肥沃、疏松和微酸性土壤。

观赏用途:月季花色艳丽,花期长,是中国十大名花之一,是花坛、花境、花带、花篱栽植的优良材料。适合在草坪、园路角隅、庭园、假山等处配植,也可作盆栽及切花用。

繁殖:多用扦插或嫁接法繁殖。硬枝、嫩枝扦插均易成活,一般在春、秋两季进行。嫁接采用枝接、芽接、根接均可,砧木用野蔷薇、白玉堂、黄刺玫等,还可采用分株及播种法繁殖。

主要变种与变型有:

小月季(var. *minima* Voss.):植株矮小多分枝,高一般不超过 25 cm,叶小而窄,花也较小,直径约 3 cm,玫瑰红色,重瓣或单瓣,宜作盆栽盆景材料,栽培品种不多,但小月季在矮化高种中起主要作用。

月月红(var. *semperflorens* Koehne.):茎较纤细,常带紫红晕,有刺或近于无刺,小叶较薄,带紫晕,花为单生,紫色或深粉红色,花梗细长而下垂,品种有'铁瓣红'、'大红月季'等。

变色月季(f. *mutabilis* Rehd.):花单瓣,初开时浅黄色,继变橙红、红色最后略呈暗色。

2.7.15 玫瑰 *Rosa rugosa* Thunb.（图 2.130）

蔷薇科,蔷薇亚科,蔷薇属。原产亚洲中部和东部干燥地区;现主要分布在中国华北、西北和西南等地,日本、朝鲜、北非、墨西哥、印度等也有栽培。

形态特征:落叶直立灌木。枝杆多刺。奇数羽状复叶互生,小叶 5～9 枚,椭圆形或椭圆形状倒卵形,长 1.5～4.5 cm,宽 1.0～2.5 cm,先端急尖或圆钝;上面无毛,深绿色,叶脉下陷,多皱,下面有柔毛和腺体,叶柄和叶轴有茸毛,疏生小皮刺和刺毛;托叶大部附着于叶柄,边缘有腺点。花单生于叶腋或数朵聚生,花梗长 5～25 mm,密被茸毛和腺毛,花直径4.0～5.5 cm,上有稀疏柔毛,下密被腺毛和柔毛;花冠鲜艳,紫红色,芳香。蔷薇果扁球形,熟时红色,内有多数小瘦果,萼片宿存。花期 4～5 月,果期 8～9 月。

生态习性:喜阳光和通风良好环境,阴蔽与通风不良处生长不良。耐寒,不耐水渍。适应性较强,对土壤要求不严。在微碱性土壤中也能生长,但适宜栽培在排水良好、肥沃疏松的沙质壤土上。浅根性,根颈部及水平根易生萌蘖。生长速度快。

图 2.130 玫瑰

观赏用途:玫瑰色艳花香,适应性强,最宜作花篱、花境、花坛及坡地栽植,也可作切花或提取香料。

　　繁殖:以分株为主,可在落叶至萌芽前在株丛周围挖取萌蘖栽植。也可用扦插繁殖,扦插在 6 月中旬开花后用半成熟枝扦插。

2.7.16　黄刺玫 *Rosa xanthina* Lindl. (图 2.131)

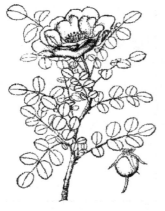

图 2.131　黄刺玫

　　又名刺玫花、黄刺莓、破皮刺玫、刺玫花。蔷薇科,蔷薇亚科,蔷薇属。原产中国东北和华北地区。

　　形态特征:落叶灌木。小枝褐色或红褐色,具扁平而直立的皮刺。奇数羽状复叶,小叶 7～13 枚,小叶近圆形或椭圆形,叶缘具细锯齿;托叶小,下部与叶柄连生,先端分裂成披针形裂片,边缘有腺体,近全缘。花黄色,单瓣或重瓣,无苞片。果球形,红黄色。花期 5～6 月,果期 7～8 月。

　　生态习性:喜阳光,稍耐阴。耐寒性较强。耐干旱、瘠薄,但也较耐水涝。对土壤要求不严,在碱性土壤中亦能生长。

　　观赏用途:黄刺玫是春末夏初的重要观赏花木,开花时一片金黄。鲜艳夺目,且花期较长,适合庭院观赏,丛植,花篱。

　　繁殖:多用分株法繁殖,于早春萌芽前进行,分株前应行强剪,将根部掘起,劈成数丛,另行栽植。

2.7.17　刺梨 *Rosa roxburghii* Tratt. (图 2.132)

　　又名巢丝花、刺石榴、送春归。蔷薇科,蔷薇亚科,蔷薇属。原产中国中部及西南地区。

　　形态特征:落叶或半常绿小灌木。高达 1.5 m。分枝多而密,树皮成片剥落,小枝常有成对皮刺。羽状复叶,小叶 9～15 枚,椭圆形或长椭圆形,长 1.2 cm,边缘有细锐锯齿。花单生或 2 朵并生枝端,粉红色,直径 4～6 cm,花瓣先端凹入,花柄、萼筒和萼片外密生小的皮刺。果实扁球形,黄色,有梨香味,外面密生小皮刺。花期 5～6 月,果熟期 9 月。

　　生态习性:喜阳,稍耐阴。耐寒性稍弱。适应性强,对土壤的要求不高。

图 2.132　刺梨

　　观赏用途:刺梨枝条密集,叶片纤小,花大色艳,结实累累,树体多刺,宜群植于林下或作花篱布置。

　　繁殖:播种和扦插繁殖。播种,于种子采收后或秋播,或沙藏至次年春播;扦插,可用一年生枝作插穗,于早春至初夏进行,成活率很高。

2.7.18　棣棠 *Kerria japonica* (L.) DC. (图 2.133)

　　又名地棠、黄棣棠、棣棠花。蔷薇科,蔷薇亚科,棣棠属。原产中国及日本。

　　形态特征:落叶丛生灌木。高 1.5 m 左右。小枝绿色,有纵棱。单叶互生,卵形或卵状披针形,先端渐尖,基部截形或近圆形,边缘具重锯齿,叶面鲜绿色,有托叶。花金黄色,单生于侧枝顶端,花瓣5枚。瘦果褐黑色。花期4～5月,果期8月。

栽培变种有:

重瓣棣棠(var. *pleniflora* Witte.):花重瓣,不结实。

生态习性:喜温暖、湿润环境。喜光,稍耐阴。较耐湿,不耐严寒。对土壤要求不高。根蘖萌发力强,能自然更新植株。

观赏用途:棣棠花色金黄,枝叶鲜绿,花期从春末到初夏,柔枝垂条,缀以金英,别具风韵,适宜栽植花境、花篱或建筑物周围作基础种植材料,墙际、水边、坡地、路隅、草坪、山石旁丛植或成片配置,可作切花。

繁殖:分株、扦插和播种繁殖。扦插于早春2～3月选取1年生硬枝进行;分株在早春或晚秋均可进行。

图 2.133　棣棠

2.7.19　鸡麻 *Rhodotypos scandens*（Thunb.）Mak.（图 2.134）

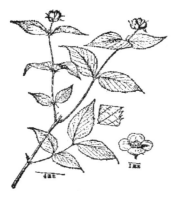

图 2.134　鸡麻

又名白棣棠。蔷薇科,蔷薇亚科,鸡麻属。原产中国及日本。

形态特征:落叶灌木。高约2m。老枝紫褐色,小枝初为绿色,后变为浅褐色。单叶对生,卵形或卵状椭圆形,叶面具皱折、叶缘下凹,缘具重齿。花白色,单生于当年生小枝顶端,花瓣4枚,花径3～4cm。核果,亮黑色。花期4～5月。

生态习性:喜光,能耐半阴。耐寒、怕涝,适生于疏松肥沃排水良好的土壤。耐修剪,萌蘖力强。

观赏用途:鸡麻花叶清秀美丽,适宜丛植于草地、路旁,角隅或池边,也可植山石旁。

繁殖:播种、分株、扦插繁殖均可。种子有休眠习性,可秋播或沙藏至翌年春播,实生苗第3年开花。

2.7.20　珍珠绣线菊 *Spiraea thunbergii* Sieb.（图 2.135）

又名珍珠花、喷雪花。蔷薇科,绣线菊亚科,绣线菊属。原产于中国及日本。

形态特征:落叶小灌木。高可达1.5m。枝黄褐色,幼时有柔毛,老时无毛。叶线状披针形,长2～4cm,两面光滑无毛,中部以上有尖锐锯齿。花序伞形,无总梗,具3～5朵花,白色;花梗细长。蓇葖果开张,无毛。花期4～5月。

生态习性:喜光,好温暖。在全光照下,长势旺盛,开花时间长。宜湿润而排水良好土壤。

观赏用途:该种树姿婀娜,叶形似柳,开花如雪,宜丛植草坪角隅、林缘、路边、建筑物旁或作基础种植,亦可作切花用。

繁殖:分株、扦插或播种繁殖均可。

图 2.135　珍珠绣线菊

2.7.21　粉花绣线菊 *Spiraea japonica* **L. f.** (图 2.136)

又名日本绣线菊。蔷薇科,绣线菊亚科,绣线菊属。原产日本和朝鲜半岛,中国华东地区有引种栽培。

图 2.136　粉花绣线菊

形态特征:落叶灌木。高达 1.5 m。枝开展,小枝光滑或幼时有细毛。单叶互生,卵状披针形至披针形,边缘具缺刻状重锯齿,叶面散生细毛,叶背略带白粉。复伞房花序,生于当年生枝端,花粉红色。蓇葖果,卵状椭圆形。花期 6～7 月,果期 8 月。

品种及杂种多,主要有:

'光叶'粉花绣线菊('Fortunei'):原产中国。叶椭圆状披针形,边缘有尖锐重锯齿,叶面有皱纹,背面带白霜毛。花粉红色。

生态习性:喜光,略耐阴。生长强健,适应性强,耐寒、耐旱、耐瘠薄。在湿润、肥沃土壤生长旺盛。

观赏用途:粉花绣线菊枝叶茂密,开花繁盛,盛开时宛若锦带。可布置草坪及小路角隅等处,或种植于门庭两侧,或花坛、花境,也可配置花篱。

繁殖:分株、扦插或播种繁殖。

2.7.22　麻叶绣线菊 *Spiraea cantoniensis* **Lour.** (图 2.137)

又名麻叶绣球。蔷薇科,绣线菊亚科,绣线菊属。原产于中国广东、广西、福建、浙江、江西等地。

形态特征:落叶灌木。高 1.5 m。枝细长,暗红色,光滑无毛。单叶互生,叶菱状披针形至菱状矩圆形,先端尖,基部楔形,缘有缺刻状锯齿,两面无毛。白色小花,花 10～30 朵集成半球状伞形花序,着生于新枝顶端。蓇葖果。花期 4～5 月,果熟期 10～11 月。

生态习性:性喜阳光,稍耐阴。耐旱,忌水涝。较耐寒,适生于肥沃、湿润土壤。

观赏用途:麻叶绣球植株丛生成半圆形,开花白色一片,十分雅致,可丛植于池畔、路旁或林缘,也可列植为花篱。

繁殖:扦插、分株繁殖为主,亦可播种繁殖。

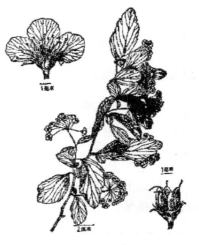

图 2.137　麻叶绣线菊

2.7.23　中华绣线菊 *Spiraea chinensiss* **Maxim.** (图 2.138)

又名铁黑汉条。蔷薇科,绣线菊亚科,绣线菊属。原产中国华北到华南各地。

形态特征:落叶灌木。高 1.5～3.0 m。小枝呈拱形弯曲,红褐色,幼时被黄色红茸毛,有时无毛；冬芽卵形，先端急尖，有数枚鳞片，外被柔毛。叶片菱状卵形至倒卵形，长 2.5～6.0 cm，宽 1.5～3.0 cm，先端急尖或圆钝，边缘有缺刻状粗锯齿，或具不明显 3 裂，上面暗绿色，被短柔毛，脉纹深陷，下面密被黄色茸毛。伞形花序具花 16～25 朵；花梗 5～10 mm，具短绒毛；花径 3～4 mm；萼筒钟状，外面有稀疏柔毛，内面密被柔毛；花瓣近圆形，先端微凹或圆钝，白色；雄蕊 22～25，短于花瓣或与花瓣等长；花柱短于雄蕊。菁葖果开张，被短柔毛。花期 3～6 月，果期 6～10 月。

生态习性：同麻叶绣线菊。

观赏用途：同麻叶绣线菊。

繁殖：同麻叶绣线菊。

图 2.138　中华绣线菊

2.7.24　珍珠梅 *Sorbaria kirilowii*（Reqel.）Maxim.（图 2.139）

图 2.139　珍珠梅

又名华北珍珠梅、吉氏珍珠梅。蔷薇科，绣线菊亚科，珍珠梅属。原产中国河北、山西、山东、河南等省区。

形态特征：落叶灌木。高 2～3 m。枝条丛生开展。奇数羽状复叶互生，小叶 13～21 枚，小叶椭圆状披针形或卵状披针形，缘具重齿。顶生圆锥花序大，总花梗和花梗均被星状毛或短柔毛，果期逐渐脱落；花径 10～12 mm；萼筒钟状，外面微被短柔毛，萼裂片三角状卵形；花小，白色；雄蕊 40～50 枚，比花瓣长 1.5～2 倍，生于花盘边缘；心皮 5，子房被短柔毛或无毛。菁葖果长圆形，具顶生弯曲的花柱；果梗直立，宿存萼片反折，稀开展。花期 7～9 月，果期 9～10 月。

生态习性：喜光，也较耐阴，耐旱性较强。不择土壤，但在湿润肥沃的土壤上生长较好。萌蘖性强，耐修剪。

观赏用途：珍珠梅枝叶清秀，花期较长，宜在各类园林绿地中栽植，特别是各类建筑物北侧阴处的绿化，效果尤佳。

繁殖：播种、扦插及分株繁殖。

2.7.25　榆叶梅 *Prunus triloba* Lindl.（图 2.140）

又名榆梅。蔷薇科，梅亚科，梅属。原产中国北部，分布于河北、山西、山东、浙江等省，南方较少。

形态特征：落叶灌木。高可达 5 m。枝紫褐色或褐色，粗糙。单叶互生，叶宽椭圆形或倒卵形，先端渐尖或三裂状，基部宽楔形，边缘有不等的粗重锯齿。表面具稀毛或无毛，背面被短柔毛，有托叶。花先叶开放，粉红色，常 1～2 朵生于叶腋，单瓣或重瓣。核果球形，红色，有毛。花期 4 月，果期 7 月。

生态习性：耐寒。耐旱、喜光。对土壤的要求不高，但不耐水

图 2.140　榆叶梅

涝,喜中性至微碱性、肥沃、疏松的沙土。

观赏用途:榆叶梅花繁色艳,十分绚丽,可丛栽于草地、路边、池畔或庭园。

繁殖:播种、嫁接繁殖,用桃、山桃或播种实生苗作砧木。

2.7.26 紫荆 *Cercis chinensis* **Bunge**(图 2.141)

又名满条红。豆科,云实亚科,紫荆属。原产中国黄河流域以南。

图 2.141 紫荆

形态特征:落叶灌木。高达 15 m。丛生,树皮幼时暗灰色、光滑,老时粗糙呈片裂。单叶互生,全缘,近圆形,先端急尖,基部心脏形,表面光滑有光泽,叶主脉掌状,5~7 条,背面隆起。为茎花植物,先叶开花,紫红色,4~10 朵簇生于枝条或老干上;假蝶形花冠。荚果扁平。花期 4 月,果期 8~9 月。

变型:

白花紫荆(f. *alba* P. S. Hsu.):花纯白色。

生态习性:较耐寒。喜光,稍耐阴。喜肥沃、排水良好的土壤,不耐湿。萌芽力强,耐修剪。

观赏用途:紫荆先花后叶,花形如蝶,满树皆红,艳丽可爱,叶片心形,多丛植于草坪边缘和建筑物旁,园路角隅或树林边缘。因开花时,叶尚未发出,故宜与常绿之松柏配植为前景或植于浅色的物体前面,如白粉墙之前或岩石旁。

繁殖:可用播种、分株、扦插、压条等法繁殖,以播种为主。

2.7.27 锦鸡儿 *Caragana sinica* **Rehd.**(图 2.142)

又名金雀花。豆科,蝶形花亚科,锦鸡儿属。主要产于中国北部及中部。

形态特征:落叶丛生灌木。高达 1.5 m。枝开展,有棱,皮有丝状剥落。托叶成针刺状,偶数羽状复叶,小叶 4 枚,上面一对小叶较大;小叶倒卵形,先端圆或微凹,暗绿色。花单生,黄色稍带红,凋谢时褐红色。荚果圆筒状。花期 4~5 月,果期 5~6 月。

生态习性:喜温暖湿润。喜光,耐寒,耐旱。适应性强,耐瘠薄,喜排水良好的沙质壤土,忌湿涝。萌蘖力强,能自行繁衍成片。

观赏用途:锦鸡儿干似古铁,叶色鲜绿,开花时满树金黄,宜布置于林缘、路边或建筑物旁,在园林中可植于岩石旁,小路边,或作绿篱用,亦可作盆景材料。又是良好的蜜源植物及水土保持植物。

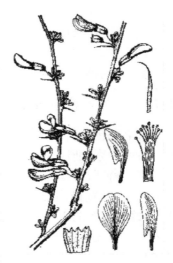

图 2.142 锦鸡儿

繁殖:可用播种、扦插、分株、压条等法繁殖。播种最好随采随播;扦插可在 2～3 月进行硬枝扦插,也可在梅雨季节嫩枝扦插。

2.7.28 扶桑 *Hibiscus rosa-sinensis* L.(图 2.143)

又名朱槿、佛桑。锦葵科,木槿属。原产中国福建、广东、云南、台湾、浙江南部和四川等省区。

形态特征:落叶或常绿大灌木。高约 6 m。茎直立,多分枝。叶互生,广卵形或狭卵形。花大,单生叶腋,径 10～17 cm,有红、粉、黄、白等色;单瓣者漏斗形,雄蕊伸出于花冠之外;重瓣者花形略似牡丹。花期以夏、秋为盛,有些品种可常年开花。

生态习性:喜光,阴处也可生长,但甚少开花。喜温暖、湿润气候,不耐寒。气温在 30℃以上开花繁茂,在 2～5℃低温时出现落叶。不择土壤,但在肥沃而排水良好的土壤中开花硕大。

观赏用途:扶桑花色鲜艳,花大形美,品种繁多,开花四季不绝,是著名的观赏花木。除盆栽观赏外,也常用于道路两侧、分车带及庭院、水滨的绿化,可作绿篱或背景屏篱。

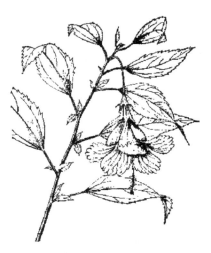

图 2.143 扶桑

繁殖:常用扦插和嫁接繁殖。扦插,除冬季以外均可进行,但以梅雨季节成活率高。

2.7.29 木槿 *Hibiscus syriacus* L.(图 2.144)

又名白饭花、篱障花、鸡肉花、朝开暮落花。锦葵科,木槿属。原产中国和印度。

图 2.144 木槿

形态特征:落叶灌木或小乔木。高 3～4(6)m。茎直立,多分枝,稍披散。树皮灰棕色,枝干上有根须或根瘤,幼枝被毛,后渐脱落。单叶互生,在短枝上也有 2～3 片簇生者,叶卵形或菱状卵形,有明显的 3 条主脉,而常 3 裂,基部楔形,下面有毛或近无毛,先端渐尖,边缘具圆钝或尖锐锯齿,叶柄长 2～3 cm;托叶早落。花单生于枝梢叶腋,花瓣 5,花形有单瓣、重瓣之分,花色有浅蓝紫色、粉红色或白色之别。蒴果长椭圆形,先端具尖嘴,被绒毛,黄褐色,基部有宿存花萼 5 裂,外面有星状毛;种子三角状卵形或略为肾形而扁,灰褐色。花期 6～9 月。

生态习性:喜阳,也能耐半阴。耐寒,在华北和西北大部分地区都能露地越冬。对土壤要求不严,较耐瘠薄,能在黏重或碱性土壤中生长,忌干旱,生长期需适时适量浇水,经常保持土壤湿润。

观赏用途:木槿盛夏季节开花,开花时满树花朵,花色丰富,宜于在公共场所作花篱、绿篱及庭院布置,也可布置在墙边、水滨。

繁殖:常用扦插和播种繁殖,但以扦插为主。

2.7.30 木芙蓉 *Hibiscus mutabilis* L.(图 2.145)

又名拒霜花、芙蓉木莲、芙蓉花。锦葵科,木槿属。原产中国,尤以四川成都一带为盛,故成都有"蓉城"之称。

图 2.145 木芙蓉

形态特征:落叶灌木。高 3～4 m。枝干密被星状毛。单叶互生,叶大,广卵形,3～5 裂,裂片三角形,基部心形,边缘具钝锯齿,两面均有黄褐色茸毛。花形大,单生于枝端叶腋,一般只开放 1 d,单瓣、重瓣或半重瓣,白色或淡红色,后变深红色。蒴果扁球形,被黄色刚毛及茸毛;种子多数,肾形,有长毛。花期 8～10 月,果期 12 月。

生态习性:喜阳,略耐阴。喜温暖、湿润环境,不耐寒。忌干旱,耐水湿。对土壤要求不高,瘠薄土地亦可生长。在上海冬季地上部枯萎,呈宿根状,翌春从根部萌生新枝。

观赏用途:木芙蓉晚秋开花,有诗曰"千林扫作一番黄,只有芙蓉独自芳"。由于花大而色丽,中国自古以来多在庭园栽植,可孤植、丛植于墙边、路旁、厅前等处。特别宜于配植水滨,开花时波光花影,相映益妍,分外妖娆。

繁殖:以扦插为主,也可分株、压条或播种繁殖。

2.7.31 山茶 *Camellia japonica* L.(图 2.146)

又名山茶、山茶花、耐冬、曼陀罗。山茶科,山茶属。原产于中国和日本。

形态特征:常绿灌木或小乔木。单叶互生,叶片卵形或椭圆形,叶表有光泽。花单生或对生于枝顶或叶腋,红色,花型多样。蒴果近球形,红褐色,径 2～3 cm,室背开裂。花期 2～4 月;果期秋季。

茶花栽培品种常按花瓣自然增加、雄蕊的瓣化程度和雌蕊的演变、萼片的瓣化情况,分为 3 类 12 型:

(1)单瓣类 花瓣 5～7 片,排成 1～2 轮,基部合生,雌、雄蕊发育完全,能结实。只有单瓣型 1 个型,如'亮叶金心'、'桂叶金心'等。

(2)半重瓣类 花瓣 20～50 片,排成 3～5 轮,雌、雄蕊不同程度地瓣化,偶可结实。包含 4 个型:

图 2.146 山茶

① 半曲瓣型:花瓣排列 2～4 轮,雄蕊大部分趋向退化,偶能结实,如'白锦球'、'星红牡丹'。

② 荷花型:花瓣排列 3～4 轮,花冠呈荷花型,雄蕊存,雌蕊趋向退化或偶存,如'十样景'、'虎爪白'等。

③ 五星型:花瓣排列 2～3 轮,花冠呈五星型,雄蕊存,雌蕊趋向退化,如'东洋茶'等。

④ 松球型:花瓣排列 3～5 轮,呈松球型,雌、雄蕊均存在,如'大松子'、'小松子'等。

(3)重瓣类　花瓣 50 片以上,雄蕊大部分退化,花瓣自然增加。包含 7 个型:

① 托桂型:花瓣排列 1 轮,发达的雄蕊小瓣聚集于花心,形成 30 cm 左右的小球,如'金盘荔枝'、'白宝珠'。

② 菊花型:花瓣排列 3～4 轮,少数雄蕊小瓣聚集于花心,直径 1～2 cm,形成菊花型花冠,如'石榴红'、'凤仙'等。

③ 芙蓉型:花瓣排列 3～4 轮,祥瑞较集中地簇集于近花心的雄蕊瓣中,或分散地簇聚于若干个组合的雄蕊瓣中,形成芙蓉型花冠,如'红芙蓉'、'花宝珠'等。

④ 皇冠型:花瓣排列 1～2 轮,大量雄蕊瓣聚集其上,并有数片雄蕊大瓣居其正中,形成皇冠型花冠,如'提笼'、'华佛鼎'等。

⑤ 绣球型:花瓣排列轮次不明显,花瓣与雄蕊瓣外形无明显区别,少量雄蕊散生雄蕊瓣中,形成绣球型花冠,如'大红球'、'七心红'等。

⑥ 放射型:花瓣排列 6～8 轮,成放射状,常呈六角形,雌、雄蕊不存在,如'粉丹'、'六角白'、'粉霞'等。

⑦ 蔷薇型:花瓣排列 8～9 轮,形若千层,雌、雄蕊不存在,如'小桃红'、'胭脂莲'、'雪塔'等。

生态习性:喜温暖、湿润及半阴环境,怕阳光暴晒,不耐严寒及酷暑;怕干旱,忌积水。喜酸性土壤,宜疏松、肥沃、排水良好的沙质壤土。

观赏用途:山茶是世界闻名的观赏树种,中国十大名花之一。树姿优美,花朵娇艳,果实别致。能吸收 SO_2,抗烟尘和其他有毒气体,是优良的观赏兼环保花木。在庭院中可孤植、丛植、群植或栽在花台中观赏,亦可盆栽或加工制作成盆景。

繁殖:可用播种、压条、扦插、嫁接等法繁殖。

2.7.32　茶梅 *Camellia sasangua* Thunb. (图 2.147)

又名小茶梅、海红。山茶科,山茶属。原产中国江苏、浙江、福建、广东等沿海及南方各省区。

形态特征:常绿灌木或小乔木。高 3～13 m,树冠球形或扁圆形。树皮灰白色。嫩枝有粗毛,芽鳞表面有倒生柔毛。叶互生,椭圆形至长圆卵形,先端短尖,边缘有细锯齿,革质,叶面具光泽,中脉上略有毛,侧脉不明显。花白色或红色,略芳香。蒴果球形,稍被毛。花期 11 月～翌年 1 月。

生态习性:性喜阴湿,以半阴半阳最为适宜。喜温暖湿润气候,适生于肥沃疏松、排水良好的酸性沙质土壤中,碱性土和黏土不适宜种植茶梅。

观赏用途:茶梅株形低矮,叶小枝茂,花色丰富,着花繁多,可丛植观赏,也可布置成色块。可作基础

图 2.147　茶梅

种植及常绿观花篱垣材料。亦可盆栽观赏。

繁殖:可用播种、扦插、嫁接等法繁殖,一般多用扦插。扦插在 5 月进行,插穗选用 5 年以上母株上的健壮枝,保留 2~3 片叶即可。

2.7.33　金丝桃 *Hypericum chinense* L.(图 2.148)

又名金丝海棠。藤黄科,金丝桃属。原产中国和日本。

图 2.148　金丝桃

形态特征:常绿灌木。高 0.6~1.0 m。枝叶密生,树冠圆头形。树皮灰褐色,全株光滑无毛。小枝对生,红褐色。单叶对生,长椭圆形,先端钝,基部渐狭而稍抱茎,表面绿色,背面粉绿色,具透明腺点,无柄,全缘。花鲜黄色,单生或 3~7 朵,集合成聚伞花序,顶生;花瓣 5;雄蕊多数,5 束,较花瓣长;花柱细长,顶端 5 裂。蒴果卵圆形。花期 6~7 月,果熟期 8~9 月。

生态习性:为温带、亚热带树种,稍耐寒。喜光,略耐阴。性强健,忌积水。喜排水良好、湿润肥沃的沙质土壤。根系发达,萌芽力强,耐修剪。

观赏用途:金丝桃枝叶丰满,开花色彩鲜艳,绚丽可爱,可丛植或群植于草坪、树坛的边缘和墙角、路旁等处。华北多行盆栽观赏,也可作为切花材料。

繁殖:可用播种、分株及扦插繁殖。实生苗第二年即可开花。扦插多于夏秋用嫩枝插于沙床中。

2.7.34　金丝梅 *Hypericum patulum* Thunb.(图 2.149)

藤黄科,金丝桃属。原产中国西北、西南至华东地区。

形态特征:常绿灌木。小枝拱曲,有两棱,暗褐色。单叶对生,长椭圆形或广披针形,端圆钝或尖,基部渐狭或圆形,柄极短,叶面深绿色,叶背粉绿色,有稀疏的油点。花单生于枝端,或成聚伞花序,花金黄色。花期 4~8 月,果熟期 6~11 月。

生态习性:同金丝桃。

观赏用途:金丝梅枝叶丰满,开花色彩鲜艳,绚丽可爱,可丛植或群植于草坪、树坛的边缘和墙角、路旁等处。

繁殖:同金丝桃。

图 2.149　金丝梅

2.7.35　结香 *Edgeworthia chrysantha* Lindl.(图 2.150)

又名打结树、黄瑞香。瑞香科,结香属。原产中国北自河南、陕西,南至长江流域以南各省区。

形态特征:落叶灌木。枝条粗壮,但十分柔软,棕红色,常三叉分枝。叶互生,长椭圆形至倒披针形,先端急尖,基部楔形并下延,表面疏生柔毛,背面被长硬毛,具短柄,常簇生枝端,全缘。花黄色,有香味,40～50 朵聚成下垂的假头状花序,花被筒长瓶状,外被绢状长柔毛。核果卵形。花期 3 月,果期 5 月。

生态习性:暖温带植物,喜温暖,耐寒性略差。喜半阴,也耐日晒。根肉质,忌积水,宜排水良好的肥沃土壤。萌蘖力强。

观赏用途:结香姿态优雅,枝条柔软,弯之可打结而不断,常整成各种形状,十分惹人喜爱,适植于庭前、路旁、水边、石间、墙隅。北方多盆栽观赏。

繁殖:落叶后至发芽前可行分株繁殖,2～3 月或 6～7 月均可行扦插繁殖。栽培管理简易。

图 2.150　结香

2.7.36　瑞香 *Daphne odora* Thunb.（图 2.151）

又名睡香、蓬莱紫、风流树。瑞香科,瑞香属。原产中国长江流域以南各省区。

图 2.151　瑞香

形态特征:常绿灌木。高 1.5～2.0 m。枝细长,光滑无毛。叶常簇生,长椭圆形,长 5～8 cm,深绿、质厚,有光泽。花簇生于枝顶端,头状花序有总梗,无花冠,萼筒呈花冠状,上端四裂,花径 1.5 cm,白色,或紫或黄,具浓香,有紫红、淡紫、白等色。常不结实。花期 2～3 月。

生态习性:性喜半阴和通风环境,惧暴晒,不耐积水,喜排水良好的酸性土壤。

观赏用途:瑞香的观赏价值很高,其花虽小,却锦簇成团,花香清馨高雅,最适合种于林间空地,林缘道旁,山坡台地及假山阴面,若散植于岩石间,则风趣益增。

繁殖:以扦插为主,也可压条,嫁接或播种。扦插多在清明、立夏前进行。

2.7.37　紫薇 *Lagerstroemia indica* L.（图 2.152）

又名百日红、满堂红、痒痒树。千屈菜科,紫薇属。原产亚洲南部及澳大利亚北部。

形态特征:落叶灌木或小乔木。高 3～7 m。树皮易脱落,树干光滑。幼枝略呈四棱形,稍成翅状。叶互生或对生,近无柄;椭圆形、倒卵形或长椭圆形,长 3～7 cm,宽 2.5～4 cm,先端尖或钝,基部阔楔形或圆形,光滑无毛或沿主脉上有毛。圆锥花序顶生,长 4～20 cm;花径 2.5～3.0 cm;花萼 6 浅裂,裂片卵形,外面平滑;花瓣 6 枚,红色或粉红色,边缘有不规则缺刻,基部有长爪;雄蕊 36～42 枚,外侧 6 枚花丝较长;子房 6 室。蒴果椭圆状球形,长 9～13 mm,宽 8～11 mm,6 瓣裂。种子有翅。花期 6～9 月,果期 7～9 月。

图 2.152　紫薇

生态习性:喜光,稍耐阴,喜温暖气候,耐寒性不强;喜肥沃、湿润而排水良好的石灰性土壤,耐旱,怕涝。耐阴性强,生长较慢,寿命长。

观赏用途:紫薇树姿优美,树干光滑洁净,花色艳丽;开花时正当夏秋少花季节,花期极长,由 6 月可开至 9 月,故有"百日红"之称,又有"盛夏绿遮眼,此花红满堂"的赞语,是观花、观干、观根的盆景良材。尤其是紫薇枯峰式盆景,虽桩头朽枯,而枝繁叶茂,色艳而穗繁,如火如荼,令人精神振奋。

繁殖:可采用播种、分株、扦插。

2.7.38　石榴 *Punica granatum* L.(图 2.153)

又名安石榴、海石榴。石榴科,石榴属。原产伊朗和阿富汗,大约在公元前 2 世纪传入中国,现大部分地区都有栽培。

图 2.153　石榴

形态特征:落叶灌木或小乔木。高达 5～7 m。树冠为自然圆头形。树皮粗糙,灰褐色,上有瘤状突起。根际易生根蘖。树冠内分枝多,嫩枝有棱,呈方形,具刺状枝。单叶在长枝上对生或在短枝上簇生,长椭圆形或长倒卵形,先端尖,全缘。夏季开花,花两性,一至数朵着生于枝顶或叶腋。浆果近球形,古铜黄色或古铜红色,具宿存花萼。花期 5～6 月,果期 8～9 月。

生态习性:喜光,不耐阴,在阴处生长开花不良。喜温暖,耐瘠薄和干旱,怕水涝。对土壤的要求不高,但过于黏重的土壤会影响生长,pH 值在 4.5～8.2 均可。喜肥,对二氧化硫和氯气的抗性较强。

观赏用途:石榴春天新叶嫩红色,夏天红花似火,鲜艳夺目,入秋丰硕的果实挂满枝头,是叶、花、果兼优的庭院树,宜在阶前、庭前、亭旁、墙隅等处种植。

繁殖:压条、分株、播种繁殖。

2.7.39　红千层 *Callistemon rigidus* R. Br.(图 2.154)

又名刷毛桢。桃金娘科,红千层属。原产澳大利亚。

形态特征:常绿灌木。高 2～3 m。小枝红棕色,有白色柔毛。单叶互生,偶有对生或轮生,线状披针形,革质,全缘,有透明腺点,富含芳香气味,寿命长,每片叶可维持 3～6 年不等。穗状花序顶生,花无柄,苞片小,花瓣 5 枚,红色,簇生于花序上。蒴果半球形,顶部平。花期 5～7 月。

生长习性:喜暖热气候,能耐烈日酷暑,不很耐寒、不耐阴,喜肥沃潮湿的酸性土壤,也能耐瘠薄干旱的土壤。生长缓慢,萌芽力强,耐修剪。

观赏用途:红千层花形奇特,色彩鲜艳美丽,开放时火树红花,可称为南方花木的一枝奇花,适于种植在花坛中央、行道两侧和公园围篱及草坪处,北方可盆栽于夏季装饰于建筑物阳面正门两侧。也宜剪取做切花。

图 2.154　红千层

繁殖:播种、扦插繁殖。

2.7.40　山茱萸 *Macrocarpium officinale*(S. et Z.)Nakai.(*Cornus officinalis* S. et Z.)(图 2.155)

又名山萸肉、药枣、枣皮。山茱萸科,山茱萸属。原产中国华北、秦岭以南至华中、华东地区。

形态特征:落叶灌木或小乔木。高 10 m。树皮黄褐色,剥落。叶卵状椭圆形,长 5～12 cm,先端渐尖,基部楔形,上面疏生平伏毛,下面被白色平伏毛,脉腋被淡褐色簇生毛,侧脉 6～8 对;有叶柄,长 0.6～1.2 cm。伞形花序生于小枝顶端,有花 15～35 朵,总苞片 4 枚,黄绿色;花瓣 4 枚,黄色;雄蕊 4 枚;花盘环状,肉质;子房下位,2 室。核果椭圆形,熟时深红色。花期 3～4 月,果期 8～10 月。

生态习性:性喜温暖气候,喜适湿而排水良好处。生于阴湿沟畔、溪旁或向阳山坡灌丛中。

观赏用途:山茱萸早春黄花满枝,秋果殷红,簇果如珠,绯红欲滴,艳丽悦目,是很好的观赏树种,适于庭院中、住宅旁以及园路转角等处栽植。

繁殖:播种繁殖。种子采收后即播,或用湿沙低温层积至翌年春播,15～20 d 出苗。

图 2.155　山茱萸

2.7.41　杜鹃 *Rhododendron simsii* Planch.(图 2.156)

又名映山红、照山红、野山红。杜鹃花科,杜鹃花属。原产中国长江流域及其以南地区。

图 2.156　杜鹃

形态特征:常绿灌木。枝细而丛生,密被黄褐色扁平糙状毛。叶互生,卵形或椭圆形,先端尖,基部楔形,全缘,两面有毛。花 2～6 朵簇生枝端。花冠钟形或漏斗形,单瓣或重瓣,花色丰富,有粉红、玫瑰红、淡紫、粉白、白、红白相间等色。花期 4～6 月。

现广泛栽植的园艺品种均为杂交而成。栽培杜鹃根据花期一般分为春鹃、春夏鹃和夏鹃三种;根据地区的分布可分为中国杜鹃、东洋杜鹃和西洋杜鹃。

生态习性:喜半阴,忌烈日直射,能耐阴。喜温暖、湿润环境,不甚耐寒。宜生长在疏松、肥沃的酸性土壤中,碱土中生长易发生黄化。忌积水。

观赏用途:世界著名的观赏花木,中国十大名花之一。花期长,花时“花团若锦,灿如云霞”,可群植于疏林下,或在花坛、树坛、林缘作色块布置。

繁殖:可用播种、扦插、压条及嫁接等法繁殖。

2.7.42　满山红 *Rhododendron mariesii* Hemsl. et Wils.(图 2.157)

又名山石榴、石郎头。杜鹃花科,杜鹃花属。分布于中国长江中下游各省,南达福建、台湾。

形态特征:落叶灌木,高 1～4 m。枝轮生,叶厚纸质或近于革质,常 2～3 集生枝顶,椭圆形、卵状披针形或三角状卵形。花冠漏斗形,淡紫红或紫红色,裂片 5 枚,深裂。蒴果椭圆状卵球形。花期 4～5 月,果期 6～11 月。

生态习性:同杜鹃。

图 2.157　满山红

观赏用途:同杜鹃。

繁殖:同杜鹃。

2.7.43　羊踯躅 *Rhododendron molle* G. Don.（图 2.158）

又名闹羊花、黄杜鹃、黄色映山红。杜鹃花科,杜鹃花属。分布于中国江苏、浙江、江西、福建、湖南、湖北、河南、四川、贵州等地。

形态特征:落叶灌木,高 1～2 m。老枝光滑,带褐色,幼枝有短柔毛。单叶互生,叶柄短;叶片椭圆形至椭圆状倒披针形,先端钝而具短尖,基部楔形,边缘具向上微弯的刚毛,幼时背面密被灰白色短柔毛。花多数,成顶生短总状花序,与叶同放;萼 5 裂,宿存,被稀疏细毛;花金黄色,花冠漏斗状,外被细毛,先端 5 裂,裂片椭圆状至卵形,上面一片较大,有绿色斑点;雄蕊 5,与花冠等长或稍伸出花冠外;雌蕊 1,子房上位,5 室,外被灰色长毛,花柱细,长于雄蕊。蒴果长椭圆形,熟时深褐色,具疏硬毛,胞间裂开,种子多数。细小。花期 4～5 月,果期 6～7 月。

生态习性:同杜鹃。

观赏用途:同杜鹃,但本种全株有剧毒,人、畜食之会死亡。

繁殖:同杜鹃。

2.7.44　灯笼花 *Enkiathus chinensis* Franch.（图 2.159）

杜鹃花科,吊钟花属。原产中国长江流域以南各省区。

形态特征:落叶灌木至小乔木,高达 10 m。枝无毛,嫩枝灰绿色,老枝灰色。叶长椭圆形至长圆形,长 3～6 cm,端钝尖,纸质,叶缘有圆钝锯齿,无毛或近无毛。花多数,下垂,排成伞形总状花序;花梗细长,长 2.5～4.0 cm,无毛;萼片三角形;花冠宽钟状,肉红色。蒴果圆卵形,长约 4.5 mm,果柄顶端向上弯曲。花期 5～6 月。

生态习性:耐寒,喜温暖、空气湿度高的环境,要求土壤排水通畅,以富含腐殖质的沙质壤土最宜。

观赏用途:花形珍奇,花梗细长下垂,秋叶红艳,是美丽的观赏树种,适于在自然风景区中配植应用,也可盆栽观赏。

繁殖:用播种繁殖,于早春进行;也可在 7 月进行嫩枝扦插或于春、秋进行硬枝扦插。

图 2.159　灯笼花

2.7.45　蓝雪花 *Plumbago auriculata* Lam.（图 2.160）

又名蓝茉莉、蓝花丹、蓝花矾松。蓝雪科(矾松科、白花丹科),蓝雪属。原产南非,现世界热带各地均有栽培。

形态特征:灌木或半灌木,高约 1 m。枝具棱槽,幼时直立,长成后蔓性。叶薄,单叶互生,全缘,短圆形或矩圆状匙形,先端钝而有小凸点,基部楔形。穗状花序顶生和腋生,苞片比萼片短,花萼有黏质腺毛和细柔毛,花冠淡蓝色,高脚碟状,顶端 5 裂。蒴果膜质。花期6～9月。

生态习性:性喜温暖,不耐寒冷,生长适温 25℃,喜光照,稍耐阴,不宜在烈日下暴晒,要求湿润环境,干燥对其生长不利,不耐干旱,宜在富含腐殖质、排水通畅的沙壤土上生长。

观赏用途:蓝雪花花色轻淡、雅致,是备受人们喜爱的夏季花卉。适宜盆栽观赏,南方也可露地栽种,华北及其他温带地区温室栽培。

繁殖:多采用扦插、分株繁殖,也可播种繁殖。播种宜春季进行,扦插可在春季、夏季初或夏末进行。

图 2.160　蓝雪花

2.7.46　连翘 *Forsythia suspense*（Thunb.）Vahl（图

又名黄花杆、黄寿丹、绶丹。木犀科,连翘属。原产中国长江流域各地。

图 2.161　连翘

形态特征:落叶灌木,高 2～4 m,枝条下垂,有四棱,髓中空。叶对生,卵形至椭圆状卵形,长 6～10 cm,宽 2～5 cm,先端锐尖,边缘有锯齿,一部分形成羽状 3 出复叶。花先叶开放,单生于叶腋;花萼 4 深裂;花冠金黄色,4 裂,内有红色条纹;雄蕊 2,着生于花冠筒基部。蒴果卵圆形,表面散生瘤点。花期 3～5 月,果期 7～8 月。

生态习性:喜光,有一定程度的耐阴性;耐寒,耐干旱瘠薄,怕涝;不择土壤;抗病虫害能力强。

观赏用途:早春先叶开花,满枝金黄,艳丽可爱,是早春优良观花灌木。适宜于宅旁、亭阶、墙隅、篱下与路边配置,也宜于溪边、池畔、岩石、假山下栽种。因根系发达,可作花蓠或护堤树栽植。

繁殖:可扦插、播种、分株繁殖。扦插于 2～3 月进行。播种,10 月采种后,经湿沙层积于翌年 2～3 月条播。

2.7.47　金钟花 *Forsythia viridissima* Lindl.（图 2.162）

又名细叶连翘、黄金条。木犀科,连翘属。原产中国长江流域各地。

形态特征:落叶灌木。茎丛生,枝开展,拱形下垂,小枝绿色,微有四棱状,髓心薄片状。单叶对生,椭圆形至披针形,先端尖,基部楔形,中部以上有锯齿,中脉及支脉在叶面上凹入,在叶背隆起。花先叶开放,深黄色,1～3 朵腋生。蒴果卵球形,先端嘴状。花期 3～4 月。

生态习性:同连翘。

观赏用途:同连翘。

繁殖:同连翘。

图 2.162　金钟花

2.7.48　金钟连翘 *Forsythia intermedia* Zabel.

形态特征:连翘与金钟花的杂交种,形状介于两者之间。枝拱形,髓成片状。叶长椭圆形至卵状披针形,有时 3 深裂或成 3 小叶。花黄色深浅不一。花期 3～4 月。

生态习性:同连翘。

观赏用途:同连翘。

繁殖:同连翘。

2.7.49　迎春 *Jasminum nudiflorum* Lindl.（图 2.163）

又名金腰带。木犀科,茉莉属。原产于中国北部和西南部。

图 2.163　迎春

形态特征:落叶灌木,高 0.4～0.5 m。枝干丛生,灰褐色,小枝绿色、细长,呈拱形,四棱形。叶对生,三出复叶,小叶卵形至矩圆形,端急尖,全缘,边缘有短毛,叶背灰绿色。花黄色,先叶而放,外染有红晕,有叶状狭窄的绿色苞片,单生于去年生枝的叶腋。花期 3 月。

生态习性:喜光,略耐阴。适应性强,为温带树种,喜温暖、湿润环境,耐寒。耐旱,但怕涝。对土壤的要求不高,较耐碱。萌芽、萌蘖力强。

观赏用途:迎春早春先叶开花,长枝披垂,或栽植于路旁、山坡及窗下墙边;或作花篱密植;或作开花地被、或植于岩石园内,观赏效果极好。

繁殖:分株,扦插,压条都容易成苗。

2.7.50　云南素馨 *Jasminum mesnyi* Hance（图 2.164）

又名云南黄馨、南迎春、野迎春、云南黄素馨。木犀科,茉莉属。原产于中国云南、四川、贵州等地。

形态特征:常绿灌木,高 2～3 m。枝细长拱形,柔软下垂,四棱形,小枝无毛。三出复叶,对生,小叶长椭圆状披针形,基部渐狭成短梗,侧生 2 枚较小而无柄。花单生于小枝端部,淡黄色,有叶状苞片,常重瓣。花期 3～4 月。

生态习性:喜光,稍耐阴。喜温暖,略耐寒,气温低于-12℃时会产生落叶,同时嫩梢受冻,但翌年尚能正常生长。对土壤要求不严,耐干

图 2.164　云南素馨

旱,瘠薄,但在土层深厚、肥沃及排水良好的土壤中生长良好。萌蘖力强。

观赏用途:云南素馨枝叶垂悬,树姿婀娜,春季黄花绿叶相衬,宜栽于水边驳岸或土墙的边缘,或栽于路边林缘;温室盆栽常编扎成各种形状观赏。

繁殖:同迎春。

2.7.51 雪柳 *Fontanesia fortunei* Carr. (图 2.165)

又名五谷柳。木犀科,雪柳属。原产中国中部至东部。

形态特征:落叶灌木。小枝 4 棱,淡黄色。单叶对生,叶披针形或卵状披针形。圆锥花序顶生,花瓣 4 枚,绿白色,微香。翅果扁平,倒卵形,成熟时黄褐色。花期 5～6 月,果期 9～10 月。

生态习性:喜光,稍耐阴,喜温暖、湿润环境,也较耐寒,宜疏松、肥沃、排水良好的土壤。

观赏用途:枝条柔软,叶形似柳,且春夏间繁花如积雪,故名。秋季翅果翩翩,缀于枝间,潇洒飘逸。常用做自然式绿篱或丛植于庭院、自然风景区中观赏。花为良好的蜜源。

繁殖:播种、扦插、分株繁殖。

图 2.165 雪柳

2.7.52 紫丁香 *Syringa oblata* Lindl. (图 2.166)

又名丁香、华北紫丁香。木犀科,丁香属。原产中国华北地区。

形态特征:落叶灌木或小乔木,高可达 4～5 m。树皮暗灰或灰褐色,有沟裂。枝粗壮,光滑无毛,灰色,二叉分枝,顶芽常缺。单叶对生,椭圆形或圆卵形,通常宽大于长,端锐尖,基部心脏形,薄革质或厚纸质,全缘。圆锥花序,花暗紫堇色,有芳香。蒴果长圆形,顶端尖,平滑。花期 4～5 月。

常见的变种有:

白丁香(var. *alba*):叶小而有微柔毛,花白色。

生态习性:喜光,稍耐阴,阴处或半阴处生长衰弱,开花稀少。喜温暖、湿润,有一定的耐寒性和较强的耐旱力。对土壤要求不严,忌在低洼地种植,积水会引起病害,直至全株死亡。

观赏用途:丁香是中国特有的名贵花木,已有 1 000 多年的栽培历史。植株丰满秀丽,枝叶茂密,且具独特的芳香,广泛栽植于庭院、机关、厂矿、居民区等地。常丛植于建筑前、茶室凉亭周围;散植于园路两旁、草坪之中;可与丁香属的其他种类配植成专类园,形成美丽、清雅、芳香、青枝绿叶,花开不绝的景区,效果极佳;也可盆栽、促成栽培、切花等用。

图 2.166 紫丁香

繁殖:播种、扦插、嫁接、分株、压条等法繁殖。

2.7.53 流苏树 *Chionanthus retusus* Lindl. et Paxt. (图 2.167)

又名茶叶树、乌金子。木犀科,流苏树属。原产中国甘肃、陕西、山西、河北以及云南、广东、福建、台湾等省,日本、朝鲜半岛也有分布。

形态特征:落叶小乔木或灌木。叶卵形至倒卵状椭圆形,先端钝圆,全缘。花白色,4 裂片

图 2.167 流苏树

狭长,芳香。核果椭圆形,蓝黑色。花期 4～6 月,果期 9～10 月。

生态习性:喜光,耐寒,耐旱,耐瘠薄,但不耐涝,对中性、微酸及微碱性土壤均能适应。

观赏用途:初夏枝繁叶茂,浓香四溢,远看犹如雪压枝头,清爽宜人。秋季满树蓝黑色果实,颇为美观。可植于建筑物周围、路边、草坪或依山傍水栽植。

繁殖:用扦插、压条、分株、播种繁殖。扦插宜在夏季进行。嫁接以白蜡或女贞为砧木。

2.7.54 醉鱼草 *Buddleja lindleyana* Fort. (图 2.168)

又名闹鱼花。马钱科,醉鱼草属。原产中国华东、中南、西南等地区。

形态特征:落叶灌木,高可达 2 m。冬芽具芽鳞,常叠生,小枝四棱形,嫩枝被棕黄色星状细毛,单叶对生,叶卵形或卵状披针形,长 5～10 cm,宽 2～4 cm;先端渐尖,基部楔形,全缘或有疏波状小齿,青绿色无毛,叶背疏生棕黄色星毛,叶柄很短,花两性,顶生直立穗状花序,长可达 7～20 cm,花密集;花冠钟形,紫色,4 裂,稍有弯曲,长约 1.5 cm,径约 2 mm;雄蕊 4 枚,不外露;花萼裂片三角形,萼、瓣均被细白鳞片,蒴果矩圆形,长约 5 mm,具鳞片,种子细小。花期 6～8 月,果熟 10 月。

图 2.168 醉鱼草

生态习性:喜温暖、湿润气候和深厚、肥沃的土壤,适应性强,但不耐水湿。

观赏用途:醉鱼草枝繁叶茂,顶生直立穗状花序,小花密集,紫色艳丽,可丛植于甬道两侧,草坪边缘,宅旁墙角等处增添景色,唯对鱼有毒,应远离鱼池栽培。

繁殖:播种、分蘖、扦插、压条均可,一般每年冬季剪除地上部分,来年重新萌发。

2.7.55 黄蝉 *Allamanda neriifolia* Hook. (*A. schottii* Pohl.)(图 2.169)

图 2.169 黄蝉

又名软枝黄蝉。夹竹桃科,黄蝉属。原产巴西。

形态特征:常绿直立或半直立灌木,有的高达 2 m。具乳汁,叶 3～5 枚轮生,椭圆形或倒披针状矩圆形,被短柔毛,叶脉在下面隆起。聚伞花序顶生花冠鲜黄色,漏斗形,中心有红褐色条纹斑。花期 5～6 月。

生态习性:喜光,喜温暖、湿润气候,适生于肥沃、排水良好的沙质壤土中。

观赏用途:花色鲜黄,叶色亮绿,均可观赏。南方各省区均有露地栽培,适于园林种植;北方盆栽观赏。

繁殖:春夏扦插繁殖,在20℃条件,约20d生根。

2.7.56 夹竹桃 *Nerium indicum* **Mill.** (图 2.170)

又名柳叶桃、半年红。夹竹桃科,夹竹桃属。原产伊朗、印度等地。

形态特征:常绿大灌木,高达5m。无毛。叶3~4枚轮生,在枝条下部为对生,窄披针形,全绿,革质,长11~15cm,宽2.0~2.5cm,下面浅绿色;侧脉扁平、密生而平行。夏季开花,花桃红色或白色,成顶生的聚伞花序;花萼直立;花冠深红色,芳香,重瓣;副花冠鳞片状,顶端撕裂。蓇葖果矩圆形,长10~23cm,直径1.5~2.0cm;种子顶端具黄褐色种毛。花期6~10月。

图 2.170 夹竹桃

生态习性:喜光,耐半阴。喜温暖、湿润,畏严寒。能耐一定的干旱,忌水涝。生命力强,对土壤的要求不严。对二氧化硫、氯气等有害气体的抵抗力强。

观赏用途:夹竹桃绿影凝翠,终年常绿,并自春末至秋初百花俱畏的赤日酷暑之下花簇若锦,长放不败,因而被称为"春至芳香能共远,秋来花叶不同浅"。是林缘、墙边、河旁及工厂绿化的良好观赏树种。

繁殖:以压条法为主,也可用扦插法,水插尤易生根。

2.7.57 栀子花 *Gardenia jasminoides* **Ellis**(图 2.171)

又名玉荷花、黄栀子、白蟾花。茜草科,栀子属。原产中国浙江、江西、福建、湖北、湖南、四川、贵州等省。

图 2.171 栀子花

形态特征:常绿灌木。枝丛生,干灰色,小枝绿色。叶大、全缘,对生或三叶轮生,有短柄,革质,倒卵形或矩圆状倒卵形,先端渐尖,色深绿,有光泽,托叶鞘状。花单生于枝顶,大型,白色,具浓郁芳香,有短梗;花冠高脚碟状,6裂,肉质。果实卵形,具6纵棱;种子扁平。花期6月,果熟期10月。

变种有:

雀舌栀子(var. *radicana* Makino.):又名小花栀子、雀舌花。植株矮生平卧,叶小狭长。花重瓣。

大花栀子(var. *grandiflora* Nakai.):花大,单生于枝顶或叶腋,径约7cm,白色,重瓣,极香。花期5~7月。

生态习性:喜温暖、湿润环境,不甚耐寒。喜光,耐半阴,但怕暴晒。喜肥沃、排水良好的酸性土壤,在碱性土栽植时易黄化。萌芽力、萌蘖力均强,耐修剪更新。

观赏用途:栀子花终年常绿,开花时,望之如积雪,芬芳香郁,香闻数里,是深受大众喜爱、花叶俱佳的观赏树种,可丛植或孤植于庭院、池畔、阶前、路旁,也可在绿地组成色块,也可作花篱栽培。

繁殖:扦插、压条法繁殖为主,也可播种、分株法繁殖。

常见的同属观花植物有:

黄栀子(*G. sootepensis* Hutch.):又名山栀子,为栀子花的野生种。叶稍小,花单瓣,入秋结橙红色果实,经久不凋,且抗碱力强,为观花、观果的良好树种。

2.7.58 六月雪 *Serissa foetida* Comm. (图 2.172)

又名白马骨。茜草科,六月雪属。原产中国江苏、浙江、江西、广东、台湾等省。

图 2.172 六月雪

形态特征:落叶或半常绿灌木,多分枝。叶对生,狭椭圆形或狭椭圆状倒披针形,先端有小突尖,基部渐狭成柄,薄革质,叶面和叶柄均具白色微毛,托叶宿存。花小,白色,微带红晕。花期5～11月,以5月为最盛。

常见的变种有:

金边六月雪(var. *aureo-marginata* Hort.):叶边缘金黄色。

重瓣六月雪(var. *pleniflora* Nakai.):花重瓣。

生态习性:喜阴,也能耐半阴。喜温暖、湿润环境,不甚耐寒。耐干旱,耐贫瘠,喜排水良好、肥沃湿润的土壤。适应性强,萌芽、萌蘖力均强,耐修剪。

观赏用途:初夏开花繁花点点,一片白色,并至深秋开花不断,适应能力强,可群植或丛植于林下、河边或墙旁。也可作花境配植,或盆栽观赏。

繁殖:扦插、分株繁殖均可,春秋两季均可。

2.7.59 锦带花 *Weigela florida* (Bunge) A. DC. (图 2.173)

又名五色梅、五色海棠。忍冬科,锦带花属。原产中国华北、东北及华东北部。

形态特征:落叶灌木。枝条开展,幼枝有两行柔毛。叶对生,柄短或近无柄,叶椭圆形或卵状披针形,先端渐尖,基部圆形或楔形,边缘有锯齿,叶面脉上有毛,叶背有柔毛,脉上尤密。花冠漏斗状钟形,外面玫瑰红色,里面较淡,1～4朵组成聚伞花序,腋生。蒴果柱状,光滑,种子无翅。花期5～6月,果期10月。

生态习性:喜光,耐寒,适应性强。对土壤要求不高,耐瘠薄,但以深厚、湿润而富含腐殖质的土壤为宜。怕水涝。萌芽力、萌蘖性强,生长迅速。

观赏用途:锦带花枝叶繁茂,花色艳丽,花期长达两月之久,是华北地区春季主要花灌木之一。适于庭院角隅、湖畔群植;也可在树丛、林缘作花篱、花丛配植;点缀于假山、坡地也甚适宜。

图 2.173 锦带花

繁殖:常用扦插、分株、压条法繁殖。为选育新品种可采用播种繁殖。

2.7.60 荚蒾 *Viburnum dilatatum* Thunb. (图 2.174)

忍冬科,荚蒾属。原产中国华中和西南。

形态特征:落叶灌木,高达 3 m。茎直立,褐色,多分枝,冬芽具 2 外鳞,嫩枝有星状毛。单叶对生,膜质,叶片圆形至广卵形以至倒圆形,长 6～8 cm,宽约 5 cm,先端突尖至短渐尖,基部圆形至近心脏形,叶缘具三角状锯齿;上面有疏毛,下面有星状毛及黄色鳞片状腺点;叶脉羽状,5～8 对,直到叶缘;无托叶。聚伞花序多花,径 8～12 cm,有星状毛;萼管短,具 5 齿,宿存;花冠裂片 5,有毛;雄蕊 5,长于花冠,药分离,2 室;花柱短,柱头尖,3 裂;子房下位。浆果状核果,广卵圆形,深红色,无毛。花期 5～6 月,果期 9～10 月。

生态习性:喜阳光充足,亦耐阴。多生于夏季凉爽、湿润多雾的山谷中。

观赏用途:花白色而繁密,果红色而艳丽,可栽植于庭院观赏。果熟时可食。

繁殖:常用扦插、播种繁殖。

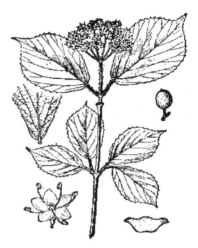

图 2.174 荚蒾

2.7.61 琼花 *Viburnum macrocephalum* Fort. var. *macrocephalum* f. *keteleeri* (Carr.) Rehd. (图 2.175)

又名木绣球、聚八仙花、蝴蝶花。忍冬科,荚蒾属。原产中国江苏、浙江、湖北等地。

图 2.175 琼花

形态特征:半常绿灌木,高可达 5 m。冬芽裸露,单叶对生,卵形、椭圆形,长 3～8 cm,宽 2～4 cm,叶缘有小齿。叶上面初时被簇状短毛,后仅中脉有毛,下面被簇状短毛,侧脉 5～7 对,中脉上面略凹陷,下面凸起。大型聚伞花序,径约 11～20 cm,周围一圈不孕花着生于第 3 级花梗上,常 8 朵,直径 2.1～5.4 cm,花瓣 5 裂。可孕花也生于第 3 级花梗上,花萼有 5 齿,萼管短,花冠轮状,白色,0.3～0.8 cm,雄蕊 5 枚,超出花冠,花蕊金黄色,雌蕊 1 枚,有芳香。核果椭圆形,长约 8～12 mm,初呈青绿色,成熟时为鲜红色,后变黑色,有光泽。核扁,短圆形至椭圆形,有 2 条浅背沟和 3 条浅腹沟。花期 4～5 月,常二度开花,观果期 10～11 月。

生态习性:较耐寒,能适应一般土壤,好生于湿润肥沃的地方。长势旺盛,萌芽力、萌蘖力均强,种子有隔年发芽习性。适应性强。

观赏用途:琼花盛开时,不仅适于近观、细赏,品味它的花姿、容貌、香韵,也适于远眺,仿佛无数蝴蝶在树丛中游戏飞舞。可孤植、对植、群植、片植,广泛应用于城市公园、街头绿岛、各种单位绿地、风景林、园林景区等地。

繁殖:常用种子繁殖。

2.7.62　凤尾兰 *Yucca gloriosa* L. (图 2.176)

又名菠萝花、剑兰。百合科,丝兰属。原产北美东部及东南部。

图 2.176　凤尾兰

形态特征:常绿灌木或小乔木。干茎短,纤维质,有时有分枝。叶剑形,厚革质,簇生茎端,叶尖硬,叶片光滑而扁平,粉绿色,边缘光滑。大型圆锥花序,高 1 m 多,花梗粗壮而直立,花乳白色,下垂。蒴果,卵圆形,下垂,不开裂。花期 6～10 月。

生态习性:喜阳光,亦耐阴。适应性强,耐水湿、耐旱、耐土壤贫瘠,但耐寒性较差。生长强健,对土壤肥料要求不高,但喜排水良好的沙壤土。能抗污染。

观赏用途:凤尾兰树态奇特,叶形如剑,花色洁白,花大树美叶绿,是良好的庭院观赏树木,常植于花坛中央、建筑前、草坪中、路旁及绿篱等栽植用。

繁殖:扦插或分株繁殖,地上茎切成片状水养于浅盆中,可发育出芽来作桩景。

2.8　常见观花乔木

2.8.1　垂柳 *Salix babylonica* L. (图 2.177)

杨柳科,柳属。原产中国,现亚洲、欧洲、美洲等地均有引种。

形态特征:乔木,高达 18 m,胸径 1 m。树冠倒广卵形。小枝细长下垂,淡黄褐色。叶互生,狭披针形或线状披针形,长 8～16 cm,先端渐长尖,基部楔形,无毛或幼叶微有毛,缘具细锯齿,表面绿色,背面蓝灰绿色,叶柄长约 1 cm,托叶阔镰形。早落。雄蕊 2,花丝分离,花药黄色,腺体 2,腹生与背生各 1。雌花子房无柄,腺体 1。花期 3～4 月,果熟期 4～5 月。

图 2.177　垂柳

生态习性:喜光,喜温暖湿润气候及潮湿深厚之酸性及中性土壤。较耐寒,特耐水湿,但亦能生于土层深厚之高燥地区。萌芽力强,根系发达,生长迅速,但寿命较短,树干易老化。

观赏用途:垂柳枝条细长,柔软下垂,随风飘舞,姿态优美潇洒,花序奇特,富有观赏价值,别有风致。植于河岸及湖池边最为理想,自古即为重要的庭院观赏树。亦可用作行道树、庭阴树、固岸护堤树及平原造林树种。此外,垂柳对有毒气体抗性较强,并能吸收二氧化硫,故也适用于工厂区绿化。

繁殖:主要用扦插繁殖,也可播种繁殖。

2.8.2　旱柳 *Salix matsudana* **Koidz.**（图 2.178）

又名柳树,立柳。杨柳科,柳属。原产中国,以黄河流域为栽培中心。

形态特征:落叶乔木,高达 18 m,胸径 80 cm。树冠倒卵形;大枝斜展,嫩枝有毛,后脱落,淡黄色或绿色。叶披针形或条状披针形,先端渐长尖,基部窄圆或楔形,无毛,下面略显白色,细锯齿,嫩叶有丝毛,后脱落。雄花序轴有毛,雄蕊 2,花丝分离,基部有长柔毛,雌花子房背面各具 1 腺体。雌花腺体 2。花期 3～4 月,果熟期 4～5 月。

生态习性:喜光。耐寒性较强,在年平均温度 2℃,绝对最低温度—39℃下无冻害。喜湿润排水良好的沙壤土,河滩、河谷、低湿地都能生长成林,忌黏土及低洼积水,在干旱沙丘生长不良。深根性,萌芽力强,生长快。

观赏用途:旱柳枝条柔软,树冠丰满,花序直立,富有情趣,是中国北方常用的庭阴树、行道树。常栽培在河湖岸边或孤植于草坪,对植于建筑两旁。亦用作公路树、防护林及沙荒造林,农村"四旁"绿化等。

繁殖:以扦插繁殖为主,亦可播种繁殖。

图 2.178　旱柳

2.8.3　白榆 *Ulmus pumila* **L.**（图 2.179）

又名家榆、榆树,榆科,榆属。原产中国、俄罗斯、蒙古及朝鲜。

图 2.179　白榆

形态特征:落叶乔木,高达 25 m,胸径 1 m。树冠圆球形,树皮暗灰色,纵裂,粗糙。小枝灰白色,细长无毛,排成二列状。叶椭圆状卵形或椭圆状披针形,先端尖或渐尖,基部稍歪,叶缘不规则重锯齿或单齿,无毛或脉腋微有簇生柔毛,老叶质地较厚。早春叶前开花,簇生于去年生枝上。翅果近圆形,种子位于翅果中部,熟时黄白色,无毛。花期 3～4 月,果熟期 4～6 月。

生态习性:喜光,耐寒,可耐—40℃低温;耐旱,年降雨量不足 200 mm 的地区能正常生长。喜土层深厚、排水良好土壤,能耐干旱瘠薄和盐碱,含盐量 0.3% 以下可以生长,不耐水湿。生长快,萌芽力强,耐修剪。根系发达,抗风、保持水土能力强。对烟尘和氟化氢等有毒气体抗性强。

观赏用途:白榆树干通直,树形高大,绿阴较浓,花色淡雅,花簇生如串串铜钱,十分可爱。适应性强,生长快,是城乡绿化的重要树种,栽作行道树、庭阴树、防护林及"四旁"绿化用无不合适,也可在庭园孤植或群植。在干旱瘠薄、严寒之地常呈灌木状,有用作绿篱者。又因其老茎残根萌芽力强,可自野外掘取制作盆景。

繁殖:以播种繁殖为主,也可分蘖繁殖。

2.8.4　广玉兰 *Magnolia grandiflora* L.（图 2.180）

图 2.180　广玉兰

又名荷花玉兰、洋玉兰,木兰科,木兰属,原产于北美洲。

形态特征:常绿乔木,树冠阔圆锥形,小枝条有锈色柔毛。叶卵状长椭圆形,叶革质,背被锈色绒毛,表面有光泽,边缘微反卷,叶长 10～20 cm。花大,白色,清香,直径 20～30 cm,通常 6 瓣,花大如荷,萼片花瓣状,3 枚;花丝紫色。聚合果柱状卵形,密被锈色毛。种子外皮红色。花期 5～7 月,9～10 月果熟。

生态习性:喜温暖、湿润气候,要求深厚、肥沃、排水良好的酸性土壤。喜光,但幼树颇能耐阴,不耐强阳光或西晒,否则易引起树干灼伤。抗烟尘毒气的能力较强。病虫害少。

观赏用途:广玉兰树形优美,花大清香,是优良环保庭院树,适合厂矿绿化。

繁殖:用种子繁殖,但通常以木兰为砧木进行嫁接繁殖。

2.8.5　白玉兰 *Magnolia denudata* Desr.（图 2.181）

又名木兰、玉兰、望春花、玉兰花。木兰科,木兰属。原产于中国中部山野中。

形态特征:落叶乔木,高可达 25 m,树冠卵形。小枝淡灰褐色。冬芽大,密生灰绿色或灰绿黄色长绒毛。叶互生,宽倒卵形至倒卵形,先端圆宽,具短突尖,中部以下渐狭楔形,全缘。先叶开花,花大,顶生,白色,径 12～15 cm,清香;花萼、花瓣相似,共 9 片。聚合果呈不规则圆柱形,种皮鲜红色。花期 3 月,果熟期 9 月。

图 2.181　白玉兰

生态习性:喜光,稍耐阴,具较强的抗寒性。适生于土层深厚的微酸性或中性土壤,不耐盐碱,土壤贫瘠时生长不良,畏涝忌湿。对二氧化硫、氯和氟化氢等有毒气体有较强的抗性。寿命长,可达千年以上。

观赏用途:早春盛花,花大,淡雅,芳香怡人,在中国古典园林中常配置于住宅的厅前院后,名为“玉兰堂”。亦可在庭园路边、草坪角隅、亭台前后或漏窗内外、洞门两旁等处种植,孤植、对植、丛植或群植均可。

繁殖:可用播种、扦插、压条及嫁接等法繁殖。播种主要用于培养砧木。嫁接以实生苗作砧木,行劈接、腹接或芽接。扦插可于 6 月初新梢之侧芽饱满时进行。

2.8.6　二乔玉兰 *Magnolia soulangeana* Soul. -Bod.（图 2.182）

又名为朱砂玉兰,木兰科,木兰属,本种是白玉兰和辛夷的杂交种。

形态特征:落叶小乔木或灌木,高 6～10 m。叶倒卵形、宽倒卵形,先端宽圆,1/3 以下渐窄成楔形。花大而芳香,花瓣 6,外面呈淡紫红色,内面白色,萼片 3,花瓣状,稍短。花期早春。园艺品种繁多。花期 3～4 月,果期 9 月。

生态习性:喜光线充足,耐半阴。栽培时宜选深厚、肥沃、排水良好的土壤。抗寒性较强。

观赏用途:花大色艳,观赏价值很高,是城市绿化的极好花木。广泛用于公园、绿地和庭院等孤植观赏。树皮,叶、花均可提取芳香浸膏。在国内外庭院中普遍栽培。

繁殖:优良品种多嫁接繁殖,砧木可用紫玉兰或白玉兰。

图2.182　二乔玉兰

2.8.7　天女花 *Magnolia sieboldii* Koch.(图)

又名小花木兰、天女木兰。木兰科,木兰属。

图2.183　天女花

原产中国辽宁南部、安徽、江西、湖南、广西等地区,朝鲜、日本也有分布。

形态特征:落叶小乔木。叶宽椭圆形或倒卵状长圆形,长6～15 cm,叶背有白粉及短茸毛,侧脉6～8对。花白色,芳香,单生枝顶,花柄长4～7 cm;先花后叶,花与叶对生。花被片9枚,外轮3片粉红色,其余均白色。花期6月上旬～7月中旬,果熟期9月上中旬。

生态习性:喜凉爽、湿润的环境和深厚、肥沃的土壤。适生于阴坡和湿润山谷。畏高温、干旱和碱性土壤。

观赏用途:天女花株形美观,枝叶茂盛,花色美丽,具长花梗,盛开时随风招展,犹如天女散花,为著名的庭院观赏树种。

繁殖:扦插、播种等法繁殖。

2.8.8　厚朴 *Magnolia officinalis* Rehd. et Wils. (图2.184)

又名赤朴、烈朴厚皮树、重皮。木兰科,木兰属。原产中国秦岭以南多数省区,为中国特有的珍贵树种。

形态特征:落叶乔木,高15 m,胸径达35 cm。树皮厚,紫褐色,有辛辣味。幼枝淡黄色,有细毛,后变无毛;顶芽大,窄卵状圆锥形,长4～5 cm,密被淡黄褐色绢状毛。叶革质,倒卵形或倒卵状椭圆形,长20～45 cm,宽12～25 cm,上面绿色,无毛,下面有白霜,幼时密被灰色毛;侧脉20～30对;叶柄长2.5～4.5 cm。花叶同放,单生枝顶,白色,芳香,直径15～20 cm;花被片9～12或更多,厚肉质,外轮长圆状倒卵形,长8～10 cm,内两轮匙形,长8.0～8.5 cm;雄蕊多数,花丝红色;心皮多数。聚合果长椭圆状卵圆形或圆柱状,长10～12 cm,直径5.5～6.0 cm;蓇葖果木质,顶端有鸟咀状尖头;种子倒卵圆形,有鲜红色外种皮。花期5月,果期9～10月。

图2.184　厚朴

生态习性:中生性树种。喜光,幼龄期需阴蔽;喜凉爽、湿润、多云雾、相对湿度大的气候环境。在土层深厚、肥沃、疏松、腐殖质丰富、排水良好的微酸性或中性土壤上生长较好。

观赏用途:叶大浓阴,花大而美丽,为庭院观赏树及行道树。

繁殖:用种子繁殖,也可用分蘖、压条、扦插法繁殖。

2.8.9　深山含笑 *Michelia maudiae* **Dunn.**（图 2.185）

又名光叶白兰、莫氏含笑。木兰科,含笑属。原产于印度尼西亚、爪哇等地。现中国湖南、广东、广西、福建、贵州及浙南山区有栽培,在长江流域及华北有盆栽。

图 2.185　深山含笑

形态特征:常绿乔木,高 20 m。树皮浅灰或灰褐色,平滑不裂。芽、幼枝、叶背均被白粉。叶互生,革质,全缘,深绿色,叶背淡绿色,长椭圆形,先端急尖。花单生于枝梢叶腋,花白色,有芳香,直径 10～12 cm。聚合果 7～15 cm。种子红色。花期 3～4 月,果期 9～10 月。

生态习性:喜温暖、湿润环境,有一定耐寒能力。喜光,幼时较耐阴。自然更新能力强,生长快,适应性广,4～5 年生即可开花。抗干热,对二氧化硫的抗性较强。

观赏用途:其枝叶茂密,冬季翠绿不凋,树形美观,花白色芳香,是早春优良观花树种,也是优良的园林和"四旁"绿化树种。

繁殖:种子繁殖、扦插、压条或以木兰为砧木用嫁接法繁殖。

2.8.10　乐昌含笑 *Michelia tsoi* **Dandy.**（图 2.186）

又名南方白兰花、广东含笑。木兰科,含笑属。原产中国江西、湖南、广东、广西、贵州等地。

形态特征:常绿乔木,高 15～30 m。树皮灰色至深褐色。叶薄革质,倒卵形或长圆状倒卵形,长 6.5～16 cm,宽 3.5～7.0 cm,有光泽。花单生枝顶,淡黄色,具芳香。聚合果长圆形或卵圆形;种子卵形或长圆状卵形。花期 3～4 月,果 8～9 月成熟。

生态习性:喜温暖、湿润的气候,生长适温为 15～32℃,能抗41℃的高温,亦能耐寒,1～2 年生小苗在 −7℃低温下有轻微冻害。喜光,但苗期喜偏阴。喜土壤深厚、疏松、肥沃、排水良好的酸性至微碱性土壤,能耐地下水位较高的环境。

观赏用途:乐昌含笑树干挺拔,树阴浓郁,花色淡雅,芳香醉人,可孤植或丛植于园林中,亦可作行道树。

繁殖:播种繁殖,种子成熟后随采随播或翌年 2 月,以 1 月播种较为适宜。

图 2.186　乐昌含笑

2.8.11 木莲 *Manglietia fordiana* (Hemsl.) Oliv. (图 2.187)

又名黄心树。木兰科,木莲属。分布于中国长江中下游地区。

形态特征:常绿乔木,高达 20 m。干通直,树皮灰色,平滑。小枝灰褐色,有皮孔和环状纹。叶革质,长椭圆状披针形,叶端短尖,通常钝,基部楔形,稍下延,叶全缘,叶面绿色有光泽,叶背灰绿色有白粉,叶柄红褐色。花白色,单生于枝顶。聚合果卵形,菁葖肉质、深红色,成熟后木质、紫色,表面有疣点。花期 3～4 月,果熟期 9～10 月。

生态习性:幼年耐阴,成长后喜光。喜温暖、湿润气候及深厚、肥沃的酸性土。在干旱炎热之地生长不良。根系发达,但侧根少,初期生长较缓慢,3 年后生长较快。有一定的耐寒性,在绝对低温−7.6～−6.8℃下,顶部略有枯萎现象。不耐酷暑。

图 2.187 木莲

观赏用途:木莲树干通直高大,枝叶浓密,花白色而大,聚合果深红色,具有较高的观赏价值。

繁殖:以播种或嫁接繁殖为主。

2.8.12 鹅掌楸 *Liriodendron chinense* (Hemsl.) Sarg. (图 2.188)

又名马褂木、双飘树。木兰科,鹅掌楸属。原产中国长江以南地区。

形态特征:落叶乔木,树高达 40 m。叶互生,长 4～18 cm,宽 5～19 cm,每边常有 1 裂片,背面粉白色;叶柄长 4～8 cm;叶形如马褂,叶片的顶部平截,叶片的两侧平滑或略微弯曲,叶片的两侧端向外突出。花单生枝顶,花被片 9 枚,外轮 3 片萼状,绿色,内二轮花瓣状黄绿色,基部有黄色条纹;雄蕊多数,雌蕊多数。聚合果纺锤形,长 6～8 cm,直径 1.5～2.0 cm。小坚果有翅,连翅长 2.5～3.5 cm。花期 4～5 月,果熟期 10～11 月。

生态习性:喜温暖湿润气候,可耐−15℃的低温。在湿润深厚肥沃疏松的酸性、微酸性土上生长良好,不耐干旱贫瘠,忌积水。对二氧化硫有一定抗性。

观赏用途:鹅掌楸叶形奇特,花色鲜艳,花型可爱,秋叶金黄,树形端正挺拔,是珍贵的庭阴树,也是很有发展前途的行道树。丛植草坪、列植园路,或与常绿针、阔叶树混交成风景林效果都好,也可在居民新村、街头绿地配置各种花灌木点缀春景与秋景。

繁殖:播种,扦插繁殖。自然授粉所结的种子发芽率低,人工授粉可提高种子的发芽率。幼苗须适当遮阴,不耐移植。

同属观花植物:

北美鹅掌楸(*L. tulipifera* L.):原产美国东南部。落叶大乔木,株高 60 m,胸径 3 m,小枝褐色。叶鹅掌形,两侧各有 2 对裂片。花浅黄绿色,郁金香状。花期 4～5 月(图 2.189)。

杂种鹅掌楸(*L. chinense*×*L. tulipifera*):落叶大乔木,高可达 60 m。叶形奇特,鹅掌形,或马褂状,两侧各有 1～3 浅裂,先端近截形。花淡黄绿色,较大。

图 2.188　鹅掌楸

图 2.189　北美鹅掌楸

2.8.13　香樟 *Cinnamomum camphora*（L.）Presl.（图 2.190）

又名樟树、小叶樟。樟科，樟属。原产中国长江以南各省区。

图 2.190　香樟

形态特征：常绿乔木。高可达 50 m。树皮幼时绿色，平滑，老时渐变为黄褐色或灰褐色纵裂；冬芽卵圆形。叶薄革质，卵形或椭圆状卵形，长 5～10 cm，宽 3.5～5.5 cm，顶端短尖或近尾尖，基部圆形，离基 3 出脉，近叶基的第一对或第二对侧脉长而显著，背面微被白粉，脉腋有腺点。圆锥花序腋生于新枝；花被淡黄绿色。核果球形，成熟后黑紫色，直径约 0.5 cm。花期 4～5 月，果期 10～11 月。

生态习性：喜光，稍耐阴；喜温暖、湿润气候，耐寒性不强，对土壤要求不严，较耐水湿，但不耐干旱、瘠薄和盐碱土。主根发达，深根性，能抗风。萌芽力强，耐修剪。

观赏用途：该树种盛花时花色淡雅，花序美丽，花香沁人心脾，枝叶茂密，冠大阴浓，树姿雄伟，能吸烟滞尘、涵养水源、固土防沙和美化环境，是城市绿化的优良树种，广泛作为庭阴树、行道树、防护林及风景林。可配植池畔、水边、山坡等地。可在草地中丛植、群植、孤植或作为背景树。

繁殖：播种和扦插繁殖。

2.8.14　桃 *Prunus persica*（L.）Batsch.（图 2.191）

蔷薇科，梅亚科，梅属。原产中国华北、西北、西南等地，现世界各地广为栽培。

形态特征：落叶小乔木，高 4～8 m。叶卵状披针形或圆状披针形，长 8～12 cm，宽 3～4 cm，边缘具细密锯齿，两边无毛或下面脉腋间有毛；花单生，先叶开放，近无柄；萼筒钟，有短绒毛，裂叶卵形；花瓣粉红色，倒卵形或矩圆状卵形；果近球形或卵形，径 5～7 cm，表面被短毛，白绿色，夏末成熟；熟时带粉红色，肉厚，多汁，气香，味甜或微甜酸。核扁，极硬。花期 3～4 月，果实 6～9 月成熟。

观赏桃有以下几类常见变型：

紫叶桃（f. *atropurpurea* Schneid.）：叶紫红色，花淡红，重瓣或单瓣。

垂枝桃(f. *pendula* Dipp.)：枝向下垂挂，花有白、淡红、深红、洒金等色，重瓣。

寿星桃(f. *densa* Mak.)：树形矮小，枝粗叶密，花红色或白色，重瓣。

白桃(f. *alba* Schneid.)：花白色，单瓣。

白碧桃(f. *albl-plena* Schneid.)：花白色，复瓣或重瓣。

绛桃(f. *camelliaeflora* Dipp.)：花红色，复瓣。

碧桃(f. *duplex* Rehd.)：花粉红色，重瓣。

红碧桃(f. *rubro-plena* Schneid.)：花红色，半重瓣。

洒金碧桃(f. *versicolor* Voss.)：花瓣或近重瓣，同一株树上开有红花白花或一朵中红白相间的花瓣和条纹。

图 2.191 桃

生态习性：喜光。耐旱，但不耐水湿，忌低洼地栽植。耐夏季高温，亦有一定的耐寒力。不耐碱，也不喜黏重土，喜肥沃、排水良好的土壤。根系浅，但发达。生长迅速，寿命较短，20～50 年。

观赏用途：桃树开花芳菲烂漫，灿若云霞，宜在石旁、河畔、墙际、庭园内和草坪边缘栽植。若与垂柳间植于水滨，春天时桃红柳绿，更是独有风采。

繁殖：繁殖以嫁接为主，各地多用切接或盾状芽接。砧木北方多用山桃，南方多用毛桃；也可用播种、压条法繁殖。

2.8.15 梅花 *Prunus mume* Sieb. et Zucc. (图 2.192)

又名为春梅、干枝梅等。蔷薇科，梅亚科，梅属。原产中国西南部。

图 2.192 梅花

形态特征：落叶小乔木。株高 5～10 m，树干灰褐色，多纵驳纹。小枝细长，绿色无毛。叶卵形或圆卵形，长 4～7 cm，宽 2～5 cm，叶缘有细密锯齿，幼时两面有短柔毛，逐渐脱落，或仅在下面沿叶脉有短柔毛；叶柄长约 1 cm，仅顶端有 2 腺体。花着生在长枝的叶腋间，每节着花 1～2 朵，无梗或具短梗，原种呈淡粉红或白色，栽培品种则有紫、红、彩斑至淡黄等花色，芳香，花瓣 5 枚，也有重瓣品种。核果近球形，两边扁，有沟，黄色或绿色，被柔毛，味酸，果肉与核黏附不易分离；核卵圆形，有蜂巢状孔穴。长江流域花期 12 月～翌年 3 月，果实 6～7 月成熟。

梅花品种根据陈俊愉教授的中国梅种系(系统)、类、型分类检索表(1998 年)可分为 3 系 5 类 18 型：

2.8.15.1 真梅种系

包括以下 3 类。

(1) 直枝梅类 为梅花的典型变种，枝条直上斜伸。

① 品字梅型(*Pleiocarpa* Form)：如‘品字’梅、‘炒豆品字’梅等花果兼用品种。

② 小细梅型(*Microcarpa & Crytopetala* Form)：如‘北京小’梅、‘黄金’梅等梅花品种。

③ 江梅型(Single-Flowered Form)：花呈碟形；单瓣；呈纯白、水红、桃红、肉红等色；萼多为绛紫色或在绿底上洒绛紫晕。属于本型者有‘单粉’、‘江梅’、‘寒红梅’等品种。

④ 宫粉型(Pink Double Form)：花呈碟形或碗形；复瓣或重瓣；粉红至大红色；萼绛紫色。本型中共有'小宫粉'、'大羽'、'矫枝'、'桃红台阁'等品种。本型品种的生长势均较旺盛。

⑤ 玉碟型(Albo-plena Form)：花碟形；复瓣或重瓣；花白色；萼绛紫或在绛紫中略现绿底。本型中共有'紫蒂白'、'徽州檀香'、'素白台阁'、'三轮玉碟'等品种。

⑥ 黄香型(Flavescens Form)：花较小而繁密，复瓣至重瓣，花色微黄，别具一种芳香。例如新发现的'黄香梅'。

⑦ 绿萼型(Green Calyx Form)：花碟形；单瓣或复瓣，罕复瓣；花白色；萼绿色；小枝青绿无紫晕。本型共有'小绿萼'、'飞绿萼'、'金钱绿萼'等品种。

⑧ 洒金型(Versicolor Form)：花碟形；单瓣或复瓣；在一树上能开出粉红及白色的两种花朵以及若干具斑点、条纹的二色花；萼绛紫色；绿枝上或具有金黄色条纹斑。本型中共有'单瓣跳枝'、'复瓣跳枝'等品种。

⑨ 朱砂型(Cinnabar Purple Form)：花碟形；单瓣、复瓣或重瓣；花呈紫红色；萼绛紫色；枝内新生木质部，呈淡紫金色。本型中共有'粉红朱砂'、'白须朱砂'、'乌羽玉'、'铁骨红'等品种。本型的各品种均较难繁殖，耐寒性也稍差。

（2）垂枝梅类　枝条下垂，开花时花朵向下。本类包含 4 型。

⑩ 粉花垂枝型(Pink Pendant Form)：花碟形；单瓣至重瓣；粉红色。如'粉皮垂枝'等品种。

⑪ 五宝垂枝型(Versicolor Pendant Form)：花复色。如'跳雪垂枝'等品种。

⑫ 残雪垂枝型(Albiflora Pendant Form)：花碟形；复瓣；白色；萼多为绛紫色。例如'残雪'等品种。

⑬ 白碧垂枝型(Viridiflora Pendant Form)：花碟形；单瓣或复瓣；白色；萼绿色。本型中有'双碧垂枝'等品种。

⑭ 骨红垂枝型(Atropurpurea Pendant Form)：花碟形；单瓣；深紫红色；萼绛紫色。如'骨红垂枝'、'锦红垂枝'等品种。

（3）龙游梅类　枝条自然扭曲；花碟形；复瓣；白色。

⑮ 玉碟龙游型(White Tortuosa Form)：如'龙游'等品种。

2.8.15.2　杏梅种系

仅 1 类。

（4）杏梅类　枝、叶均似山杏或杏。花呈杏花型；多为复瓣；水红色；瓣爪细长；花托肿大；几乎无香味。这些品种应是梅与杏或山杏的天然杂交种，抗寒性均较强。

⑯ 单花杏梅型(Simplex Bungo Form)：如'燕杏'梅、'中山杏'梅等品种。

⑰ 春后型(Spring Over Form)：如'送春'、'丰后'等品种。

2.8.15.3　樱李梅种系

仅 1 类。

（5）樱李梅类。

⑱ 美人梅型(*Meiren Mei* Form)：如'美人'梅、'小美人'等品种。

生态习性：阳性树种，喜阳光充足，在年雨量 1 000 mm 或稍多地区可生长良好，对土壤要求不严，较耐瘠薄。为长寿树种。

观赏用途：梅花花色丰富，傲骨争春，清香怡人，为中国十大名花之首，其"寒花带雪，孤瘦争春"的品格,无不被古今人们所尊崇。可孤植、丛植、群植在园林、绿地、庭园、风景区等地,也可在屋前、坡上、石际、路边自然配植。若用常绿乔木或深色建筑作背景,更可衬托出梅花之玉洁冰清之美。

繁殖:常用嫁接法繁殖,砧木多用梅、桃、杏、山杏和山桃。

2.8.16　杏 *Prunus armeniaca* L.（图 2.193）

又名北梅。蔷薇科,梅亚科,梅属。分布在中国西北、华北和东北各地。

形态特征:落叶乔木,高可达 5～8 m,胸径 30 cm。干皮暗灰褐色,无顶芽,冬芽 2～3 枚。单叶互生,叶卵形至近圆形,长 5～9 cm,宽 4～8 cm,先端具短尖头,基部圆形或近心形,缘具圆钝锯齿,羽状脉,侧脉 4～6 对,叶表光滑,叶背有时脉腋间有毛,叶柄光滑,长 2～3 cm,近叶基处有 1～6 腺体。花两性,单花无梗或近无梗;花萼狭圆筒形;花白色或微红,雄蕊 25～45 枚,短于花瓣,果球形或卵形,熟时多浅裂或黄红色,微有毛。种核扁平圆形。花期 3 月,果熟 6～7 月。

生态习性:阳性树种,深根性。喜光,耐旱,抗寒,抗风,寿命较长,可达百年以上,为低山丘陵地带的主要栽培果树,对土壤、地势的适应能力强。

观赏用途:早春开花,先花后叶,花色艳丽,可与苍松、翠柏配植于池旁湖畔或植于山石崖边、庭院堂前,极具观赏性。

图 2.193　杏

繁殖:种子繁育为主。由于杏树的品种众多,品种繁育多以实生苗作砧木,也可用桃、李的实生苗作嫁接繁育。播种时种子需湿沙层积催芽。

2.8.17　樱花 *Prunus serrulata* Lindl.（图 2.194）

图 2.194　樱花

又名山樱花。蔷薇科,梅亚科,梅属。原产中国长江流域和日本。

形态特征:落叶乔木。树皮紫褐色,平滑有光泽,有横纹。叶互生,椭圆形或倒卵状椭圆形,边缘有芒齿,先端尖而有腺体,表面深绿色,有光泽,背面稍淡。托叶披针状线形,边缘细裂呈锯齿状,裂端有腺。伞形总状花序,具花 3～5 朵。萼片水平开展,花瓣先端有缺刻,白色、红色。花与叶同放或叶后开花。核果近球形,初呈红色,后变紫褐色。花期 4 月,果 7 月成熟。

生态习性:性喜阳光,喜温暖湿润的气候环境。对土壤要求不严,但以疏松肥沃、排水良好的沙质壤土生长最好,不耐盐碱土。根系较浅,忌积水低洼地。有一定的耐寒和耐旱力,但对烟及风抗力弱。

观赏用途:樱花花朵极其美丽,为早春重要的观花树种,常用于园林观赏,盛开时节花繁艳丽,满树烂漫,如云似霞,极为壮观。可大片栽植造成"花海"景观,可三五成丛点缀于绿地形成锦团,也可孤植形成"万绿丛中一点红"之画意。樱花还可作小路行道树、绿篱或制作盆景。

繁殖:以播种、扦插和嫁接繁育为主。

常见变种有:

毛山樱(var. *pubescens* Wils.):与原变种的主要区别在于本种叶柄、叶片下面及花梗均被柔毛。产黑龙江、辽宁、陕西、山西、河北、安徽、浙江、江西、湖北、四川等地。日本与朝鲜也有分布。

日本晚樱(var. *lannesiana* (Carr.) Makino.):高约10 m,树皮淡灰色。叶倒卵形,缘具长芒状齿;花单或重瓣、下垂,粉红或近白色,芳香,2～5朵聚生,花期4月。原产于日本,中国引种栽培。

2.8.18　日本樱花 *Prunus yedoensis* Matsum.(图 2.195)

又名江户樱花、东京樱花。蔷薇科,梅亚科,梅属。原产日本,中国多有栽培,尤以华北及长江流域各城市为多。

图 2.195　日本樱花

形态特征:落叶乔木,树皮暗褐色,平滑;小枝幼时有毛。叶卵状椭圆形至倒卵形,长5～12 cm,叶椭圆形,先端渐尖或尾尖,缘具芒状细尖重锯齿,齿端具腺,叶柄上端有2腺体,托叶条形,具腺齿。花白色至淡粉红色,径2～3 cm,常为单瓣,微香;萼筒管状,有毛;花梗长约2 cm,有短柔毛;3～6朵排成短伞形总状花序。核果,近球形,黑色。花期4月,叶前开放。

生态习性:喜光。喜肥沃、深厚而排水良好的微酸性土壤,中性土也能适应,不耐盐碱。耐寒,喜空气湿度大的环境。根系较浅,忌积水与低湿。对烟尘和有害气体的抵抗力较差。

观赏用途:同樱花。

繁殖:同樱花。

2.8.19　苹果 *Malus pumila* Mill.(图 2.196)

蔷薇科,梨亚科,苹果属。原产欧洲东南部,小亚细亚及南高加索。1870年前后始传入中国。

形态特征:落叶乔木,树高可达15 m,栽培条件下一般高3～5 m。树干灰褐色,老皮有不规则的纵裂或片状剥落。小枝幼时密生绒毛,后变光滑。单叶互生,椭圆至卵圆形,长4.5～10 cm,先端尖,缘有圆钝锯齿,幼时两面有毛,后表面光滑。伞房花序,花瓣白色,含苞时带粉红色,径3～4 cm;萼片宿存;花药黄色;花柱5,基部合生。果实为梨果,颜色及大小因品种而异。花期3～4月,果期7～11月。

图 2.196　苹果

生态习性:温带果树。要求比较冷凉和干燥的气候,喜阳光充足,以深厚肥沃而排水良好的土壤为最好,不耐瘠薄。

观赏用途:苹果盛花时花团锦簇,颇为壮观,果熟季节,累累果实,色彩鲜艳,形大而色美。

繁殖:嫁接繁殖,砧木有乔化砧和矮化砧。

2.8.20 西府海棠 *Malus micromalus* Mak.（图 2.197）

又名海红、小果海棠。蔷薇科,梨亚科,苹果属。原产中国华北、华东等地。

形态特征:落叶小乔木。高 3～5 m;幼枝有短柔毛,老皮平滑,紫褐色或暗褐色;叶长椭圆形,先端渐尖,茎部楔形,长 5～11 cm,宽 2～4 cm,边缘有锯齿,叶柄细长 2.0～3.5 cm;伞形总状花序,花淡红色,约 4 cm,生于小枝顶端;梨果球状,径 1.5 cm,红色。花期 3～4 月,果期 8～9 月。

生态习性:耐寒性强,性喜阳光,耐干旱,忌渍水,在干燥地带生长良好。

图 2.197 西府海棠

观赏用途:西府海棠树态峭立,似亭亭少女。花红、叶绿、果美,不论孤植、列植、丛植均极美观。最宜植于水滨及小庭一隅。新式庭园中,以浓绿针叶树为背景,植海棠于前列,则其色彩尤觉夺目,若列植为花篱,鲜花怒放,蔚为壮观。

繁殖:通常以嫁接或分株繁殖,亦可用播种、压条及根插方法繁殖。

2.8.21 垂丝海棠 *Malus halliana* Koehne.（图 2.198）

蔷薇科,梨亚科,苹果属。原产于中国江苏、浙江、安徽、陕西、四川、云南等省。

图 2.198 垂丝海棠

形态特征:落叶小乔木。树冠疏散,枝条开展,小枝紫色。单叶互生,卵形或长卵形,先端渐尖,叶面深绿色,有光泽,边缘具圆钝细锯齿。花鲜玫瑰红,伞房花序,花 4～7 朵簇生,花梗紫色,细长而下垂。果倒卵形,紫色。花期 4 月,果熟期 10 月。

生态习性:喜光,较耐旱。喜温暖、湿润环境,不甚耐寒,宜栽植于背风向阳之处。对土壤的适应性较强,但以深厚、肥沃而排水良好的土壤为好。忌过湿,否则易烂根死亡。

观赏用途:垂丝海棠花繁色艳,花朵下垂,是著名的庭园观赏花木,在江南庭园中尤为常见。宜丛植于院前、亭边、墙旁、河畔等处。在北方常盆栽观赏。

繁殖:用播种或嫁接法繁殖。栽培须适当灌溉、施肥,并注意整形修剪。多用湖北海棠为砧木进行嫁接。

2.8.22 海棠花 *Malus spectabilis* Borkh.（图 2.199）

蔷薇科,梨亚科,苹果属。原产中国河北、山东、陕西、江苏、浙江、云南等地。

形态特征:落叶小乔木。树皮灰褐色,光滑。叶互生,椭圆形至长椭圆形,先端略为渐尖,基部楔形,边缘有平钝齿,表面深绿色而有光泽,背面灰绿色并有短柔毛,叶柄细长。花 5～7

图 2.199　海棠花

朵簇生,伞形总状花序,粉红色,多为复瓣,少有单瓣花。梨果球形,黄绿色。花期 4～5 月,果熟期 8～9 月。

生态习性:喜阳光,不耐阴,耐寒,耐干旱,喜土层深厚、肥沃、pH 5.5～7.0 的壤土中生长。

观赏用途:海棠花姿态潇洒,花开似锦,素有"花中神仙"、"花贵妃"、"花尊贵"之称,常在皇家园林中与玉兰、牡丹、桂花相配植,形成"玉棠富贵"的意境。海棠花宜植于人行道两侧、亭台周围、丛林边缘、水滨池畔等。

繁殖:常用播种、分株和嫁接繁殖。播种可秋播或沙藏后春播。园艺品种多用嫁接法繁殖,以山荆子或海棠实生苗作砧木,枝接、芽接都可以。分株多于早春未萌芽前或秋冬落叶后进行。

2.8.23　白梨 *Pyrus bretschneideri* Rehd.（图 2.200）

蔷薇科,梨亚科,梨属。原产中国东北南部、华北、西北及黄淮平原等地。

形态特征:落叶乔木,高 5～8 m。小枝粗壮,幼时有柔毛。叶卵形或卵状椭圆形,长 5～11 cm,有刺芒状尖锯齿,齿端微向内曲,幼时两面有柔毛,后变光滑。伞形总状花序,花白色、单瓣,径 2.0～3.5 cm。花萼脱落;花药红色;花柱分离。梨果,卵形或近球形,皮孔点较多。花期 4 月,果期 8～9 月。

图 2.200　白梨

生态习性:性喜干燥、冷凉,抗寒能力较强,喜光。对土壤要求不严,以深厚、疏松、地下水位较低的肥沃沙质土壤为最好。开花期忌寒冷和阴雨。

观赏用途:春天开花,满树雪白,树姿也美,因此在园林中是结合生产的好树种。

繁殖:多用嫁接法,常用的砧木为杜梨。

同属观花植物有:

豆梨(*P. calleryana* Decne.):原产中国华中、华东至华南等地。落叶乔木,高 3～5 m;小枝幼时有茸毛,后脱落。叶片宽卵形或卵形,少数长椭圆状卵形,长 4～8 cm,宽 3～6 cm,顶端渐尖,基部宽楔形至近圆形,边缘有细钝锯齿,两面无毛。伞形总状花序有花 6～12 朵;花序梗、花柄无毛;花柄长 1.5～3.0 cm;花白色,直径 2.0～2.5 cm;萼筒无毛,萼片外面无毛,内有茸毛;花柱 2,少数 3,无毛。梨果近球形,直径 1.0～1.5 cm,褐色,有斑点,萼片脱落。花期 4 月,果期 8～9 月(图 2.201)。

杜梨(*P. betulaefolia* Bunge.):原产中国北方。落叶乔木,高达 10 m。枝常有刺,幼时密生灰白色茸毛。叶菱状卵形或长圆形,长 4～8 cm,缘有粗尖齿,幼时两面具灰白色茸毛,老时仅背面有毛。伞形总状花序,有花 10～15 朵,花瓣白色,花柱 2～3。梨果近球形,直径 5～10 mm,褐色。花期 4～5 月,果期 8～9 月(图 2.202)。

图 2.201 豆梨

图 2.202 杜梨

2.8.24 黄山花楸 *Sorbus amabilis* Cheng et Yu.（图 2.203）

蔷薇科,梨亚科,花楸属。产于安徽、浙江、湖北、福建等地,黄山、大别山为其中心产地。

形态特征:落叶乔木,高达 10 m;小枝粗壮,具皮孔,幼时具褐色柔毛,逐渐脱落至老时无毛。叶为奇数羽状复叶,小叶(4～)5～6 对,长圆形或长圆状披针形,长 4.0～6.5 cm,宽1.5～2.0 cm,先端渐尖,基部两侧不等,边缘近基部以上有粗锐锯齿;叶轴幼时被褐色柔毛,老时脱落;托叶草质,半圆形,具粗大锯齿,花后脱落。复伞房花序顶生,长 8.0～10 cm,宽12～15 cm,总花梗和花梗密被褐色柔毛,逐渐脱落至果期近无毛;花径 7～8 mm,花梗长 1～3 mm;萼筒钟状;花瓣宽卵形或近圆形,白色,长 3～4 mm;雄蕊约 20,短于花瓣;花柱 3～4,基部密生柔毛,几与雄蕊等长。小梨果球形,直径6～7 mm,红色,顶端具宿存闭合萼片。花期 5 月,果期 9～10 月。

图 2.203 黄山花楸

生态习性:主要生于中国亚热带山地常绿落叶阔叶混交林中,构成乔木层中下层的成分,多见于林边或林冠空隙阳光较充足的地方。所在地云雾多,湿度大,夏季气候温凉,冬季严寒,年平均温 7.7～10.0℃,年降水量 1 500～2 000 mm。土壤为黄棕壤,pH 值 4.5～5.5。

观赏用途:春花白色密集,花团锦簇,秋季则红色果实挂满枝头,是美丽珍贵的绿化观赏树种。

繁殖:一般用种子繁殖,种子不易发芽,需做发芽试验。

2.8.25　水榆花楸 *Sorbus alnifolia* (Sieb. et Zucc.) K. Koch. (图 2.204)

又名水榆、千筋树。蔷薇科,梨亚科,花楸属。原产中国长江流域、黄河流域及东北南部。

图 2.204　水榆花楸

形态特征:落叶乔木,高达 20 m。树干通直;树皮光滑,灰色。小枝暗红褐色或暗灰褐色,有灰白色皮孔。单叶,卵形或椭圆状卵形,先端锐尖,基部圆形,边缘有不整齐的尖锐重锯齿。复伞房花序,有花 6～25 朵,白色。果椭圆形或卵形,红色或黄色。花期 5 月,果期 11 月。

生态习性:耐阴,耐寒。喜湿润、微酸性或中性土。

观赏用途:水榆花楸树体高大,干直光滑,树冠圆锥状,春花白色密集,花团锦簇,气势壮观,叶形美观,秋叶先变黄后转红,果实累累,红黄相间,十分美观。宜群植于山岭形成风景林,也可作公园及庭院的风景树。

繁殖:播种繁殖。

2.8.26　石楠 *Photinia serrulata* Lindl. (图 2.205)

蔷薇科,梨亚科,石楠属。原产中国和印尼。

形态特征:常绿小乔木,高可达 12 m,树冠球形,干皮块状剥落,全体几无毛。幼枝绿色或灰褐色,光滑;单叶互生,厚革质,长椭圆形至倒卵状椭圆形,长 9～22 cm,宽 3.0～6.5 cm,先端突渐尖,基部圆或楔形,边缘疏生尖细锯齿,叶脉羽状,侧脉 25～30 对,叶表面绿色,有光泽,幼叶红色,叶柄粗壮,长 2～4 cm。顶生复伞房花序,花两性,白色,径 6～8 mm,雄蕊 20 枚,内外两轮,与花瓣近等长。梨果,球形,径 5～6 mm,熟时红色,光亮,萼宿存。花期 4～5 月,果熟期 10 月。

图 2.205　石楠

生态习性:阳性树,也耐阴;对土壤要求不严,以肥沃、湿润、土层深厚、排水良好的沙质土壤最为适宜,耐干旱贫瘠,能在石缝中生长;不耐水湿,稍耐寒;萌芽力强,耐修剪成型,生长较慢;对烟尘和有毒气体有一定的抗性。

观赏用途:石楠树冠圆整,枝繁叶茂,叶片终年常绿,初春嫩叶紫红,春末白花点点,秋日红果累累,极富观赏价值,是著名的庭院绿化树种,可孤植、丛植或修剪成一定形状做绿篱和基础栽植。抗烟尘和有毒气体,且具隔音功能,可作工矿区绿化材料。

繁殖:繁殖以播种为主,亦可用扦插、压条繁殖。

2.8.27　合欢 *Albizzia julibrissin* Durazz. (图 2.206)

又名绒花树、马缨花、夜合花。豆科,含羞草亚科,合欢属。原产中国黄河流域以南各地。

形态特征:落叶乔木,高可达 16 m,树冠扁圆形,呈伞状。树皮灰棕色,平滑。小枝褐色,

有纵细纹,疏生皮孔。2回偶数羽状复叶,互生,小叶 10～30
对,镰刀状,全缘,无柄,日开夜合。花序头状,多数,伞房状排
列,腋生或顶生;花萼和花瓣黄绿色,花丝粉红色。荚果扁平。
花期6～8 月,果期 10～11 月。

生态习性:喜温暖湿润和阳光充足环境,对气候和土壤适应
性强,宜在排水良好、肥沃土壤生长,但也耐瘠薄土壤和干旱
气候。

观赏用途:树形姿势优美,叶形雅致。盛夏绒花满树,有色
有香,能形成轻柔舒畅的气氛,宜种植于林缘、房前、草坪、山坡
等地。是行道树、庭阴树、四旁绿化和庭园点缀的观赏佳树。

繁殖:主要用播种繁殖,3～4 月播种。

图 2.206　合欢

2.8.28　巨紫荆 *Cercis gigantae* **Cheng et Bungne.**（图 2.207）

图 2.207　巨紫荆

又名天目紫荆。豆科,云实亚科,紫荆属。原产中国浙
江、河南、湖北、广东、贵州等地。

形态特征:落叶乔木,高达 20 m。树皮黑色,平滑,老树有
浅纵裂纹。新枝暗紫绿色,无毛,后为灰黑色,皮孔淡灰色,2～3
年生枝黑色。叶互生,近圆形,先端短尖,基部心形,叶柄红褐
色。花淡红或淡紫红色,先花开放。花期 4 月,果期 10 月。

生态习性:喜阳光充足,畏水湿,较耐寒。宜栽植于肥沃、
排水良好的土壤上。

观赏用途:巨紫荆叶形肥硕,花色嫣红,荚果鲜艳,是观
花、观果、观叶等观赏价值集于一身的重要观赏树种,可用作
城乡行道树、庭院树、公园风景林。

繁殖:以播种繁殖为主,也可分株。

2.8.29　凤凰木 *Delonix regia*（**Boj.**）**Raf.**（图 2.208）

又名红花楹树、凤凰树、火树、红花楹。豆科,云实亚科,凤
凰木属。原产热带非洲及马达加斯加。

形态特征:落叶乔木,高 10～20 m。树冠平展成伞形。二
回羽状复叶,长 20～60 cm,有羽片 15～20 对,羽片长 5～10 cm,
有小叶 25～28 对;小叶密生,细小,长圆形,长 4～8 mm,两面被
绢毛,顶端钝。伞房式总状花序顶生和腋生;花大,直径 7～
10 cm;花冠鲜红色至橙红色,具黄色斑;花瓣 5,花色艳红且带
黄晕。荚果木质,微呈镰刀形,扁平,长 30～60 cm。花期 5～7
月,果期 11 月。

生态习性:喜光,喜高温、多湿气候,栽培地全光照或半日照
均能适应。土质须为肥沃、富含有机质、排水良好的沙质土壤,

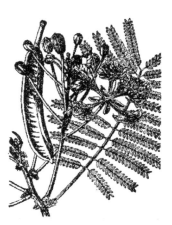

图 2.208　凤凰木

不耐干旱和瘠薄,不耐寒,抗风,抗大气污染。

观赏用途:凤凰木树冠宽阔平展,枝叶茂密,枝叶广展,犹如凤凰之尾羽,花红叶绿,满树如火,富丽堂皇,遍布树冠,犹如蝴蝶飞舞其上,"叶如飞凰之羽,花若丹凤之冠"。开花时红花绿叶,对比强烈,相映成趣。可作行道树、庭阴树,若植于水畔,枝叶探向水边,与倒影相衬,更觉婀娜多姿。

繁殖:以种子繁殖为主,3月中下旬播种。

2.8.30　刺槐 *Robinia pseudoacacia* L. (图 2.209)

又名洋槐、德国槐。豆科,蝶形花亚科,刺槐属,原产美国东部。

图 2.209　刺槐

形态特征:落叶乔木,高 10～20 m。树皮灰黑褐色,纵裂;枝具托叶性针刺,小枝灰褐色,无毛或幼时具微柔毛。奇数羽状复叶,互生,具 9～19 小叶;叶柄长 1～3 cm,小叶柄长约 2 mm,被短柔毛,小叶片卵形或卵状长圆形,长 2.5～5.0 cm,宽 1.5～3.0 cm,基部广楔形或近圆形,先端圆或微凹,具小刺尖,全缘,表面绿色,被微柔毛,背面灰绿色被短毛。总状花序腋生,比叶短,花序轴黄褐色,被疏短毛;花梗长 8～13 mm。被短柔毛,萼钟状,具不整齐的 5 齿裂,表面被短毛;花冠白色,芳香,旗瓣近圆形,长 18 mm,基部具爪,先端微凹,翼瓣倒卵状长圆形,基部具细长爪,顶端圆,长 18 mm,龙骨瓣向内弯,基部具长爪;雄蕊 10 枚,成 9 与 1 两体;子房线状长圆形,被短白毛,花柱几乎弯成直角。荚果扁平,线状长圆形,长 3～11 cm,褐色,光滑;含 3～10 粒种子。花期 4～5 月,果熟期 10～11 月。

生态习性:强阳性树种,忌庇阴。耐寒。喜干燥,耐旱,但不耐涝,水淹后会黄叶、落叶甚至死亡。浅根系,易倒伏。为菌根共生树种,能固氮改良土壤,因而在土壤瘠薄处亦能正常生长,但以深厚、肥沃、排水良好的土壤为好,耐轻盐碱土。萌芽力和根蘖性强。抗烟尘力强。速生,但寿命短,30 年后生长衰弱。

观赏用途:树冠宽阔、枝叶浓郁,花白芳香,花序大而下垂,可作遮阴树或行道树,也可栽植成林,但不宜种植于风口处。

繁殖:可用播种、分蘖、根插等法繁殖,而以播种为主。

同属观花植物:

毛刺槐(*R. hispida* L.):原产北美。落叶乔木,高达 25 m。茎、小枝、花梗均密被红色刺毛。托叶不变成刺状。羽状复叶,小叶 7～13 枚,广椭圆形至近圆形,长 2.0～3.5 cm,叶端钝,有小尖头。花粉红或紫红色,2～7 朵成稀疏的总状花序,更具观赏性。荚果,具腺状刺毛。花期 5 月。

2.8.31　龙牙花 *Erythrina corallodendron* L. (图 2.210)

豆科,蝶形花亚科,刺桐属。原产热带美洲,中国华南地区栽培较广。

形态特征:落叶小乔木。株高约 3～5 m,干具圆锥形皮刺。3 出复叶互生,小叶阔斜方状卵形。总状花序腋生,花深红色,具短柄,2～3 朵聚生,蝶形花冠。花期 6～7 月。荚果。

生态习性:喜强光照,要求高温、湿润环境和排水良好的肥沃土壤,忌潮湿的黏质土壤,不耐寒,越冬温度应保持 4℃以上。

观赏用途:枝叶扶疏,夏季开花,深红色的总状花序好似一串红色月牙,艳丽夺目,适用于公园和庭院栽植,若盆栽可用来点缀室内环境。

繁殖:播种、扦插法繁殖,也可用高压法繁殖。扦插于 4～5 月进行。管理粗放,栽培容易。

图 2.210 龙牙花

2.8.32 羊蹄甲 *Bauhinia purpurea* L.(图 2.211)

又名紫羊蹄甲、白紫荆。豆科,云实亚科,羊蹄甲属。原产中国福建、广东、广西、云南等省。

图 2.211 羊蹄甲

形态特征:常绿乔木,高 4～8 m。叶近革质,广椭圆形至近圆形,长 5～12 cm,端 2 裂,裂片为全长的 1/3～1/2,裂片端钝或略尖,有掌状脉 9～13 条,两面无毛。伞房花序顶生;花玫瑰红,有时白色,花萼裂为几乎相等的 2 裂片;花瓣倒披针形,宽不足 1 cm,发育雄蕊 3～4。荚果扁条形,长 15～30 cm,略变曲。花期 10 月。

生态习性:喜阳光和温暖、潮湿环境,不耐寒。中国华南各地可露地栽培,其他地区均作盆栽,冬季移入室内。宜湿润、肥沃、排水良好的酸性土壤,栽植地应选阳光充足的地方。

观赏用途:树冠开展,枝丫低垂,花大而美丽,秋冬时开放,叶片形如牛羊的蹄甲,是很有特色的树种。在广州及其他华南城市常作行道树及庭园风景树用。

繁殖:播种和扦插繁殖。

2.8.33 楝树 *Melia azedarach* L.(图 2.212)

又名苦楝。楝科,楝属。原产中国河北、山西、陕西、甘肃、四川、海南、台湾等省。

形态特征:落叶乔木,高 15～20 m。树冠倒伞形,侧枝开展。树皮灰褐色,浅纵裂。小枝呈轮生状,灰褐色,被稀疏短柔毛,后光滑,叶痕和皮孔明显。叶互生,2 至 3 回羽状复叶,长 20～40 cm,叶轴初被柔毛,后光滑;小叶对生,卵形、椭圆形或披针形,长 3～7 cm,宽 0.5～3.0 cm,先端渐尖,基部圆形或楔形,通常偏斜,边缘具锯齿或浅钝齿,稀全缘;主脉突起明显;小叶柄长 0.1～1.0 cm。圆锥花序,长 15～20 cm,与叶近等长,花瓣 5,浅紫色或白色,倒卵状匙形,长 0.8～1.0 cm,外面被柔毛,内面光滑;雄蕊 10 个,花丝合成雄蕊筒,紫色;有香味。子房球形,5～6 室,花柱细长,柱

图 2.212 楝树

头头状。核果,黄绿色或淡黄色,近球形或椭圆形,长1～3 cm,每室具种子1个;外果皮薄革质,中果皮肉质,内果皮木质;种子椭圆形,红褐色。花期5月,果期9月。

生态习性:喜光,不耐庇阴,喜温暖、湿润气候,耐寒力强。对土壤要求不严,在酸性、中性、钙质土及盐碱土均可生长,喜生于肥沃湿润的壤土或沙壤土。萌芽力强,对二氧化硫抗性较强,对氯气抗性较弱。

观赏用途:楝树树形优美,叶形秀丽,春夏之交开淡紫色花朵,颇为美丽,且有淡香,加之耐烟尘,是工厂、城市、矿区绿化树种,宜作庭阴树及行道树。

繁殖:以播种为主。

2.8.34　七叶树 *Aesculus chinensis* Bunge.（图2.213）

又名天师栗、开心果、猴板栗。七叶树科,七叶树属。原产中国长江流域以南各地。

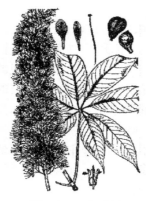

图 2.213　七叶树

形态特征:落叶乔木,高可达25 m。树皮灰褐色,片状剥落。小枝粗壮,栗褐色,光滑无毛;冬芽大,具树脂。掌状复叶对生,小叶5～7片,倒卵状长椭圆形至长椭圆状倒披针形,长8～16 cm,先端渐尖,基部锲形,缘具细锯齿,侧脉13～17对,仅背面脉上疏生柔毛,小叶柄长5～17 mm。花小,花瓣4,不等大,白色,上面2瓣常有橘红色或黄色斑纹,雄蕊通常7;成直立密集圆锥花序,近圆柱形,长20～25 cm;杂性花(花序基部多两性花),芳香。蒴果球形或倒卵形,密生疣点,直径3～4 cm,黄褐色,粗糙,无刺,也无尖头,内含1或2粒种子,形如板栗,种脐大,占种子一半以上。花期5月,果熟期9～10月。

生态习性:喜光,稍耐阴;喜温暖气候,也能耐寒;喜深厚、肥沃、湿润而排水良好之土壤。深根性,萌芽力强;生长速度中等偏慢,寿命长。

观赏用途:七叶树树形美观,冠如华盖,开花时硕大的白色花序又似一盏华丽的烛台,蔚为壮观,在风景区和小庭院中可作行道树或骨干景观树。

繁殖:主要用播种繁殖。由于其种子不耐贮藏,如干燥极易丧失生命力,故种子成熟后宜及时采下,随采随播。

2.8.35　文冠果 *Xanthoceras sorbifolia* Bunge.（图2.214）

又名文官果。无患子科,文冠果属。是中国特有的树种,原产中国北部干旱寒冷地区。

形态特征:落叶小乔木或灌木,高可达8 m。树皮灰褐色,粗糙条裂;小枝幼时紫褐色,有毛,后脱落。奇数羽状复叶互生,小叶9～19,对生或近对生。花杂性,整齐,萼片5;花瓣5,白色,基部有由黄变红之斑晕;蒴果椭圆形,径4～6 cm,具有木质厚壁。花期4～5月,果熟期8～9月。

生态习性:喜光,也耐半阴;耐严寒和干旱,不耐涝;对土壤要求不严,在沙荒、石砾地、黏土及轻盐碱土上均能生长,但以肥沃、深

图 2.214　文冠果

厚、疏松、湿润而通气良好的土壤生长好。深根性。主根发达,萌蘖力强。

观赏用途:本种花序大而花朵密,春天白花满树,花期可持续20多天,是难得的观花小乔木。在园林中配置于草坪、路边、山坡、假山旁或建筑物前都很合适。

繁殖:主要用播种繁殖,分株、压条和根插也可。

2.8.36 山杜英 *Elaeocarpus sylvestris*(Lour.)Poir.(图2.215)

又名杜莺、杜英。杜英科,杜英属。原产中国华南、西南、江西和湖南南部。

形态特征:常绿乔木。树皮深褐色、平滑,小枝红褐色,树冠紧凑,近圆锥形,枝叶茂密。单叶互生,革质,长椭圆状披针形,叶缘具钝锯齿,表面平滑无毛,羽状脉,秋冬至早春部分树叶转为绯红色,红绿相间,鲜艳悦目。总状花序腋生,长2～6 cm,花白色;雄蕊多数。果实为椭圆形褐果,两端锐形,种子很坚硬。花期6～7月,果熟期10～12月。

生态习性:喜温暖、湿润环境,根系发达,树干坚实挺直,抗风力强。它在排水良好的酸性黄壤土中生长十分迅速。

观赏用途:树形端正,四季常绿,总状花序长而美丽,为重要的绿化或观赏树种。在园林绿地中,宜丛植、群植或对植,也可植于草坪边缘或用作花木背景。由于它对二氧化硫抗性较强,也适宜作工厂矿区的绿化树种。

图2.215　山杜英

繁殖:以播种繁殖为主。秋季果成熟时采收,堆放待果肉软化后,搓揉淘洗得净种子,捞出阴干后随即播种,或湿沙层积至翌年春播。

2.8.37 南京椴 *Tilia miqueliana* Maxim.(图2.216)

又名白椴。椴树科,椴树属。原产中国华东各省、湖南东部、广东。

图2.216　南京椴

形态特征:落叶乔木,高可达15 m;幼枝有星状茸毛;叶三角状卵形,长4～11 cm,宽3.5～9.0 cm,顶端短渐尖,基部偏斜心形或截形,边缘有短尖锯齿;表面深绿色,近无毛,背面有灰色星状毛;叶柄长2～4 cm,嫩时有毛,后近无毛。聚伞花序长6～8 cm,花序轴有星状毛;苞片长匙形,表面脉腋有星状毛,背面密生星状毛;萼片长约4 mm,外面有星状毛,内面有长柔毛;花瓣无毛。果实近球形,直径约9 mm,表面有星状毛。花期6月,果熟期9月。

生态习性:中性,喜温暖气候,耐寒性不强,生长较慢。

观赏用途:树叶美丽,树姿清幽,夏日浓阴铺地,黄花满树,芳香,是很好的庭阴树、行道树,优良的蜜源树种。

繁殖:萌蘖分株成功率较高。

同属观花植物:

毛糯米椴(*T. henryana* Szyszyl.):原产中国陕西、河南、

湖北、江西等地。落叶乔木;叶互生,具长柄,近圆形,有锯齿。花小,排成具长柄、下垂的聚伞花序;花序柄约一半与舌状的大苞片合生;萼片 5;花瓣 5,覆瓦状排列。核果倒卵形,不开裂,有种子 1~3 颗。

日本椴(*T. japonica* Simonkai.):又名华东椴,原产中国安徽、浙江;日本也有分布。落叶乔木,高可达 15 m。树皮灰褐色,纵裂。叶近圆形或扁圆状心形。聚伞花序下垂,具花 7~40 朵;苞片带状长椭圆形、倒卵状椭圆形,偶见倒卵形。核果近球形或球状卵圆形。花期 5~6 月,果 9 月成熟。

2.8.38 木荷 *Schima superba* Gardn. et Champ.(图 2.217)

又名荷木。山茶科、木荷属。原产中国中部至南部的广大山区。

图 2.217 木荷

形态特征:常绿乔木,高达 30 m,树冠广卵形。树皮灰褐色,块状纵裂。幼枝带紫色,无毛或近顶端有毛。单叶互生,革质,椭圆形或矩圆形,长 6~15 cm,宽 2.5~5.0 cm,先端渐尖或短尖,基部楔形,表面深绿,有光泽,背面绿色,两面无毛,边缘有钝锯齿。花单生枝顶叶腋或成短总状花序,白色,具芳香,径约3 cm。蒴果近球形,黄褐色,木质 5 裂。种子肾形,扁平,边缘有刺。花期 6 月,果熟期 10 月。

生态习性:亚热带树种,喜生于气候温暖、湿润,土壤肥沃、排水良好之酸性土类。在碱性土质中生长不良。

观赏用途:树冠浓阴,花有芳香,叶茂常绿,可作行道树及风景林,在庭园中孤植、丛植。由于叶片为厚革质,可植作防火带树种。若与松树混植,尚有防止松毛虫蔓延之效。

繁殖:播种法繁殖。在蒴果开裂前及时采集,经过晒果,风选,取得种子后可干藏,种子发芽率约 40%。

2.8.39 珙桐 *Davidia involucrata* Baill.(图 2.218)

又名鸽子树、鸽子花树。珙桐科(蓝果树科),珙桐属。原产中国陕西、湖北、湖南、四川、贵州、云南等地。生长在海拔700~1 600 m 的深山云雾中。

形态特征:落叶大乔木,高可达 20 m。树皮呈不规则薄片脱落。单叶互生,在短枝上簇生,叶纸质,宽卵形或近心形,先端渐尖,基部心形,边缘粗锯齿,叶柄长 4~5 cm,花紫红色,杂性,由多数雄花和一朵两性花组成顶生头状花序。花序下有 2 片白色大苞片,纸质,椭圆状卵形,长 8~15 cm,中部以下有锯齿,核果紫绿色。花期 4 月,果熟期 10 月。

图 2.218 珙桐

生态习性:要求较大的空气湿度。喜中性或微酸性腐殖质深厚的土壤,在干燥多风、日光直射之处生长不良。不耐瘠薄,不耐干旱。幼苗生长缓慢,喜阴湿,成年树趋于喜光。

观赏用途:珙桐为世界著名的珍贵观赏树,常植于池畔、溪旁及疗养所、宾馆、展览馆附近,并有和平的象征意义。

繁殖:可用播种、扦插及压条繁殖。

2.8.40　喜树 *Camptotheca acuminata* Decne.（图 2.219）

又名旱莲、千丈树等,蓝果树科(珙桐科),喜树属。原产中国,国家Ⅱ级重点保护野生植物。

形态特征:落叶乔木。单叶互生,椭圆形至长卵形,先端突渐尖,基部广楔形,全缘或微呈波状,疏生短柔毛,脉上尤密;羽状脉弧形,在表面下凹。叶表亮绿色,叶背淡绿色。叶柄长1.5～3.0 cm,常带红色。花杂性同株,头状花序具长柄,雌花序顶生,雄花序腋生;花萼杯状,上部5齿裂,花瓣5枚,淡绿色,雄蕊10枚,排成2轮,花药4室,子房下位,在雄花中不发育,在雌花及两性花中发育良好,子房1室,具1枚下垂的胚珠。坚果香蕉形,具窄翅,长2.0～2.5 cm,集生成球形。花期7月,果熟期10～11月。

图 2.219　喜树

生态习性:性喜光,稍耐阴。喜温暖湿润气候,不耐严寒干燥。喜土层深厚、湿润而肥沃的土壤,较耐水湿,在干旱瘠薄地种植,生长瘦长,发育不良。在酸性、中性、微碱性土壤均能生长,在石灰岩风化土及冲积土中生长良好。深根性,萌芽率强。抗病虫能力强,但耐烟性弱。

观赏用途:喜树主干通直,树冠宽展,叶阴浓郁,适宜作庭阴树、行道树。也可用于地下水位较高的河滩、湖池堤岸旁绿化。

繁殖:播种繁殖。

2.8.41　四照花 *Dendrobenthamia japonica*（DC.）Fang var. *chinensis* (Osborn) Fang.（图 2.220）

又名山荔枝。山茱萸科,四照花属。原产中国秦岭、淮河流域以南至台湾省。

形态特征:落叶小乔木或灌木,高可达9 m。幼枝呈绿色有灰白色短柔毛。叶对生,纸质,两面被毛。花黄白色,球形头状花序,由20～30朵小花组成,总苞片4枚,卵形或卵状椭圆形,顶端渐汰,基部圆形或宽楔形,上面绿色,疏被白柔毛,下面粉绿色,除被白柔毛外,在脉腋有时具簇生的白色或黄色毛。果序球形,紫红色;总果柄纤细。花期5～6月,果期9～10月。

生态习性:性喜光,亦耐半阴,喜温暖气候和阴湿环境,也能耐一定程度的寒、旱、瘠薄,能耐−15℃低温。适应性强。适生于肥沃而排水良好的沙质土壤。

观赏用途:树形美观、整齐,初夏开花,白色苞片覆盖全树,微风吹动如同群蝶翩翩起舞,十分别致;秋季红果满树,能使人感受到硕果累累、丰收喜悦的气氛,是一种美丽的庭园观花、观果树种。可孤植或列植,观赏其秀丽之叶形及奇异之花朵和红灿灿的果实;也可丛植于草坪、路边、林缘、池畔,与常绿树混植,至秋天叶片变为褐红色,分外妖娆。

繁殖:多行播种繁殖,种子收获后随即播种或低温层积120 d以上翌年春播。也可行分株、扦插及压条繁殖。

同属观花植物：

香港四照花(*D. hongkongensis*（Hemsl.）Hutch.)：产中国华南、西南、湖南及江西南部。常绿乔木，高达18 m。主杆明显，分枝和叶片密集，树形优美，嫩叶粉红色或浅黄色后转绿色，冬季及早春叶紫红色；花序具花50～70，花色米黄；果实球形、下垂、黄色转红色即成熟，可食可酿酒。花期5～6月，果期11～12月（图2.221）。

图 2.220　四照花

图 2.221　香港四照花

2.8.42　毛梾 *Cornus walteri* Wanger.（*Cornus walteri*（Wanger.）Sojak.）（图2.222）

又名车梁木，小六谷。山茱萸科，梾木属。原产中国辽宁和秦岭、黄河流域以南，南至华中、华东及西南。

形态特征：落叶乔木，高达12 m，树皮暗灰色，常纵裂成长条。叶对生，卵形至椭圆形，长4～10 cm，叶端渐尖，叶基广楔形，侧脉4～5对，叶表有贴伏柔毛，叶背面毛更密；叶柄长1～3 cm。伞房状聚伞花序顶生，径5～8 cm；花白色，径1.2 cm。核果近球形，熟时黑色。花期5～6月，果期9～10月。

生态习性：性喜阳光、耐旱、耐寒，喜深厚肥沃土壤，在中性、酸性、微碱性土上均能生长，深根性，萌芽性强。

观赏用途：枝叶茂密，白花繁茂，素雅可爱，可作行道树用。

繁殖：播种繁殖，也可嫁接或根插。

同属观花植物：

灯台树(*C. controversa* Hemsl. 或 *Cornus controversa*（Hemsl.）Sojak.)：又名瑞木。产中国东北南部、黄河上游、长江以南、四川、贵州、云南等省。落叶乔木，高15～20 m，树冠近圆锥形；枝条紫红色或略带绿色。单叶互生，宽卵形或椭圆状卵形，长13 cm，弧形脉。聚伞花序顶生，花序长约12 cm，白色微黄。核果球形，紫红色至蓝黑色。花期5～6月，果熟期9～10月。灯台树在中国有广泛栽培。其树干端直，分枝呈层状，宛若灯台而得名（图2.223）。

图 2.222 毛梾

图 2.223 灯台树

2.8.43 野茉莉 *Stvrax japonica* Sieb. et Zucc. (图 2.224)

又名安息香。野茉莉科,野茉莉属。原产中国秦岭和黄河以南地区,朝鲜、日本也有分布。

形态特征:落叶小乔木,高达 10 m。树皮灰褐色或黑褐色,枝细长斜展,幼时被星状柔毛,渐脱落。叶互生,椭圆形或椭圆状倒卵形,长 4~10 cm,顶端尖或渐尖,基部楔形,边缘具浅锯齿,上面深绿色,下面淡绿色,脉腋有时簇生柔毛;叶柄长 3~8 mm。花单生或 2~6 朵成总状花序,腋生或生侧枝顶端;花梗长 2~3 cm,下垂;花萼钟状,顶端具 5 短圆齿,宿存;花冠白色,5 深裂,裂片开展,椭圆状长圆形,长约 15 mm;雄蕊 10 枚,生于花冠筒基部,花丝上部稍狭,有时密生须毛,基部扁平,连合,花药条形;子房上位,球形,花柱细长,柱头头状。核果圆卵形,长约 1.5 cm,密被灰白色茸毛,内有 3 粒种子。种子不规则椭圆形,红褐色,长约 1 cm,种皮粗糙。花期 6~7 月,果熟期 9~10 月。

图 2.224 野茉莉

生态习性:喜光,稍耐阴;喜湿润、肥沃、深厚疏松而富含腐殖质的土壤,耐旱、忌涝。

观赏用途:野茉莉树形优美,花朵下垂,盛开时繁花似雪。园林中用于水滨湖畔或阴坡谷地,溪流两旁,在常绿树丛边缘群植,白花映于绿叶中,饶有风趣,宜作庭院栽植,也可作行道树。

繁殖:播种繁殖。

2.8.44 女贞 *Ligusrtum lucidum* Ait. (图 2.225)

又名女桢、蜡树、桢木。木犀科,女贞属。原产中国和日本。

形态特征:常绿乔木,树冠卵形。树皮灰绿色,平滑不开裂。枝条光滑无毛。单叶对生,卵形或卵状披针形,先端渐尖,基部楔形或近圆形,全缘,表面深绿色,有光泽,无毛,叶背浅绿色,

图 2.225　女贞

革质。圆锥花序顶生,花白色,芳香。浆果状核果近肾形,熟时深蓝色。花期 6 月,果熟期 11～12 月。

生态习性:适应性强,喜光,稍耐阴。喜温暖湿润气候,稍耐寒。不耐干旱和瘠薄,适生于肥沃深厚、湿润的微酸性至微碱性土壤。根系发达。萌蘖、萌芽力均强,耐修剪。抗二氧化硫和氟化氢。

观赏用途:枝叶茂盛,叶片浓绿,初夏开花,香气沁人心脾,可丛植配置,也或修剪成高绿篱。由于其抗有毒气体的能力较强,是工厂绿化的优良树种,也可作行道树用。

繁殖:多用播种繁殖。若用扦插繁殖,春季三月份是最好的季节,成活率高。

2.8.45　桂花 *Osmanthus fragrans*（Thunb.）Lours.（图 2.226）

又名月桂、木犀。木犀科,木犀属。原产中国西南部,印度、尼泊尔、柬埔寨也有分布。

形态特征:常绿小乔木,高可达 10 m。因分枝性强且分枝点低,也常呈灌木状。树皮灰褐色或灰白色,有时显出皮孔。单叶对生,革质,光滑,长椭圆形或椭圆状披针形,先端尖或渐尖,基部楔形,深绿色,全缘或上半部疏生锯齿,叶缘波状。芽叠生。花簇生于叶腋,聚伞花序,具浓香。花期 9～10 月,果翌年 4 月成熟。

栽培变种常根据花色和花期分为 4 类:

金桂（var. *thunbergii* Makino.）:花色为深浅不同的黄色,香味浓或极浓,花朵较易脱落,花期秋季。为各地最常见栽培的一类。

图 2.226　桂花

银桂（var. *latifolius* Makino.）:花呈黄白色或淡黄色,香味较淡,花朵着生较牢固,花期秋季。一般栽培较少。

丹桂（var. *aurantiacus* Makino.）:花色橙黄或橙红,很美,但香味较淡,秋季开花。

四季桂（var. *semperflorens* Hort.）:花呈黄白色或淡黄色,香味较淡,但一年之内花开数次,以秋季较繁。植株较矮小,生势较弱,常呈灌木状。

生态习性:喜温暖环境,宜在土层深厚、排水良好、肥沃、富含腐殖质的偏酸性沙质土壤中生长。不耐干旱瘠薄;喜光,也有一定的耐阴力。

观赏用途:中国十大名花之一。终年常绿,花期正值中秋,花色淡雅,花香沁人心脾,有"独占三秋压群芳"的美誉。园林中常作孤植、对植,也可成丛成片栽植。为盆栽观赏的好材料。

繁殖:播种、压条、嫁接和扦插法繁殖。

2.8.46　'鸡蛋花'*Plumeria rubra* L. 'Acutifolia'（图 2.227）

又名缅栀子、蛋黄花、大季花。夹竹桃科,鸡蛋花属。原产美洲墨西哥。

形态特征:落叶小乔木。小枝肥厚多肉。叶大,厚纸质,多聚生于枝顶,叶脉在近叶缘处连成一边脉。花数朵聚生于枝顶,花冠筒状,径约 5～6 cm,5 裂,外面乳白色,中心鲜黄色,极芳香。花期5～10月。

生态习性:喜光、喜湿热气候,耐干旱,喜生于石灰岩石地。

观赏用途:鸡蛋花夏季开花,清香优雅;落叶后,光秃的树干弯曲自然,其状甚美,观赏性强。南方地区露地栽培,可列植、丛植,配置于庭院、公园等地,北方地区可盆栽。

繁殖:扦插或压条繁殖,极易成活。

其原种:

红花鸡蛋花(*P. rubra* L.):花冠深红色,花期3～9月。中国华南有栽培,但数量较少。

图2.227　'鸡蛋花'

2.8.47　厚壳树 *Ehretia thyrsiflora*（Sieb. et Zucc.）Nakai.（图2.228）

厚壳树科,厚壳树属。原产中国中部及西南地区。

图2.228　厚壳树

形态特征:落叶乔木,高达15 m,干皮灰黑色纵裂。枝黄褐色或赤褐色,无毛,有明显的皮孔,单叶互生,叶厚纸质,长椭圆形,长7～16 cm,宽3～8 cm,先端急尖,基部圆形,叶表沿脉散生白短毛,背面疏生黄褐毛,脉腋有簇毛,缘具浅细尖锯齿。叶柄短有纵沟,花两性,顶生或腋生圆锥花序,有疏毛,花小无柄,密集,花冠白色,有5裂片,雄蕊伸出花冠外,花萼钟状,绿色,5浅裂,缘具白毛,核果,近球形,橘红色,熟后黑褐色,径3～4 mm。花期4月,果熟7月。

生态习性:亚热带及温带树种,喜光也稍耐阴,喜温暖湿润的气候和深厚肥沃的土壤,耐寒,较耐瘠薄,根系发达,萌蘖性好,耐修剪。

观赏用途:枝叶繁茂,叶片绿薄,春季白花满枝,秋季红果遍树。由于具有一定的耐阴能力,可与其他的树种混栽,形成层次景观,为优良的园林绿化树种。

繁殖:播种和分蘖均易成活。

2.8.48　紫花泡桐 *Paulownia tomentosa*（Thunb.）Steud.（图2.229）

又名桐树、毛泡桐、绒毛泡桐。玄参科,泡桐属。原产中国,日本、朝鲜、欧洲和北美洲有引种。

形态特征:落叶乔木,高达15 m,树冠宽阔,广卵形或圆形。树皮灰褐色,平滑,有突起的皮孔,老时纵裂。小枝粗壮,中空,有明显皮孔,幼时密生黏质白色茸毛,后渐脱落。单叶对生,有时3叶轮生。叶大,卵形或长椭圆形,先端渐尖或锐尖,基部心脏形,全缘或3～5裂,叶表被长柔毛、腺毛及分枝毛,叶背密生具长柄的灰白色树枝状毛。圆锥状聚伞花序,大型,花蕾近圆形,密被黄色毛;花萼浅钟形,裂至中部或过中部,外面茸毛不脱落;花冠漏斗状钟形,鲜紫色或蓝紫色,长5～7 cm。蒴果卵圆形,长3～4 cm,宿萼不反卷。花期4～5月,果8～9月成熟。

生态习性:阳性,不耐庇阴。对温度的适应范围较宽。根近肉质,耐旱不耐涝。生长快速,在疏松深厚、排水良好的土壤上生长速度最快。不耐盐碱,树皮、小枝损伤后较难愈合。对二氧化硫、氯气、氟化氢、硝酸烟雾等有毒气体抗性较强。

观赏用途:紫花泡桐树冠宽阔、叶大阴浓,树姿优美,先叶而放的满树花朵色彩绚丽,美丽非凡,宜作庭阴树、行道树和四旁绿化树种。因有较强的净化空气和抗大气污染的能力,同时也是城市和工矿区绿化的好树种。

繁殖：以埋根繁殖为主，也可埋干、留根或播种繁殖。

同属观花植物：

白花泡桐(*P. fortunei*(Seem.)Hemsl.)：原产中国长江流域以南各省区。落叶乔木。树高可达 30 m，胸径达 2 m。幼枝、嫩叶被枝状毛和腺毛。叶心状长卵形，先端渐尖，全缘。圆锥状聚伞花序，花冠白色，外部稍带紫色，管状漏斗形；花萼浅裂。蒴果椭圆形，长 6～10 cm，果皮木质较厚。花期 3～4 月，果期 9～10 月(图 2.230)。

图 2.229　紫花泡桐

图 2.230　白花泡桐

2.8.49　梓树 *Catalpa ovata* Don.(图 2.231)

图 2.231　梓树

又名河楸、水桐、楸豇豆树、大叶梧桐、黄花楸。紫葳科，梓树属。原产中国，分布于长江流域及以北地区。

形态特征：落叶乔木，高 15～20 m。树冠倒卵形或椭圆形，树皮褐色或黄灰色，纵裂或有薄片剥落，嫩枝和叶柄被毛并有黏质。叶对生或轮生，广卵形或圆形，叶长宽几相等，叶上端常有3～5 小裂，叶背基部脉腋具 3～6 个紫色腺斑。圆锥花序。花冠淡黄色或黄白色，内有紫色斑点和 2 黄色条纹。蒴果细长，经久不落。种子扁平，两端生有丝状毛丛。花期 5～6 月，果熟期 8～9 月。

生态习性：喜光，稍耐阴，耐寒，适生于温带地区，在暖热气候下生长不良。深根性。喜深厚肥沃、湿润土壤，不耐干旱和瘠薄，能耐轻盐碱土。抗污染性较强。

观赏用途：梓树树体端正，冠幅开展，叶大阴浓，春夏黄花满树，秋冬蒴果悬挂，观赏价值较高。可作行道树、庭阴树以及工厂绿化树种。

繁殖：以播种为主。

同属观花植物：

楸树(*C. bungei* C. A. Ney.)：又名梓桐、金丝楸，原产中国黄河至长江流域各地。落叶乔木，高达 30 m。树冠狭长倒卵形。树干通直，树皮灰褐色、浅纵裂，小枝灰绿色、无毛。叶三角状的卵形，长 6～16 cm，先端渐长尖。总状花序伞房状排列，顶生；花冠近白色，内有紫红色斑点。蒴果长 26～45 cm。花期 5～6 月，果期 8～10 月(图 2.232)。

黄金树(*C. speciosa* Ward.)：又名美国楸树，原产美国中部。落叶乔木，高可达 30 m。树冠开展，树皮灰色，厚鳞片状开裂。单叶对生，叶宽卵形或卵状长圆形，表面光滑，背面有毛，长 15～34 cm，宽 11～30 cm，先端渐尖，基部心形或截形。圆锥花序顶生，花大，白色。蒴果长 9～50 cm，种子长圆形，扁平。花期 5～6 月，果期 9～10 月(图 2.233)。

图 2.232　楸树

图 2.233　黄金树

2.9　常见观花藤本

2.9.1　何首乌 *Polygonum multiflorum* Thunb. (图 2.234)

又名首乌、夜交藤、赤首乌。蓼科，蓼属。分布于中国华北、西北、西南一带。

形态特征：多年生草本，无毛。根细长，顶端有膨大的长椭圆形、肉质块根，皮黑色或黑紫色。茎缠绕或蔓生，长 3～4 m，中空，多分枝，基部木质化。叶片卵形，长 5～7 cm，宽 3～5 cm，顶端渐尖，基部心形，两面无毛；托叶鞘短筒状。花序圆锥状，长约 10 cm，大而开展；苞片卵状披针形；花小，白色，花被 5 深裂，裂片大小不等，结果时增大，外面 3 片肥厚，背部有翅；雄蕊 8，短于花被；花柱 3 裂。瘦果椭圆形，有 3 棱，黑色，平滑。花期 8～10 月，果期 10～11 月。

生态习性：喜阳，耐半阴，喜湿，畏涝，要求排水良好的土壤。十分耐寒。

观赏用途：何首乌蔓长枝多、花多，适应攀缘绿化，可于墙垣、叠石之旁栽植。

图 2.234　何首乌

繁殖：播种或扦插法繁殖。11 月采种，翌春 3 月播种，约 20d 出苗。扦插于 7～8 月进行。

2.9.2　大花铁线莲 *Clematis patens* Morr. et Decne. (图 2.235)

又名转子莲。毛茛科，铁线莲属。原产中国华北、东北等地，朝鲜、日本也有分布。

图 2.235　大花铁线莲

形态特征:多年生攀缘藤本,茎可达 4 m。小枝、叶柄密生短柔毛。羽状复叶对生,小叶 3~5 枚,纸质,叶缘锯齿状。花大,单生枝顶,具粗壮直立的花梗,花白色至淡黄色,花期 5~6 月。

生态习性:喜凉爽,耐寒,耐旱;喜肥沃,有机质丰富,排水良好的土壤。

观赏用途:花大美丽,是优良园林花卉,可用于布置花坛、花境、岩石园、假山、拱门等,也可作地被栽植。

繁殖:播种、扦插繁殖,大量生产可应用组培快速育苗。

同属观花植物有:

威灵仙(*C. chinensis* Osbeck.):原产中国长江流域以南各地。半常绿木质藤本。一回羽状复叶对生,小叶 3~5,狭卵形至三角状卵形,长 3~7 cm,宽 1.5~3.6 cm,先端钝或渐尖,基部楔形或圆形,全缘,上面沿脉有毛;叶柄长 4.5~6.5 cm。圆锥花序腋生或顶生;花被片 4,白色,外面边缘密生白色短柔毛。瘦果狭卵形而扁,疏生柔毛。花期 6~8 月,果期 9~10 月(图 2.236)。

山木通(*C. finetiana* Levl. et Vant.):原产中国长江流域及浙江、福建、广东、广西、云南、贵州等地。半常绿木质藤本,长达 4 m,无毛。叶对生,三出复叶;叶柄长 5~6 cm;小叶片薄革质,卵状披针形、狭卵形或披针形,长 3~13 cm,宽 1.5~5.5 cm,先端渐尖或锐尖,基部圆形或浅心形,全缘,两面无毛,脉在两面隆起,网脉明显。聚伞花序腋生或顶生,有 1~7 朵花,在叶腋处常有多数三角形宿存芽鳞,长 5~8 mm;苞片小,钻形,有时下部苞片为三角状披针形,顶端 3 裂;花两性,花梗长 2.5~5.0 cm,萼片 4,开展,狭椭圆形或披针形,长 1.0~1.8 cm,白色,外面边缘密生短绒毛;花瓣无;雄蕊多数,长约 1 cm,无毛,花药狭长圆形,药隔明显;心皮多数,被柔毛。瘦果狭卵形,稍弯,长约 5 mm,有柔毛,宿存花柱羽毛状,长达 3 cm。花期 4~6 月,果期 7~11 月(图 2.237)。

图 2.236　威灵仙

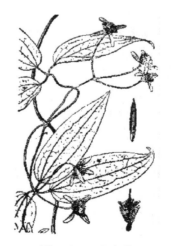

图 2.237　山木通

2.9.3 鹰爪枫 *Holboellia coriacea* **Diels.** (图 2.238)

又名三月藤、牵藤、破骨风、八月枦。木通科,八月瓜属。原产中国江苏、安徽、浙江、湖北、湖南、四川、贵州等地。

形态特征:常绿木质藤本,长 2～5 m。幼枝细柔,紫色,无毛。叶为掌状三出复叶;营养枝下部常为单叶,具 3～8 cm 长的粗柄,互生或簇生在短枝端上;小叶厚革质,椭圆形至矩圆状倒卵形,长 5～13 cm,宽 3.0～7.5 cm,先端尖锐,基部阔楔形,或近圆形,全缘,有光泽,无毛;上面中脉凹入,下面明显凸出,小叶柄长 1.5～3.5 cm,基部有关节。伞房花序腋生,有短梗或近于无梗,花单性,雌雄同株;花梗长 2～4 cm;萼片长椭圆形,长约 1 cm,先端钝圆;雄花白色,雄蕊 6,离生,花丝与花药近等长;雌花紫色。果实矩圆形,肉质,长 4～6 cm,紫色;种子多数,黑色,扁圆形。花期 4～5 月,果期 6～9 月。

图 2.238 鹰爪枫

生态习性:喜光,稍耐阴,耐湿,喜生于湿润的灌木丛中、路边、溪谷两旁及林缘。

观赏用途:花形奇特美丽,春冬观叶,夏秋观花观果。配植树木下、岩石间或叠石洞壑之旁,或缠绕于他物上,叶蔓纷披,野趣盎然。

繁殖:用播种或压条繁殖。

2.9.4 大血藤 *Sargentodoxa cuneata* (Oliv.) **Rehd. et Wils.** (图 2.239)

又名红皮藤、大活血、蕨心藤、红血藤、黄梗藤、五花七、千年健、红藤。木通科,大血藤属。原产中国秦岭、大别山以南至长江中下游各省。

图 2.239 大血藤

形态特征:落叶藤本。茎褐色,圆形,有条纹。三出复叶互生;叶柄长,上面有槽;中间小叶菱状卵形,长 7～12 cm,宽 3～7 cm,先端尖,基部楔形,全缘,有柄,两侧小叶较大,基部两侧不对称,几无柄。花单性,雌雄异株,总状花序腋生,下垂;雄花黄色,萼片 6,菱状圆形,雄蕊 6,花丝极短;雌花萼片、花瓣同雄花,有不育雄蕊 6,子房下位,1 室,胚珠 1。浆果肉质,有柄。种子卵形,黑色,有光泽。花期 5～7 月,果期 9～10 月。

生态习性:喜光,自然界中多生于海拔 250～2 000 m 的山谷疏林中。

观赏用途:其紫红色的枝、光亮的叶,下垂的花序,芳香的花及蓝色的果均富观赏价值。适于庭园中作棚架植物栽植。

繁殖:播种繁殖。

2.9.5 南五味子 *Kadsura longipedunculata* **Fin. et Gagn.** (图 2.240)

又名红木香,紫金藤。木兰科,南五味子属。原产中国江西、安徽、浙江、福建、广东、四川、

图 2.240　南五味子

湖北等地。

形态特征:常绿木质藤本。藤长 2.5～4.0 m。单叶互生,革质,稍厚而柔软,椭圆形或长椭圆形,长 5～9 cm,先端渐尖,基部楔形,常有透明腺点,表面暗绿色,背面淡紫色而有光泽;雌雄异株,花单生叶腋,花冠白色或淡黄色,具芳香,径 2～3 cm。聚合果球形,熟时深红色;小浆果倒卵形。每小浆果有种子 2～3,肾形或椭圆形。花期 6～7 月,果期 9～12 月。

生态习性:喜温暖湿润气候,不耐寒。

观赏用途:南五味子枝叶繁茂,夏有香花、秋有红果,是庭园和公园垂直绿化的良好树种。

繁殖:用播种或扦插繁殖。

2.9.6　北五味子 *Schisandra chinensis*（**Turcz.**）**Baill.**（图 2.241）

又名五味子。木兰科,北五味子属。原产中国东北及华北地区;朝鲜、日本也有分布。

形态特征:落叶藤木,长达 8 m。单叶互生,椭圆形至倒卵形,长 5～10 cm,先端尖,基部楔形,边缘疏生细齿,叶柄及叶脉红色,网脉在表面下凹,在背面凸起,背面中脉有毛;无托叶。花单性异株;花被片 6～9,乳白或粉红色,雄花具雄蕊 4～5(6),无花丝,花药聚生于圆柱状花托顶端。浆果球形,熟时深红色,聚合成下垂之穗状。花期 5～6 月,果 8～9 月成熟。

生态习性:喜光,稍耐阴,耐寒性强。喜肥沃湿润而排水良好的土壤,不耐干旱和低湿地。浅根性。

观赏用途:同南五味子。

繁殖:除种子繁殖外,主要靠地下横走茎繁殖。

图 2.241　北五味子

2.9.7　多花蔷薇 *Rosa multiflora* **Thunb.**（图 2.242）

图 2.242　多花蔷薇

又名蔷薇、野蔷薇。蔷薇科,蔷薇亚科,蔷薇属。原产中国华北、华东、华中、华南、西南等地,朝鲜、日本也有分布。

形态特征:落叶蔓性灌木,高达 2～3 m,茎枝具扁平皮刺,奇数羽状复叶互生,有小叶 5～9 枚,卵形或椭圆形,缘具锐齿,先端钝圆具小尖,基部宽楔形或圆形,叶表绿色有疏毛,叶背密被灰白茸毛,托叶下常有刺,花多朵,呈密集圆锥状伞房花序,单瓣或半重瓣,白色或略带粉晕,花径 2～3 cm,微有芳香,花柱伸出花托口外,与雄蕊近等长,蔷薇果球形,径约 6 mm,熟时褐红色,萼脱落。花期 4～5 月,果熟期 9～10 月。

生态习性:喜阳光充足环境,耐寒,耐干旱,不耐积水,怕干风,略耐阴。对土壤要求不严,以肥沃、疏松的微酸性土壤最好。

观赏用途:疏条纤枝,横斜披展,叶茂花繁,色香四溢,是良好的春季观花树种,适用于花架、长廊、粉墙、门侧、假山石壁的垂直绿化,对有毒气体的抗性强。

繁殖:常用分株、扦插和压条繁殖,春季、初夏和早秋均可进行。也可播种,可秋播或沙藏后春播,播后1~2个月发芽。

2.9.8　木香 *Rosa banksiae* Ait.(图 2.243)

又名木香藤。蔷薇科,蔷薇亚科,蔷薇属。原产中国西南部。

形态特征:为半常绿攀缘灌木。树皮红褐色,薄条状脱落。小枝绿色,近无皮刺。奇数羽状复叶,小叶 3~5 枚,椭圆状卵形,缘有细锯齿。伞形花序,花白或黄色,单瓣或重瓣,具浓香。花期 5~6 月。

变种与变型有:

重瓣白木香(var. *albo-plena* Rehd.)花白色,重瓣,芳香,3~15 朵排成伞形花序,也有花单生的。不结实。

黄木香(f. *lutescens* Voss.),又称黄木香花。花瓣黄色,香味较淡,单瓣。

生态习性:喜阳光,较耐寒,畏水湿,忌积水。要求肥沃、排水良好的沙质土壤。萌芽力强,耐修剪。

观赏用途:木香晚春至初夏开放,花开时繁茂壮观,花香四溢,园林中广泛用于花架、格墙、篱垣和崖壁的垂直绿化。

繁殖:多用压条或嫁接法;扦插虽可,但较难成活。

图 2.243　木香

2.9.9　含羞草 *Mimosa pudica* L.(图 2.244)

又名知羞草、怕羞草、见笑草、怕痒花。豆科,含羞草亚科,含羞属。原产南美热带地区,现在中国各地广泛栽培。

图 2.244　含羞草

形态特征:直立或蔓生或攀缘半灌木,高达 100 cm。叶互生,二回羽状复叶;总柄很长;基部膨大成叶枕,叶枕内充满水液,受外力碰触后,水液四处流失,羽片便纷纷下垂。头状花序长圆形,2~3 个生于叶腋;花淡红色;花萼钟状,有 8 个微小萼齿;花瓣 4 片;雄蕊 4 枚;子房无毛。荚果扁平,长 1.2~2.0 cm,宽约0.4 cm,边缘有刺毛,有 3~4 荚节,每荚节有 1 颗种子,成熟时节间脱落。花期 9 月。

生态习性:适应性强,喜温暖气候,不耐寒。在湿润的肥沃土壤中生长良好。

观赏用途:含羞草株形散落,粉红色头状花序,盛开时如烟一般,清新可人,羽叶纤细秀丽,其叶片一碰即闭合,给人以文弱清秀的印象,可地栽散植于庭院墙角。盆栽可置于窗口案几上。

繁殖:4月初播种繁殖。苗期生长缓慢,当苗高 7～8 cm 时,即可定植。

2.9.10　云实 *Caesalpinia sepiaria* Roxb.（图 2.245）

图 2.245　云实

又名牛王刺、水皂角。豆科,云实亚科,云实属。原产中国长江以南地区。

形态特征:落叶攀缘性灌木。干皮密生倒钩刺。裸芽叠生,枝、叶轴及花序密生灰色或褐色柔毛。复叶有羽片 3～10 对,小叶 7～15 对,长圆形,两端圆钝,两面有柔毛,后脱落。总状花序顶生,花黄色,最内一片有红色条纹。花期 4～5 月,果熟 9～10 月。

生态习性:阳性树种,喜光,耐半阴。喜温暖、湿润的环境,在肥沃、排水良好的微酸性壤土中生长为佳。耐修剪,适应性强,抗污染。

观赏用途:云实似藤非藤,别有风姿,花金黄色,繁盛,既可攀缘花架、花廊,也可修成刺篱作屏障,或孤植于山坡或草坪一角。

繁殖:播种繁殖。种子要用 80℃ 热水浸种 24 h 再播。

2.9.11　紫藤 *Wisteria sinensis* Sweet.（图 2.246）

又名朱藤、藤萝。豆科,蝶形花亚科,紫藤属。原产中国各省区,现国内外普遍栽培。

形态特征:落叶木质大藤本。树皮浅灰褐色,小枝淡褐色。叶痕灰色,稍凸出。奇数羽状复叶,小叶 7～13 枚,卵状披针形或卵形,先端突尖,基部广楔形或圆形,全缘,幼时密生白色短柔毛,后渐脱落。花蓝紫色,总状花序下垂,长 15～30 cm,有芳香。荚果扁平,长条形,密生银灰色茸毛,内有种子 1～5 枚。

常见的变种有:

白花紫藤（var. *alba* Lindl.）:又名银藤。花白色。花期 4 月,果熟期 9～10 月。

生态习性:性喜光,略耐阴。耐干旱,忌水湿。生长迅速,寿命长,深根性,适应能力强。耐瘠薄,一般土壤均能生长,而以排水良好、深厚、肥沃疏松的土壤生长最好。萌蘖力强。

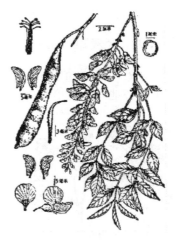

图 2.246　紫藤

观赏用途:紫藤老干盘错扭绕,宛若蛟龙,春天开花,形大色美,披垂下曳,最宜作棚架栽植,如作灌木状栽植于河边或假山旁,亦十分相宜。

繁殖:可用播种、分株、压条、扦插、嫁接等法繁殖。

2.9.12　鸡血藤 *Millettia reticulata* Benth.（图 2.247）

又名过江龙、血枫藤、猪血藤。豆科,蝶形花亚科,鸡血藤属。原产于中国广东、广西、云南等地。

形态特征:半常绿或落叶木质藤本。奇数羽状复叶,小叶宽椭圆形,7～9枚,卵形,长10～20 cm,宽7～15 cm,先端短尾状,基部圆形,上面有疏柔毛,下面脉腋间有黄色髯毛,侧生小叶基部偏斜;叶柄及小叶柄无毛;小托叶针状。圆锥花序腋生,大型,花多而密;序轴及总花梗被黄色短柔毛;花冠蝶形,紫色或玫瑰红色,肉质;荚果扁条形,长8～10 cm,有黄色茸毛。种子1枚,生于荚果顶部,紫褐色,线状长圆形。花期5～8月,果期10～11月。

生态习性:喜光,稍耐阴,有一定的耐寒性。耐干旱瘠薄,在深厚肥沃、排水良好的沙质土壤上生长旺盛,幼苗生长较慢。

观赏用途:本种枝叶青翠茂盛,紫红或玫红色的圆锥花序成串下垂,色彩艳美,适用于花廊、花架、建筑物墙面等的垂直绿化,也可配置于亭榭、山石旁。生性强健,亦可作地被覆盖荒坡、河堤岸及疏林下的裸地等,还可作盆景材料。

繁殖:播种、分株、扦插均可,栽植易成活。

图2.247　鸡血藤

2.9.13　香花崖豆藤 *Millettia dielsiana* Harms ex Diels.（图2.248）

又名山鸡血藤。豆科,蝶形花亚科,鸡血藤属。原产中国长江流域以南及甘肃、陕西等地。

图2.248　香花崖豆藤

形态特征:常绿攀缘状灌木。长2～6 m。根状茎与根粗壮,折断时均有红色汁液流出,横断面中央有一同心环圈,茎细如手指,小枝具细沟纹,被棕色短毛。单数羽状复叶互生,叶柄、叶轴被短柔毛,小叶3～5枚,小托叶刺毛状,小叶片长椭圆形。圆锥花序顶生,长达15 cm,密被黄棕色茸毛,花多数,排列紧密,花萼钟状,密被锈色毛,蝶形花冠红紫色,芳香,长1.2～2.0 cm,旗瓣白色,被毛。荚果条状披针形,近木质,长7～12 cm,光端有短喙,密被黄棕色短茸毛。种子长圆形,长约1.5 cm,紫棕色。花期7～8月,果熟期10～11月。

生态习性:生长在海拔500～1 400 m的山坡灌木丛中、岩石缝或沟边上。

观赏用途:香花崖豆藤枝叶繁茂,四季常青,夏日紫花串串,可令其攀缘棚架;也可就大树旁栽植,攀缘而上;于斜坡、岸边种植,枝蔓自如生长,宛如绿色地毯。

繁殖:播种、分株、扦插均可。

2.9.14　油麻藤 *Mucuna sempervirens* Hemsl.（图2.249）

又名常春油麻藤、过山龙、常春黎豆。豆科,蝶形花亚科,油麻藤属。原产中国浙江、四川、贵州、云南等省,日本也有分布。

形态特征:常绿木质藤本;粗达30 cm。茎棕色或黄棕色,粗糙;小枝纤细,淡绿色,光滑无毛。复叶互生,小叶3枚;顶端小叶卵形或长方卵形,长7～12 cm,宽5～7 cm,先端尖尾状,基

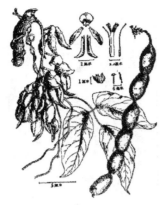

图 2.249　油麻藤

部阔楔形;两侧小叶长方卵形,先端尾尖,基部斜楔形或圆形,小叶均全缘,绿色无毛。总状花序,花大,下垂;花萼外被浓密茸毛,钟裂,裂片钝圆或尖锐;花冠深紫色或紫红色;雄蕊 10 枚,二体;子房有锈色长硬毛。荚果扁平,木质,密被金黄色粗毛,长 30～60 cm,宽 2.8～3.5 cm。种子扁,近圆形,棕色。花期 4～5 月。

生态习性:喜温暖、湿润环境。喜光、稍耐阴。性强健,抗性强,寿命长,耐干旱,宜生长于排水良好的腐殖质土中。

观赏用途:油麻藤绿翠层层,浓阴覆盖,开花时一串串花序宛如紫色宝石,瑰丽非凡,而且生长迅速,是棚架栽植的优良树种。

繁殖:播种繁殖。

2.9.15　葛藤 *Pueraria lobata*（Willd.）Ohwi.（图 2.250）

又名野葛、粉葛藤、甜葛藤、葛条。豆科,蝶形花亚科,葛属。原产中国、朝鲜、日本。

形态特征:木质大藤本,缠绕茎长达 10 m 以上,具肥厚块根,全株被黄褐色长硬毛。三出复叶,互生,顶生小叶菱状卵形,叶形对称,侧生小叶宽卵形,叶形不对称,基部偏斜,叶缘常波状或呈 2～3 裂;托叶盾形。花蝶形,花冠紫红色,多数集生为总状花序,腋生。荚果,长条形,扁平,长 5～10 cm,密被黄褐色长毛;种子圆形或长椭圆形。花期 7～9 月,果熟期 8～11 月。

图 2.250　葛藤

生态习性:较喜光,稍喜温暖潮湿,适应性强,能耐干旱瘠薄。对土壤要求不高,以沙壤土上生长为最好。

观赏用途:本种为一种分布广泛、适应性强的树种,很适合在各地用作攀缘绿化树种,尤其适于围墙绿化、编制绿篱和搭设庭院凉棚等。

繁殖:用播种、扦插或压条繁殖。

2.9.16　叶子花 *Bougainvillea spectabilis* Willd.（图 2.251）

图 2.251　叶子花

又名九重葛、三角花、宝巾花。紫茉莉科,叶子花属。原产巴西。

形态特征:常绿攀缘状灌木。枝具刺,拱形下垂。单叶互生,卵形或卵状披针形,全缘。花顶生,常 3 朵簇生于叶状苞片内,苞片卵圆形,紫红色,为主要观赏部位。叶子花花期较长,在南方一般花期为 10 月份至翌年的 6 月初。

生态习性:喜温暖湿润气候,不耐寒,在 3℃ 以上才可安全越冬,15℃ 以上方可开花。喜充足光照。对土壤要求不严,在排水良好、含矿物质丰富的黏重土壤中生长良好。耐贫瘠,耐碱,耐干旱,忌积水,耐修剪。

观赏用途：叶子花苞片大，色彩鲜艳如花，且持续时间长，宜庭园种植或盆栽观赏。还可作盆景、绿篱及修剪造型。

繁殖：多采用扦插、高压和嫁接法繁殖。扦插以 3～6 月为宜。高压繁殖约一个月生根。移栽以春季最佳。

2.9.17 南蛇藤 *Celastrus orbiculatus* Thunb.（图 2.252）

又名落霜红、霜红藤。卫矛科，南蛇藤属。原产中国，自东北至陕西、甘肃、四川、福建、广东均有分布。日本、朝鲜也有分布。

形态特征：落叶藤本，长达 12 m。单叶互生，近圆形或倒卵状椭圆形边缘有带圆锯齿。花杂性，黄绿色，聚伞花序顶生或腋生。蒴果球形，橙黄色，假种皮鲜红色。花期 5～6 月，果期 9～10 月。

生态习性：喜阳也稍耐阴，抗寒，抗旱。要求肥沃湿润而排水良好的土壤。

观赏用途：南蛇藤花黄绿色，星星点点，淡雅可爱，秋季叶片经霜变红或黄，蒴果裂开露出鲜红的假种皮。可以作棚架、墙垣、岩壁的攀缘绿化材料；如在溪河、池塘岸边种植，映成倒影，也很别致；若剪取成熟果枝瓶插，装点居室，也能满室生辉。

繁殖：播种、扦插或压条均可。播种可秋播，也可春播。

同属观赏植物有：

苦皮藤（*C. angulatus* Maxim.）：又名马断肠、苦树皮、老虎麻。原产中国。落叶藤本。小枝有 4～6 角棱，皮孔密而明显；冬芽卵球形，长 2～5 mm。叶大形，革质，宽卵形或近圆形，长 9～16 cm，宽 6～15 cm，顶端有短尾尖，边缘有圆钝齿；叶柄粗壮，长达 3.5 cm。聚伞状圆锥花序顶生，花梗粗壮，有棱；花黄绿色，直径约 5 mm。果序长达 20 mm，果梗粗短，蒴果黄色，近球形，直径达 1.2 cm；种子近椭圆形，长 3～5 mm，有红色假种皮。花期 5～6 月，果期 8～10 月（图 2.253）。

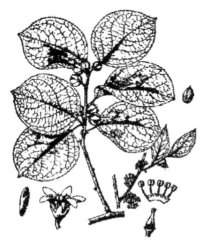

图 2.252 南蛇藤

图 2.253 苦皮藤

2.9.18　中华猕猴桃 *Actinidia chinensis* Planch.（图 2.254）

猕猴桃科,猕猴桃属。原产中国秦岭、大别山以南,南至华南北部,东至华东,西达四川。

图 2.254　中华猕猴桃

形态特征:落叶藤本。枝褐色,有柔毛,髓白色,层片状。叶近圆形或宽倒卵形,顶端钝圆或微凹,很少有小突尖,基部圆形至心形,边缘有芒状小齿,表面有疏毛,背面密生灰白色星状茸毛。花开时乳白色,后变黄色,单生或数朵生于叶腋。萼片 5 枚,有淡棕色柔毛;花瓣 5～6 片,有短爪;雄蕊多数,花药黄色;花柱丝状,多数。浆果卵形成长圆形,横径约 3 cm,密被黄棕色有分枝的长柔毛。花期 5～6 月,果熟期 8～10 月。

生态习性:喜光,稍耐阴;喜温暖,也有一定的耐寒能力,喜深厚、肥沃、湿润而排水良好的土壤。

观赏用途:中华猕猴桃花大而美丽,芳香怡人,是良好的棚架材料。

繁殖:常用播种法繁殖。

2.9.19　西番莲 *Passiflora coerulea* L.（图 2.255）

西番莲科,西番莲属。原产于澳大利亚、美国夏威夷及佛罗里达州、南非、肯尼亚、巴西等。

形态特征:多年生缠绕草本。茎细,长达 4 m 以上,有细毛,具单条卷须,着生于叶腋处。叶互生,掌状 3 或 5 深裂,长 6～10 cm,宽 9～15 cm,裂片披针形,先端尖,边缘有锯齿,基部心形;叶柄长 2～5 cm,先端近叶基处有 2 蜜腺。花单生叶腋,花梗长 5～7 cm;萼片 5 枚,矩形,先端圆,背有一突起;花瓣 5 片,淡红色,内部有细须,呈浓紫色或淡紫色;雄蕊 5 枚,花药能转动,状如时钟;子房上位。浆果椭圆形,成熟后黄色。花期秋季。

图 2.255　西番莲

生态习性:喜阳光充足、气候温暖、土壤肥沃、排水良好环境。不耐寒,忌积水。

观赏用途:西番莲枝蔓细长、花朵硕大、形状奇特、色彩艳丽。由于它花果俱美,既可观花,又可赏果,是一种非常适用于庭园栽植、观赏的藤本植物。

繁殖:播种或扦插繁殖。

2.9.20　裂叶牵牛 *Pharbitis nil*（L.）Choisy.（图 2.256）

又名牵牛、大花牵牛、朝颜。旋花科,牵牛属。原产亚洲和非洲热带,现世界各地多有栽培。

形态特征:一年生或多年生缠绕草本。茎长约 3 m,左旋,全株被粗硬毛。叶互生,近卵状心形。花腋生,花径 10~20 cm;花冠漏斗状,边缘常呈皱褶或波浪状。园艺品种众多,有平瓣、皱瓣、裂瓣、重瓣等类型;有白、红、蓝、紫、红褐、灰等花色深浅不同的品种,以及带色纹和镶白边的品种;有旱花品种,不具缠绕茎的矮生盆栽品种,以及白天整天开花的品种等。花期 6~10 月。

生态习性:喜温暖向阳环境,不耐寒,能耐干旱和瘠薄。在肥沃、湿润、排水良好的土壤中生长更好。为短日照植物,在 20℃ 条件下,经短日照处理,很快花芽分化而开花。

观赏用途:裂叶牵牛花大色艳,花色丰富,是夏、秋重要的蔓性花卉。适用于花架、篱垣,为庭院及居室的遮阴植物。也可盆栽或作地被种植。

繁殖培育:春播,播前最好先行浸种或刻伤种皮。发芽温度 15℃ 以上。

图 2.256 裂叶牵牛

2.9.21 羽叶茑萝 *Quamoclit pennata* **Bojer.** (图 2.257)

又名茑萝、游龙草。旋花科,茑萝属。原产美洲热带。

图 2.257 羽叶茑萝

形态特征:一年生蔓(缠绕)性草本,茎长达 6~7 m,光滑、柔弱。单叶互生,叶片羽状细裂,裂片线形、整齐;托叶与叶片同形。聚伞花序腋生,着花 1 至数朵,花小;径 1.5~2.0 cm,花萼 5 枚;花冠高脚碟状,边缘 5 裂,形似五角星,鲜红色。蒴果卵圆形,种子黑色。花期 7~10 月。

变种有:

白花茑萝(var. *alba*):花冠白色。

生态习性:喜阳光充足,喜温暖湿润的环境,不耐旱;不择土壤,适应性强。能自播。

观赏用途:翠绿的羽状叶似羽毛一般,婆娑可爱;缀以鲜红的小花,赏心悦目。是夏、秋季美化棚架、篱垣的良好材料,还可引蔓上架造型,点缀、装饰环境。

繁殖:播种法。

同属观花植物有:

圆叶茑萝(*Q. coccinea* Moench):别名橙红茑萝,多分枝,叶片卵形,基部心形,全缘有时在基部有浅齿或角裂,花冠橙红色,喉部带黄色,漏斗形,着花 3~6 朵,花径 1.2~1.8 cm(图 2.258)。

槭叶茑萝(*Q. sloteri* House):又名大花茑萝、掌叶茑萝,为羽叶茑萝与圆叶茑萝的杂交种。茎长约 4 m,光滑,叶片掌状分裂,裂片 7~15 枚长而锐尖。花冠漏斗状 1~3 朵,红色至深红色,花冠基部有白眼(图 2.259)。

图 2.258　圆叶莴萝

图 2.259　槭叶莴萝

2.9.22　打碗花 *Calystegia hederacea* Wall.（图 2.260）

又名小旋花、面根藤、狗儿蔓。旋花科，打碗花属。广布于全国各地，非洲和亚洲其他地区也有分布。

图 2.260　打碗花

形态特征：一年生蔓性草本。根茎略粗肥，径 4～8 mm。茎纤细，缠绕或匍匐。单叶互生；叶柄较叶片稍短；叶片戟形或 3 裂，长 3.5～8 cm，宽 1～3 cm，中裂片最大，侧裂片较短，并再作 2 浅裂，先端尖，全缘或带波状，基部心脏形。花腋生，单生，花梗较叶柄稍长；苞片 2 片，卵圆形，较大，包围花萼，宿存；花萼裂片长圆形，光滑；花冠漏斗状，长 2～4 cm，淡粉色至淡粉红色；雄蕊 5 枚，内藏；雌蕊 1 枚，子房 1 室，花柱单 1，柱头 2 裂。蒴果卵圆形，稍尖，光滑，有黑色种子 4 粒。花期 5～8 月，果期 8～10 月。

生态习性：喜阳光，喜湿润、肥沃、排水良好的土壤，常群生，出现单一的小片群落。

观赏用途：打碗花具蔓性茎，有攀缘能力，花形如喇叭状，花色素雅，将其栽植于不同造型的构架处，使之向上攀附，即可独立形成造型各异的小品景观。也可以模拟自然地形的起伏，形成开阔的原野风光。

繁殖：利用根茎的再生能力和播种方法进行繁殖。

2.9.23　凌霄 *Campsis grandiflora*（Thunb.）Loisel.（图 2.261）

又名紫葳。紫葳科，凌霄属。原产中国中部、东部等地；日本也有分布。

形态特征：落叶藤本。树皮灰褐色，呈细条状纵裂，嫩枝向阳面常紫红色，具有多数气生根。奇数羽状复叶，小叶对生，7～9 枚，卵形至卵状披针形，端渐尖，缘疏生 7～8 锯齿，叶两面光滑无毛。花较大，漏斗状钟形，外面橙红色，内面鲜红色，由 3 出聚伞花序集成顶生圆锥花序。蒴果,长如豆荚,先端钝,种子具薄翅。花期 6~8 月,果熟期 10 月。

生态习性:喜光,稍耐阴。喜温暖湿润气候,耐寒性稍差。耐旱,忌积水。喜排水良好、肥沃湿润的土壤。萌芽力、萌蘖力强。

观赏用途:凌霄生性强健,枝繁叶茂,入夏后朵朵红花缀于绿叶中次第开放,十分美丽,可植于假山等处,也是廊架绿化的上好植物。

繁殖:播种、扦插、埋根、压条、分蘖均可。通常以扦插和埋根育苗。扦插于春季 3 月下旬~4 月上旬的硬枝插或于 6~7 月软枝扦插,均易成活。埋根于落叶期进行,选根截成长 3~5 cm,直埋法即可。

图 2.261　凌霄

同属观花植物:

美国凌霄(*C. radicans*(L.)Seem.):原产北美。落叶藤本,小叶 9~13 枚,椭圆形至卵状长椭圆形,叶轴及叶背均生短柔毛,缘疏生 4~5 锯齿。花冠筒状漏斗形,较凌霄为小,通常外面橘红色。裂片鲜红色。蒴果筒状长圆形,先端尖。花期 6~8 月。

2.9.24　炮仗花 *Pyrostegia ignea* Presl.（图 2.262）

紫葳科,炮仗藤属。原产巴西,现世界各热带地区多有栽培。

图 2.262　炮仗花

形态特征:常绿大藤木。茎粗壮,有棱,小枝有纵槽纹。3 小叶复叶对生,卵形至卵状矩圆形,全缘,表面无毛,背面有腺体。圆锥聚伞花序顶生,下垂,有花 5~6 朵,花冠管状至漏斗状,橙红色,反卷。花期初春。

生态习性:喜光,喜温暖高温气候和酸性土壤。短期为 2~3℃ 低温,叶片稍有萎缩或部分脱落。

观赏用途:炮仗花花朵鲜艳,花序下垂,类似炮仗。华南园林中可用于低层建筑物墙面覆盖或供棚架、花廊、阳台等作垂直绿化材料。

繁殖:扦插或压条繁殖,扦插在春季或夏季进行,60~80 d 生根。压条也在春季进行,约一个月左右开始生根。

2.9.25　枸杞 *Lycium chinense* Mill.（图 2.263）

又名枸杞子、枸杞菜、狗牙子。茄科,枸杞属。广布于中国各省区,朝鲜半岛、日本、欧洲及北美也有栽培。

形态特征:落叶灌木。株高 1~2 m。枝细长,柔弱,常弯曲下垂,有棘刺。单叶互生或 2~4 朵簇生,卵形、卵状菱形或卵状披针形,全缘。花单生或 2~4 朵簇生于叶腋,花冠漏斗状,淡

图 2.263　枸杞

紫色。浆果卵形或长椭圆状卵形,长 1.0～1.5 cm,红色。花果期 6～11 月。

生态习性:喜光,喜晴燥而凉爽的气候和排水良好的沙质壤土;适应性强,耐寒,耐轻度盐碱,在黄土沟壑陡壁上也能生长;忌低洼湿地。

观赏用途:枸杞夏季盛花,花色淡紫色,略有淡香,令人赏心悦目,秋季红果缀满枝头,十分美丽,为园林中夏季观花、秋季观果之花木,可供草坪、斜坡及悬崖陡壁栽植,也可植作绿篱。

繁殖:播种法繁殖,于春季 3～4 月进行。也可用分株和扦插法繁殖。

2.9.26　金银花 *Lonicera japonica* Thunb.(图 2.264)

又名忍冬、忍冬花、金银藤。忍冬科,忍冬属。原产中国,辽宁以南、华北、华中、华东、西南各省都有分布。

形态特征:半常绿木质藤本植物。茎褐色,幼嫩枝条绿色,有毛。叶卵圆形,有短柄。苞片 2 片,卵形,叶状。花成对生于叶腋,子房下位。萼管短,顶端 5 裂;花二唇形,花冠长 3～4 cm,外有柔毛,上唇 4 齿裂,下唇反卷,花冠管略长于裂片。雄蕊 5 枚,雌蕊 1 枚,花丝、柱头均伸出于花冠外。花冠白色,有清香,花开 1～2d 后变黄,果实成熟时黑色。花期 4～6 月,果期 8～10 月。

图 2.264　金银花

生态习性:喜光也耐阴;耐寒;耐旱及水湿;对土壤要求不严,酸碱土壤均能生长。性强健,适应性强,根系发达,萌蘖力强,茎着地即能生根。

观赏用途:植株轻盈,藤蔓缠绕,冬叶微红,花美丽,先白后黄,富含清香,是色香俱备的藤本植物,可缠绕篱垣、花架、花廊等作垂直绿化;或附在山石上,植于沟边,爬于山坡,用作地被,也富有自然情趣。花期长,又值夏天开放,是庭园布置夏景的极好材料;植株体轻,是美化屋顶花园的好素材;老桩作盆景,姿态古雅。

繁殖:播种、分株、压条、扦插繁殖均可。

3 观叶植物

3.1 观叶植物的定义与分类

3.1.1 观叶植物的定义

观叶植物是指植物以叶片(叶形、叶色及株形)为主要观赏对象的植物。

观叶植物的种类繁多,习性各异,各自有着不同的生态要求。人工栽培成功的关键在于掌握各种观叶植物的生态习性,采取各种栽培技术来适应各种观叶植物的不同生态要求,以达到栽培的预期目标。但又有很多观叶植物具有相同或相似的生态习性,这就是某一类观叶植物的"共性",而对于观叶植物的个性和共性的分辨,主要是根据它们的原产地和分布地区适宜其生长发育的自然生态条件,比如温度、光照、湿度、降水量、土壤等,而正是这些条件时刻影响着观叶植物的生长发育。为了培育和应用好观叶植物,必须对观叶植物的生态习性、观赏特性、应用范围进行归纳、分类,以创造不同的生态环境,适应它们的生长发育。

3.1.2 观叶植物的分类

进行观叶植物的分类的方法很多,为了便于识别和应用,本书主要介绍两种分类方法,即按观叶植物与环境条件的关系分类及按观赏特性的分类。

3.1.2.1 按观叶植物与环境条件的关系分类

观叶植物的种类繁多,不同的气候带有许多各异的观叶植物种类,因此,由于原产地自然条件的不同,不同产地生长的观叶植物对环境条件的要求也不同,我们必须了解它们的基本生物学特性,创造植物所适应的温、光、水等气候条件及栽培基质、设施设备等外界条件,才能进行大面积商业生产,植物才能茁壮成长,体现出更大的商业价值。

(1) 按温度要求分

① 耐寒性观叶植物:0℃以下的低温能安全越冬的植物。它们原产于寒带和温带以北地区,包括两年生草本花卉、落叶阔叶及常绿针叶木本观赏植物。如白皮松、云杉、龙柏、海棠、紫藤、丁香、迎春、金银花、羽衣甘蓝、红叶甜菜等。

② 半耐寒性观叶植物:能耐 0℃的低温,0℃以下需保护才能安全越冬的植物。它们原产温带,其耐寒力介于耐寒性和不耐寒性观赏植物之间,如蒲葵、羊蹄甲、菩提树等。

③ 不耐寒性观叶植物:在北方不能露地越冬,10℃的环境条件才能安全越冬的植物。原产热带及亚热带地区。性喜高温,在华南和西南部可露地越冬,其他地区均需温室越冬,故又称温室植物。如南洋杉、橡皮树、文竹、富贵竹、散尾葵、绿萝、米兰、马拉巴栗(发财树)等。

(2) 按光照要求分

① 阴性观叶植物:阴性观叶植物是室内观赏的优良植物种类。因其原产地多在山涧峡谷林阴下,在阴暗的散射光条件下正常生长,在遇到强光照射时,植物会受到灼伤。如马拉巴栗、

龟背竹、文竹、蟆叶秋海棠等。

② 中性观叶植物:既喜阳又耐阴的中性观叶植物,多产于热带、亚热带高温、高湿而阳光没有北方大陆性气候那样强烈的环境条件下,所以在生产上应给予较强的光照条件。因其能够较长时间地适应弱光环境,也是室内观赏的优秀植物种类。如橡皮树、南洋杉、酒瓶兰等。

③ 阳性观叶植物:阳性观叶植物四季都需要较强的光照,才能保证植株的正常生长和观赏价值的体现,否则植株枝条细弱、叶片发黄、脱落,同时许多斑纹植物的园艺学性状不能正常体现和稳定,如变叶木(变叶木多彩鲜艳的色彩在较强的光照条件下才能形成)、金心(金边)大叶黄杨等。

(3)按水分要求分

① 耐旱观叶植物:耐旱观叶植物多原产于干旱半荒漠或土层薄的山坡上。植株叶片表面有很厚的蜡质,或叶片退化成针状,以减少植株植物体内水分的蒸发。植株多肉多浆,能储藏大量的水分。因而长时间的干旱也能适应。这类植物根系弱,呼吸旺盛,因而若土壤水分过多,通气不良,很容易烂根。如芦荟、仙人掌等。

② 半耐旱观叶植物:半耐旱的观叶植物大多具有肥胖的肉质根,对土壤的通气性要求较高,土壤中含水量太高,排水又不畅通,则根系易腐烂。如君子兰、苏铁、吊兰、文竹等植物。

③ 中性观叶植物:中性观叶植物需充足的水分供应,如果生长季节内水分供应不充分很快就会出现萎蔫现象,甚至脱叶。但是,在生产上这类植物也怕长时间积水,应创造土壤湿润又通气的条件,以满足植物生长的需要。如棕榈、棕竹、橡皮树、蒲葵、夏威夷椰子等。

3.1.2.2 按观叶植物的性状分类

(1)草本类观叶植物 此类植物包括一二年生及多年生草本植物。是植物造景中的主要地被植物及室内观叶植物。如红叶甜菜、地肤、酢浆草、马利筋、龟背竹、绿萝等。

(2)多浆类观叶植物 此类植物的茎叶肥厚多汁,具发达的贮水组织,统称为多肉多浆植物,多为室内观赏植物。如金琥、仙人掌、令箭荷花、燕子掌等。

(3)木本类观叶植物 指那些多年生的、茎部木质化的植物。它们是植物造景中的骨干材料,包括各种乔木、灌木、木质藤本。乔木的主干明显而直立,分枝繁茂,植株高大,分枝在距离地面较高处形成树冠,如松、杉、栎、杨、榆、榉、槐等;灌木则一般比较矮小,没有明显主干,近地面处枝干丛生,如卫矛、十大功劳等;木质藤本则茎干细长,不能直立,匍匐地面或利用不同附物而生长,如地锦、紫藤、凌霄、木香等。

(4)竹类观赏植物 竹类是园林植物中的特殊分支,种类多,观赏期长,如孝顺竹、佛肚竹、紫竹等。

(5)棕榈类观赏植物 棕榈植物独特的外形使其大部分种类都具有很高的观赏价值,在植物造景中体现热带风光的一类植物,被称为观赏棕榈。如棕榈、苏铁、蒲葵、加那利海枣、椰子等。

3.2 草本类观叶植物

3.2.1 翠云草 *Selaginella uncinata*(Desv.)Spring.(图 3.1)

又名蓝地柏、绿绒草。卷柏科,卷柏属。原产中国中部、西南和南部各省(区)。

形态特征:中型伏地蔓生蕨。主茎伏地蔓生,长约30～60 cm,禾秆色,有棱,分枝处常生不定根,叶卵形,短尖头,二列疏生。多回分叉。营养叶二型,背腹各二列,腹叶(中叶)长卵形,背叶矩圆形,全缘,向两侧平展。孢子囊穗四棱形;孢子叶卵状三角形,四列,呈覆瓦状排列,孢子囊卵形。孢子二形。

生态习性:喜温暖湿润的半阴环境,光线强会使其蓝绿色消失。多生于海拔40～1000 m处的林下阴湿岩石上,山坡或溪谷丛林中。生长适温为夜间10～15℃,白昼21～26℃。宜疏松透水且富含腐殖质土壤。

观赏用途:翠云草姿态秀丽,其羽叶细密,蓝绿色的荧光使人悦目赏心,在南方是极好的地被植物,也适于北方盆栽观赏,点缀书桌、矮几,或置于博古架上,十分可爱。在种植槽中成片栽植效果更佳,也是理想的兰花盆面覆盖材料。

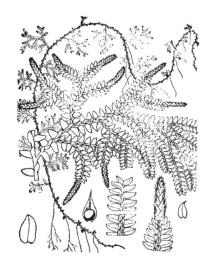

图 3.1 翠云草

繁殖:以分株繁殖为主,春季找出带不定根的茎段,栽于新盆中。也可用孢子繁殖。

3.2.2 金毛狗 *Cibotium barometz* (L.)J. Sm.(图 3.2)

又名金毛狗脊、黄毛狗、猴毛头。蚌壳蕨科,金毛狗属。分布在中国浙江、江西、湖南、福建、广东、广西、台湾、贵州、四川与云南南部。亚洲热带其他地区也有分布。

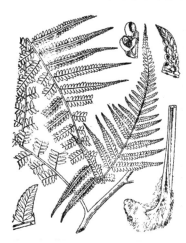

图 3.2 金毛狗

形态特征:大型植株树状,高达3 m。根状茎粗大直立,有密的金黄色长茸毛,状似金毛狗头,顶端有叶丛生。叶柄长可达120 cm;叶片革质,除小羽轴两面略有褐色短毛外,余皆无毛,阔卵状三角形,长宽几相等,3回羽裂,宽约3 mm,尖头,边缘有浅锯齿,侧脉单一,或在不育裂片上为二叉。孢子囊群生于小脉顶端,每裂片1～5对,囊群盖两瓣,形如蚌壳。

生态习性:多生于山麓阴湿的山沟或林下阴处的酸性土壤上。是热带、亚热带酸性土壤的指示植物。生长时喜散射光,生长适温为夜温10～15℃,昼温21～26℃。空气湿度宜保持在60%～80%,空气干燥会使叶片枯焦。土壤以疏松、透水的酸性土壤较佳。

观赏用途:金毛狗株形高大,叶姿优美,坚挺有力,叶片革质有光泽,四季常青,颇有南国风光情调。在庭院中适于作林下配置或在林阴处种植。可盆栽作为大型的室内观赏蕨类,特别是它长满金色茸毛的根状茎能制成精美的工艺品供观赏,可做成盆景,栩栩如生。

繁殖:以孢子繁殖为主。于夏季采集成熟孢子,播种,保持温度与湿度,1个月能发芽,长出原叶体。也可分株繁殖,生长期内均可进行。

3.2.3　肾蕨 *Nephrolepsis auriculata*（L.）Triman.（图 3.3）

又名蜈蚣草、圆羊齿、篦子草、石黄皮等。骨碎补科，肾蕨属。原产于热带亚热带地区,中国的福建、广东等南方诸省区都有野生分布。

图 3.3　肾蕨

形态特征:中型地生或附生蕨,株高一般 30～60 cm。根状茎有直立的主轴,主轴上长出匍匐茎,并从匍匐茎的短枝上长出圆形块茎。叶簇生,革质,光滑,无毛,叶片披针形,长 30～70 cm,宽 3～5 cm,一回羽状,羽片无柄,边缘有疏浅锯齿。孢子囊群着生于叶片小脉顶端,囊群盖肾形。

生态习性:喜温暖湿润,不耐强光。阴性,大多数种类可在散射光下生长良好。常见于溪边林中或岩石缝内或附生于树木上。不耐寒,冬季需 10℃以上。适宜生长于富含腐殖质、渗透性好的中性或微酸性疏松土壤中。

观赏用途:是目前国内外广泛应用的观赏蕨类。株形直立丛生,复叶深裂奇特,叶色浓绿且四季常青,形态自然潇洒,广泛地应用于客厅、办公室和卧室等处的美化布置;尤其用作吊盆式栽培更是别有情趣,可用来填补室内空间。

繁殖:常用分株和孢子繁殖。分株可全年进行,以梅雨季为好。将母株剥开,分开匍匐枝,每盆栽以 2～3 丛匍匐枝为宜。

3.2.4　铁线蕨 *Adiantum capillus-veneris* L.（图 3.4）

又名铁丝草。铁线蕨科,铁线蕨属。分布于中国长江以南各省区,向北到陕西、甘肃和河北。

形态特征:多年生常绿草本。株高 15～40 cm。根状茎横走,有淡棕色披针形鳞片。叶近生,薄草质,无毛;叶柄栗黑色,仅基部有鳞片;叶片卵状三角形,长 10～25 cm,宽 8～16 cm,中部以下 2 回羽状,小羽片斜扇形或斜方形,外缘浅裂至深裂,裂片狭,不育裂片顶端钝圆并有细锯齿。叶脉扇状分叉。孢子囊群生于由变质裂片顶部反折的囊群盖下面;囊群盖圆肾形至矩圆形,全缘。

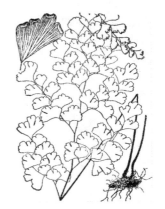

图 3.4　铁线蕨

生态习性:多野生在阴湿的沟边、溪旁和岩缝中。喜潮湿,空气湿度要相当大。喜半阴,怕强光直射。不耐寒,越冬温度不低于 5℃。要求土壤排水良好。喜肥,是钙质土指示植物。

观赏用途:其外形极为秀丽,它那轻薄扇形的叶片如缩小的银杏叶,纤细的茎秆轻摇曼舞,极富魅力,适宜陈设在较小的空间内,如室内走廊、门厅处。可盆栽,作悬吊欣赏,且观赏期更长。将其和山石盆景配植,也别有风韵。

繁殖:分株繁殖。初春季节是铁线蕨分株、移植、换盆的最佳时机。

3.2.5　巢蕨 *Neottopteris nidus* （L.）J. Sm.（图 3.5）

又名鸟巢蕨、山苏花。铁角蕨科,巢蕨属。分布于中国台湾、广东、广西和云南等地;亚洲热带其他地区也有分布。

形态特征:大中型附生蕨。株高 100～120 cm。根状茎短,顶部密生鳞片,鳞片条形,顶部纤维状分枝并卷曲。叶辐射状丛生于根状茎顶部,中空如鸟巢;叶柄长约 5 cm,近圆棒形,淡禾秆形,两侧无翅,基部有鳞片,向上光滑;叶片阔披针形,革质,长95～115 cm,中部宽 9～15 cm,两面滑润,锐尖头或渐尖头,全缘。叶脉两面稍隆起。孢子囊群狭条形,生于侧脉上侧,向叶边伸达 1/2,叶片下部不育;囊群盖条形,厚膜质,全缘,向上开。

生态习性:喜温暖阴湿环境,常附生于雨林或季雨林内树干上或林下岩石上。在高温多湿条件下,终年可以生长。不耐寒,冬季温度不得低于 5℃。怕强光直射。土壤以泥炭土或腐叶土最好。

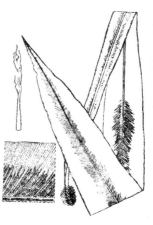

图 3.5　巢蕨

观赏用途:为较大型的阴生观叶植物。它株型丰满、叶色葱绿光亮,潇洒大方,野味浓郁,深受人们青睐。植于热带园林树木下或假山岩石上,可增添野趣。盆栽的小型植株用于布置明亮的客厅、会议室及书房、卧室,也显得小巧玲珑、端庄美丽。

繁殖:常用分株繁殖,以春末夏初最好,在母株旁挖取子株上盆即行。也可用孢子播种繁殖。

3.2.6　桫椤 *Cyathea spinulosa* Wall.（图 3.6）

又名树蕨。桫椤科,桫椤属。分布在热带、亚热带地区。原产于中国云南、四川、贵州、广东、广西和台湾等地。有"活化石"之称,为国家一级保护植物。

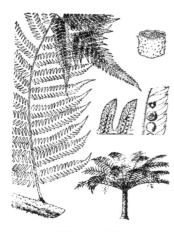

图 3.6　桫椤

形态特征:树形蕨类,主干高达 1～3 m。叶顶生;叶柄和叶轴粗壮,深棕色,有密刺。叶片大,纸质,长达 3 m,3 回羽裂,羽片矩圆形,长 30～50 cm,中部宽 13～20 cm,叶轴下面无毛,下部有疏刺;小羽片羽裂几达小羽轴;裂片披针形,短尖头,有疏锯齿,叶脉分叉。孢子囊小形群生于小脉分叉点上凸起的囊托上,囊群盖近圆球形,膜质,下位,成熟时裂开,压于囊群下或几消失。

生态习性:半阴性树种。喜温暖潮湿气候,喜生长在冲积土中或山谷溪边林下。适宜于透气透水好的肥沃酸性沙壤土。

观赏用途:桫椤树形美观,树冠犹如巨伞,茎苍叶秀,高大挺拔,称得上是一件艺术品,园艺观赏价值极高。

繁殖:孢子繁殖。

3.2.7　鹿角蕨 *Platycerium wallichii* Hook.（图3.7）

又名蝙蝠蕨、鹿角羊齿。水龙骨科,鹿角蕨属。原产云南西南部海拔210～950 m山地雨林中。缅甸、印度东北部、泰国也有分布。

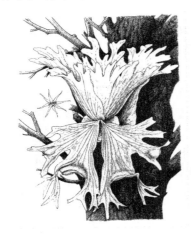

图3.7　鹿角蕨

形态特征:附生植物。根状茎肉质,短而横卧,密被鳞片;鳞片淡棕色或灰白色。叶2列,二型;基生不育叶宿存,厚革质,下部肉质,厚1 cm,长40 cm,先端截形,不整齐,3～5次叉裂,裂片近等长,圆钝或尖头,全缘。正常能育叶常成对生长,下垂,灰绿色,长25～70 cm。分裂成不等大的3枚主裂片。孢子囊散生于主裂片;孢子绿色。

生态习性:阴性,在散射光下生长良好。常附生于树干分枝上、树皮干裂处或生长于浅薄的腐叶土和石块上。喜温暖阴湿的自然环境,生长适温3～10月为16～21℃,冬季温度不低于10℃。喜肥沃疏松的微酸性土壤,忌干燥的土壤。

观赏用途:鹿角蕨是观赏蕨中姿态最奇特的一种,属于附生性观赏蕨,其孢子叶形似梅花鹿角,是室内观叶植物中珍贵稀有的精品。在欧美的公园、植物园、商店和居室等处装饰和布置十分流行。

繁殖:通常以分株繁殖为主,也可用孢子和组培繁殖。

3.2.8　虎耳草 *Saxifraga stolonifera* Meerb.（图3.8）

又名金钱吊芙蓉。虎耳草科,虎耳草属。原产于中国及日本、朝鲜。

形态特征:中小型阴生观叶植物。多年生草本,株高15～40 cm,植株基节部有垂吊细长的匍匐茎。全株密被短茸毛。叶片数枚,基生,近肾形,叶长3～6 cm,宽4～7 cm,叶缘具波浪状钝齿。叶表暗绿色,具灰白色网状脉纹,叶背紫红色。圆锥花序,花稀疏,花小,白色,不整齐,具紫斑或黄斑。花期4～5月。

生态习性:喜半阴、凉爽、空气湿度高、排水良好的环境。不耐高温干燥。在夏秋炎热季节休眠,入秋后恢复生长。

图3.8　虎耳草

观赏用途:虎耳草株型矮小,枝叶疏密有致,叶片淡雅美丽,是优良的室内观叶植物。可用于岩石园绿化,可植于岩石北面,以免阳光直晒。或盆栽供室内垂挂,任其匍匐下垂。

繁殖:常用分株繁殖。可随时剪取茎顶已生根的小苗移植,成长后再分盆定植。

3.2.9　蟆叶海棠 *Begonia rex* Putz.（图3.9）

又名王秋海棠、毛叶秋海棠。秋海棠科,秋海棠属。原产于热带亚热带温暖潮湿的森林中,常见于岩石缝隙等土层较薄但富含腐殖质的地方。

形态特征:多年生草本观叶植物,是秋海棠中的叶形较大的品种。其根状茎粗壮肥大,肉质厚,匍匐,节极短,叶和花茎均从根状茎的部位生出,在靠近地面处生长成簇,叶斜卵圆,长可达 40 cm,叶面深绿色,常具金属光泽,有不规则的银白色环带,叶背面紫红色,叶脉及叶柄上多毛。花淡红色,高出叶面,花期长。

生态习性:喜高温、高湿的环境。能耐半阴,忌烈日直射。耐寒性较差,冬季温室越冬,越冬温度不低于 10~12℃,最适生长温度 22~25℃,高温干燥的环境对其生长不利,超过 35℃,生长缓慢。

观赏用途:蟆叶海棠叶、花俱美,适宜盆栽布置室内半阴环境。

图 3.9　蟆叶海棠

繁殖:可分株、叶插、组培繁殖。分株宜在春季结合老株更新换盆时进行。叶插需剪取发育充分的叶片,沿中脉的中心分切数块,每块叶中心必须带有叶的主脉或支脉,经常保持湿润,20℃条件下很快发生不定根,并抽新芽。叶插可在整个生长季进行。

3.2.10　豆瓣绿 *Peperomia reflexa*（L. f.）A. Diert.（图 3.10）

又名椒草。胡椒科,椒草属。原产巴西。

图 3.10　豆瓣绿

形态特征:多年生草本。植株矮小,无主茎,高 20~25 cm。叶片丛生,近肉质,平滑无毛,倒卵形至卵形,先端尖,叶面灰绿色。穗状花序,灰白色。

生态习性:喜温暖湿润气候。忌直射光;宜在半阴处生长。生长适温为 25℃ 左右,越冬温度不应低于 10~15℃。要求疏松、肥沃和排水良好的土壤。

观赏用途:豆瓣绿叶型美,又具有一定的耐阴性,是近年来发展较快的一种室内观叶植物。适合盆栽于室内观赏,一些匍匐性种类可悬盆观赏。

繁殖:常用分株和叶插繁殖。分株宜于春、秋进行。5~6 月间叶插繁殖,采用全叶插,基质使用河沙,20~25℃ 条件下 15d 可生根。

3.2.11　花叶冷水花 *Pilea cadierei* Gagnep et Guill.（图 3.11）

又名白雪草。荨麻科,冷水花属。原产越南,中国南方各地多有栽培。

形态特征:多年生常绿草本或亚灌木。茎直立,高约 25 cm,多分枝,光滑。叶交互对生,卵状椭圆形,先端尖,叶脉间具银白色斑块,有光泽。花白色或具粉晕。

生态习性:性喜温暖、湿润气候。14℃ 以上开始生长,冬季室温不低于 6℃。较耐阴,应在明亮的散射光条件下栽培,在全部庇阴的环境下常常徒长,节间变长,容易倒伏,株形松散。对土壤要求不严,能耐弱碱。较耐水湿,不耐旱。

观赏用途:可用于室内盆栽或吊盆观赏,又是布置室

图 3.11　花叶冷水花

内花园的良好地栽观叶植物。在温暖地区也可作地被栽植。

繁殖:常用扦插和分株繁殖。扦插在春秋季节进行,2~3周即可生根,1~2月后即可移植或上盆。夏季高温季节不适于扦插,冬季扦插则生长较慢。分株繁殖可结合翻盆换土进行。

3.2.12 绿萝 *Scindapsus aureus* Engler. (图 3.12)

又名黄金葛、魔鬼藤。天南星科,绿萝属。原产印尼所罗群岛。

图 3.12 绿萝

形态特征:蔓性多年生常绿草本。茎叶肉质,以攀缘茎附于他物上,茎节有气根。叶广椭圆形蜡质暗绿色,有的镶嵌着金黄色不规则斑点或条纹。

常见的园艺品种有两个:一是'Marble Queen',绿叶初展时叶面染有白斑点,以后渐渐由白变绿色;另一是'Tricolor',绿色叶面有奶白、黄及灰绿三种颜色,花绿白色。

生态习性:喜温暖湿润的气候和间接光照或人工光照。光照时间以每天8~10h为宜。生长适宜温度夜晚为14~18℃,白天为21~27℃。如光照不足,叶面异色斑纹会稍褪。

观赏用途:常作水培植物,在清水中也能生长。需设立支柱,供其攀缘,使其悬垂于盆中,非常美丽。

繁殖:常用扦插繁殖。春末夏初剪取带顶芽嫩枝进行扦插,可用培养土直接盆栽,每盆3~5根,置于阴凉通风处,保持盆土湿润,一月左右即可生根发芽,当年就能长成具有观赏价值的植株。

3.2.13 彩叶草 *Coleus blumei* Benth. (图 3.13)

又名洋紫苏、锦紫苏。唇形科,鞘蕊花属。原产亚太热带地区,印度尼西亚爪哇,现世界各地广泛栽培。

形态特征:多年生草本,株高 30~50 cm,少分枝,茎四棱,茎基部木质化。老株呈亚灌木状,观赏价值低,故常作一二年生栽培。全株具毛。单叶对生,卵形,先端常渐尖,叶缘具粗牙齿。叶面绿色,具黄、红、紫等斑纹。总状花序顶生,花小,淡蓝或浅紫色。花期夏、秋。小坚果平滑有光泽。

生态习性:性喜温暖湿润,喜阳光充足,但夏季应略遮阴。不耐寒,越冬温度 10℃以上。土壤要求疏松肥沃、排水良好的沙质土壤。

观赏用途:彩叶草叶色丰富多彩,为优良的彩叶植物。常用于配置花坛,为制作模纹花坛的优良植物材料,也可盆栽用于室内观叶盆花。

繁殖:常用播种和扦插繁殖。播种繁殖可以保持品种的优良性状,于3月温室中进行。嫩枝扦插结合植株摘心和修剪进行,15 d 左右即可发根成活。

图 3.13 彩叶草

3.2.14 网纹草 *Fittonia verschaffeltii* var. *argyroneura* Nichols. (图 3.14)

又名费通花。爵床科,网纹草属。原产热带美洲地区。

形态特征:多年生常绿草本。株高 20～25 cm。茎直立,茎着地常生根,多分枝,分枝斜生,开展。叶对生,卵形,薄纸质,具光泽,叶长 5～8 cm,先端钝,全缘。叶面密布白色网状脉或具深凹的红色叶脉。花小,黄色微带绿色,生于叶腋,筒状,二唇形,有较大苞片,生于柱状花梗上。

生态习性:喜温暖,不耐寒,生长最适温度夜间为 15～20℃,白天 25～30℃。喜湿润,喜半阴,要求空气相对湿度 50%左右。忌强阳光直射。喜疏松肥沃、排水良好的石灰质土壤。

观赏用途:小型盆栽观叶植物,室内绿化常作悬吊植物栽培。

图 3.14 网纹草

繁殖:常用扦插繁殖。春、夏两季成活率最高,保持湿度,15～20 d 生根成苗。

3.2.15 亮丝草 *Aglaonema modestum* Schott(图 3.15)

又名粗肋草、广东万年青。天南星科,粗勒草属(亮丝草属)。原产于亚洲热带地区,分布于印度、马来西亚及非洲热带的多雨林区。

形态特征:中小型观叶植物。株高多在 60～100 cm。单叶全缘,长椭圆形或披针形,具鞘状长柄,叶绿色,常有银灰色或其他色彩的斑纹。

生态习性:喜高温、高湿。生长适温为 20～30℃,越冬温度为 10℃。喜半阴,耐阴性强。对土壤要求不严,但以透气、排水良好、疏松、富含腐殖质的肥沃土壤为佳。

观赏用途:亮丝草株形直立优美,茎叶茂密丰满,叶色斑斓多彩,作为中小型观叶植物栽植比较理想,多用于美化书房、客厅、卧室等。因其较耐阴,在房间内可长期摆放观赏。

图 3.15 亮丝草

繁殖:常用分株繁殖。春季结合换盆进行。植株从盆内托出,将茎基部的根茎切断,涂以草木灰以防腐烂,待切口干燥后再盆栽。

3.2.16 花叶芋 *Caladium bicolor* (Ait.) Vent. (图 3.16)

又名彩叶芋、五彩芋、二色芋。天南星科,花叶芋属。原产热带美洲的秘鲁及亚马孙河流域。

形态特征:多年生草本观叶植物。株高 30～50 cm。具地下块茎,扁圆形。叶片从土面下块茎上生出,呈盾状卵形至圆三角形,叶柄细长,叶片上有绿色、紫色、粉红色、白色等不同颜色的斑块、斑纹。

生态习性:喜高温、高湿环境。生长适温 22～30℃,低于 12℃时叶片就会发生枯萎。喜光照,但忌明亮的强光直射。喜疏松肥沃排水好的酸性土壤(pH 值 5.5～6.0)。

图 3.16 花叶芋

观赏用途：为小型盆栽观叶植物，其叶形秀丽，叶色绚烂多彩，是理想的室内观叶植物，适合于室内窗台、阳台、几案等绿化装饰。

繁殖：常用分球繁殖。春季开始萌芽时结合换盆，进行分株。

3.2.17　海芋 *Alocasia macrorrhiza* **Schott.** (图 3.17)

又名滴水观音。天南星科，海芋属。产于中国南部及西南部。

图 3.17　海芋

形态特征：多年生常绿草本。地上茎直立，株高可达 1.5 m，全株最高可达 5 m。根状茎粗壮，圆柱形，有节，常生不定芽，皮茶褐色，茎内多黏液。巨大的叶片呈盾形，螺旋状排列；叶柄粗大，长可达 1.5 m，下部 1/2 具鞘，基部连鞘宽 5～10 cm；叶片绿色革质，表面稍光亮，箭状卵形，边缘浅波状，长 50～90 cm，宽 40～80 cm，基部联合较短。佛焰苞黄绿色，舟状，管部席卷成长圆状卵形或卵形，长 3～5 cm，粗 4 cm。肉穗花序圆柱形，浆果亮红色，短卵状，假种皮红色。花期 4～7 月。当水分过多时，叶尖或叶缘向下滴水，故称滴水观音。

生态习性：喜高温和多湿。生长适温 28～30℃，最低温度为 15～20℃。夏天忌直射阳光。

观赏用途：中大型盆花，优良的室内观叶花卉，适宜作厅堂、会议室等室内装饰。

繁殖：用播种或分株繁殖。

3.2.18　龟背竹 *Monstera deliciosa* **Liebm.** (图 3.18)

又名电线兰、蓬莱蕉。天南星科，龟背竹属。原产墨西哥。

形态特征：常绿大型藤本。茎粗壮，绳状气根可长达 1～2 m，细柱形，褐色。嫩叶心形，无孔，长大后呈羽状深裂，各叶脉间有穿孔，革质，下垂。花茎多瘤，佛焰苞淡黄色，长可达 30 cm。花穗长 20～25 cm，乳白色。浆果球形，成熟后可食，味似菠萝。

生态习性：性喜温暖、半阴蔽、湿润。生长期间需要充足的水分和潮湿空气，以利枝叶生长、叶片鲜艳。不耐寒。忌夏季阳光直晒，盛夏不能放在阳光下直晒，否则易造成叶片枯焦、灼伤。要求土质肥沃、排水良好。

观赏用途：龟背竹攀缘性强，叶大多孔，佛焰苞大如灯罩，具热带景致，盆栽装饰厅堂、会场极为适宜。

图 3.18　龟背竹

繁殖：常用扦插繁殖。温室扦插四季进行。

3.2.19　春羽 *Philodendron selloum* **C. Koch.** (图 3.19)

又名羽裂喜林芋、羽裂树藤、小天使蔓绿绒。天南星科，喜林芋属。原产巴西。

形态特征：多年生常绿草本。茎粗壮直立而短缩，密生气根。叶聚生茎顶，大型，幼叶三角形，不裂或浅裂，后变为心形，基部楔形，羽状深裂，裂片有不规则缺刻，基部羽片较大，缺刻也多，厚革质，叶面光亮，深绿色。

生态习性:喜高温、高湿。稍耐寒,生长适温18~25℃,冬季能耐5~10℃低温。喜光,极耐阴。要求沙质土壤。生长缓慢。

观赏用途:优良的室内盆栽观叶植物,适合作室内厅堂摆设,特别适宜装饰音乐茶座、宾馆休息室,也可水养瓶中观叶。

繁殖:繁殖有分株或扦插法。一般生长健壮的植株,基部可萌生分蘗,待其生根以后,即可取下另行栽植。或将植株上部切下扦插成株,老株基部会萌发数个幼芽,这些幼芽即可用作繁殖。

图 3.19　春羽

3.2.20　吊竹梅 *Zebrina pendula* Sch.(图 3.20)

又名吊竹兰、白花吊竹草。鸭跖草科,吊竹梅属。原产墨西哥。

图 3.20　吊竹梅

形态特征:多年生常绿草本。全株稍肉质。茎多分枝,匍匐,疏生粗毛,接触地面后节处易生根。叶互生,具短柄,基部鞘状抱茎,狭卵圆形,端尖。叶半肉质,无叶柄,叶椭圆状卵形,顶端短尖,全缘,叶面绿色杂以银白色条纹或紫色条纹,叶背紫色。叶鞘被疏毛。花小,紫红色,数朵聚生于2片紫色叶状苞片内。花期5~9月。

生态习性:喜温暖,湿润。生长适温10~25℃,越冬温度5℃左右。忌干燥。喜半阴,光线过暗易徒长,叶无光泽。

观赏用途:暖地可供花坛、基础种植用。也可盆栽,吊盆观赏。

繁殖:常用扦插繁殖法。扦插时剪取健壮嫩枝数节插于湿沙中,成活容易。

3.2.21　吊兰 *Chlorophytum comosum* Jacques.(图 3.21)

又名挂兰、折鹤兰。百合科,吊兰属。原产南非,中国各地温室多有栽培。

形态特征:常绿宿根草本。根状茎短,具簇生的圆柱形肉质须根。叶条形至条状披针形,基部抱茎,较坚硬。花葶从叶腋抽出,弯垂,花后变成匍匐枝,顶部萌发出带气生根的新植株。总状花序单一或分枝,花白色。蒴果三棱状扁球形。花期春、夏间,冬天室内温度适宜也能开花。

图 3.21　吊兰

生态习性:喜温暖、半阴和空气湿润。温度在15~25℃之间生长迅速,冬季不低于5℃能安全越冬。夏季忌强光直射。适宜疏松、肥沃的沙质壤土。

观赏用途:吊兰是最为传统的居室垂挂植物之一。可在室内栽植供观赏、装饰用,也可以悬吊于窗前、墙上。

繁殖:常用分株繁殖。除冬季气温过低不适于分株外,其他季节均可进行。也可利用走茎上的小植株繁殖。

3.2.22 孔雀竹芋 *Calathea makoyana* E. Morr.（图 3.22）

图 3.22 孔雀竹芋

又名蓝花蕉、马克肖竹芋。竹芋科，肖竹芋属。原产巴西。

形态特征：多年生常绿草本。株高 50 cm。株形挺拔，密集丛生。叶簇生，卵形至长椭圆形，叶面乳白或橄榄绿色，在主脉两侧和深绿色叶缘间有大小相对、交互排列的浓绿色长圆形斑块及条纹，形似孔雀尾羽。叶背紫色，具同样斑纹。叶柄细长，深紫红色。

生态习性：喜温暖、湿润和阴凉的环境，生长适温为 20～35℃，越冬温度为 10℃。春、夏、秋三季应遮光 50%～70%。喜疏松、肥沃、排水良好、富含腐殖质的微酸性壤土，忌土壤黏重。

观赏用途：中小型盆花，优良的室内观叶植物。常用于装饰家庭、办公室、室内花园等场所。

繁殖：常用分株繁殖。

3.2.23 一叶兰 *Aspidistra elatior* Blume（图 3.23）

又名蜘蛛抱蛋。百合科，蜘蛛抱蛋属。原产中国海南岛和台湾。

形态特征：多年生常绿草本。具粗壮匍匐根状茎。株丛高约 70 cm。叶基生，长可达 70 cm，质硬，基部狭窄形成沟状长叶柄。花单生短梗上，紧附地面，径约 25 cm，乳黄至褐紫色，花期春季。

生态习性：性喜温暖、湿润气候，喜阴，忌直射阳光。适应性强，在空气较干燥的地方也能适应。耐贫瘠，在疏松、肥沃、排水良好的沙质土壤中生长良好。

观赏用途：一叶兰叶片挺拔、浓绿、光亮，又极耐阴，华南地区可用于花坛、林下地被或丛植，是极优良的室内盆栽观叶植物，还可作切叶用于插花中。

繁殖：常采用分株繁殖。在春季新叶未萌发时结合换盆进行。栽时注意扶正叶片，种时深度以地下茎上略覆层土即可，以便新叶萌发。

图 3.23 一叶兰

3.3 多浆类观叶植物

植物的茎、叶具有发达的贮水组织，呈现肥厚多浆的变态状植物统称为多浆植物。这一类植物生态特殊，种类繁多，体态奇特，花色艳丽，颇具趣味性，具有很高的观赏价值。

多浆植物通常包括仙人掌科、番杏科、景天科、大戟科、菊科、百合科、龙舌兰科、萝藦科、凤梨科、马齿苋科、鸭跖草科、酢浆草科、牻牛儿苗科、葫芦科等植物。仅仙人掌科植物就有 140 余属、2 000 种以上。为了栽培管理及分类上的方便，常将仙人掌科植物另列一类，称仙人掌类；而将仙人掌科之外的其他科多浆植物（约 55 科），称为多浆植物。有时两者通称为多浆植物。仙人掌类原产南、北美热带、亚热带大陆及附近一些岛屿,部分生长在森林中;而多浆植物多数原产南非,仅少数分布在其他洲的热带和亚热带地区。

3.3.1　仙人掌及多浆植物的分类

3.3.1.1　依植物的形态分类

(1) 叶多浆植物　贮水组织主要分布在叶片器官内,叶形变异极大。从形态上看叶片为主体,茎器官处于次要位置,如石莲花、芦荟等。

(2) 茎多浆植物　贮水组织主要在茎器官内。从形态上看茎占主体,而且变异较大,并代替叶片进行光合作用;叶片退化或脱落,如仙人掌、鼠尾掌等。

3.3.1.2　依产地及生态环境分类

(1) 原产热带、亚热带干旱地区或沙漠地带　在土壤及空气极为干旱的条件下,借助于茎、叶的贮水能力而生存,如金琥、龙爪球等。

(2) 原产热带、亚热带的高山干旱地区　植物的叶片多呈现莲座状或密被蜡层及茸毛。

(3) 原产热带森林中　这类植物附生于树干及岩石上,如量天尺、昙花等。

3.3.2　仙人掌及多浆植物的习性

3.3.2.1　生长期和休眠期明显

大部分仙人掌科植物原产南北美热带地区,为了适应当地明显的雨季及旱季,形成了生长期和休眠期交替的习性。在雨季吸收大量的水分,迅速地生长、开花、结果,休眠期借助贮存的水分维持生命。

3.3.2.2　耐旱性极强

长期生活在干旱环境条件下,多浆植物产生了许多适应的对策。如叶片退化、变小,茎干及叶被毛,表面角质化或被蜡层等,防止水分过度蒸腾;茎叶的肉质化,贮存生长所需的水分。

3.3.2.3　传宗与接代方式

仙人掌科及多浆类植物大体来说,开花年龄与植株大小存在一定相关性。一般较巨大型的种类,达到开花年龄较长;矮生、小型种类,达到开花年龄也较短。一般种类在播种后 3~4 年就可开花;有的种类到开花年龄需要 20~30 年或更长的时间。如原产北美的金琥,一般在播种 30 年后才开花。在某些栽培条件下,有不少种类不易开花,这与室内阳光不充足有较大关系。

仙人掌及多浆类植物在原产地是借助昆虫、蜂鸟等进行传粉而结实的,其中大部分种类都是自花授粉不结实的。在室内栽培中,应进行人工辅助授粉,才易于获得种子。

3.3.3　仙人掌及多浆植物的观赏特性及用途

仙人掌及多浆植物种类繁多,趣味横生,具有很高的观赏特性,主要表现在:

3.3.3.1　棱形各异,条数不同

这些棱肋均突出于肉质茎的表面,有上下竖向贯通的,也有呈螺旋状排列的,有锐形、钝形、瘤状、螺旋棱、锯齿状等 10 多种形状;条数多少也不同,如昙花属、令箭荷花属只有 2 条棱,量天尺属有 3 条棱,金琥属有 5~20 条棱。这些棱形状各异,壮观可赏。

3.3.3.2　刺形多变

仙人掌及多浆类植物,通常在变态茎上着生刺座(刺窝),其刺座的大小及排列方式也依种

类不同而有变化。刺座上除着生刺、毛外,有时也着生仔球、茎节或花朵。依刺的形状可区分为刚毛状刺、毛鬃状刺、针状刺、钩状刺、栉齿状刺、麻丝状刺、舌状刺、顶冠刺、突锥状刺等。这些刺,刺形多变,刚直有力,也是鉴赏方面之一。如金琥的大针状刺呈放射状,金黄色,7～9枚,使球体显得格外壮观。

3.3.3.3　花的色彩、位置及形态各异

仙人掌及多浆类植物花色艳丽,以白、黄、红等色为多,而且多数花朵不仅有金属光泽,重瓣性也较强,一些种类夜间开花,花白色还有芳香。从花朵着生的位置来看,分侧生花、顶生花、沟生花等。花的形态变化也很丰富,如漏斗状、管状、钟状、双套状花以及辐射状和左右对称状花均有。因此不仅无花时体态诱人,花期时更加艳丽。

3.3.3.4　体态奇特

多数种类都具有特异的变态茎,扁形、圆形、多角形等。此外,像山影拳的茎生长发育不规则,棱数也不定,棱的发育前后不一,全体呈溶岩堆积姿态,清奇而古雅。又如生石花的茎为球状,外形很似卵石,虽是对旱季的一种"拟态"适应性,却是人们观赏的奇品。仙人掌及多浆类植物在园林中应用也较广泛。由于这类植物种类繁多、趣味性强,具有较高的观赏价值,因此一些国家常以这类植物为主体而辟专类花园,向人们普及科学知识,使人们享受到沙漠植物景观的乐趣。如南美洲一些国家及墨西哥均有仙人掌专类园;日本位于伊豆山区的多浆植物园有各种旱生植物1 000余种;中国台湾省的农村仙人掌园也拥有1 000种,其中适于在台湾生长的达400余种。

3.3.3.5　露地栽培

不少种类也常作篱垣应用。如霸王鞭,高可达1～2 m,云南傣族人民常将它栽于竹楼前做高篱。原产南非的龙舌兰,在中国广东、广西、云南等省(区)生长良好,多种在临公路的田埂上,不仅有防范作用,还兼有护坡之效。此外,在广东、广西及福建一带的村舍中,也常栽植仙人掌、量天尺等,用于墙垣防范。

园林中常把一些矮小的多浆植物用于岩石园、地被、花坛等的布置中。如景天科的垂盆草、佛甲草、八宝景天不但是优良的岩生花卉,而且可用于花坛、花境的布置,并能做地被植物。台湾省一些城市将松叶牡丹栽进安全绿岛,使园林更加增色。

此外,不少仙人掌及多浆植物都有药用及经济价值,或食用果实、制成酒类、饮料等。

3.3.4　常见的仙人掌及多浆植物

3.3.4.1　金琥 *Echinocactus grusonii* Hildm.(图3.24)

又名象牙球。仙人掌科,金琥属。原产墨西哥中部沙漠地区。

形态特征:多年生肉质植物。茎圆球形,单生或成丛。棱约20条,沟宽而深,峰较狭,刺座很大,密生硬刺,金黄色。球顶密被黄色绵毛。花着生于茎顶,常4～6 cm,外瓣的内侧带褐色,内瓣黄色。花期5～6月。

生态习性:喜温暖干燥和阳光充足环境,过于阴蔽球体会变长、刺色暗淡影响观赏价值,但在夏季温度过高时须稍加遮阴,阳光直射会灼伤球体。不耐寒,生长最适温度为20～25℃。冬季应保持在5℃以上。耐干旱,怕积涝。土壤宜肥沃、含石灰质

图3.24　金琥

的沙质壤土。生长迅速,30年生母球才能结种。

观赏用途:金琥球体大,形状美,开花鲜艳,其寿命可达数百年,若用大型盆栽,点缀商场、宾馆等公共场所,十分壮观。家庭室内观赏可用幼苗装饰,同样珍奇诱人。

繁殖:常用播种繁殖。

3.3.4.2 昙花 *Epiphyllum oxypetalum* (DC.) Haw. (图3.25)

又名昙华、月下美人、琼花。仙人掌科,昙花属。原产墨西哥。

形态特征:附生仙人掌类。无刺。主茎圆柱形,分枝扁平,绿色,无叶。花大型,生于叶状枝的边缘,花萼筒状,红色,花白色,重瓣。花期夏季,晚8～9时开放。

生态习性:喜温暖、湿润、半阴的环境。早春、晚秋要求阳光充足。夏季需通风凉爽,忌强光暴晒,冬季越冬温度不低于5℃。要求含丰富腐殖质的沙壤土。花晚间开放,约经7h凋谢。

观赏用途:常作盆花栽培观赏。在南方可地栽,满展于架,花开时节,犹如大片飞雪,甚为奇景。

繁殖:扦插或播种繁殖。

图3.25 昙花

3.3.4.3 山影拳 *Piptanthocereus peruvianus* var. *monstrous* DC. (图3.26)

又名仙人山、山影、山影掌。仙人掌科,山影拳属或天轮柱属。原产于西印度群岛、南美洲北部及阿根廷东部。

形态特征:茎暗绿色,肥厚,分枝多,无叶片,直立或长短不一。茎有纵棱或钝棱角,被有短茸毛和刺,堆叠式地成簇生于柱状肉质茎上。植株的生长锥分布不规律,整个植株在外形上肋棱交错,生长参差不齐,呈岩石状。

生态习性:性强健,喜温暖,稍耐寒。喜阳光充足,耐半阴。宜通风良好的环境。要求排水良好、肥沃的沙壤土,土壤潮湿、光线弱、肥水充足易烂根或使其徒长变形,出现返祖现象,失去观赏价值。

观赏用途:盆栽观赏,其形态似山非山,似石非石,终年翠绿,生机勃勃,犹如一盆别具一格的"山石盆景"。

繁殖:常用扦插繁殖。全年都可进行,以在4～5月为好。

图3.26 山影拳

3.3.4.4 仙人球 *Echinopsis tubiflora* Zucc. (图3.27)

又名刺球、雪球。仙人掌科,仙人球属。原产于阿根廷及巴西南部的干旱草原。

形态特征:茎球形或椭圆形,高20cm左右,绿色,肉质,有纵棱12～14条,棱上有纵生的针刺10～15枚,直硬,黄色或暗黄色。花长喇叭状,长20cm以上,清香,花筒外被鳞片,鳞腋有长毛。

生态习性:性强健,要求阳光充足,耐旱。生长过程要求阳光充足,宁干勿湿。喜温暖,室温在5℃以上安全越冬。喜排水、透气良好的沙壤土。

观赏用途:常见室内盆栽花卉,可地栽布置专类园。

繁殖:扦插或嫁接繁殖。温室扦插四季进行。嫁接常5～6月和8～

图3.27 仙人球

9 月进行,砧木常采用三棱箭。

3.3.4.5　令箭荷花 *Nopalxochia ackermannii* Kunth.(图 3.28)

又名红花孔雀、孔雀仙人掌。仙人掌科,令箭荷花属。原产于墨西哥及玻利维亚。

形态特征:茎多分枝,灌木状。全株鲜绿色。叶状枝扁平,较窄,披针形,基部细圆呈柄状,缘具波状粗齿,齿凹处有刺。嫩枝边缘为紫红色,基部疏生毛。花生于刺丛间,漏斗形,玫瑰红色。花期 4 月,单朵花仅开 1~2 天。

生态习性:喜温暖、湿润,不耐寒,喜阳光充足。冬季温室养护,室温 10~15℃。宜含有机质丰富的肥沃、疏松、排水良好的微酸性土壤。

观赏用途:令箭荷花花大色艳,常用于装饰阳台、窗台盆花。

繁殖:常用扦插繁殖。花后扦插,置于半阴凉处,30 d 生根成活,2~3 年可孕蕾开花。

图 3.28　令箭荷花

3.3.4.6　仙人掌 *Opuntia ficus-indica* Mill.(图 3.29)

又名霸王树、仙巴掌、仙桃、火掌。仙人掌科,仙人掌属。原产美洲热带。在中国海南岛西部近海处也有野生仙人掌分布。

形态特征:植株丛生成大灌木状。茎下部木质,圆柱形。茎节扁平,椭圆形,肥厚多肉,刺座内密生黄色刺,幼茎鲜绿色,老茎灰绿色。花单生茎节上部,短漏斗形,鲜黄色。浆果暗红色,汁多味甜,可食,故又有"仙桃"之称。

生态习性:性强健,喜温暖,耐寒,喜阳光充足。耐旱,忌涝。不择土壤,以富含腐殖质的沙壤土为宜。

观赏用途:常见室内盆花,地栽与山石配置,可构成热带沙漠景观。中国南方可露地栽植用于环境绿化。

繁殖:扦插繁殖为主。

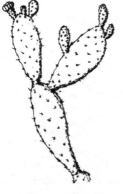

图 3.29　仙人掌

3.3.4.7　蟹爪兰 *Zygocactus truncactus* K. Schum.(图 3.30)

又名蟹爪、蟹爪莲、仙人花。仙人掌科,蟹爪属。原产巴西东部热带森林中。

形态特征:茎多分枝,扑散下垂。茎节扁平,倒卵形,先端截形,边缘具 2~4 对尖锯齿,如蟹钳。花生茎节顶端,着花密集,花冠漏斗形,紫红色,花瓣数轮,愈向内侧管部愈长,上部反卷。花期 11~12 月。

生态习性:喜温暖、湿润,不耐寒,喜半阴。宜疏松、透气、富含腐殖质的土壤。

观赏用途:常见温室盆花,常用于室内阳台、窗台装饰,最适吊盆观赏。

繁殖:扦插或嫁接繁殖。以春、秋季扦插为宜,温室扦插可全

图 3.30　蟹爪兰

年进行。嫁接宜选用耐寒且生长健壮的仙人掌、量天尺为砧木。

3.3.4.8　仙人指 *Schlumbergera russellianus* Britton et Rose.（图 3.31）

又名仙人枝。仙人掌科,仙人指属。原产巴西。

形态特征:形态上与蟹爪兰类似,区别在于:绿色茎节上常晕紫色,茎节较短,边缘浅波状,先端钝圆,顶部平截。花冠整齐,筒状,着花较少,花期较蟹爪兰晚,约 3～4 月。

生态习性:喜温暖、湿润,不耐寒,喜半阴。宜疏松、透气、富含腐殖质的土壤。

观赏用途:常见温室盆花,常用于室内阳台、窗台装饰。

繁殖:同蟹爪兰。

图 3.31　仙人指

3.3.4.9　量天尺 *Hylocereus undatus* Br. et. R.（图 3.32）

又名三棱箭。仙人掌科,量天尺属。原产中美洲及附近岛屿,中国华南地区村舍宅旁也有种植。

图 3.32　量天尺

形态特征:附生至半附生仙人掌类。茎三棱柱形,多浆,分枝多,边缘波浪状。具气生根。花大型,白色,长达 30 cm。花期夏季,晚间开放。

生态习性:喜温暖湿润气候,越冬温度保持 8℃以上。耐半阴。生长势强,生长迅速,于其他仙人掌植物嫁接亲和力强。土壤以富含腐殖质的沙壤土为宜。

观赏用途:温暖地区可作篱笆植物,盆栽可作其他仙人掌植物的砧木。

繁殖:常用扦插繁殖。在温室内一年四季均可进行,但以春、夏季为最好,插后约一个月生根。

3.3.4.10　石莲花 *Echeveria glauca* Bak.（图 3.33）

又名宝石花。景天科,石莲花属。原产墨西哥。

形态特征:多年生草本。茎短,具匍匐枝。叶呈莲座状,倒卵形,肥厚多汁,淡绿色,表面有白粉。总状聚伞花序,花淡红色。花期 4～6 月,只开花不结实。

生态习性:喜光,喜温暖干燥,不耐寒,冬季温度保持 5℃以上,怕积水,要求土壤肥沃、排水良好。

观赏用途:叶片肥厚如翠玉,排成莲座状,四季青翠,姿态秀丽,形似池中莲花,是常见的观赏植物。石莲花盆栽可用于装饰窗台、阳台,也常用来配置多浆植物栽植组合盆景,别具一格。

图 3.33　石莲花

繁殖:常用扦插繁殖。温室扦插,四季均可进行,8～10 月最佳,生根快,成活率高。插穗可用单叶、蘖枝或顶枝进行扦插。

3.3.4.11　虎刺梅 *Euphorbia milii* Desmoul.（图 3.34）

又名铁海棠。大戟科,大戟属。原产非洲马达加斯加岛。

图 3.34　虎刺梅

形态特征:灌木,高 2 m 左右,分枝多,植物体具有白色乳汁。茎有棱沟线,具深褐色刺。单叶,生于新枝顶端,倒卵形,叶面光滑绿色。花有柄,苞片红色。花期 10 月至翌年 5 月。

生态习性:喜温暖湿润和阳光充足环境。耐高温,不耐寒。冬季温度不低于 2℃,如果冬季室温在 15℃以上,可继续开花。要求疏松、排水良好的腐叶土。

观赏用途:为常见的盆栽观叶花卉,多于室内装饰,点缀窗台、案头,为家庭盆栽观叶的佳品。虎刺梅幼茎柔软,常用来帮扎孔雀等造型,成为宾馆、商场等公共场所摆设的精品。

繁殖:常用扦插繁殖。扦插 5～6 月进行最好,成活率高。

3.3.4.12　龙舌兰 *Agave americana* L.(图 3.35)

又名番麻。龙舌兰科,龙舌兰属。原产墨西哥。

形态特征:多年生常绿植物。茎短。叶基生,肉质,披针形,叶缘具刺状锯齿。圆锥花序顶生,着生多数小花,花淡黄色。花期 5～6 月。

生态习性:喜温暖干燥和阳光充足环境,稍耐寒,耐旱。要求土壤排水良好、肥沃。龙舌兰科多在 10 年左右开花,为一次开花植物。

观赏用途:龙舌兰叶片坚挺,叶形美观大方。四季常青,常用于盆栽或花槽观赏。适用于布置小庭园和厅堂,以及花坛中心、草坪一角,能增添热带景色。

繁殖:常用分株和播种繁殖。分株 4 月换盆时进行。

图 3.35　龙舌兰

3.3.4.13　松叶菊 *Mesembryanthemum spectabile* Haw.(图 3.36)

又名龙须海棠。番杏科,松叶菊属。原产非洲南部。

图 3.36　松叶菊

形态特征:多年生常绿草本。株高 30 cm。茎匍匐,分枝多,红褐色。叶对生,肉质多三棱,挺直像松叶。花单生叶腋,形似菊花,色彩艳丽。花期 4～5 月。

生态习性:喜温暖干燥、阳光充足的环境,不耐寒,越冬温度不可低于 10℃。不耐高温,夏季植株半休眠,应遮阴、通风。耐干旱,怕水涝,要求肥沃的沙壤土。

观赏用途:松叶菊茎叶繁茂,花色艳丽,是极好的盆栽观赏植物。可用于点缀阳台或窗外,亦可在室外的花坛、花槽和坡地成片布置,景观效果极佳。

繁殖:播种和扦插繁殖。

3.3.4.14　条纹十二卷 *Haworthia fascicata*（Willd.）Haw.（图 3.37）

又名雉鸡尾、锦尾鸡。百合科，蛇尾兰属。原产非洲南部。

形态特征：多年生肉质草本。无茎，基部抽芽，群生。叶三角状披针形，先端细尖呈剑形，深绿色，背面横生整齐白色瘤状突起。花序总状，小花绿白色。

生态习性：喜温暖干燥、阳光充足的环境条件，冬季温度不低于5℃。夏季应适当遮阴。对土壤要求不严，但以肥沃、疏松的沙壤土为宜。

观赏用途：肥厚的叶片，镶嵌着带状白色星点，清新高雅，深受人们喜爱，常盆栽观赏。若配以造型美观的花盆，装饰案头、书桌、茶几，别具一格，也是配置瓶景的好材料。

图 3.37　条纹十二卷

繁殖：常用分株繁殖。分株常在4～5月换盆时，剥下幼株直接盆栽。盆栽以浅栽为好。

3.3.4.15　佛手掌 *Glottiphyllum linguiforme* N. E. Br.（图 3.38）

又名佛掌、舌叶花、绿宝。番杏科，舌叶花属。原产南非南部。

图 3.38　佛手掌

形态特征：全株肉质，外形似佛手。茎斜卧，为叶覆盖。叶宽舌状，肥厚多肉，平滑而有光泽，常3～4片丛生，成二列包围茎，先端略向下翻。花自叶丛中央抽出，形似菊花，黄色。花期4～6月。

生态习性：喜阳光充足、温暖，不耐寒，宜较干燥，忌阴湿，要求土壤排水良好。

观赏用途：株形奇特，形如佛手，翠绿晶莹，是趣味盆栽的好品种。暖地可以用于岩石园。

繁殖：常用分株或播种繁殖。分株一般在春季结合换盆进行，将老株丛切割若干丛，另行上盆栽植即可。

3.3.4.16　生石花 *Lithops pseudotruncatella* N. E. Br.（图 3.39）

又名石头花。番杏科，生石花属。原产南非及西南非洲多石卵的干旱地区。

形态特征：无茎，叶对生，肥厚密接，外形酷似卵石。幼时中央只有一孔，长成后中间呈缝状，顶部扁平的倒圆锥形或筒形球体，灰绿色或灰褐色，新的2片叶与原有老叶交互对生，并代替老叶，叶顶部色彩及花纹变化丰富。花从顶部缝中抽出，无柄，黄色，午后开放。花期4～6月。

生态习性：喜温暖，不耐寒，生长适温15～25℃。冬季需阳光充足，10℃以上安全越冬。喜干燥通风。喜微阴，以50%～70%的遮阴为好。越夏需遮阴，通风降温。

图 3.39　生石花

观赏用途：为防止食草动物的啃食，进化成石头模样。无花时远观犹如一堆"碎石"，开花时节，花色艳丽，犹如一床巨大的花毯。极为奇特。生石花外形和色泽酷似彩色卵石，品种繁多，色彩丰富。是世界著名的小型多浆植物，常用来盆栽供室内观赏。盆栽生石花，根系少而浅，周围可放色彩鲜艳的卵石，既起支持作用，又可增加观赏效果。

繁殖:常用播种繁殖。4～5月播种,种子细小,采用室内盆播。实生苗需2～3年开花。生石花根系发达,宜选用深盆栽培。

3.3.4.17　玉米石 *Sedum album* var. *teratifolia* Syme.（图 3.40）

景天科,景天属。原产于墨西哥。

图 3.40　玉米石

形态特征:茎铺散或下垂,稍带红色。叶互生,椭圆形,肉质,1～2 cm 长,绿色,温度低时呈紫红色。

生态习性:喜温暖,不耐寒。越冬温度 10℃以上。耐干旱,忌湿涝。喜光,宜排水好的土壤。

观赏用途:玉米石株丛小巧清秀,叶呈晶莹犹如翡翠珍珠,是有趣的小型吊盆花卉,可盆栽点缀书桌、几案极为雅致。

繁殖:常用扦插繁殖。扦插可用小枝或叶片为插穗,极易生根。

3.3.4.18　松鼠尾 *Sedum morganianum* E. Walth.（图 3.41）

又名串珠草、翡翠景天。景天科,景天属。原产于美洲、亚洲、非洲热带地区。

形态特征:多年生常绿或半常绿植物。植株匍匐状。茎基部产生分枝。叶小而多汁,脆弱,纺锤形,紧密地重叠在一起,形似松鼠尾巴。花小,深玫瑰红色。花期春季。

生态习性:喜温暖,不耐寒;生长适温 20～30℃,冬季需保持5～10℃以上温度。喜光,稍耐阴;要求通风良好;宜疏松、肥沃、排水良好的沙质壤土。管理粗放,易成活。

观赏用途:植株灰绿色,株形似松鼠尾,柔弱而不失刚劲,是奇特的小型盆花。盆栽、悬吊观赏亦佳。

繁殖:以扦插或分株繁殖,除冬季外,春、夏、秋均可进行。全叶插或切 10 cm 的茎段,去掉下面 2.5 cm 的叶扦插,脱落的叶子也可以发根。

图 3.41　松鼠尾

3.3.4.19　燕子掌 *Crassula portulacea* Lam.（图 3.42）

图 3.42　燕子掌

又名玉树、景天树。景天科,青锁龙属。原产南非南部。

形态特征:常绿多肉质小灌木。株高 1～3 m,茎肉质,多分枝,圆柱形,灰绿色,节明显。叶肉质,对生,扁平,卵圆形,长 3～5 cm,宽 2.5～3.0 cm,全缘,灰绿色,先端略尖,基部圆形抱茎。花径 2 mm,白色或淡粉红色。

生态习性:喜温暖,冬季室温应维持在 7～10℃。耐干旱,不耐寒,喜阳光,也耐半阴。散射光条件下生长良好。喜肥沃的沙质壤土,忌土壤过湿。

观赏用途:叶质厚实,翠绿可爱,宜盆栽观赏,也可培养成古树老桩的姿态。

繁殖:常用嫩枝或叶片扦插。

3.3.4.20　芦荟 *Aloe arborescens* var. *netalensis* Bgr.（图3.43）

又名龙角。百合科,芦荟属。原产于非洲南部、地中海地区、印度,中国云南南部地区也有野生分布。

形态特征:多年生常绿多肉植物。茎节较短,直立。叶肥厚多汁,披针形,幼时2列状排列,长成后叶片呈莲座状着生。叶缘有排列均匀的短刺。总状花序自叶丛抽生,花橙黄并具红色斑点。花期7～8月。

生态习性:喜温暖、干燥的环境,不耐寒,越冬温度不低于5℃。耐旱力强。不耐阴,喜欢阳光充足,但夏天应避免强烈日光直射。耐盐碱。喜排水良好的沙质壤土。

观赏用途:可盆栽观赏,在中国西南地区和华南地区可露地栽植,作庭园布置。

繁殖:常用分株繁殖。3月下旬至4月上旬分株,将芦荟四周分蘖的新株,连根挖取,并与母株的地下茎切断,即可栽植在花盆中。冬季须移进温室防寒越冬。

图3.43　芦荟

3.4　木本类观叶植物

木本类观叶植物分乔木类观叶植物、灌木类观叶植物、藤本类观叶植物三大类。其中乔木类观叶植物又分常绿或半常绿树种和落叶树种两类。

3.4.1　常绿或半常绿树种

3.4.1.1　南洋杉 *Araucaria cunninghamii* Sweet.（图3.44）

图3.44　南洋杉

南洋杉科,南洋杉属。原产大洋洲东南沿海地区。

形态特征:常绿大乔木,在原产地高达70 m,胸径1 m以上。幼树树冠尖塔形,老树则为平顶。主枝轮生,平展,侧枝密集,平展或下垂,近羽状排列。叶二型:生于侧枝及幼枝上的多呈针状,质软,开展,排列疏松,长0.7～1.7 cm;生于老枝上的叶排列紧密,卵形或三角状钻形,长0.6～1.0 cm。雌雄异株。球果卵形,苞鳞刺状且尖头向后强烈弯曲,种子两侧有翅。

生态习性:热带树种,最适于冬、夏温暖湿润的亚热带气候环境中生长,原产地广泛生长在排水良好的冲积沙质土和由玄武岩形成的黏壤土上,在沙质土、花岗岩的页岩土壤上密集成林。引种区好生于空气湿润、土质肥沃之地。不耐干燥、寒冷,抗风力强,生长迅速,再生力强,易生萌蘖,较能耐阴。中国除南方的广东、海南、广西、福建厦门等地可露地栽培外,长江流域及其以北地区均应温室栽培。

观赏用途:南洋杉树体高大,姿态优美,与雪松、日本金松、金钱松、巨杉合称为世界五大公园树种,是世界著名的庭园观赏树种之一。南洋杉最宜独植为园景树或作纪念树,亦可作行道树用。同时也是珍贵的室内盆栽装饰树种。

繁殖:播种或扦插繁殖。播种前需严格消毒所用土壤,种子需经沙床催芽,或用破壳播种法,约经 30 d 可发芽。

3.4.1.2 日本冷杉 *Abies firma* Sieb. et Zucc.(图 3.45)

松科,冷杉属。原产日本。

图 3.45 日本冷杉

形态特征:常绿大乔木,高达 50 m。树干端直。树冠幼时为尖塔形,老树则为广卵状圆锥形。树皮灰褐色,常龟裂;幼枝淡黄灰色,凹槽中密生细毛。冬芽常被树脂。叶条形,在幼树或徒长枝上者长 2.5～3.5 cm,端呈二叉状,在果枝上者长 1.5～2.0 cm,端钝或微凹。球果筒状,直立,长 12～15 cm,径 5 cm,10 月成熟,黄褐或灰褐色,种鳞与种子一起脱落。

生态习性:高山树种,耐阴性强,具有耐寒、抗风特性。喜凉爽湿润气候,适生于土层深厚肥沃,含沙质的酸性灰化黄壤;栽植丘陵、平原有林之处也能适应,唯生长不如山区快速。幼苗生长缓慢,畏炎热,宜日灼,越夏必须遮阴。不耐烟尘。

观赏用途:本种树冠参差挺拔。适于公园、陵园、广场甬道之旁或建筑物附近成行配植。园林中在草坪、林缘及疏林空地中成群栽植,极为葱郁优美,如在其老树之下点缀山石和观叶灌木、则更收到形、色俱佳之景。

繁殖:播种,10 月下旬采种,3 月中下旬露地播种。扦插,应取幼龄母树的枝条作插穗,休眠枝扦插时间以 2～3 月为宜,半熟枝则于 6 月下旬扦插较好。

3.4.1.3 云杉 *Picea asperata* Mast.(图 3.46)

又名茂县云杉、茂县杉,松科、云杉属。产于中国四川、陕西、甘肃高山区。

形态特征:常绿大乔木,高达 45 m,胸径 1 m,树冠圆锥形。树皮灰褐色,成薄片脱落。枝叶浓密,侧枝粗壮,小枝近光滑或疏生至密生短柔毛,有钉状叶枕。1 年生枝淡黄色,冬芽圆锥形,有树脂,上部芽鳞先端不反卷或略反卷。小枝基部宿存芽鳞,先端反曲。叶锥形,螺旋状排列,辐射伸展,叶长 1～2 cm,先端尖,横切面菱形,灰绿色或蓝绿色,常弯曲。雌雄同株,雄球花单生叶腋,雌球花单生枝顶。果圆柱状长圆形,下垂,成熟前绿色,成熟时呈灰褐色或栗褐色,长 6～10 cm。种鳞宿存,薄木质或近革质。花期 4～5 月,果期 10 月。

生态习性:喜冷凉湿润气候,但对干燥环境亦有一定抗性。有一定耐阴性,喜微酸性深厚排水良好的土壤。浅根性,主根不明显,侧根发达。寿命长,可达 400 年。

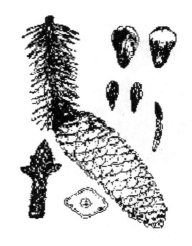

图 3.46 云杉

生长速度较白杆略快。

观赏用途:云杉树体高大通直,树冠尖塔形,枝叶浓密,远望如云层叠翠,其叶上有明显粉白气孔线,远眺如白云缭绕,苍翠可爱,是园林绿化的良好树种,可孤植、丛植,也可与桧柏、白皮松等其他树种配植,也可以与雪松一起做大草坪的衬景。盆栽可作为室内观赏树种,多用在庄重肃穆的场合,冬季圣诞节前后,多置放在饭店、宾馆和一些家庭中作圣诞树装饰。

繁殖:播种、扦插和压条繁殖。采种后,一般用暴晒法脱粒,干藏,翌年春播种。播前种子要经过浸种、选种、消毒处理。

同属常用于园林的还有青杆(*P. wilsonii* Mast.)和白杆(*P. meyeri* Rehd. et Wils.)。三者区别在于青杆小枝基部宿存芽鳞紧贴小枝,不反曲。白杆和云杉小枝基部宿存芽鳞先端反曲,云杉叶先端尖,球果未成熟时绿色;白杆叶先端钝,球果未成熟时浓紫色或紫红色。

3.4.1.4　雪松 *Cedrus deodara*（Roxb.）Loud.（图 3.47）

松科,雪松属。原产于喜马拉雅山地区,广泛分布于不丹、尼泊尔、印度及阿富汗等国家。

形态特征:常绿乔木,高达 50～70 m,胸径达 3 m。树冠圆锥形。树皮灰褐色,裂成鳞片,老时剥落。大枝不规则轮生,平展,小枝略下垂。叶在长枝上为螺旋状散生,在短枝上簇生。叶针状,质硬,先端尖细,叶色淡绿至蓝绿。雌雄异株,稀同株,花单生枝顶。球果椭圆至椭圆状卵形,长 7～12 cm,径 5～9 cm,顶端圆钝,熟时红褐色;种鳞阔扇状倒三角形,背面密被锈色短茸毛;种子三角状,种翅宽大。花期 10～11 月;球果次年 9～10 月成熟。

图 3.47　雪松

生态习性:较喜光,幼年稍耐庇阴。大树要求充足的光照。喜温凉气候,有一定耐寒能力;在湿热气候条件下,往往生长不良。对土壤要求不严,酸性土、微碱性土均能适应,深厚肥沃疏松的土壤最适宜其生长,亦可适应黏重的黄土和瘠薄干旱地。耐干旱,不耐水湿。浅根性,抗风力差。性畏烟,对二氧化硫抗性也较弱,空气中的高浓度二氧化硫往往会造成植株死亡,尤其是 4～5 月间发新叶时更易造成伤害。

观赏用途:雪松树体高大,树形优美,为世界著名的观赏树。印度民间视为圣树。最适宜孤植于草坪中央、建筑前庭之中心、广场中心或主要建筑物的两旁及园门的入口等处。其主干下部的大枝自近地面处平展,长年不枯,能形成繁茂雄伟的树冠。可列植于园路的两旁,形成甬道,极为壮观。

繁殖:用播种、扦插和嫁接法繁殖。

3.4.1.5　华山松 *Pinus armandii* Franch.（图 3.48）

松科,松属。原产中国,山西、陕西、甘肃、青海、河南、西藏、四川、湖北、云南、贵州、台湾等省区均有分布。

形态特征:乔木,高达 35 m,胸径 1 m。树冠广圆锥形。小枝平滑无毛,冬芽小,圆柱形,栗褐色。幼树树皮灰绿色,老则裂成方形厚块片固着树上。叶 5 针一束,长 8～15 cm,质柔软,边缘有细锯齿,树脂道多为 3,中生或背面 2 个边生,腹面 1 个中生,叶鞘早落。球果圆锥状长卵形,长 10～20 cm,柄长 2～5 cm,成熟时种鳞张开,种子脱落。种子无翅或近无翅。花期 4～5

图 3.48　华山松

月,球果次年 9～10 月成熟。

生态习性:阳性树,幼苗略喜一定庇阴。喜温和凉爽、湿润气候。高温、干燥是影响分布的主要原因。耐寒力强,可耐 —31℃的低温。不耐炎热。不耐盐碱土,最宜深厚、湿润、疏松、排水良好的中性或微酸性壤土。耐瘠薄能力不如油松、白皮松。生长速度中等偏快,15 年生 5～8 m 高。浅根性,对二氧化硫抗性较强。

观赏用途:华山松高大挺拔,针叶苍翠,冠形优美,生长迅速,是优良的庭院绿化树种。在园林中可用作园景树、庭阴树、行道树及林带树、亦可用于丛植、群植,并系高山风景区之优良风景林树种。

繁殖:播种繁殖。

3.4.1.6　日本五针松 *Pinus parviflora* Sieb. et Zucc.（图 3.49）

又名五钗松、日本五须松、五针松。松科、松属。原产日本。

形态特征:常绿乔木,高达 30 m,胸径 1.5 m。树冠圆锥形。树皮幼时淡灰色,光滑,老则呈现灰黑色,呈不规则鳞片状剥落,内皮赤褐色。一年生小枝淡褐色,密生淡黄色柔毛。冬芽长椭圆形,黄褐色。叶细短,5 针一束,长 3～6 cm,簇生枝端,内侧两面有白色气孔线,钝头,边缘有细锯齿,树脂道 2,边生,在枝上生存 3～4 年。球果卵圆形或卵状椭圆形,长 4.0～7.5 cm,径 3.0～4.5 cm,成熟时淡褐色。种鳞长圆状倒卵形;种子倒卵形,长 1.0～1.2 cm,宽 6～8 mm,黑褐色而有光泽;种翅三角形,长 3～7 mm,淡褐色。

图 3.49　日本五针松

生态习性:阳性树,但比赤松及黑松耐阴。喜凉爽湿润气候,忌阴湿。喜生于土壤深厚、排水良好、适当湿润之处。虽对海风有较强的抗性,但不适于沙地生长。生长速度缓慢。不耐移植,移植时不论大小苗均需带土球。耐旱,不耐湿,耐修剪,易整型。生长缓慢,寿命长。

观赏用途:日本五针松姿态苍劲秀丽,松叶葱郁纤秀,富有诗情画意,集松类树种气、骨、色、神之大成,是名贵的观赏树种。孤植配奇峰怪石,整形后在公园、庭院、宾馆作点景树,适宜与各种古典或现代的建筑配植。可列植园路两侧作园路树,亦可在园路转角处 2～3 株丛植,亦可与牡丹、杜鹃、梅、红枫、竹等树种配植。耐修剪整形,是制作树桩盆景的好材料。

繁殖:播种、扦插或嫁接繁殖。多以三年生黑松为砧木,行切接或腹接繁殖。

3.4.1.7　赤松 *Pinus densiflora* Sieb. et Zucc.（图 3.50）

又名日本赤松,松科,松属。原产中国、朝鲜、日本和俄罗斯。

形态特征:乔木,高达 35 m,胸径达 1.5 m。树冠圆锥形或扁平伞形。下部树皮常灰褐色或黄褐色,龟纵裂,上部树皮红褐色或黄褐色,成不规则鳞片脱落,一年生枝淡黄褐色,被白粉,无毛。冬芽暗红褐色,微具树脂,芽鳞线状披针形,先端微反卷,边缘具淡黄色丝。针叶 2 针 1 束,长 5～12 cm,径约 1 mm,两面均有气孔线,边缘有细锯齿,横切面半圆形,皮下细胞多单层,树脂道多4~8,边生。雄球花淡橙黄色,圆筒状,长5~10 mm,数枚聚生于新枝下部呈短穗状,穗长4~7 cm;雌球花红紫色,单生或2~3个集生于枝端。一年生小球果种鳞先端有短刺,卵球形,淡褐紫色或褐黄色,直立或稍倾斜;球果成熟时,暗黄褐色或褐灰色,种鳞张开,脱落或宿存树上2~3年,长圆形,长3~5.5 cm,径2.5~4.5 cm,有短梗,斜下垂。花期4月,球果第二年9~10月成熟。

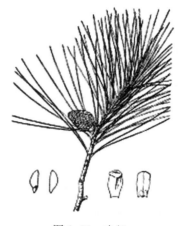

图3.50　赤松

生态习性:强阳性,耐寒。耐干旱瘠薄,喜酸性或中性排水良好的土壤,不耐盐碱,在石灰质、沙地及多湿处生长略差。深根性,抗风力强,抗病虫能力较差。

观赏用途:本种高大挺拔,可栽培作观赏树。抗风力强,耐干旱瘠薄,可用作沿海造林和干旱山坡造林的先锋树种。

繁殖:播种繁殖。

3.4.1.8　马尾松 *Pinus massoniana* Lamb.（图3.51）

松科,松属。原产中国,分布遍及华中、华南各地。

图3.51　马尾松

形态特征:乔木,高达45 m,胸径1 m。树冠在壮年期呈狭圆锥形,老年期则开张如伞状;干皮红褐色,呈不规则裂片;一年生小枝淡黄褐色,轮生;冬芽圆柱形,端褐色。叶2针1束,罕3针1束,长12~20 cm,质软,叶缘有细锯齿;树脂道4~8,边生。球果长卵形,长4~7 cm,径2.5~4.0 cm,有短柄,成熟时栗褐色,脱落而不宿存树上,种鳞的鳞背扁平,横脊不很显著,鳞脐不突起。种长4~5 mm,翅长1.5 cm。子叶5~8。花期4月,果次年10~12月成熟。

生态习性:强阳性,幼苗亦不耐庇阴。喜温暖湿润气候,耐寒性差。喜酸性黏质壤土,对土壤要求不严,耐干旱瘠薄,但怕水涝,不耐盐碱,在石砾土、沙质土、黏土、山脊和阳坡的冲刷薄地上,以及陡峭的石山岩缝里都能生长,在钙质土上生长不良。深根性,主根明显,侧根发达,有菌根共生,生长较快,寿命可达百年以上。

观赏用途:本种树形高大雄伟,是江南及华南自然风景区和普遍绿化和造林的重要树种。

繁殖:播种繁殖。春播前应浸种一昼夜。

3.4.1.9　黑松 *Pinus thunbergii* Parl.（图3.52）

又名白芽松、日本黑松。松科,松属。原产日本及朝鲜。

形态特征:常绿乔木,高达30~35 m。树冠幼时为狭圆锥形,老时呈伞状。树皮灰黑色,枝条开展。老枝略下垂。冬芽圆筒形,银白色。叶2针1束,粗硬,长6~12 cm,树脂道6~11,中生。雌球花1~3,顶生。球果卵形,长4~6 cm,有短柄;鳞背稍厚,鳞脐微凹,具短刺。

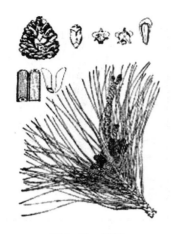

图 3.52　黑松

种子倒卵形,灰褐色,稍有黑斑。花期 3～5 月;球果次年 10 月成熟。

生态习性:喜光,幼树稍耐阴。性喜温暖湿润的海洋性气候,不耐寒,极耐海潮风及海雾;对土壤要求不严,耐干旱瘠薄,能生长在海滩附近的砂地及 pH 值 8 的土壤上,但以在排水良好、适当湿润、富含腐殖质的中性壤土上生长最好。深根性树种,抗病虫能力强,寿命也长。

观赏用途:本种树形高大,叶色暗绿,是著名的海岸绿化树种,可用作防风、防潮、防沙林带及海滨浴场附近的风景林、行道树和庭阴树。在国外也有密植成行并修剪成高篱者,既美观又具有防护作用,也可以经蟠扎造型,制作树桩盆景。

繁殖:播种繁殖。春播前,种子应消毒和进行催芽。

3.4.1.10　火炬松 *Pinus taeda* L.(图 3.53)

松科,松属。原产美国东南部。

形态特征:乔木,高达 30 m。树冠呈紧密的圆头状;树皮橘褐色,深裂;一年生枝黄褐色,幼时有白粉,无毛;冬芽椭圆状卵形,淡褐色,有树脂,芽鳞分离,有反曲的尖头。针叶 3 针 1 束,罕 2 针 1 束,长 16～25 cm,宿存 3～4 年,刚硬,微扭转,亮绿色,叶缘有细锯齿;树脂道 2 个,中生;叶鞘宿存。球果腋生,无柄,对称,卵状圆锥形,长 8～14 cm,无光泽,淡红褐色;鳞盾呈压缩的尖塔形,有尖锐的横脊;鳞脐小,具反曲刺。种子菱形,长 6～7 mm,红褐色;种翅长 2.5～2.8 cm,宽 4～10 mm。

生态习性:喜光、喜温暖湿润。对土壤要求不严,能耐干燥瘠薄的土壤。适应性强,对松毛虫有一定抗性,生长速度快。

观赏用途:本种适应性强且速生,在长江以南的园林和自然风景区中应用广泛。也是重要的用材树种。

繁殖:播种繁殖。播前应行浸种催芽。

图 3.53　火炬松

3.4.1.11　湿地松 *Pinus elliottii* Engelm.(图 3.54)

图 3.54　湿地松

松科,松属。原产美国东南部。

形态特征:常绿大乔木,树干通直,高 30～36 m。树皮灰褐色,纵裂成大鳞片状剥落。小枝粗壮;冬芽圆柱状,红褐色,粗壮,先端渐狭,无树脂。针叶 2 针或 3 针 1 束,长 18～30 cm,深绿色,粗硬,有光泽,腹背两面均有气孔线,边缘有细锯齿。球果长圆锥形,2～3 个簇生,有梗,种鳞平直或稍反曲,鳞盾肥厚,鳞脐疣状,先端急尖;种子卵圆,具三棱,黑色而有灰色斑点,种翅长 0.8～3.3 cm,易脱落。3～4 月开花,翌年 10～11 月果熟。

生态习性:喜光,忌阴蔽。耐寒,又能抗高温。耐旱亦耐水湿,可忍耐短期淹水,故名。根系发达,抗风力强,速生。喜深厚肥沃的中性至强酸性土壤,在碱土中种植有黄化现象。

观赏用途:该种苍劲而速生,适应性强,材质好,松脂产量高。

中国已引种驯化成功达数十年,在长江以南的园林和自然风景区中作为重要树种应用。可作庭园树或丛植、群植,宜植于河岸池边。

繁殖:播种或扦插繁殖。播种前,需浸种消毒。

3.4.1.12　柳杉 *Cryptomeria fortunei* Hooibrenk ex Otto et Dietr. (图 3.55)

又名长叶柳杉、孔雀松、木沙椤树、长叶孔雀松。杉科,柳杉属。原产中国浙江天目山、福建南屏三千八百坎及江西庐山等处海拔 1 100 m 以下地带,浙江、江苏南部、安徽南部、四川、贵州、云南、湖南、湖北、广东、广西及河南郑州等地有栽培,生长良好。

形态特征:常绿乔木,高达 40 m,胸径达 2 m 余。树冠塔圆锥形,树皮赤棕色,纤维状裂成长条片剥落,大枝斜展或平展,小枝常下垂,绿色。叶长 1.0～1.5 cm,幼树及萌芽枝之叶长达 2.4 cm,钻形,微向内曲,先端内曲,四面有气孔线。雄球花黄色,雌球花淡绿色。球果熟时深褐色,径 1.5～2.0 cm,种鳞约 20,苞鳞尖头与种鳞先端之裂齿均较短;每种鳞有种子 2,花期 4 月,果 10～11 月成熟。

生态习性:中等的阳性树,略耐阴,亦略耐寒。在年平均温度为 14～19℃,1 月份平均气温在 0℃ 以上的地区均可生长。喜空气湿度较高,怕夏季酷热或干旱,在降水量达 1 000 mm 左右处生长良好。喜生长于深厚肥沃的沙质壤土。喜排水良好,在积水处,根易腐烂。枝条柔韧,能抗雪压及冰挂。根系较浅,抗风力差。生长速度中等。

图 3.55　柳杉

观赏用途:树形圆整而高大,树干粗壮,极为雄伟,最适独植、对植,亦宜丛植或群植。在江南习俗中,自古以来常用作墓道树,亦宜作风景林栽植。

繁殖:用播种及扦插法繁殖。种子可保存一年,发芽率 60% 左右,成苗率为 20%～30%。在江、浙一带多行春播,经 3～4 周发芽。

3.4.1.13　墨西哥落羽杉 *Taxodium mucronatum* Ten. (图 3.56)

又名尖叶落羽杉,杉科,落羽杉属。原产墨西哥及美国西南部。

形态特征:落叶或半常绿乔木,高可达 50 m。树冠广圆锥形。树干尖削度大,基部膨大。树皮黑褐色,作长条状脱落。大枝斜生,一般枝条水平开展,大树的小枝微下垂。叶线形,扁平,紧密排列成二列,翌年早春与小枝一起脱落。花期春季,秋后果熟。

生态习性:喜温暖湿润环境。耐水湿,原产地多生于排水不良的沼泽地内,对碱性土的适合能力较强。上海地区栽种未见黄化现象,生长十分迅速。

观赏用途:墨西哥落羽杉树形高大挺拔,是优良的绿地树种,可作孤植、对植、丛植和群植。也可种于河边、宅旁或作行道树。

繁殖:可用播种及扦插法繁殖。播种前应行温水浸种催芽。扦插可在雨季行嫩枝扦插,也可以在春季行硬枝扦插,但插穗最好

图 3.56　墨西哥落羽杉

从 1~2 年生的小苗上采取,成活率高。

同属常见栽培的还有落羽杉(*T. distichum* (L.) Rich.)和池杉(*T. ascendens* Brongn.),但二者均为落叶树种。落羽杉叶条形,扁平,叶基扭转排成羽状 2 列;大枝水平开展。池杉叶钻形,在枝上螺旋状伸展,不成 2 列状,大枝向上伸长。

3.4.1.14 侧柏 *Platycladus orientalis* (L.) Franco. (图 3.57)

又名扁松、扁柏、扁桧、黄柏、香柏。柏科,侧柏属。原产中国内蒙古、河北、河南、山东、山西、北京、陕西、甘肃、福建、广东、广西、四川、贵州、云南等地,朝鲜也有分布。

图 3.57 侧柏

形态特征:常绿乔木,高达 20 m。幼树树冠尖塔形,老树广卵形,干皮薄,淡褐色,条片状纵裂。大枝斜出,小枝扁平,排列成一个平面。叶小,鳞片状,叶基下延,紧贴小枝上,呈交叉对生排列,叶背中部具腺槽。雌雄同株,花单性,雌雄花均单生于枝顶。球果卵形,熟前绿色,肉质,种鳞顶端有反曲尖头,近熟时蓝绿色被白粉,成熟后种鳞木质,红褐色,开裂,种子脱出。种子长卵形,无翅或近无翅;子叶 2 片,发芽时出土。花期 3~4 月,果熟期 10~11 月。

侧柏品种较多,园林中常用的有:

'千头'柏('Sieboldii'):又名子孙柏、凤尾柏、扫帚柏。丛生灌木,无明显主干,高 3~5 m,枝密生,树冠呈紧密卵圆形或球形。叶鲜绿色。

'洒金'千头柏('Aurea Nana'):矮生密丛,圆形至卵圆,高 1.5 m。叶淡黄绿色,入冬略转褐绿。

生态习性:喜光,幼时稍耐阴。喜温暖湿润气候,但也耐寒、耐旱、耐多湿。对土壤适应性极强,在酸性、中性、石灰性和轻盐碱土壤中均可生长,但以湿润、肥沃、排水良好的钙质土生长最好。浅根性,但侧根发达,抗风能力较弱。萌芽性强、耐修剪、寿命长,抗烟尘、抗二氧化硫、氯化氢等有害气体。

观赏用途:本种树干苍劲,气魄雄伟,肃静清幽。自古以来多用于寺庙、墓地、纪念堂馆和园林绿篱。也可用于盆景制作。

繁殖:播种繁殖。种子发芽率 70%~85%,能保存 2 年。多在春季行条播,约 2 周发芽,发芽后先出针状叶,后出鳞叶,2 年后则全为鳞叶。

3.4.1.15 柏木 *Cupressus funebris* Endl. (图 3.58)

又名垂丝柏,柏科,柏木属。原产中国,分布很广,浙江、江西、四川、湖北、贵州、湖南、福建、云南、广东、广西、甘肃南部、陕西南部等地均有。

形态特征:常绿乔木;高达 35 m。树冠狭圆锥形,树皮淡褐灰色,长条状剥离。大枝开展,鳞叶小枝扁平,下垂,排成一平面,两面同形,绿色。鳞叶先端尖锐,中部的叶背有腺点,两侧的叶背部有棱脊。球果球形,径 8~12 mm,木质,熟时暗褐色;种鳞 4 对,盾形,中央有尖头,每种鳞有 5~6 枚种子。种子两侧具窄翅。花期 3~5 月,球果翌年 5~6 月成熟。

图 3.58 柏木

生态习性:喜光,稍耐侧方庇阴;喜温暖湿润的气候环境,不耐寒;对土壤适应性广,但以石灰岩土或钙质紫色土生长最好。耐干旱瘠薄,也略耐水湿;浅根性,生长较快。

观赏用途:该种树冠整齐,树姿优美,能耐侧方庇阴。故最宜群植成林或列植成甬道,形成柏木森森的景色,也可孤植观赏。适宜在公园、庭院、陵园、建筑前、古迹及自然风景区应用。

繁殖:播种繁殖。播种前应行浸种催芽。

3.4.1.16　圆柏 *Sabina chinensis* (L.) Ant.(图3.59)

又名桧柏、刺柏,柏科,圆柏属。原产中国、朝鲜和日本。

形态特征:常绿乔木,高20 m,胸径达3.5 m。树冠尖塔形,老时树冠呈广卵形。树皮灰褐色,呈浅纵条状剥离,有时呈扭转状。幼树枝条斜上展,老树枝条扭曲状,大枝近平展;小枝圆柱形或微呈四棱;冬芽不显著。叶二型,鳞叶钝尖,背面近中部有椭圆形微凹的腺体;刺形叶披针形,三叶轮生,长0.6~1.2 cm,上面微凹,有两条白色气孔带,叶基下延。雌雄异株,少同株。球果近圆球形,径6~8 mm,次年或第三年成熟,熟时暗褐色,外有白粉,有1~4粒种子。种子卵圆形,子叶2,发芽时出土。花期4月下旬,果多于次年10~11月成熟。

图3.59　圆柏

圆柏的栽培品种很多,园林中常用的有:

'塔柏'('Pyramidalis'):树冠圆柱形,枝向上直伸,密生;叶几乎全部为刺形。

'龙柏'('Kaizuka'):树形呈圆柱状,小枝略扭曲上伸,形似游龙抱柱,小枝密;全为鳞叶,密生,幼叶淡黄绿,后呈翠绿色;球果蓝黑,略有白粉。

'匍地龙柏'('Kaizuka Procumbens'):枝叶性状同龙柏,无直立主干,植株就地平展。

'鹿角桧'('Pfizeriana'):丛生灌木,干枝自地面向四周斜展、上伸,叶全为鳞叶。

生态习性:喜光树种,但耐阴性很强。耐寒、耐热。喜湿润肥沃、排水良好的中性土壤,但对土壤要求不严,钙质土、中性土、微酸性土壤都能生长。耐旱亦稍耐湿,深根性树种,忌积水。耐修剪,易整形。对二氧化硫、氯气和氟化氢抗性强,能吸收一定数量的硫和汞,阻尘和隔音效果良好。

观赏用途:圆柏幼树树冠呈整齐的圆锥形,树形优美,大树干枝扭曲,姿态奇古,可以独树成景,是中国传统的园林树种,自古以来多配植于庙宇陵墓作墓道树或柏林。在园林中可以孤植作独赏树或庭阴树,也可列植于矮墙、草坪边缘作背景树或列植路边作行道树。因圆柏稍耐阴,也耐修剪,因此在园林中也可以作绿篱或作为造型树和盆景的材料。

繁殖:播种繁殖,种子应行浸种催芽。各品种的繁殖多用扦插或嫁接法繁殖。要避免在苹果、梨园等附近种植,以免发生梨锈病。

3.4.1.17　罗汉松 *Podocarpus macrophyllus* (Thunb.) D. Don.(图3.60)

罗汉松科(竹柏科),罗汉松属(竹柏属)。原产中国和日本。

形态特征:常绿乔木,高达20 m。枝干开展密生,树冠广卵形。树皮灰褐色,浅裂,呈薄片状脱落。叶条状披针形,长7~12 cm,宽7~10 mm,顶端渐尖或钝尖,基部楔形,有短柄,中脉在两面均明显突起,表面浓绿色,有光泽,背面淡绿色,有时被白粉。叶形变化较大,有小叶罗汉松、短叶罗汉松、狭叶罗汉松等变种。雄球花穗状,常3~5簇生叶腋;雌球花单生叶腋,有

图 3.60　罗汉松

梗。种子卵圆形,径不足 1 cm,成熟时为紫色或紫红色,外被白粉,着生于肥厚肉质的种托上,种托红色或紫红色,略有甜味,可食。花期 4～5 月,种子 8～11 月成熟。

生态习性:喜光,能耐半阴。喜温暖湿润环境,耐寒力稍弱。适生于排水良好、深厚肥沃的沙壤土。能耐潮风,在海边生长良好。抗病虫能力强,对多种有毒气体抗性强,寿命长。

观赏用途:该种树形优美,枝叶苍翠,绿色的种子和红色的种托,似许多披着红色袈裟打坐的罗汉,极具情趣,是广泛用于庭园绿化的优良树种,可行孤植、对植或树丛配置,也可在墙垣、山石旁配置。同时也是盆栽和制作树桩盆景的好材料。

繁殖:播种或扦插繁殖。扦插繁殖最好在雨季进行。

3.4.1.18　竹柏 *Podocarpus nagi* (Thunb.) Zoll. et Mor. ex Zoll.（图 3.61）

又名大叶沙木、猪油木。罗汉松科,竹柏属。原产中国浙江、福建、江西、四川、广东、广西、湖南等省。

形态特征:常绿乔木,高达 20 m。树冠圆锥形,树皮红褐色或暗红色,平滑,薄片状脱落;叶对生或近对生,革质,形状和大小很似竹叶,故名。叶长卵形或卵状披针形,长 3.5～9.0 cm,宽 1.5～2.5 cm,无中脉,有多数平行细脉,先端渐尖,基部窄成扁平短柄,上面深绿色,有光泽,下面有多条气孔线。雌雄异株,雄球花腋生,常呈分枝状,花期 3～5 月。种子核果状,圆球形,径 1.4 cm,子叶 2 枚,种子 10 月成熟,熟时暗紫色或紫黑色,外被白粉。

生态习性:阴性树种,喜温热潮湿多雨气候,对土壤要求较严,在深厚、疏松、湿润、多腐殖质且排水良好的沙壤土或轻黏壤土上生长良好,在土层浅薄、干旱贫瘠的土地上则生长极差。

图 3.61　竹柏

观赏用途:竹柏树冠浓郁、树形秀丽,叶形奇异,终年苍翠,叶色墨绿且有光泽,是南方良好的庭阴树和行道树,也是南方风景区和城乡四旁绿化的优秀树种。可在公园、庭园、住宅小区、街道等地段内成片栽植,或与其他常绿落叶树种混合栽种。

繁殖:播种或扦插繁殖。种子最好随采随播。

3.4.1.19　三尖杉 *Cephalotaxus fortunei* Hook. f.（图 3.62）

三尖杉科,三尖杉属。原产中国,广泛分布于安徽南部、浙江、福建、江西、湖南、湖北、陕西、甘肃、四川、云南、贵州、广西和广东北部等地。

形态特征:常绿乔木,小枝对生,基部有宿存芽鳞。叶在小枝上排列稀疏,螺旋状着生,基部扭转排成二列状,近水平展开,披针状条形,常略弯曲,长 4～13 cm,宽 3～4 mm,由中部向上渐狭,先端有渐尖的长尖头,基部楔形,上面亮绿色,中脉隆起,下面有 2 条白色气孔带,比绿色边缘宽 3～5 倍,中脉明显。雄球花 8～10 枚聚生成头状,花梗长 6～8 mm,雌球花生于小枝基部。种子

图 3.62　三尖杉

椭圆状卵形,长 2～3 cm,未熟时绿色,外被白粉,熟后变成紫色或紫红色。

生态习性:喜温暖湿润气候,耐阴,不耐寒。

观赏用途:本种树姿优美,四季常绿,且耐阴,可在园林中作庭院观赏树。在长江流域可与其他树种混植营建风景林。

繁殖:播种或扦插繁殖。种子需沙藏至春季进行条播,种子的发芽保持能力较差。

3.4.1.20　红豆杉 *Taxus chinensis* (Pilger) Rehd.(图 3.63)

又名观音杉,红豆杉科、红豆杉属。原产中国四川、湖北西部、甘肃南部、陕西南部等地。

形态特征:常绿乔木,胸径达 1 m,高达 30 m。树皮灰褐色、红褐色或暗褐色,条片状开裂。叶螺旋状互生,基部扭转为二列状,条形,长 1.0～3.2 cm,宽 2～4 mm,微弯或直,叶缘微反曲,叶端渐尖,叶背有 2 条宽黄绿色或灰绿色气孔带,叶缘绿带极窄,中脉密生均匀而微小的圆形角状乳头状突起。雌雄异株,雄球花单生于叶腋,雄球花的胚珠单生于花轴上部侧生短轴的顶端,基部有圆盘状假种皮。种子卵圆形,稀倒卵形,微扁或圆,先端有突起的短钝尖头,假种皮杯状红色。

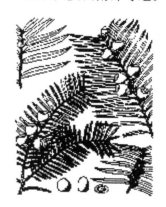

图 3.63　红豆杉

生态习性:阴性树种,喜温暖湿润气候,多散生于深厚肥沃的沟谷阴处和半阴处林下,适于疏松、不积水的微酸性土和中性土。

观赏用途:红豆杉树形美丽,枝叶终年深绿,秋季成熟的种子包于鲜红的假种皮内,红绿相映,令人陶醉,是庭院中不可多得的耐阴观赏树种。可在阴面种植观赏,也可配置与假山石旁或疏林下;同时也是制作盆景的好材料。

繁殖:播种或扦插繁殖。种子可随采随播,也可层积沙藏至第二年春天播种。

3.4.1.21　苦槠 *Castanopsis sclerophylla* (Lindl.) Schott.(图 3.64)

又名苦槠栲。壳斗科(山毛榉科),栲属。原产中国长江以南各省。

图 3.64　苦槠

形态特征:常绿乔木,高达 20 m;树冠圆球形,树皮暗灰色,纵裂。小枝绿色,略具棱,无毛。叶厚革质,长椭圆形,长 7～14 cm,顶端渐尖或短尖,基部楔形或圆形,有时略不对称,边缘或中部以上有锐锯齿,叶背有灰白色或浅褐色蜡层,革质。雄花序穗状,直立。坚果单生于球状总苞内,总苞外有环列之瘤状苞片,果苞成串生于枝上,果序长 8～15 cm。花期 5 月,果熟期 10 月。

生态习性:喜雨量充沛和温暖气候,喜光,也能耐阴;喜深厚、湿润的中性和酸性土,也耐干旱瘠薄。深根性,萌芽性强,抗污染,寿命长。

观赏用途:本种树干高耸,树冠浑圆,枝叶茂密,四季常绿,颇为美观。宜庭园中孤植、丛植,也可于山麓坡地成片栽植,构成以常绿阔叶树为基调的风景林,或作为花木的背景树。又因抗毒、防尘、隔音及防火性能好,宜用作工厂绿化及防护林树种。

繁殖:播种繁殖。10 月采种,随采随播或沙藏至第二年春季播种均可。

3.4.1.22　石栎 *Lithocarpus glaber* (Thunb.) Nakai. (图 3.65)

壳斗科(山毛榉科),石栎属。原产中国长江以南各省。

图 3.65　石栎

形态特征:常绿乔木,高达 20 m。树冠半球形,树皮青灰色,不裂。一年生枝密生灰黄色绒毛。单叶互生,长椭圆形,长 8～12 cm,先端尾状尖,基部楔形,全缘或近顶部略有钝齿,厚革质,叶背有灰白色蜡层,侧脉 6～10 对,叶脉粗。花单性,常雌雄同序,菜黄花序,直立。总苞浅碗状,鳞片三角形;坚果长椭圆形,直径约 1 cm,被白粉。花期 8～9 月,果翌年 9～10 月成熟。

生态习性:喜光,稍耐阴。喜温暖气候及深厚、湿润、肥沃土壤,也较耐干旱瘠薄。萌芽力强。

观赏用途:本种枝叶茂密,绿阴深浓,宜作庭阴树。在草坪中孤植、丛植,在山坡上成片栽植,或做其他花木的背景树均很合适。

繁殖:同苦槠。

3.4.1.23　青冈栎 *Cyclobalanopsis glauca* (Thunb.) Oerst. (图 3.66)

壳斗科(山毛榉科),青冈栎属。原产中国、朝鲜、日本、印度。

形态特征:常绿乔木,高达 22 m,胸径 1 m。树皮平滑不裂;小枝青褐色,无棱,幼时有毛,后脱落。叶互生,集枝顶,革质,椭圆形或倒卵状椭圆形,长 6～13 cm,叶顶具短渐尖头,叶基宽楔形或圆形,叶中部以上具疏齿,中部以下全缘,叶表无毛,叶背灰绿色,有平伏毛,老时见脱落,侧脉 8～12 对,叶柄长 1.0～2.5 cm。花单性,雌雄同株,雄花柔荑花序,细长下垂,雌花数个生枝顶叶腋,总苞单生或 2～3 个集生,杯状,鳞片结合成 5～8 条环带。坚果卵形或近球形,无毛。花期 4～5 月,果 10～11 月成熟。

图 3.66　青冈栎

生态习性:喜光,幼树稍耐阴。喜温暖多雨气候。对土壤要求不严,在酸性、弱碱性石灰岩土壤上均能生长良好。不耐干旱贫瘠。深根性,萌芽力强。耐修剪。抗有毒气体能力强。

观赏用途:本种枝叶茂密,树姿优美,四季常青,是良好的绿化、观赏及造林树种,宜丛植、群植或与其他常绿树混交成林,一般不孤植。萌芽力强,具有较好的抗有毒气体、隔音和防火能力,可用作绿篱、厂矿绿化、防风林、防火林树种。

繁殖:播种繁殖。10～11 月采种,去总苞后摊放通风处阴干即可播种,也可沙藏至第二年春季播种。

3.4.1.24　榕树 *Ficus microcarpa* L. f. (图 3.67)

又名细叶榕、小叶榕。桑科,榕属。原产于印度、马来西亚、越南、中国、缅甸、菲律宾等国家。

形态特征:常绿乔木,树皮深灰色,树冠广展,高可达 25 m,胸径 50 cm。主枝具下垂须状气生根,全株具有白色乳汁。单叶互生,椭圆形或倒卵形,革质,深绿色,光亮,长 4～8 cm,宽 3～4 cm,顶端微急尖,基部楔形,全缘或浅波形,羽状脉,侧脉 5～6 对,上面不明显。隐花果腋生,近扁球形,径约 8 mm,紫红色或淡黄色,无柄。花期 5~6 月,果期 10 月。

生态习性:喜暖热多雨气候及酸性土壤,根群强大但浅生;怕干旱,具有一定的耐寒力,5℃条件下即可安全越冬。阳性树种,但亦很耐阴,可在室内散射光条件下长期陈设。生长快,寿命长。

观赏用途:枝叶茂密,树冠庞大,浓阴蔽地,其枝上丛生如须的气根,下垂着地,入土后生长粗壮如干,形似支柱,可独木成林,蔚为壮观,且较少病虫害,在华南地区多作行道树、庭阴树或孤赏树,在郊外风景区最宜群植成林,亦适用于河湖堤岸绿化。又因其常绿且气根发达,也是制作盆景的好材料。

繁殖:播种或扦插繁殖均很容易,大枝扦插也容易成活。

图 3.67 榕树

3.4.1.25 楠木 *Phoebe zhennan* S. Lee et F. N. Wei(图 3.68)

又名桢楠。樟科,楠木属。原产中国贵州及四川盆地等地。

形态特征:常绿大乔木,高达 30 余米,胸径 1.5 m。树干通直,幼枝有棱,被黄褐色或灰褐色柔毛,2 年生枝黑褐色,无毛。叶长圆形,长圆状倒披针形或窄椭圆形,长 7~11 cm,宽 2.5~4.0 cm,先端渐尖,基部楔形,上面有光泽,中脉上被柔毛,下面被短柔毛,侧脉 8~13 对。圆锥花序腋生,被短柔毛,长 7.5~12 cm;花被裂片 6,椭圆形,近等大,两面被柔毛;核果椭圆形或卵形,径 6~7 mm,成熟时黑色,花被裂片宿存,紧贴果实基部。花期 4~5 月,果 9~10 月成熟。

生态习性:中性偏阴的深根性树种,幼年期耐阴蔽,喜温暖湿润气候及土层深厚、肥沃、排水良好的中性或微酸性土壤,不耐干旱瘠薄,不耐积水。主根明显,侧根发达,有较强的萌蘖力。生长速度缓慢,寿命长。

图 3.68 楠木

观赏用途:本种树干通直,树冠雄伟,树姿优美,宜作庭阴树及风景树用。在园林及寺庙中常见栽培。

繁殖:播种繁殖。最好在种子成熟后随采随播,若于第二年春季播种,种子需沙藏越冬。

3.4.1.26 厚皮香 *Ternstroemia gymnanthera* (Wight. et Arn.) Sprague.(图 3.69)

山茶科,厚皮香属。原产中国、日本、印度、柬埔寨。

形态特征:常绿乔木或灌木,高 3~8 m,枝条灰绿色,无毛。叶革质,倒卵形至长圆形,长 5~10 cm,顶端钝圆或短尖,基部楔形,下延,全缘,表面绿色,背面淡绿色,中脉在表面下陷,侧脉不明显;叶柄长 5~10 mm。花两性,淡黄色,径约 2 cm,单生叶腋。果实圆球形,呈浆果状,径约 1.5 cm,花柱及萼片均宿存。花期 7~8 月,果期 10~11 月。

生态习性:喜光也耐阴。喜温热湿润气候,不耐寒。喜酸性土,也能适应中性土和微碱性土。根系发达,抗风力强,萌芽力弱,

图 3.69 厚皮香

不耐强度修剪,但轻度修剪仍可进行。生长缓慢。抗污染力强。

观赏用途:厚皮香适应性强,又耐阴,树冠浑圆,枝叶层次感强,叶肥厚入冬转绯红,是较优良的下木,适宜种植在林下、林缘等处,为基础栽植材料。抗有害气体性强,又是厂矿区的绿化树种。

繁殖:播种和扦插繁殖。播种繁殖需于秋季采种,洗净阴干后沙藏至次年3月条播。

3.4.2 落叶树种

3.4.2.1 银杏 *Ginkgo biloba* L.(图 3.70)

又名白果树、公孙树。银杏科,银杏属。中国特有,被称为"活化石"。

图 3.70 银杏

形态特征:落叶大乔木,高达 40 m,胸径 3 m 以上。树冠广卵形,青壮年期树冠圆锥形。幼树树皮近平滑,浅灰色,大树之皮灰褐色,不规则纵裂。主枝斜出,近轮生,有长短枝之分。一年生的长枝呈浅棕黄色,后变为灰白色,并有细纵裂纹,短枝密被叶痕。叶扇形,二叉状叶脉,顶端常二裂,互生于长枝而簇生于短枝上。雌雄异株,球花生于短枝顶端的叶腋或苞腋;雄球花 4~6 朵,成荑黄花序状,雄蕊多数,各有 2 花药;雌球花有长梗,梗端常分两叉(稀 3~5 叉),叉端生 1 具有盘状珠托的胚珠,常 1 个胚珠发育成发育种子。种子核果状,椭圆形,径 2 cm,成熟时淡黄色或橙黄色,外被白粉。外种皮肉质,有臭味;中种皮骨质,白色,常具 2(稀 3)纵棱;内种皮膜质,淡红褐色。胚乳肉质味甘微苦;子叶 2,种子 9~10 月成熟。

生态习性:阳性树,能适应高温多雨气候,又具有较强的耐寒性、耐旱性;喜适当湿润而又排水良好的深厚沙质壤土,以中性和微酸性土最适宜,偏酸或偏碱性土也能生长良好。深根性树种,生长速度慢,寿命极长。

观赏用途:树姿雄伟壮丽,叶形秀美,秋叶金黄,给人以俊俏雄奇、华贵典雅之感。寿命长,又极少病虫害,适宜作行道树、庭阴树和独赏树。作行道树时,应选择雄株,以免种皮污染环境。还可加工制成盆景,观叶观果。

繁殖:主要用播种或嫁接繁殖,也可扦插或分蘖繁殖。播种前要混沙催芽。

3.4.2.2 金钱松 *Pseudolarix kaempferi* Gord.(图 3.71)

松科,金钱松属。中国特产树种,产于安徽、江苏、浙江、江西、湖南、湖北、四川等省。

形态特征:落叶乔木,大枝平展,不规则轮生,高达 40 m,胸径可达 1.5 m;树干通直,树皮赤褐色,呈狭长鳞片状剥离。具长枝和短枝,叶条形,在长枝上螺旋状散生,在短枝上 20~30 片簇生,伞状平展,柔软,长 2.0~2.5 cm,宽 1.5~4.0 mm。淡绿色,上面中脉不隆起或微隆起,下面沿中脉两侧有两条灰色气孔带,秋季叶呈金黄色。雌雄同株,球花生于短枝顶端,具梗;雄球花 20~25 个簇生;雌球花单生,紫红色。球果卵形或倒卵形,长 6.0~7.5 cm,直径 4~5 cm,直立,当年成熟,淡红褐

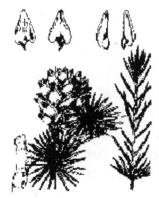

图 3.71 金钱松

色;种鳞木质,卵状披针形,先端有凹缺,基部两侧耳状,长 2.5～3.5 cm,成熟时脱落;苞鳞短小,长为种鳞的 1/4～1/3;基部与种鳞相结合,不露出。种子卵形,白色,有与种鳞近等长的种翅;种翅膜质,较厚,三角状披针形,淡黄色,有光泽。花期 4～5 月;果 10～11 月上旬成熟。子叶 4～6,发芽时出土。

生态习性:宜温凉湿润气候,有相当的耐寒性。喜光,幼树稍耐阴。喜深厚肥沃、排水良好而又适当湿润的中性或酸性沙质壤土,不喜石灰质土壤。不耐干旱也不耐积水。深根性,抗风力强。生长速度中等偏快。

观赏用途:本种为珍贵的观赏树木之一,与南洋杉、雪松、日本金松和巨杉合称为世界五大公园树种。体形高大,树干端直,入秋叶变为金黄色极为美丽,可孤植或丛植。

繁殖:播种繁殖,发芽率可达 80% 以上。播前可用 40℃ 温水浸种一昼夜,播后最好用菌根土覆土,约半月可出苗。

3.4.2.3　水松 *Glyptostrobus pensilis* (Staunt.) K. Koch.(图 3.72)

杉科,水松属。在新生代时,欧、亚、美均有分布,在第四季冰期后,其他地方均已绝迹,现仅存于中国。

形态特征:落叶乔木,高 8～16 m,罕达 25 m,胸径达 1.2 m;树冠圆锥形。树皮呈扭状长条浅裂,干基部膨大,有膝状呼吸根。枝条稀疏,大枝平伸或斜展,小枝绿色。叶互生,有三种类型:鳞形、条状钻形以及条形叶。雌雄同株,单性花单生枝顶;雄球花圆球形;雌球花卵圆形。球果倒卵形。种鳞木质,与苞鳞近结合而生,扁平,倒卵形,成熟后渐脱落。种子椭圆形而微扁,褐色,基部有尾状长翅。花期 1～2 月,果 10～11 月成熟。

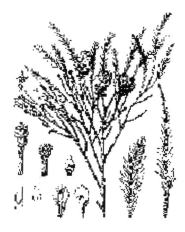

图 3.72　水松

生态习性:强阳性树,喜暖热多湿气候,喜多湿土壤,生于水边或沼泽地的树干基部膨大呈柱槽状,并有露出土面或水面的屈膝状呼吸根,在排水良好的土地上呼吸根不发达,干基也不膨大。性强健,对土壤适应性较强,除盐碱地外在各种土壤上均能生长。根系发达,不耐低温。

观赏用途:水松树形美丽,根系强大,最适宜河边湖畔绿化用,既可用于观赏,又可作防风护堤树。另外也是重要的软木用材树种。

繁殖:用播种及扦插法繁殖。

3.4.2.4　水杉 *Metasequoia glyptostroboides* Hu. et Cheng.(图 3.73)

杉科,水杉属。为中国特产的古老稀有珍贵树种,产于四川、湖北及湖南等海拔 750～1500 m、气候温和湿润的沿河酸性土沟谷中。

形态特征:落叶乔木,胸径达 2.5 m。树干基部膨大,幼树尖塔形,老树则为广圆头形。树皮灰褐色,裂成长条片,大枝近轮生,斜上伸展。小枝对生或近对生,下垂。叶交互对生,叶基扭转排成 2 列,成羽状,条形,柔软,几无柄,通常长 1.3～2.0 cm,宽 1.5～2.0 mm,上面中脉凹下,下面沿中脉两侧有 4～8 条气孔线,冬季与无芽小枝一同脱落。雌雄同株,雄球花单生叶腋或苞腋,卵圆形,交互对生排成总状或圆锥花序状,雄蕊交互对生,约 20 枚,花药 3,花丝短,药隔显著;雌球花单生侧枝顶端,由 22～28 枚交互对生的苞鳞和珠鳞所组成,各有 5～9 胚珠。

图 3.73 水杉

球果下垂,当年成熟,近球形或长圆状球形,微具四棱,长1.8～2.5 cm;种鳞极薄,透明,苞鳞木质,盾形,背面横菱形,有一横槽,熟时深褐色;种子倒卵形,扁平,周围有窄翅,先端有凹缺。子叶 2 片,发芽时出土。花期 2 月,球果 11 月成熟。

生态习性:阳性树,幼苗稍耐阴。喜温暖湿润气候,也有一定耐寒性。喜深厚、湿润肥沃的酸性土,在微碱性土上也可以生长良好,但在地下水位过高、长期滞水的低湿地或过于干旱的土壤上生长不良。生长快,宜带宿土移植。对二氧化硫、氯气、氟化氢等有毒气体抗性较弱。

观赏用途:树干通直挺拔,树姿优美,叶色翠绿、叶形秀丽,入秋后叶色转为棕褐色,均甚美观,是著名的庭院观赏树。可在公园、庭院、草坪、绿地中孤植、丛植或群植。也可成片栽植营造风景林,并适配常绿地被植物;还可栽于建筑物前或用作行道树,效果均佳。水杉生长迅速,是郊区、风景区绿化的好树种。

繁殖:播种和扦插繁殖。播种繁殖较难,需从原产地索取饱满种子,且种子发芽率只有8%左右,故多行扦插繁殖,分春插、夏插和秋插,以春插为主。

3.4.2.5 银白杨 *Populus alba* L.(图 3.74)

杨柳科,杨属。原产中国、欧洲、北非及亚洲西部。中国新疆有野生天然林分布,西北、华北、辽宁南部及西藏等地有栽培。

形态特征:落叶乔木,高可达 35 m,胸径 2 m;树冠广卵形或圆球形。树皮灰白色,光滑,老时纵深裂。幼枝叶及芽密被白色绒毛。长枝之叶广卵形或三角形状卵形,常掌状 3～5 浅裂,裂片先端钝尖,缘有粗齿或缺刻,叶基截形或近心形;短枝之叶较小,卵形或椭圆状卵形,缘有不规则波状钝齿;叶柄微扁,无腺体,老叶背面及叶柄密被白色茸毛。蒴果长圆锥形,2 裂。花期3～4 月,果熟期 4 月(华北)～5 月(新疆)。

生态习性:喜光,不耐庇阴;抗寒性强,在新疆-40℃条件下无冻害;耐干旱,但不耐湿热。适于大陆性气候。能在较贫瘠的沙荒及轻碱地上生长,若在湿润肥沃土壤或地下水较浅之沙地生长尤佳,但在黏重和过于瘠薄的土壤上生长不良。深根性,根系发达,根萌蘖力强。正常寿命可达 90 年以上。

图 3.74 银白杨

观赏用途:银白色的叶片和灰白色的树干都与众不同,叶子在微风中飘动有特殊的闪烁效果,高大的树形及卵圆形的树冠亦颇美观。在园林中用作庭阴树、行道树,或于草坪孤植、丛植均甚适宜。同时,由于根系发达、根萌蘖力强,还可用作固沙、保土护岸固堤及荒沙造林树种。

繁殖:播种、分蘖、扦插等法繁殖。一般扦插成活率不高,若秋季采条,湿沙贮藏越冬,并于春季插前对插穗进行浸水催根和生长素处理等,可提高成活率。

同属常见的观叶植物有:胡杨(*P. euphratica* Oliv.)、毛白杨(*P. tomentosa* Carr.)、小叶杨(*P. simonii* Carr.)、加杨(*P. canadensis* Moench.)、青杨(*P. cathayans* Rehd.)等。

胡杨是中国西北荒漠中分布最广的落叶阔叶树种,是特有的荒漠森林树种,能生长在极端干旱,终年无雨、年蒸发量 2 000 mm 以上的沙漠内。叶两面同为灰蓝色,花盘膜质,早落;小枝稀被毛,叶与蒴果无毛,叶上部边缘具多个齿牙。喜光、抗盐、抗旱、抗寒。根系发达,深入地下3～8 m。地下河流改道会造成胡杨死亡,其树干在干旱条件下,难以被微生物分解,所以胡杨有"千年而生,千年而长,千年而枯,千年枯而不倒,千年倒而不朽"之说。

毛白杨、加杨、小叶杨和青杨为用材和观赏、防护兼用的树种。其形态区别在于:毛白杨和银白杨的芽有柔毛,长枝上的叶背面被有白色或灰白色茸毛。银白杨的叶掌状裂,老叶背面仍有茸毛,但毛白杨的叶不裂,老叶背面的毛会逐渐脱落。加杨、小叶杨和青杨的芽无毛,叶背无毛或仅有短柔毛。加杨的叶边缘半透明,叶柄扁。小叶杨和青杨的叶边缘不透明,叶柄圆。二者区别在于小叶杨小枝有角棱,青杨小枝圆,或只在幼时有角棱。

3.4.2.6　槲栎 *Quercus aliena* Bl.（图 3.75）

山毛榉科(壳斗科),栎属。原产中国辽宁、华北、华中、华南及西南各省区。

形态特征:落叶乔木,高达 20 m;树冠广卵形,树皮暗灰色,深裂;老枝暗紫色,具多数灰白色突起的皮孔;幼枝黄褐色,具沟纹,粗壮,无毛;冬芽鳞片赤褐色,被灰色绒毛。叶倒卵状椭圆形,长 10～20 cm,宽 5～13 cm,先端短渐尖或钝,基部耳形或圆形,边缘有波状缺刻,侧脉 10～15 对,背面灰绿色,有星状毛。叶柄长 1～3 cm。坚果椭圆状卵形或卵形;总苞碗状,包被坚果约 1/2,鳞片短小,卵状披针形,排列紧密,暗褐色,外被灰白色柔毛。花期 4～5 月,果期 10 月。

图 3.75　槲栎

生态习性:喜光,稍耐阴,耐寒、耐干旱瘠薄,喜酸性至中性的湿润、深厚、排水良好的土壤。槲栎生长缓慢,寿命较长。

观赏用途:槲栎树干通直,树冠宽阔,枝叶丰满,叶形奇特,适应性强,可作庭阴树,也可与其他树种混交营造风景林,还可用于工矿区绿化。

繁殖:播种繁殖或萌芽更新。南方最好采用秋播,在北方为防止蛀虫危害常将种子浸水 1 周,待虫浸死后再行阴干及沙藏至翌年春播。

3.4.2.7　栓皮栎 *Quercus variabilis* Bl.（图 3.76）

图 3.76　麻栎和栓皮栎
1. 麻栎　2. 栓皮栎

山毛榉科(壳斗科),栎属。原产中国、日本和朝鲜。

形态特征:落叶乔木,高达 25 m,胸径 1 m;树冠广卵形。树皮灰褐色,深纵裂,木栓层特别厚。小枝淡褐黄色,无毛,冬芽圆锥形。叶互生,长椭圆形或椭圆状披针形,长 8～15 cm,宽 3～6 cm,顶端渐尖,基部阔楔形;边缘具芒状锯齿;叶背灰白,密生细毛。雄花序生于当年生枝下部,雌花单生或双生于当年生枝叶腋。总苞杯状,鳞片反卷,有毛。坚果卵球形或椭球形。花期 5 月,果次年 9～10 月成熟。

生态习性:喜光,幼树以侧方庇阴为好。对气候、土壤的适应性强,能耐干旱瘠薄,但以湿润、肥沃、深厚、排水良好的中性至微酸性沙壤土上生长最好,排水不良或积水地不宜种植。深根性,萌芽力强,但不耐移植。抗污染、抗尘土、抗风能力都较强。寿命长。

观赏用途:本种树干通直,树姿雄伟,叶大阴浓,秋季叶色转为橙褐色,季相变化明显,是良好的绿化观赏树种,可作庭阴树、行道树,也可孤植、丛植或与其他树混交成林,均甚美观。栓皮栎根系发达,树皮不易燃烧,又是营造防风林、水源涵养林及防火林的优良树种。

繁殖:播种繁殖,也可分蘖。9~10月间,当总苞由绿变黄时采收种子。南方宜秋播。

3.4.2.8 麻栎 *Quercus acutissima* Carr.(图 3.76)

山毛榉科(壳斗科),栎属。原产中国、日本和朝鲜。

形态特征:落叶乔木,高达 25 m;树皮暗灰色,交错深纵裂。幼枝黄褐色,初密生茸毛,后脱落。叶长椭圆状披针形,长 8~18 cm,宽 3.0~4.5 cm,顶端渐尖或急尖,基部圆或阔楔形,边缘有锯齿,齿端成刺芒状,背面绿色,幼时有短茸毛,后脱落,仅在脉腋有毛;叶柄长 2~3 cm。坚果球形,总苞碗状,鳞片木质刺状,反卷。花期 5 月,果次年 10 月成熟。

生态习性:喜光,喜湿润气候,耐寒、耐旱;对土壤要求不严,但不耐盐碱土,在湿润、肥沃、深厚和排水良好的中性至微酸性土壤上生长最好。深根性,抗风能力强,萌芽力强,生长速度中等。抗污染、抗尘土能力都较强。寿命长。

观赏用途:本种树干通直,枝条广展,树冠雄伟,浓阴如盖,秋季叶色转为橙褐色,季相变化明显,是良好的绿化观赏树种,可作庭阴树、行道树,也可孤植、丛植或与其他树混交成林,均甚美观。

繁殖:播种繁殖。方法同栓皮栎。

3.4.2.9 榉树 *Zelkova schneideriana* Hand.-Mazz.(图 3.77)

又名大叶榉。榆科,榉属。原产中国淮河及秦岭以南,长江流域下游至华南、西南地区。

图 3.77 榉树

形态特征:落叶乔木,高达 25 m,树冠倒卵状伞形。树皮深灰色,不裂,老时薄鳞片状剥落后仍光滑。小枝细,红褐色,有毛。单叶互生,卵状长椭圆形,长 2~8 cm,先端尖,基部广楔形,偏斜,叶缘具整齐近桃形单锯齿。羽状脉,侧脉 10~14 对,表面粗糙,背面密生淡灰色柔毛。花单性同株,雄花簇生于新枝下部叶腋或苞腋,雌花单生于枝上部叶腋。小坚果呈不规则的扁球形,上部歪斜,果皮有皱纹,直径 2.5~4.0 mm,几无柄。花期 3~4 月,果熟期 10~11 月。

生态习性:阳性树种,喜光,喜温暖环境。对土壤的适应性强,适生于深厚、肥沃、湿润的土壤。忌积水,不耐干旱和贫瘠。深根性,侧根多,抗风力强,耐烟尘,抗有毒气体,抗病虫能力强。生长慢,寿命长。

观赏用途:榉树树姿端庄,树形雄伟,枝细叶美,绿阴浓密,秋叶变成褐红色,是观赏秋叶的优良树种,在园林中常种植于绿地中的路旁、墙边,作孤植、丛植配置或作行道树和庭阴树。适应性强,抗风力强,耐烟尘,是城乡绿化、厂矿区绿化和营造防风林的好树种,同时也是制作盆景的好材料。

繁殖:播种繁殖。秋末采种阴干贮藏,翌年早春播种;播前用清水浸种 1~2 d。

3.4.2.10 朴树 *Celtis sinensis* Y. C. Tang(图 3.78)

又名沙朴。榆科,朴属。原产中国淮河流域、秦岭以南至华南各省区。

形态特征:落叶乔木,高达 20 m;树冠扁球形。树皮灰褐色,粗糙而不开裂。小枝幼时有毛,后渐脱落。叶质较厚,阔卵形或圆形,中上部边缘有锯齿;3 出脉,侧脉在 6 对以下,不直达叶缘,叶面无毛,叶脉沿背疏生短柔毛。叶柄长约 1 cm。花杂性同株;雄花簇生于当年生枝下部叶腋;雌花单生于枝上部叶腋,1~3 朵聚生。核果近球形,单生或两个并生,熟时红褐色,直径 4~5 mm,核果表面有凹点及棱背,果柄等长或稍长于叶柄。花期 4 月,果熟期 10 月。

生态习性:喜光,稍耐阴,耐水湿,亦有一定的抗寒能力。对土壤要求不严,喜肥沃湿润而深厚的土壤,耐轻盐碱土。深根性,抗风力强,寿命较长。

图 3.78 朴树

观赏用途:树冠圆满宽广,绿阴浓郁,是城乡绿化的重要树种。可孤植作庭阴树,也可作行道树。可选作厂矿区绿化及防风、护堤树种。又是制作盆景的常用树种。

繁殖:播种繁殖。秋季采种,堆放后熟,搓洗去果肉后阴干。秋播或湿沙层积贮藏至翌年春播。

3.4.2.11 枫香 *Liquidambar formosana* Hance.(图 3.79)

又名枫树、路路通。金缕梅科、枫香属。原产于中国、越南、老挝及日本。

图 3.79 枫香

形态特征:落叶乔木,高达 40 m,胸径可达 2 m。树冠广卵形或略扁平。树干通直,树皮幼时平滑,灰白色,老时变为黑褐色,不规则纵裂。叶常为掌状 3 浅裂,萌芽枝的叶常为 5~7 裂,长 6~12 cm,基部心形或截形,裂片先端尖,边缘有细锯齿,叶宽达 15 cm;幼叶有毛,后渐脱落,秋季日夜温差变大后叶变红、紫、橙红等。花单性同株,雄花序短穗状,多个排列成总状,无花瓣,雄蕊多数,顶生;雌花序头状,单生叶腋。聚合果球形,果序较大,径 3~4 cm,宿存花柱长达 1.5 cm,蒴果下部藏于果序轴内,刺状萼片宿存。花期 3~4 月,果 10 月成熟。

生态习性:性喜光,幼树稍耐阴,喜温暖湿润气候,在湿润、肥沃而深厚的红黄壤土上生长良好。耐干旱瘠薄土壤,不耐水涝。深根性,主根粗长,抗风力强,不耐移植及修剪。萌蘖性强,可天然更新。对二氧化硫、氯气等有较强抗性。

观赏用途:枫香树高干直,树冠宽阔,气势雄伟,深秋叶色红艳,美丽壮观,是南方著名的秋色叶树种,适宜在丘陵、低山地区营造风景林,亦可在园林中作庭阴树或行道树,或于草地孤植、丛植,或于山坡、池畔与其他树木混植。倘与常绿树丛配合种植,秋季红绿相衬,会显得格外美丽。又因枫香具有较强的耐火性和对有毒气体的抗性,可用于厂矿区绿化。

繁殖:主要用播种繁殖,扦插也可,但效果不好。

3.4.2.12 杜仲 *Eucommia ulmoides* Oliv.(图 3.80)

杜仲科,杜仲属。仅一属一种,中国特有种。

图 3.80　杜仲

形态特征:落叶乔木,高可达 20 m,胸径 1 m,树冠球形或卵形。树皮灰色,有裂纹,裂纹随树龄增加而变得逐渐深广。小枝光滑,有皮孔,具片状髓,无顶芽。单叶互生,长椭圆形,羽状脉,先端渐尖,基部楔形,缘有细锯齿,老叶表面叶脉下陷,呈皱纹状,叶背有柔毛,脉上尤密。叶片折断后可拉出白色胶丝。雌雄异株,无花被,生于幼枝基部的苞叶内,先叶开放或与叶同时开放。翅果长椭圆形,扁平,长约 3.5 cm,顶端 2 裂,种子 1 粒。花期 4～5 月,果期 10～11 月。

生态习性:喜光,不耐庇阴。喜温暖、湿润环境和土层深厚、疏松肥沃、排水良好的土壤。适应性较强,有相当强的耐寒力,能耐—20℃的低温;在酸性、中性及微碱性土上均能正常生长,并有一定的耐盐碱性。在水肥不足,过湿、过干、过于贫瘠时生长不良。根系较浅而侧根发达,萌蘖性强,生长速度中等。

观赏用途:本种树干端直,枝叶茂密,树形整齐优美,可作庭阴树及行道树。也可用于一般的荒山绿化。此外还是重要的特用经济树种。

繁殖:主要用播种繁殖,扦插、压条、分蘖或根插均可。播种前可用 45℃温水浸种 2～3 d。扦插多在初夏行嫩枝扦插,硬枝扦插不易生根。

3.4.2.13　'紫叶'李 *Prunus cerasifera* Ehrh. 'Atropurpurea' Jacq.(图 3.81)

又名红叶李。蔷薇科,梅亚科,梅属。原产亚洲西部,各地均有栽培。

形态特征:落叶小乔木,树冠圆形或扁圆形,小枝红褐色。叶卵形或倒卵形,紫红色,先端突渐尖,基部楔形,边缘具重锯齿,下面脉腋有毛。花单生或 2～3 朵簇生,淡粉红色,径 1.5～2.0 cm,花梗长 1.5～3.5 cm。核果卵球形,暗酒红色。花期 4～5 月,果熟期 7～9 月。

生态习性:喜温暖湿润气候,喜光,耐半阴,但在阴蔽环境下叶色不鲜艳。耐寒,不耐干旱、瘠薄。喜肥沃而排水良好的土壤,根系较浅,萌蘖力较强,对有害气体有一定的抗性。

图 3.81　'紫叶'李

观赏用途:本种枝广展,叶自春至秋呈红色,尤以春季最为鲜艳,是美丽的常色叶树种,在园林中可观叶、观花。适宜在建筑物前、园路旁及草坪角隅处栽植,也可用于道路分隔带的绿化。

繁殖:繁殖以嫁接为主,砧木可选实生的桃、梅、李、杏等。也可插条繁殖。

3.4.2.14　槐树 *Sophora japonica* L.(图 3.82)

又名国槐、家槐。豆科,蝶形花亚科,槐属。原产中国北部。

形态特征:落叶乔木,高达 25 m,树冠圆球形。干皮暗灰色,小枝绿色,皮孔明显,无顶芽,侧芽为柄下芽。奇数羽状复叶,互生,小叶 7～17 枚,卵形至披针形、卵圆形,长 2.5～5.0 cm,叶端尖,叶基圆形至广楔形,叶背有白粉及柔毛。顶生圆锥花序,花两性,蝶形,黄白色。荚果肉质,串珠状,成熟后干涸不开裂,常见挂树梢,经冬不落。6～8月开花,9～10月果实成熟。

槐树有观赏价值的变种较多,常见的有:

龙爪槐(var. *pendula* Loud.):小枝弯曲下垂,树冠呈伞状,园林中栽培较多。

紫花槐(var. *pubescens* Bosse.):小叶 15～17 枚,叶背有蓝灰色丝状短柔毛,花的翼瓣和龙骨瓣常带紫色,花期最迟。

五叶槐(var. *oligophylla* Franch.):小叶 3～5 簇生,顶生小叶常 3 裂,侧生小叶下部常用大裂片,形似蝴蝶,故又名蝴蝶槐。小叶叶背有毛。

图 3.82 槐树

生态习性:喜光,幼时稍耐阴。喜干冷气候,但在高温多湿的华南也能生长。喜湿润、肥沃、深厚、排水良好的沙质土壤,但在酸性、石灰性及轻度盐碱土上也能正常生长。但在干燥贫瘠的山地及低洼积水处生长不良。耐烟尘,对二氧化硫、氯气、氯化氢均有较强的抗性。生长快,寿命长,耐修剪。

观赏用途:树冠宽广,枝叶繁茂,羽状复叶具有一定的观赏价值,寿命长,能适应城市环境,是良好的行道树和庭阴树。由于能抗多种有毒气体,又是厂矿区的良好绿化材料。其变种龙爪槐是庭院绿化的传统树种,常对植于门前或庭院中,又宜列植于建筑前或草坪边缘。五叶槐,叶形奇特,宛若千万只绿色的蝴蝶栖息于树上,堪称奇观,但宜独植,不宜丛植或片植。

繁殖:主要用播种繁殖,也可分蘖或扦插繁殖。

3.4.2.15 臭椿 *Ailanthus altissima*(Mill.)Swingle.(图 3.83)

又名樗树。苦木科,臭椿属。原产中国、朝鲜、日本。

图 3.83 臭椿

形态特征:落叶乔木,高可达 30 m。树皮灰白色或灰黑色,平滑,稍有浅裂纹。小枝粗壮,顶芽缺。叶痕大,倒卵形,内具 9 个维管束痕。奇数羽状复叶,互生,小叶 13～25 枚,卵状披针形,中上部全缘,近基部有 1～2 对粗锯齿,齿顶有腺点,叶揉碎后有臭味;叶背稍有白粉,无毛或沿中脉有毛。圆锥花序顶生,花绿白色,花瓣 5,长 2.0～2.5 cm,柱头 5 裂。翅果长椭圆形,长 3.0～4.5 cm,种子位于翅的中间,扁圆形,果色由绿变黄至红褐色。花期 4～5 月,果 9～10 月成熟。

生态习性:喜光,不耐阴。耐寒,耐旱,耐瘠薄,唯不耐水湿,长期积水会烂根死亡。适应性强,分布广。除黏土外,各种土壤都能生长,但以深厚、肥沃、湿润的沙质土壤生长最好。深根性树种,萌蘖性强,生长较快。对烟尘与二氧化硫的抗性较强,病虫害较少。

观赏用途:树干通直高大,树冠圆整如半球状,颇为壮观。叶大阴浓,春季嫩叶紫红色,秋季又红果满树,是良好的观赏树、庭阴树和行道树,美国、英国、法国、德国、意大利、印度等国家常用作行道树,被称为"天堂树"。可孤植、丛植或与其他树种混栽,因抗性强,还可用于工矿区绿化、荒山造林、水土保持和土壤改良。

繁殖:播种繁殖。播前用 40℃温水浸种一昼夜,可提前 5～6 d 发芽。

3.4.2.16 香椿 *Toona sinensis* (A. Juss.) Roem.(图 3.84)

楝科,香椿属。原产中国中部,现辽宁南部、华北至东南和西南各地均有栽培。

图 3.84 香椿

形态特征:落叶乔木,高达 25 m。树皮暗褐色,条片状剥落。小枝粗壮,叶痕大,扁圆形,内有 5 维管束痕。偶数羽状复叶(稀奇数)互生,有香气,小叶 5～10 对,长椭圆形至广披针形,叶端锐尖,长 8～15 cm,宽 4 cm,基部不对称,全缘或具不明显钝锯齿。幼叶紫红色,成年叶绿色。复聚伞花序顶生,两性花小,五数,白色,有香味,子房花盘均无毛。蒴果长椭圆形,长 2 cm 左右,成熟后呈红褐色,果皮革质,5 瓣裂,开裂成钟形。种子椭圆形,上有膜质长翅,种粒小,发芽率低,含油量高,油可食用。花期 5～6 月,果实 9～10 月成熟。

生态习性:喜光,不耐庇阴;喜温暖湿润气候,也有一定耐寒力。对土壤要求不严,在中性、酸性及钙质土上均生长良好,也能耐轻盐碱土,较耐水湿,但以深厚、肥沃、湿润的沙壤土上生长最好。深根性,萌芽、萌蘖力均强;生长速度中等偏快,对有毒气体抗性较强。

观赏用途:树体高大,枝叶茂密,嫩叶红艳,是良好的庭阴树及行道树,也可以配植于房前、院落、草坪、斜坡、水畔等地进行观赏。由于其嫩叶可做蔬菜,是很好的"四旁"绿化树种。

繁殖:以播种繁殖为主,也可分蘖、扦插或埋根繁殖。秋季种子成熟后要及时采收,否则蒴果开裂后种子极易飞散。播种前用温水浸种能提早发芽且促使出苗整齐。

3.4.2.17 重阳木 *Bischofia polycarpa* (Levl.) Airy Shaw(图 3.85)

大戟科,重阳木属。原产中国的秦岭、淮河流域以南至两广北部,在长江中下游平原最为常见。

形态特征:落叶乔木,高达 10 m,树皮棕褐或黑褐色,纵裂。全株光滑无毛,三小叶组成掌状复叶互生,具长叶柄,叶片长圆卵形或椭圆状卵形,长 5～11 cm,宽 3～7 cm,先端突尖或渐尖,基部圆形或近心形,边缘有细钝锯齿,每厘米约 4～5 个,两面光滑;叶柄长 4～10 cm。腋生总状花序,花小,淡绿色,有花萼无花瓣,雄花序多簇生,花梗短细,雌花序疏而长,花梗粗壮。雌雄异株。浆果球形,径 0.5～0.7 cm,熟时红褐或棕褐色,种子细小,有光泽。花期 4～5 月,果期 10～11 月。

生态习性:暖温带树种。喜光也稍耐阴,对土壤的酸碱性要求不严,喜温暖湿润的气候和深厚肥沃的沙质土壤。较耐水湿,抗风、抗有毒气体。适应能力强,生长快速,耐寒能力弱。

图 3.85 重阳木

观赏用途:树姿优美,冠如伞盖,早春嫩叶鲜绿光亮,入秋叶色转红,艳丽夺目,抗风耐湿,生长快速,是良好的庭阴和行道树种。用于堤岸、溪边、湖畔和草坪周围作为点缀树种极有观赏价值。孤植、丛植或与常绿树种配置,可形成秀丽秋景。

繁殖:播种繁殖。秋季果熟后采收,用水浸泡后搓烂果皮,淘出种子,晾干后装袋于室内贮藏或拌沙贮藏。翌年早春播种。

3.4.2.18 乌桕 *Sapium sebiferum* (L.) Roxb. (图 3.86)

大戟科,乌桕属。中国、日本、印度均有分布。

形态特征:落叶乔木,高达 15 m,树冠圆球形,体内含乳汁。树皮暗灰色,浅纵裂。小枝纤细。单叶互生,纸质,菱状广卵形,先端尾状,基部广楔形,全缘,两面均光滑无毛,叶柄细长,顶端有 2 个腺点。穗状花序顶生,花小,黄绿色。蒴果三棱状球形,径约 1.5 cm,熟时黑色,三裂,果皮脱落。种子黑色,外被白蜡,固定于中轴上,经冬不落。花期 5～7 月,果 10～11 月成熟。

图 3.86 乌桕

生态习性:喜光,不耐阴。喜温暖环境,不甚耐寒。对土壤适应性较强,沿河两岸冲积土、平原水稻土,低山丘陵黏质红壤、山地红黄壤都能生长。以深厚湿润肥沃的冲积土生长最好。土壤水分条件好生长旺盛。能耐短期积水,亦耐旱。主根发达,抗风力强。寿命较长。能抗火烧,对二氧化硫及氯化氢抗性强。

观赏用途:乌桕树冠整齐,叶形秀丽,秋叶经霜后或深红、或紫红、或杏黄,娇艳夺目,有"乌桕赤于枫,园林二月中"之赞名。落叶后满树白色种子似小白花,经冬不落,"偶看柏树梢头白,凝是江梅小着花"。乌桕是长江流域主要的秋景树种。宜庭园、公园、绿地孤植、丛植或群植,亦于池畔、溪流旁、建筑周围作护堤树、庭阴树,也可用作行道树或与各种常绿或秋景树种混植风景林点缀秋景。

繁殖:一般用播种法,优良品种用嫁接法。

3.4.2.19 黄连木 *Pistacia chinensis* Bunge. (图 3.87)

又名楷木。漆树科,黄连木属。原产中国,分布极广,北自黄河流域,南至两广及西南各省均有分布。

图 3.87 黄连木

形态特征:落叶乔木,高达 30 m,胸径 2 m。树冠近圆球形;冬芽红色。树皮薄片状剥落。偶数羽状复叶,互生;小叶 10～14,披针形或卵状披针形,长 5～9 cm,全缘,先端渐尖,叶基歪斜,几无柄。圆锥花序,腋生,雄花序淡绿色,雌花序紫红色。核果倒卵状球形,径 0.4～0.6 cm,初为黄白色,后变红色至蓝紫色。花期 3～4 月;果 9～11 月成熟。因其木材色黄而味苦,故名"黄连木"或"黄连树"。

生态习性:喜光,幼时稍耐阴;喜温暖,畏严寒;耐干旱瘠薄,对土壤要求不严,在肥沃、湿润而排水良好的石灰岩山地生长最好。深根性,主根发达,抗风力强;萌芽力强。生长较慢,寿命可长达 300 年以上。对二氧化硫、氯化氢和煤烟的抗性较强。

观赏用途:树冠浑圆,枝叶繁茂而秀丽,早春嫩叶红色,红色的雌花序也极美观,入秋叶又变成深红或橙黄色。宜作庭阴树、行道树及山林风景树,也常作"四旁"绿化及低山区造林树种。在园林中植于草坪、坡地、山谷或于山石、亭阁之旁配植无不相宜。若要构成大片秋色红叶林,可与槭类、枫香等混植,效果更好。黄连木寿命长达几百年,是城市及风景区的优良绿化树种。

繁殖:播种、扦插或分蘖繁殖均可。

3.4.2.20 盐肤木 *Rhus chinensis* Mill.(图 3.88)

又名五倍子树。漆树科,漆树属。原产中国、日本、朝鲜、越南和马来西亚。

图 3.88 盐肤木

形态特征:落叶灌木至小乔木;高 8~10 m;树冠圆形。枝开展,枝芽密生黄色茸毛。叶互生,奇数羽状复叶,小叶 7~13,无柄,卵形至卵状椭圆形,长 6~12 cm,宽 4~6 cm,顶端急尖,基部圆形至楔形,边缘有粗锯齿,叶面暗绿色,叶背粉绿色,密被灰褐色毛,纸质,叶轴和叶柄常有狭翅。圆锥花序顶生,直立,宽大,密生棕褐色柔毛。花小,杂性同株;花萼 5 裂,绿黄色;花瓣 5,白色,丝线形;雄蕊 5,花药卵形;花柱 3,1 室 1 胚珠。果序直立,核果,球形或扁圆形,成熟后橘红色,密被毛。花期 7~8 月,果期 10~11 月。

生态习性:喜光,喜温暖湿润气候,也能耐寒冷和干旱。对土壤要求不严,酸性、中性或石灰岩的碱性土壤上都能生长,耐瘠薄,不耐水湿。根系发达,萌蘖性强。生长快,寿命较短,是荒山瘠地常见树种。

观赏用途:盐肤木秋叶鲜红,果实成熟时也呈橘红色,是很好的观叶观果树种。可群植来配置秋景,也可列植于步道、溪岸或用来点缀山林风景。

繁殖:繁殖用播种、分蘖、扦插、压条均可,主要用播种和扦插繁殖。

3.4.2.21 火炬树 *Rhus typhina* L.(图 3.89)

又名鹿角漆。漆树科,漆树属。原产北美,中国引种栽培,目前已推广到东北南部、华北、西北北部等许多省市进行栽培应用。

形态特征:落叶小乔木,高达 8 m 左右。分枝少,小枝粗壮,密生长柔毛。奇数羽状复叶,互生,小叶 11~23 枚,长圆形至披针形,缘有锯齿,叶表面绿色,背面粉白,均被密柔毛,叶轴无翅。雌雄异株,顶生直立圆锥花序,雌花序、果序密生茸毛,紧密聚生成火炬状。果实 9 月成熟后经久不落,秋叶变红,十分壮观。花期 6~7 月,果熟期 8~9 月。

生态习性:阳性树,性强健,耐寒,耐旱,耐盐碱。根系浅但水平根发达,根萌蘖性强,其生长速度极快,可一年成林,但寿命较短。

观赏用途:该种雌花序、果序均亮红似火炬,夏秋之际缀于枝头,极为美丽;入秋后叶色变红,十分鲜艳,是极富观赏价值的观赏树种。根系发达,萌蘖性又强,也是固堤护坡及封滩

图 3.89 火炬树

固沙的好树种。但使用时应注意避免产生外来物种入侵。

繁殖:播种、分蘖和插根法。种子在播前用90℃热水浸烫,除去蜡质,再催芽;或在植后第二年春把根挖出来,剪成10 cm的小段,埋在土中自然萌发成苗。

3.4.2.22　南酸枣 *Choerospondias axillaris* (Roxb.) Burtt. et Hill. (图 3.90)

漆树科,南酸枣属。原产中国和印度,中国主要分布于湖北、湖南、广东、广西、四川、贵州、江苏、云南、福建、江西、浙江、安徽等华南和西南省区。

形态特征:落叶乔木,高达30 m。树干端直,树皮灰褐色,纵裂呈片状剥落。奇数羽状复叶,互生,长20～30 cm,小叶对生,纸质,卵状披针形,长8～14 cm,先端长渐尖,基部不等而偏斜,全缘或萌芽枝上叶有锯齿,背面脉腋内有簇毛;花杂性异株,花序腋生,单性花组成圆锥花序,两性花则组成总状花序。核果椭圆状卵形,核端有5个大小相等的小孔,成熟时黄色。花期4～5月,果期8～10月。

生态习性:阳性树,也能稍耐阴。喜温暖湿润气候,不耐寒。喜土层深厚、排水良好的酸性至中性土壤,不耐水淹和盐碱。浅根性,侧根粗大平展,萌芽力强,生长快,对二氧化硫、氯气抗性强。

观赏用途:本种树干端直,冠大阴浓,秋叶变黄,是良好的庭阴树及行道树。孤植或丛植于草坪、坡地、水畔,或与其他树种混交成林都很合适,并可用于厂矿区绿化。

图 3.90　南酸枣

繁殖:播种繁殖。秋季随采随播或沙藏至次春播种。春播需50℃温水浸种催芽。播种注意种子有孔的一端应朝上。

3.4.2.23　黄栌 *Cotinus coggygria* Scop. (图 3.91)

又名红叶。漆树科,黄栌属。原产中国,南欧、伊朗、叙利亚、巴基斯坦及印度北部等地也有栽培。

形态特征:落叶小乔木或灌木,高达8 m。树冠圆形,树皮暗灰褐色不开裂。小枝紫褐色,被蜡粉。单叶互生,宽卵形至倒卵形,长3～8 cm,先端圆或微凹,基部圆形或宽楔形,全缘,无毛或仅背面脉上有短柔毛,侧脉顶端常2叉状;叶柄细长。花小,杂性,黄绿色,顶生圆锥花序,初夏花后,有多数不育花的紫绿色羽毛状细长花梗宿存。果序长5～20 cm,核果肾形,极压扁,红色。花期4～5月,果熟期6～7月。

生态习性:阳性树,喜光,也耐半阴;耐寒,耐干旱瘠薄和碱性土壤,不耐水湿。以深厚、肥沃而排水良好之沙壤土生长最好。侧根发达,萌蘖性强,生长快。秋季当昼夜温差大于10℃时,叶色变红。对二氧化硫有

图 3.91　黄栌

较强抗性,对氯化物较敏感。

观赏用途:叶子秋季变红,色泽鲜艳,著名的北京香山红叶即为本种。黄栌开花后淡紫色

羽毛状的花梗也非常漂亮,并且能在树梢宿存很久,成片栽植时远望宛如万缕罗纱缭绕林间,故有"烟树"的美誉。在园林中适宜丛植于草坪、土丘或山坡,亦可混植于其他树群尤其是常绿树群中,能为园林增添秋色,也可在郊区山地、水库周围营造大面积风景林,或作为荒山造林先锋树种。

繁殖:以播种繁殖为主,压条、根插、分株、嫩枝扦插也可,栽培品种主要用嫁接繁殖。

3.4.2.24　三角枫 *Acer buergerianum* Miq.（图 3.92）

又名三角槭。槭树科,槭树属。主产中国长江中下游各省(区),北到山东,南至广东、台湾均有分布。日本也有分布。

图 3.92　三角枫

形态特征:落叶乔木,多数高 5～10 m,少数可达 20 m。树冠卵形;树皮暗褐色,长条状薄片剥落。小枝细,幼时有短柔毛,后变无毛,稍有白粉。叶常三浅裂,有时不裂,长 4～10 cm,宽 3～5 cm,基部圆形或广楔形,掌状三出脉,裂片三角形,全缘或上部略有浅齿,表面深绿色,无毛,背面有白粉,初有细柔毛,后变无毛。顶生伞房花序,有柔毛;4 月开花,花小,杂性,黄绿色;子房密生柔毛。果核部分两面凸起,两果翅张开成锐角或近于平行,8～9 月成熟。

生态习性:温带树种,喜光也耐阴。喜温暖湿润的气候和深厚肥沃、排水良好的土壤。较耐水湿,萌芽力强,耐修剪,寿命 100 年左右。

观赏用途:树姿优雅,干皮美丽,春季花色黄绿,入秋叶片变红,是良好的园林绿化树种和观叶树种。用作行道树或庭阴树以及草坪中点缀较为适宜。耐修剪,可蟠扎造型,用作树桩盆景,也可栽培作绿篱。

繁殖:播种繁殖。种子采后去翅干藏,可秋播也可春播。春播前 2 周浸种,混沙催芽后播种。

3.4.2.25　五角枫 *Acer mono* Maxim.（图 3.93）

又名色木、五角槭、色木槭。槭树科,槭树属。原产中国,广布于东北、华北及长江流域各省。俄罗斯西伯利亚东部、蒙古、朝鲜和日本也有分布。

形态特征:落叶乔木,高达 20 m。树皮暗灰色,纵裂。小枝灰色,具卵圆形皮孔。冬芽紫褐色,有短柄。叶通常 5 裂,有时 3 或 7 裂,裂深达叶片中部,裂片卵状三角形,顶部渐尖或长尖,全缘。叶长 6～8 cm,宽 9～11 cm,基部心形或浅心形,表面绿色,无毛,背面淡绿色,基部脉腋有簇毛,基出 5 主脉,明显,叶柄细,长 2～6 cm。花杂性,黄绿色,成顶生伞房花序;萼片和花瓣各 5;雄蕊 8,生于花盘内侧边缘,柱头 2 裂,反卷。翅果极扁平,长 3.0～3.5 cm,两翅开展成钝角或近水平,翅长约为小坚果的 2 倍,成熟时淡黄色。花期 4～5 月,果熟期 9～10 月。

生态习性:弱阳性,稍耐阴,耐严寒,较抗风,喜湿润凉爽

图 3.93　五角枫

气候,不耐干热和强烈日晒;对土壤要求不严,在中性、酸性及石灰性土上均能生长,但以土层深厚、肥沃及湿润之地生长最好。自然界多生长于阴坡山谷及溪沟两边。生长速度中等,深根性;很少病虫害。对二氧化硫、氟化氢的抗性较强,吸附粉尘的能力亦较强。

观赏用途:本种树冠大,树姿优美,叶、果秀丽,嫩叶红色,入秋叶色变为红色或黄色,为著名秋季观红叶树种。与其他秋色叶树种或常绿树配植,彼此衬托掩映,可增加秋景色彩之美。也可用作庭阴树、行道树或防护林。

繁殖:播种繁殖。种子干藏越冬,次年春天催芽后播种。

3.4.2.26 鸡爪槭 *Acer palmatum* Thunb.(图 3.94)

又名鸡爪枫、青枫。槭树科,槭树属。原产于中国、日本和朝鲜。

形态特征:落叶小乔木,树皮平滑,高可达 10 m。树冠扁圆形或伞形,小枝细长光滑,紫色或灰紫色。单叶对生,掌状 5～9 深裂,裂片长卵形至披针形,基部心形,边缘具重锯齿,先端锐尖。嫩叶两面密生柔毛,略带淡淡红晕,后叶表面光滑,背面脉腋有白簇毛,入秋转为红色。顶生伞房花序,花杂性同株,紫红色,萼片背面有白色长柔毛,子房无毛。翅果小而平滑,两翅展开成钝角,幼时紫红色,成熟后为棕黄色。花期 4～5 月,果熟期 9～10 月。

图 3.94 鸡爪槭

鸡爪槭的变种或品种很多,常见的有:

'小叶'鸡爪槭(var. *thunbergii* Pax.):叶较小,径约 4 cm,掌状 7 深裂,裂片狭窄,缘有尖锐重锯齿,先端长尖,翅果短小。

'细叶'鸡爪槭('Dissectum'):又名羽毛枫。叶掌状深裂几达基部,7～11 裂,裂片狭长又羽状分裂,具细尖齿。树冠开展,枝略下垂,通常树体较矮小。

'红细叶'鸡爪槭('Dissectum Ornatum'):又名红羽毛枫。外形同细叶鸡爪槭,但叶片常年红色或紫红色。

'紫红'鸡爪槭('Atropurpureum'):又名红枫。外形同鸡爪槭,但叶色常年红色或紫红色。

生态习性:弱阳性,耐半阴,忌强光直射,但光线不足处叶色暗淡。喜温暖湿润气候及肥沃、湿润而排水良好的土壤,酸性、中性及石灰质土均能适应。耐寒性不强。

观赏用途:该种树姿婆娑,叶形秀丽,入秋叶色红艳,加之品种较多,为著名的园林观叶树种。在园林绿化中,常用不同品种配植于一起,形成色彩斑斓的槭树园;也可在常绿树丛中间植鸡爪槭,营造"万绿丛中一点红"景观;以常绿树或白粉墙作背景衬托,尤感美丽多姿。植于山麓、池畔、以显其潇洒、婆娑的绰约风姿;配以山石,则具古雅之趣。还可植于花坛中作主景树,植于园门两侧,建筑物角隅,装点风景。也可盆栽用于室内美化或制作盆景和插花。

繁殖:多用播种繁殖,园艺变种常用嫁接繁殖。

3.4.2.27 栾树 *Koelreuteria paniculata* Laxm.(图 3.95)

又名灯笼树。无患子科,栾树属。原产中国北部及中部。日本、朝鲜也有分布。

形态特征:落叶乔木。高达 15 m;树冠近圆球形。树皮灰褐色,细纵裂;小枝稍有圆棱,无

图 3.95 栾树

顶芽,皮孔明显。奇数羽状复叶。有时部分小叶深裂而为不完全的 2 回羽状复叶,长达 40 cm,小叶 7～15 cm,卵形或长卵形,边缘具锯齿或裂片,背面沿脉有短柔毛。顶生大型圆锥花序,小花金黄色。蒴果三角状卵形,成熟时橘红色或红褐色。花期 6～7 月,果期 9～10 月。

生态习性:阳性树种,喜光,稍耐半阴;较耐寒;耐干旱和瘠薄,也耐低湿及短期涝害。深根性,根强健,萌蘖力强,生长中速,幼时较缓,以后渐快。抗风能力较强。适生性广,对土壤要求不严,在微酸及碱性土壤上都能生长,较喜欢生长于石灰质土壤中。

观赏用途:栾树春季嫩叶多为红色,入秋叶色变黄,是少有的既有春色叶又有秋色叶的树种。栾树除春秋季可观色叶外,夏季可观满树黄花,秋冬又可观灯笼一样的果实,是极好的观叶、观花、观果树种,目前已大量将它作为庭阴树、行道树及园景树,同时也作为居民区、工厂区及村旁绿化树种。

繁殖:以播种繁殖为主,分蘖或根插亦可。

3.4.2.28　全缘叶栾树 *Koelreuteria integrifolia* Merr.（图 3.96）

又称黄山栾、山膀胱、灯笼树。无患子科,栾树属。原产中国的江苏南部、浙江、安徽、江西、湖南、广东、广西等省区。

形态特征:落叶乔木。高达 17～20 m;树冠广卵形。树皮暗灰色,幼树光滑,老树树皮片状剥落;小枝暗棕色,密生皮孔。2 回羽状复叶,长 30～40 cm,小叶 7～11,长椭圆状卵形,长 4～10 cm,先端渐尖,基部圆形或广楔形,全缘或偶有锯齿,两面无毛或背脉有毛。小花金黄色,成顶生大型圆锥花序。蒴果三角状卵形,长 4～5 cm,顶端钝而有短尖,成熟时橘红色或红褐色。花期 8～9 月,果期 10～11 月。

生态习性:喜光,幼树稍耐阴。喜温暖湿润气候,耐寒性差,对土壤要求不严,微酸性、中性土上均能生长。深根性,不耐修剪。

观赏用途:同栾树。

繁殖:同栾树。

图 3.96 全缘叶栾树

3.4.2.29　无患子 *Sapindus mukorossi* Gaertn.（图 3.97）

又名木患子、洗手果、肥珠子。无患子科,无患子属。原产中国华中、华东、华南至西南等地。

形态特征:落叶乔木,高达 20 m。枝开展,树冠广卵形或扁球形。树皮灰白色,平滑不裂。小枝淡黄色,无毛,有无数小皮孔。偶数羽状复叶,小叶 8～14 枚,互生或近对生,卵状披形或长椭圆形,先端尖,基部不对称,全缘,薄革质,无毛。圆锥花序顶生,花黄白色或带淡紫色;花小,开放时直径 3～4 mm;萼片和花瓣各 5,边缘有小睫毛;花瓣的瓣柄内侧有被长柔毛的鳞片

2 片。核果球形,熟时淡黄色。花期 5～6 月,果熟期 10 月。

生态习性:喜光,稍耐阴,耐寒能力较强。对土壤要求不严,深根性,抗风力强。不耐水湿,能耐干旱。萌芽力弱,不耐修剪。生长较快,寿命长。对二氧化硫抗性较强。

观赏用途:无患子树冠开展,枝叶稠密,初夏开花,煞是美丽,秋叶金黄,颇为美观,是优良的庭阴树和行道树。孤植、丛植在草坪、路旁和建筑物旁都很合适。若与其他秋色叶树种及常绿树种配植,更可为园林秋景增色。

繁殖:用播种法繁殖。秋季果熟时采收,水浸沤烂后搓去果肉,洗净种子后阴干,湿沙层积越冬,春天 3～4 月间播种。

图 3.97　无患子

3.4.2.30　枳椇 *Hovenia dulcis* Thunb.（图 3.98）

又名拐枣、甜半夜。鼠李科、枳椇属。原产中国和日本。

形态特征:落叶乔木,高达 15～25 m。树皮灰黑色,深纵裂,小枝红褐色;叶互生,广卵形,长 8～15 cm,宽 6～10 cm,先端尖,基部近圆形,边缘具粗钝锯齿,基部 3 出脉,背面无毛或仅脉上有毛。聚伞花序腋生或顶生,两性花绿色,花瓣 5 片,倒卵形,有雄蕊 5 枚、雌蕊 1 枚、子房 3 室,每室 1 胚珠。果实灰褐色,果柄肉质肥大,无毛,成熟后味甘可食。花期 6 月,果成熟期 9～10 月。

生态习性:喜光,有一定的耐寒能力;对土壤要求不严,在土层深厚、湿润而排水良好、光照充足处生长快,能成大材。深根性,萌芽力强。

观赏用途:生长快,叶大而圆,叶色浓绿,树形优美,病虫害少,适应性强,是良好的庭阴树、行道树和"四旁"绿化树种。因其果柄可作水果食用,因此也可以列入观光果园布局,但在酒厂附近不宜种植,因其枝叶、果实有败酒作用。

图 3.98　枳椇

繁殖:主要用播种繁殖,也可扦插、分蘖繁殖。秋季果熟后采收,除去果梗后晒干,碾碎果壳,筛出种子,沙藏越冬,春季条播。

3.4.2.31　刺楸 *Kalopanax septemlobus*（Thunb.）Koidz.（图 3.99）

五加科、刺楸属。中国、朝鲜、日本及远东地区均有分布。

形态特征:落叶乔木,高达 30 m,树皮深纵裂。枝粗壮,具宽扁大皮刺。单叶互生,掌状 5 裂,有时可达 7 裂,裂片三角状卵形或卵状长椭圆形,先端尖,边缘有细锯齿,无毛或背面基部脉腋有毛簇;叶片横径 7～20 cm 或更大,叶柄长 6～30 cm,较叶片长。花小,白色或淡黄绿色,两性,具细长花梗,成伞形花序后再集成短总状花序;花部 5 数,花瓣镊合状,花盘凸出。核果近球形,径约 5 mm,成熟时蓝黑色,端有细长宿存花柱,种子有坚实胚乳。花期 7～8 月,果熟期 9～10 月。

图 3.99　刺楸

生态习性:喜光,对气候适应性强,喜土层深厚湿润的酸性土或中性土。深根性,速生,少病虫害。

观赏用途:刺楸叶大干直,树形颇为壮观,并富有野趣,适宜在自然风景区绿化时用。也可以在园林中作孤植树或庭阴树栽植,也是低山区重要的造林树种。

繁殖:播种或根插法繁殖。

3.4.2.32　白蜡 *Fraxinus chinensis* Roxb.(图 3.100)

又名青榔木、白荆树等。木犀科,白蜡树属。原产中国、朝鲜和越南。在中国分布极广,北自中国东北中南部,经黄河流域、长江流域,南达广东、广西,东南至福建,西至甘肃均有分布。

图 3.100　白蜡

形态特征:落叶乔木,株高 15 m 以上。树冠卵圆形,树皮灰褐色,纵裂。小枝光滑无毛;冬芽黑褐色,被茸毛。奇数羽状复叶,小叶 5~9 枚,通常 7 枚,卵圆形或卵状椭圆形,长 5~9 cm,先端渐尖,基部狭,不对称,具短柄,缘有波状齿,表面无毛,背面沿脉有短柔毛;圆锥花序侧生或顶生于当年生枝上,大而疏松,无毛;萼钟状,不规则,4 深裂;无花冠。翅果倒披针形,长 3.5~4.0 cm,尖端钝,短尖或凹入。花期 4~5 月,果期 9~10 月。

生态习性:喜光,稍耐阴;喜温暖湿润气候,也较耐寒;喜湿耐涝,也耐干旱。对土壤要求不严,碱性、中性、酸性土壤上均能生长。抗烟尘,对二氧化硫、氯气、氟化氢有较强抗性。萌芽力强,耐修剪。生长较快,寿命较长,可达 200 年以上。

观赏用途:树形端正,树干通直,枝叶繁茂而鲜绿,秋叶橙黄,是优良的行道树和遮阴树;其又耐水湿,抗烟尘,可用于湖岸绿化和工矿区绿化。

繁殖:播种或扦插繁殖。可秋季随采随播,也可混干沙贮藏至次春播。春播时需用温水浸泡处理,或混湿沙在室内催芽后播种。

同属观叶植物还有水曲柳(*F. mandshurica* Rupr.)、洋白蜡(*F. pennsylvanica* Marsh.)以及绒毛白蜡(*F. velutina* Torr.)。白蜡的花序生于当年生枝顶及叶腋,叶后开放。这三个树种的花序生于二年生枝侧,先叶开放。

水曲柳又名满洲白蜡,是经济价值较高的用材树种,小叶 7~13,无小叶柄,小叶基部密生黄褐色茸毛。

洋白蜡小叶通常 7 枚,卵状长椭圆形至披针形,长 8~14 cm,翅果长 3~6 cm。

绒毛白蜡小叶 3~7,通常 5 枚,椭圆形至卵形,长 3~8 cm,翅果长 2~3 cm。洋白蜡和绒毛白蜡的用途同白蜡,两者小叶多少具小叶柄,小叶基部不生黄褐色毛。

3.4.3　灌木类观叶植物

3.4.3.1　铺地柏 *Sabina procumbens*(Endl.)Iwata. et Kusaka.(图 3.101)

又名爬地柏、矮桧、匍地柏、偃柏。柏科,圆柏属。原产日本。

形态特征:匍匐小灌木,高达75cm,冠幅逾2m;贴近地面伏生,枝条沿地面扩展,褐色。叶全为刺叶,3叶交叉轮生,叶上面有2条白色气孔线,下面基部有2白色斑点,叶基下延生长,叶长6~8mm;球果球形,内含种子2~3粒。

生态习性:为阳性树种,喜光,也较耐阴。耐干旱瘠薄,耐寒也耐热,不耐水湿。对土壤要求不严,能在干燥的沙地上生长良好,适生于肥沃、深厚、排水良好的石灰质土壤,轻度盐碱土也能生长。

观赏用途:在园林中可配植于岩石园或草坪角隅,又为缓土坡的良好地被植物,各地亦经常盆栽或做成盆景观赏。

繁殖:扦插繁殖。可于6月行软枝扦插或于10月行硬枝扦插。

图 3.101 铺地柏

3.4.3.2 十大功劳 *Mahonia fortunei* (Lindl.) Fedde.(图 3.102)

又名狭叶十大功劳。小檗科,十大功劳属。原产中国的四川、湖北、浙江等省。

图 3.102 十大功劳

形态特征:常绿灌木,高达2m,树皮灰色,木质部黄色,全体无毛。奇数羽状复叶互生,叶柄基部扁宽抱茎;小叶5~9,狭披针形,长8~12cm,宽0.7~1.5cm,顶生小叶较大,长7~12cm,先端急尖或渐尖,基部楔形,缘有刺齿6~13对,无叶柄,革质而有光泽。总状花序4~8条簇生于枝顶,花黄色。浆果近球形,熟时蓝黑色,有白粉。花期8~9月,果期10~11月。

生态习性:喜光,耐半阴;喜温暖湿润气候,但适应性强,有一定的耐寒、耐旱能力;对土壤要求不严,但以肥沃湿润、排水良好的沙质壤土上生长良好。萌蘖力强,耐修剪。

观赏用途:十大功劳四季常绿,树形雅致,枝叶奇特,花色鲜黄,十分典雅,常植于庭院、林缘、草地边缘,也可点缀假山、岩石,或作绿篱及基础种植材料,北方可盆栽观赏。

繁殖:播种、扦插或分株繁殖。

同属观叶植物:阔叶十大功劳(*Mahonia bealei* (Fort.) Carr.):见第四章第三节木本类观果植物。

3.4.3.3 紫叶小檗 *Berberis thunbergii* DC. f. *atropurpurea* Rehd.(图 3.103)

又名红叶小檗。小檗科,小檗属。原产日本,中国秦岭地区也有分布。

形态特征:落叶多枝灌木,高2~3m。叶深紫色或红色,幼枝紫红色,老枝灰褐色或紫褐色,有槽,具刺。叶全缘,菱形或倒卵形,在短枝上簇生。花单生或2~5朵成短总状花序,黄色,下垂,花瓣边缘有红色纹晕。浆果红色,宿存。花期4月,果熟期9~10月。

生态习性:喜凉爽湿润环境,耐寒也耐旱,不耐水涝,喜阳也能耐阴,萌蘖强,耐修剪,对各种土壤都能适应,在

图 3.103 紫叶小檗

肥沃深厚排水良好的土壤中生长更佳。

观赏用途：紫叶小檗叶色终年鲜红，春开黄花，秋缀红果，是叶、花、果俱美的观赏花木，适宜在园林中作花篱或在园路角隅丛植、大型花坛镶边或剪成球形对称状配植，或点缀在岩石间、池畔，也可制作盆景。

繁殖：主要采用扦插法，也可用分株、播种法。

3.4.3.4　蚊母树 *Distylium racemosum* Sieb. et Zucc.（图 3.104）

金缕梅科，蚊母树属。原产中国和日本。

形态特征：常绿乔木，高可达 25 m，但栽培常呈灌木状。树冠开展，球形。树皮暗灰色，粗糙，小枝略呈"之"字形曲折，嫩枝及裸芽被星状鳞毛。顶芽歪桃形，暗褐色；单叶互生，革质，椭圆形或倒卵形，先端钝或稍圆，全缘，光滑无毛，侧脉 5～6 对，在表面不显著，在背面略隆起。总状花序长约 2 cm，雌雄花同序，花药红色。蒴果卵形，长约 1 cm，密生星状毛，顶端有 2 宿存花柱。种子深褐色。花期 4～5 月，果熟期 9～10 月。

生态习性：喜光，稍耐阴。喜温暖湿润气候，也有一定耐寒性。对土壤要求不严，酸性、中性土均能适应，而以排水良好而肥沃、湿润土壤为最好。耐修剪，萌芽、发枝力强。抗污染力强，对有毒气体、烟尘均有较强抗性，能适应城市环境。

图 3.104　蚊母树

观赏用途：蚊母树枝叶繁茂、四季常青、抗性强，园林上常用作基础种植，植篱墙或整形后孤植、丛植于草坪、园路转角、湖滨，也可栽培在庭阴树下，是城市及工矿区绿化的优良树种。

繁殖：播种或扦插繁殖。3 月行硬枝扦插或梅雨季节行嫩枝扦插均可。

3.4.3.5　米兰 *Aglaia odorata* Lour.（图 3.105）

又名米仔兰、树兰，楝科，米兰属。原产东南亚，现广植于世界热带及亚热带地区。

形态特征：常绿灌木或小乔木。多分枝，高 4～7 m，树冠圆球形。顶芽、幼枝顶部具星状锈色鳞片，后脱落。奇数羽状复叶，互生，叶轴有窄翅，小叶 3～5，对生，倒卵形至长椭圆形，先端钝，基部楔形，两面无毛，全缘，叶脉明显。圆锥花序腋生，长 5～10 cm。花黄色，径约 2～3 mm，极香。花萼 5 裂，裂片圆形。花冠 5 瓣，长圆形或近圆形，比萼长。雄蕊花丝结合成筒，比花瓣短。雌蕊子房卵形，密生黄色粗毛。浆果，卵形或近球形，无毛，长约 1.2 cm。种子具肉质假种皮。花期 7～8 月，或四季开花。

生态习性：喜温暖湿润和阳光充足环境，稍耐阴，不耐寒，要求冬季温度不低于 10℃。土壤以疏松、肥沃的微酸性土壤为最好，不耐旱。

图 3.105　米兰

观赏用途：四季常绿，花放时节香气袭人。在南方庭院中，是极好的风景树。盆栽可陈列于客厅、书房和门廊，清新幽雅，舒人心身。

繁殖：压条和扦插繁殖。扦插多用嫩枝扦插，而压条多用高压法。

3.4.3.6　红背桂 *Excoecaria cochinchinensis* Lour.（图3.106）

又名青紫木。大戟科、土沉香属。原产中国的广东、广西，越南也有分布。

形态特征：常绿小灌木，株高0.5～1.0 m，多分枝丛生。叶对生，矩圆形或倒披针矩圆形，先端尖锐，表面绿色，背面紫红色，缘有小锯齿。穗状花序腋生，花小，初开时黄色，渐变为淡黄白色。花期6～8月。

生态习性：热带植物，喜温暖湿润，忌烈日，宜半阴，不耐寒，宜肥沃而排水良好的沙壤土。

观赏用途：本种株形矮小，秀气玲珑。叶片上绿下紫，使叶色显得瑰丽多彩，是庭园中优良的观叶植物。在气候温暖的地区可以种植于庭园角落、台阶侧或进行墙基绿化栽植，也可在室内盆栽装饰。

图3.106　红背桂

繁殖：扦插繁殖。1个多月即可发根。

3.4.3.7　山麻杆 *Alchornea davidii* Franch.（图3.107）

大戟科，山麻杆属。原产中国长江流域及陕西。

图3.107　山麻杆

形态特征：落叶丛生灌木，高1～2 m。枝干较粗，直立而少分枝，红棕色，幼枝密被茸毛，老枝光滑，具白色皮孔。单叶互生，纸质，广卵形或圆形，先端急尖或钝圆，基部心脏形，叶缘齿牙状，3主脉，叶背基部有腺点。早春嫩叶红、紫红或橘红，以后渐变绿色，叶背密被茸毛，带紫色。花单性同株，雄花密集成圆柱状短穗状花序，花萼4裂，雄蕊8枚，花丝分离；雌花为疏松总状花序，花萼4裂，子房3室，花柱3枚，细长。蒴果扁球形，密生短柔毛；种子球形。花期4～5月，果7～8月成熟。

生态习性：喜阳，稍耐阴。喜温暖湿润环境，抗寒力较弱。性强健，对土壤要求不严，在微酸性及中性土壤上均能生长，但以肥沃而排水良好的壤土生长最好。萌蘖力强，易更新。

观赏用途：春季嫩叶及嫩梢均为紫红色，十分醒目美观，平时叶也常带紫红褐色，异常绚丽，是园林中常见的观叶树种之一，可孤植或丛植于庭前、院内、路边、草坪边缘、山石旁或林缘，均为适宜。

繁殖：一般采用分株繁殖，扦插、播种也可进行。

3.4.3.8　变叶木 *Codiaeum variegatum*（L.）Bl.（图3.108）

又名洒金榕。大戟科，变叶木属。原产于马来西亚、太平洋群岛等地。

形态特征：常绿灌木或小乔木，高1～2 m，全株有乳状液体。单叶互生，有柄，厚革质；叶形和叶色依品种不同而有很大差异，叶片形状有线形、披针形至椭圆形，边缘全缘或者分裂，波浪状或螺旋状扭曲，甚为奇特，叶片上常具有白、紫、黄、红色的斑点或斑纹。总状花序生于上部叶腋，花白色不显眼。园艺品种很多。

生态习性：喜温暖湿润的气候，不耐霜雪，在强光、高温、多湿的

图3.108　变叶木

条件下生长良好。喜黏重、肥沃而具保水性的土壤。

观赏用途:变叶木因在其叶形、叶色上变化很大,能充分显示出色彩美、姿态美,在观叶植物中深受人们的喜爱。华南地区多用于公园、绿地和庭园美化,既可丛植,也可作绿篱;在长江流域及以北地区均作盆花栽培,装饰房间、厅堂和布置会场。其枝叶是插花理想的配叶料。

繁殖:多用扦插繁殖。4~6月为扦插适期。大型品种也可采用高空压条繁殖。

3.4.3.9　黄杨 *Buxus sinica* (Rehd. et Wils.) Cheng. (图 3.109)

黄杨科,黄杨属。原产中国的河南、陕西、甘肃、江苏、安徽、浙江、江西、广东、广西、湖北、四川、贵州等地区。

图 3.109　黄杨

形态特征:常绿灌木或小乔木,高达 7 m。枝叶较疏散,小枝及冬芽外鳞均有短柔毛。叶倒卵形、倒卵状椭圆形至广卵形,通常中部以上最宽,长 2.0~3.5 cm,先端圆或微凹,基部楔形,叶柄及叶背中脉基部有毛。花单性同株,无簇生叶腋或枝端,黄绿色。

生态习性:喜温暖湿润和阳光充足环境,耐干旱和半阴。要求疏松、肥沃和排水良好的沙壤土。弱阳性,耐修剪,较耐寒,抗污染。

观赏用途:枝叶繁茂,叶形别致,四季常青,常用于绿篱、花坛和盆栽,修剪成各种形状,是点缀小庭院和入口处的好材料。

繁殖:主要用扦插和压条繁殖。

同属观叶植物有:

雀舌黄杨(*B. bodinieri* Levl.):常绿小灌木,高通常不及 1 m。分枝多而密集,小枝四棱形。叶倒披针形至卵状长椭圆形,先端圆钝或微凹,基部窄楔形,两面中脉及侧脉均明显凸起。不育雄蕊和萼片近等长或稍超出。

锦熟黄杨(*B. sempervirens* L.):常绿灌木或小乔木,高 6~9 m。小枝及叶柄均被毛,小枝密集,四棱形,无明显翼。叶椭圆形至卵状长椭圆形,中部或中下部最宽,先端钝或微凹,叶面侧脉不明显。不育雄蕊高度仅为萼片长度的 1/2。

3.4.3.10　卫矛 *Euonymus alatus* (Thunb) Sieb. (图 3.110)

又名鬼箭羽,卫矛科,卫矛属。原产中国、朝鲜和日本。

形态特征:落叶灌木,高 2~3 m。小枝四棱形,有 2~4 条木栓质的阔翅。叶对生,倒卵状长椭圆形,长 3~5 cm,宽 1.0~2.5 cm,先端尖,基部楔形,边缘有细尖锯齿,两面无毛,叶柄极短;早春初发时及初秋霜后变紫红色。花黄绿色,径 5~7 mm,常 3 朵集成一具短梗的聚伞花序。蒴果棕紫色,深裂成 4 裂片,有时为 1~3 裂片;种子褐色,有橘红色假种皮。花期 5~6 月,果熟期 9~10 月。

生态习性:性喜光,也稍耐阴;对气候和土壤适应性强,耐寒,耐旱,耐瘠薄,在中性、酸性及石灰性土上均可正常生长。萌发力强,耐修剪,对二氧化硫有较强抗性。

观赏用途:本种枝条上具宽大的木栓翅,早春新叶及入秋红叶似锦,鲜艳夺目,果熟时具红色假种皮,是全年均具观

图 3.110　卫矛

赏性的优秀树种。适合群植,也可孤植或丛植于宅旁、路边、草坪边缘、斜坡、水边、山石边、亭廊边等,同时也是绿篱、盆栽及制作盆景的好材料。

繁殖:以播种繁殖为主,亦可扦插、分株繁殖。种子需层积沙藏。

3.4.3.11 大叶黄杨 *Euonymus japonicus* Thunb. (图 3.111)

又名冬青卫矛、正木。卫矛科,卫矛属。原产日本。

形态特征:常绿灌木或小乔木,高达 5 m;小枝近四棱形,绿色。叶片革质,表面有光泽,倒卵形或椭圆形,长 3~6 cm,宽 2~3 cm,顶端尖或钝,基部楔形,边缘有细锯齿,两面无毛;叶柄长 6~12 mm。花绿白色,4 数,5~12 朵排列成密集的聚伞花序,腋生枝条端部。蒴果近球形,有 4 浅沟,直径约 1 cm,淡粉红色,熟时 4 瓣裂;种子棕色,假种皮橘红色。花期 6~7 月,果熟期 9~10 月。

大叶黄杨的栽培品种很多,常见的有:

‘金边’大叶黄杨(‘Ovatus Aureus’):叶缘金黄色。

‘银边’大叶黄杨(‘Albo-marginatus’):叶缘有窄白条边。

‘金心’大叶黄杨(‘Aureus’):叶中脉附近金黄色,有时叶柄及枝端也变为黄色。

图 3.111　大叶黄杨

生态习性:喜光,亦较耐阴;喜温暖湿润气候亦有一定耐寒性,黄河以南地区可露地种植。要求肥沃、疏松、湿润的土壤,也能耐干旱瘠薄。极耐修剪整形;生长较慢,寿命长。对各种有毒气体及烟尘有很强的抗性。

观赏用途:叶色光亮,嫩叶鲜绿,且有许多花叶、斑叶品种,是美丽的观叶树种。极耐修剪,为庭院中常见绿篱树种或背景种植材料,亦可丛植于草地边缘或列植于园路两旁,或作花坛中心栽植。若加以整形修剪,更适合于规则式对称配植。抗性强,也是街道绿化、道路绿化及工矿区绿化的好材料。其花叶、斑叶品种更适宜盆栽,用于室内绿化及会场装饰等。

繁殖:常用扦插繁殖,亦可播种、压条或嫁接繁殖。

3.4.3.12 八角金盘 *Fatsia japonica* Dcne. et Planch. (图 3.112)

五加科,八角金盘属。原产日本。

图 3.112　八角金盘

形态特征:常绿灌木或小乔木,高可达 5 m,常数干丛生。茎光滑无刺。叶片大,掌状 7~9 深裂,革质,直径 20~40 cm,近圆形,裂片长椭圆状卵形,先端短渐尖,基部心形,边缘有锯齿,上表面暗亮绿色,下面色较浅,有粒状突起,边缘有时呈金黄色;叶柄长 10~30 cm。圆锥花序顶生,花序轴被褐色茸毛;花小,黄白色,无毛。果实近球形,径约 8 mm,熟时黑色,肉质。夏秋间开花,翌年 5 月果熟。

生态习性:喜温暖湿润环境,耐阴性强,有一定耐寒性;喜湿怕旱。适宜生长于肥沃、疏松而排水良好的土壤中。对二氧化硫抗性较强。

观赏用途:为优良的观叶植物。在江南暖地,适宜配植于庭院、门旁、窗边、墙隅及建筑物背阴处,也可点缀在溪流滴水之旁,还可成片群植于草坪边缘及疏林下。北方可盆栽供室内观赏。对二氧化硫抗性较强,适于厂矿区、街坊种植。

繁殖:以扦插繁殖为主,也可用播种或分株法繁殖。扦插可在 2～3 月或梅雨季节进行。

3.4.3.13　鹅掌柴 *Schefflera octophylla* (Lour.) Harms. (图 3.113)

又名鸭脚木,五加科,鹅掌柴属。原产中国西南至东南部。

图 3.113　鹅掌柴

形态特征:常绿乔木或灌木,在原产地可达 40 m,常作灌木栽培,在盆栽条件下株高 30～80 cm 不等。分枝多,枝条紧密。掌状复叶,小叶 5～9 枚,椭圆形或卵状椭圆形,长 9～17 cm,宽 3～5 cm,叶柄长 8～25 cm,叶革质、浓绿、有光泽。花小,多数白色,有香气,排成伞形花序又复结成顶生长 25 cm 的大圆锥花丛;花萼 5～6 裂,花瓣 5 枚,肉质,长 2～3 mm;花柱极短。果球形,径 3～4 cm。花期冬季。

生态习性:喜温暖、湿润、半阳环境。对土壤要求不严。宜生于土质深厚肥沃的酸性土中,稍耐瘠薄。

观赏用途:枝条扶疏,株形丰满优美,叶色碧翠,又有黄、白彩斑,适应能力强,是室内大型盆栽观叶植物,适宜布置客厅、书房及卧室,也是理想的室内栽植槽的装饰材料。

繁殖:扦插或播种繁殖。

3.4.3.14　洒金桃叶珊瑚 *Aucuba japonica* Thunb. f. *variegata* Rehd. (图 3.114)

又名花叶青木、洒金东瀛珊瑚。山茱萸科,桃叶珊瑚属。为东瀛珊瑚的变型,原产中国和日本。

形态特征:常绿灌木,高达 5 m,小枝绿色,粗壮,光滑无毛。单叶对生,革质,暗绿色,有光泽,椭圆状卵形至椭圆状披针形,长 8～20 cm,先端渐尖或钝,基部广楔形,叶缘疏生粗锯齿,叶面散生大小不等的黄色或淡黄色斑点。雌雄异株,圆锥花序顶生,密生刚毛,花小,紫色。浆果状核果,短椭圆形,成熟时鲜红色。花期 4 月,果 12 月成熟。

生态习性:喜温暖湿润气候,不耐寒;极耐阴,夏季怕光暴晒。喜湿润、排水良好、肥沃的土壤。耐修剪,生长势强,病虫害少,对烟尘和大气污染抗性强。

观赏用途:为十分优良的耐阴树种,特别是它的叶片黄绿相映,十分美丽,宜栽植于园林的庇阴处或树林下。在华北多见盆栽供室内布置厅堂、会场用。

图 3.114　洒金桃叶珊瑚

繁殖:扦插极易活,也可用播种繁殖。种子采后即播,发芽较迟,苗期生长缓慢,移栽宜在春季或雨天进行。

3.4.3.15　小蜡 *Ligustrum sinense* Lour. (图 3.115)

木犀科,女贞属。原产中国的长江以南各省区。

形态特征:半常绿灌木或小乔木,高 2～7 m,小枝密生短柔毛。单叶对生,薄革质,长椭圆形,长 3～5 cm,端锐尖或钝,基圆形或阔楔形,叶背沿中脉有短柔毛。圆锥花序长 4～10 cm,花轴有短柔毛,花白色,有芳香,花梗细而明显,花冠裂片长于筒部;雄蕊超出花冠裂片。浆果状核果,近圆形。花期 4～5 月,11 月果熟。

生态习性:喜光,稍耐阴,较耐寒,北京小气候良好地区能露地栽植;对土壤的要求不高;抗二氧化硫等多种有毒气体;耐修剪。

观赏用途:本种枝叶紧密,花期白花满树,花香浓郁,常植于庭园观赏或丛植林缘、池边、石旁均可;耐修剪,易发叶,自然式园林中也常作绿篱应用,在规则式园林中常可修剪成长、方、圆等几何形体造景;也常栽植于工矿区;其干老根古,虬曲多姿,宜作树桩盆景。

繁殖:播种、扦插繁殖。

图 3.115　小蜡

3.4.3.16　小叶女贞 *Ligustrum quihoui* Carr.（图 3.116）

图 3.116　小叶女贞

又名小叶冬青,小白蜡、楝青、小叶水蜡树。木犀科,女贞属。原产中国中部、东部和西南部。

形态特征:落叶或半常绿灌木,小枝具短柔毛。叶薄革质,椭圆形至倒卵状长圆形,无毛,顶端钝,基部楔形,全缘,边缘略向外反卷;叶柄有短柔毛。圆锥花絮;花白色,芳香,无梗,花冠裂片与筒部等长;花药超出花冠裂片。核果椭圆形,紫黑色。花期 7～8 月,果期 10～11 月。

生态习性:性强健、耐寒;根蘖性强;耐修剪。

观赏用途:其枝叶紧密、圆整,庭院中常栽植观赏;主要作绿篱栽植。抗多种有毒气体,是优良的抗污染树种。

繁殖:可用播种、扦插和分株方法繁殖,但以播种繁殖为主。

3.4.3.17　金叶女贞 *Ligustrum×Vicaryi*（图 3.117）

木犀科,女贞属。是由卵叶女贞的变种金边女贞(*L. ovalifolium* var. *aureo-marginatum*)与欧洲女贞(*L. vulgale* L.)杂交而成的新种,1983 年由北京园林科研所从德国引进。

形态特征:常绿或半常绿灌木。枝灰褐色。单叶对生,革质,长椭圆形,长 3.5～6.0 cm,宽 2.0～2.5 cm,端渐尖,有短芒尖,基部圆形或阔楔形,4～11 月叶片呈金黄色,冬季呈黄褐色至红褐色。果紫黑色。花期 5～6 月,果熟期 10 月下旬。

生态习性:适应性强,抗干旱,病虫害少。萌芽力强,生长迅速,耐修剪,在强修剪的情况下,整个生长期都能不断萌生新梢。

观赏用途:金叶女贞在生长季节叶色呈鲜丽的金黄色,可与红叶的紫叶小蘗、红花檵木、绿叶的龙柏、黄杨等组成灌木状色

图 3.117　金叶女贞

块,形成强烈的色彩对比,具极佳的观赏效果,也可修剪成球形。

繁殖:采用两年生金叶女贞新梢,最好用木质化部分剪成 15 cm 左右的插条进行扦插繁殖。

3.4.4　藤本类观叶植物

3.4.4.1　薜荔 *Ficus pumila* L.（图 3.118）

桑科,榕属。原产中国、日本和印度。

图 3.118　薜荔

形态特征:常绿木质藤本,借气生根攀援;嫩枝、果实有乳汁。小枝有褐色茸毛。叶互生,2 型,在不生花序托的枝上的叶片小而薄,在生花序托的枝上的较大而近革质,椭圆形,长 4～10 cm,先端钝,全缘,基部圆形或浅心形,3 主脉,革质,表面光滑,背面网脉隆起并构成显著小凹眼。隐花果梨形或倒卵形,径 3～5 cm。

生态习性:喜温暖湿润气候,喜阴,耐旱,不耐寒,适合含腐殖质的酸性或中性土壤。

观赏用途:本种四季常绿,攀缘性强,在园林中常用于点缀假山石、绿化墙垣和树干。

繁殖:播种、扦插或压条繁殖。隐花果成熟便开裂,采集其瘦果,随采随播。薜荔的不定根发达,蔓生茎根多,用带有不定根的枝条扦插,也极易成活。

3.4.4.2　胶东卫矛 *Euonymus kiautschovicus* Loes.（图 3.119）

卫矛科,卫矛属。原产中国。

形态特征:直立或蔓性半常绿灌木,高 3～8 m;枝条密生,树冠球形,枝平滑,绿色,小枝近四棱形,基部枝条匍地并生根。叶片对生,薄革质,倒卵形或椭圆形,长 5～8 cm,宽 2～4 cm,顶端渐尖或钝,基部楔形,边缘有粗锯齿,叶柄长达 1 cm,表面深绿色、光亮。聚伞花序 2 歧分枝,成疏松的小聚伞;花淡绿色,4 数,径约 1 cm,花梗较长。雄蕊有细长花丝。蒴果扁球形,粉红色,直径约 1 cm,4 纵裂,有浅沟;种子包有黄红色的假种皮。花期 8～9 月,果期 9～10 月。

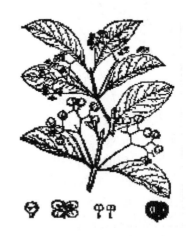

图 3.119　胶东卫矛

生态习性:性耐阴,喜温暖,耐寒性不强,对土壤要求不严,能耐干旱瘠薄,极耐整形修剪。

观赏用途:本种叶色油绿光亮,入秋红艳可爱,又有一定的攀缘能力,在园林中用以掩覆墙面、坛缘、山石或攀缘于老树、花格之上,均极优美。也可盆栽观赏,将其修剪成悬崖式、圆头形等,用作室内绿化颇雅致。园林中多用为绿篱,它不仅适用于庭院、甬道,建筑物周围,而且也可用于主干道绿化带。

繁殖:扦插繁殖极易成活,播种、压条亦可。

3.4.4.3　扶芳藤 *Euonymus fortunei*（Turcz.）Hand. -Mazz.（图 3.120）

又名爬藤卫矛、爬藤黄杨。卫矛科，卫矛属。原产中国陕西、山西、河南、山东、安徽、江苏、浙江、江西、湖北、湖南、广西、云南等省区，日本、朝鲜半岛也有分布。

形态特征：常绿藤本，茎匍匐或攀援，长可达 10 m。枝密生小瘤状突起皮孔，并能随处生出吸附根。叶对生，薄革质，椭圆形至椭圆状披针形，边缘有钝锯齿，叶面浓绿色，有光泽，背面脉显著。聚伞花序分枝顶端有多数短梗花组成的球状小聚伞；花绿白色，花部 4 数。蒴果近球形，黄红色，熟时开裂，显出红色假种皮。花期 6～7 月，果期 10 月。

生态习性：耐阴，喜温暖，较耐寒。耐干旱，耐瘠薄，适应性强，对土壤的要求不高。

观赏用途：扶芳藤入秋后叶色变红，冬季青翠不凋，可依靠茎上发出繁密气生根攀附他物生长，常用以点缀庭园粉墙、山岩、石壁。如在大树底下种植，古树青藤，更显自然野趣。

繁殖：用扦插繁殖极易成活，播种、压条也可进行。

图 3.120　扶芳藤

3.4.4.4　广东蛇葡萄 *Ampelopsis cantoniensis*（Hook. et Arn.）Planch.（图 3.121）

又名粤蛇葡萄、田浦茶。葡萄科，蛇葡萄属。原产于中国的安徽、湖南、江西、浙江、广东、广西、云南、福建、台湾、湖北、海南、贵州、西藏等地。

形态特征：木质藤本。小枝圆柱形，有纵棱纹，嫩枝或多或少被短柔毛。卷须 2 叉分枝，相隔 2 节间断与叶对生。叶为二回羽状复叶或小枝上部着生有一回羽状复叶，二回羽状复叶者基部一对小叶常为 3 小叶，侧生小叶和顶生小叶大多形状各异，侧生小叶大小和叶型变化较大，通常卵形、卵状椭圆形或长椭圆形，长 3～11 cm，宽 1.5～6.0 cm，顶端急尖、渐尖或骤尾尖，基部多为阔楔形，上面深绿色，下面浅黄褐绿色，常在脉基部疏生短柔毛，以后脱落几无毛。花序为伞房状多歧聚伞花序，顶生或与叶对生，花序梗及花轴或多或少被短柔毛，花梗几无毛；花瓣 5 枚，卵椭圆形，无毛；花盘发达，边缘浅裂；子房下部与花盘合生，花柱明显，柱头扩大不明显。果实近球形，直径 6～8 mm，有种子 2～4 粒。花期 4～7 月，果期 8～11 月。

图 3.121　广东蛇葡萄

生态习性：喜光；喜温暖，耐寒性稍差。耐旱但怕水涝。以土层深厚、排水良好而湿度适中的微酸性沙质壤土生长最好。

观赏用途：本种叶形秀丽，秋季叶色变红，抗性较强，在园林绿地和风景区可用作棚架绿化材料，颇具野趣。

繁殖：扦插或压条法繁殖。多于春季行硬枝扦插，破踵斜剪并用生长素处理，成活率很高。

3.4.4.5　爬山虎 *Parthenocissus tricuspidata*（Sieb. et Zucc.）Planch.（图 3.122）

又名地锦、爬墙虎。葡萄科，爬山虎属（地锦属），原产中国和日本。

图 3.122 爬山虎

形态特征:大型落叶木质藤本。老枝灰褐色,有皮孔,幼枝紫红色,髓白色;茎蔓粗壮,分枝力强,卷须与叶对生,短而多分枝,顶端有吸盘。叶互生,花枝上的叶宽卵形,长 8～18 cm,宽 6～16 cm,常 3 裂,或下部枝上的叶分裂成 3 小叶,幼枝上的叶较小,常不分裂。聚伞花序常着生于两叶间的短枝上,长 4～8 cm,较叶柄短;花小,淡黄绿色,5 数;萼全缘;浆果小,球形,熟时蓝黑色,被白粉。花期 6 月,果期 9～10 月。

生态习性:性喜阴湿环境,但不怕强光,耐寒,耐旱,耐贫瘠,耐修剪,怕积水,对土壤要求不严,但在阴湿、肥沃的土壤中生长最佳。对二氧化硫等有害气体有较强的抗性。

观赏用途:爬山虎蔓茎纵横,密布气根,翠叶遍盖如屏,秋后入冬,叶色变红或黄,十分艳丽,是垂直绿化主要树种之一。适于配植宅院及工矿街坊的墙壁、围墙、假山、老树干等处,既可美化环境,又能降温,调节空气,减少噪声。

繁殖:播种法、扦插法及压条法繁殖。可种植在阴面和阳面,寒冷地区多种植在向阳地带。

3.4.4.6 五叶地锦 *Parthenocissus quinquefolia* Planch.(图 3.123)

又名美国地锦、美国爬山虎。葡萄科,爬山虎属。原产美国东部,中国有栽培。

形态特征:大型落叶木质藤本。老枝灰褐色,有皮孔,幼枝带紫红色,髓白色。茎蔓粗壮,分枝力强,卷须与叶对生,顶端吸盘大。掌状复叶互生,具长柄,五小叶,质较厚,卵状长椭圆形至倒长卵形,长 4～10 cm,先端尖,基部楔形,缘具大齿,叶面暗绿色,叶背稍具白粉并有毛。聚伞花序集成圆锥状。浆果近球形,径约 6 mm,熟时蓝黑色、具白粉。花期 7～8 月,果 9～10 月成熟。

生态习性:喜温暖气候,喜光及空气湿度高的环境,也有一定耐寒能力。耐贫瘠、干旱,耐阴,抗性强。在中国较干燥地区和季节,吸盘形成难,故吸附能力较差,在北方常被大风刮下。

图 3.123 五叶地锦

观赏用途:生长健壮、迅速,适应性强,春夏碧绿可人,入秋后叶色红艳,甚为美观,常用于垂直绿化墙面、山石及老树干等,也可用作屋面及地面的覆盖材料。因其吸附能力较差,因此,可与三叶地锦混合配植,提高其攀缘能力。

繁殖:通常用扦插繁殖,播种、压条也可。扦插在春夏均可进行,春季用硬枝扦插,夏季用半成熟枝扦插,成活率均较高。

3.4.4.7 木通 *Akebia quinata* (Thunb.) Decne.(图 3.124)

又名八月炸。木通科,木通属。原产中国秦岭以南,南至华南、西至西南,东至华东。

形态特征:落叶藤本。茎蔓常匍匐地生长。掌状复叶,小叶 5 片,倒卵形或椭圆形,先端钝或微凹,全缘。总状花序腋生。花淡紫色,芳香。果肉质,长椭圆形,紫色。花期 4 月,果期

10月。

生态习性:喜阴湿,较耐寒。常生长在低海拔山坡林下草丛中。在微酸、多腐殖质的沙壤土中生长良好,也能适应中性土壤。

观赏用途:叶形、叶色秀美可观,且耐阴湿环境。配植阴木下,岩石间或叠石洞壑之旁,叶蔓纷披,野趣盎然。

繁殖:用播种或压条繁殖。

同属观叶植物有:

三叶木通(*A. trifoliata* (Thunb.) Koidg.):又名三叶拿绳。掌状复叶,小叶 3 片,纸质,卵圆形或卵形,先端凹缺,基部圆形,边缘具不规则浅波齿,背面灰绿色。总状花序腋生。雄花暗紫色,较小,生于花序上端。果肉质,椭圆形,橘黄色。花期 4 月,果期 8 月。

图 3.124 木通

3.4.4.8 常春藤 *Hedera nepalensis* K. Koch var. *sinensis* (Tobl.) Rehd.(图 3.125)

又名中华常春藤、钻天风、三角风、爬墙虎、散骨风。五加科,常春藤属。原产中国华中、华南、西南及陕西、甘肃等省。

图 3.125 常春藤

形态特征:常绿藤本,长达 20～30 m。茎枝有气生根,幼枝被鳞片状柔毛。叶互生,2 裂,革质,具长柄;营养枝上的叶三角状卵形或近戟形,长 5～10 cm,宽 3～8 cm,先端渐尖,基部楔形,全缘或 3 浅裂;花枝上的叶椭圆状卵形或椭圆状披针表,长 5～12 cm,宽 1～8 cm,先端长尖,基部楔形,全缘。伞形花序单生或 2～7 个顶生;花小,黄白色或绿白色,芳香,花 5 数;子房下位,花柱合生成柱状。果圆球形,浆果状,黄色或红色。花期 8～9 月。

生态习性:极耐阴,也能在光照充足之处生长。喜温暖、湿润环境,稍耐寒,能耐短暂的 -5～-7℃ 低温。对土壤要求不高,但喜肥沃疏松的土壤。

观赏用途:常春藤枝蔓茂密青翠,姿态优雅,可用其气生根扎附于假山,墙垣上,让其枝叶悬垂,如同绿帘,也可种于树下,让其攀于树干上,另有一种趣味。

繁殖:扦插或压条繁殖。

同属观叶植物有:

洋常春藤(*H. helix* L.):原产欧洲、西亚和北非。常绿藤本。有气生根。叶二形,营养枝上叶片 3～5 裂;花枝上的叶片卵形至菱形;叶面深绿,具光泽,背面淡绿。伞形花序通常数个排列成总状花丛,花小,淡绿白色。果实球形,熟时黑色。花期 9～10 月,果熟期翌年 4～5 月。

3.4.4.9 络石 *Trachelospermum jasminoides* (Lindl.) Lem.(图 3.126)

又名石龙藤、万(卐)字花、万字茉莉。夹竹桃科,络石属。原产于中国华北以南各地。

形态特征:常绿藤本,长达 10 m,有乳汁。老枝光滑,节部常发生气生根,幼枝上有茸毛。单叶对生,椭圆形至阔披针形,长 2～10 cm,先端尖,革质,全缘,叶面光滑,叶背有毛,叶柄很

图 3.126　络石

短。聚伞花序腋生,具长总梗;花萼 5 深裂,花后反卷;花冠高脚碟状,5 裂,裂片偏斜呈螺旋形排列,略似"卐"字,芳香,白色。菁葖果圆柱形,长约 15 cm;种子线形而扁,顶端有白色种毛。花期 4～5 月,果熟期9～10 月。

生态习性:喜半阴湿润的环境,耐旱也耐湿,对土壤要求不严,以排水良好的沙壤土最为适宜。

观赏用途:络石叶片常青,花皓洁如雪,幽香袭人。可植于庭园、公园、院墙、石柱、亭、廊、陡壁等攀附点缀,十分美观。因其茎触地后易生根,耐阴性好,所以也是理想的地被植物,可做疏林草地的林间、林缘地被。

繁殖:用扦插或压条繁殖。

3.5　竹类观赏植物

3.5.1　竹类的形态特征与地理分布

竹类属禾本科竹亚科,是一类再生性很强的植物,其中很多竹种是重要的造园材料。竹类植物在形态特征上有别于其他树木,是观赏植物中的特殊分支,不仅种类多、分布广、生长快、管理易、收效快,而且观赏期长。自古以来深受人们喜爱。

竹类植物大部分为常绿木本,呈乔木或灌木状,少数为草本,后者称竹草。

竹子的花为两性花,以小穗的单位,每小穗含若干朵小花,小穗由颖、小穗轴和小花组成,小花由外稃和内稃各一枚包围。下部花为雄花或不孕花,花由鳞被、雄蕊和雌蕊三部分组成;鳞被 3 片,位于花之基部,雄蕊 3 或 6 枚,花丝细长,花药 2 室,雌蕊 1,花柱 1～3 枚,柱头 2～3 裂,常为颖果,亦有坚果、浆果等。

竹子的地下茎称竹鞭,是竹类植物在土中横向生长的茎部,有明显的分节,节上生根,节侧有芽,芽可萌发出新的地下茎或发笋出土成竹。地下茎是"竹树"的主茎(相当于树木的主干),竹秆是"竹树"的分枝,一片竹林或一个竹丛尽管地上部分分生许多竹秆,但地下部分互相联结,起源于同一或少数竹树的主茎,根据竹子地下茎的分生繁殖特点和形态特征常分为单轴型和合轴型,在单轴与合轴之间又有过渡类型(见图 3.127)。竹鞭的节上生芽,不出土的芽生成新的竹鞭,芽长大出土称竹笋,笋上的变态叶称笋箨或竹箨,实际上为一巨大的芽鳞片,随着新秆的长大逐渐脱落;竹箨分箨鞘、箨叶、箨耳等部分(见图 3.128)。笋出土脱箨成地上茎,称为竹秆,竹秆上秆节明显,秆内有横隔,节间中空。节部有两个环,下一环称箨环,上一环称秆环,两环之间称为节内,其上生芽,萌发成枝。

竹亚科约有 91 个属,其中木本 50 多属,约 850 种。中国竹类有 23 属约 350 种,也有学者认为是 34 属 500 种。

竹子的分布与季风气候密切相关。因为竹子的地下茎和根系距地表较近,属"浅根性",不耐干旱,降雨量是竹子的限制因子,其次是温度因子。

世界竹子分布有三大中心:一是东南亚,即中国黄河流域以南至中南半岛、印度次大陆,向北可延伸至日本北部,约有 40 属(3 属竹草);二是中南美,以巴西及其附近国家为主,有共约 20

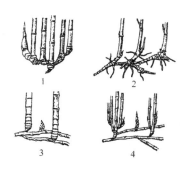

图3.127　竹亚科,地下茎类型

1. 合轴丛生型　2. 合轴散生型
3. 单轴散生型　4. 复轴混生型

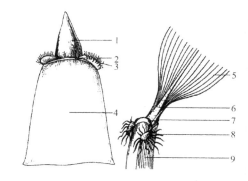

图3.128　竹亚科叶及秆箨形态

1. 箨叶　2. 箨舌　3. 箨耳　4. 箨鞘　5. 叶片
6. 叶柄　7. 叶舌　8. 叶耳　9. 叶鞘

属(20属均为竹草),美国只有1种;三是中非,以马达加斯加、刚果、埃塞俄比亚为主,约12属(5属竹草)。3个中心都受季风影响,湿度较大。

中国有三大竹区:一是华南地区,包括台湾、福建南部、广东、广西、云南南部等省区,相当于北纬25°以南地区,以丛生型竹类为主,如慈竹、麻竹、青皮竹、粉单竹等;二是黄河至长江竹区,包括甘肃东南部、四川北部、陕西西部、河南、湖北、安徽、江苏、山东南部、河北西部,相当北纬30°~37°之间地区,以散生型竹为主,如毛竹、刚竹、淡竹、桂竹、金竹、水竹、紫竹等,还有混生型的箬竹、箭竹等。三是长江至南岭竹区,面积广大,3种类型均有,竹子资源丰富,一般在山区和偏北部分主要是散生型,偏南的平原地区为丛生型。

竹子根系集中稠密,竹秆生长快,生长量大,对水、肥要求高,既要有充分水湿条件,又要排水良好。要求土层深厚,富含有机质和矿质营养的酸性土。

3.5.2　主要观赏竹类

3.5.2.1　箭竹 *Sinarundinaria nitida* (Mitford) Nakai. (图3.129)

又名松花竹。禾本科,竹亚科,箭竹属。产于中国陕西南部、湖北西部、四川及贵州东部。

形态特征:灌木状竹类,秆高约2 m,径约1 cm,稍端微弯。新秆绿色具白粉,箨环显著突出,并常留有残箨,秆环不显。箨鞘具明显紫色脉纹,无箨耳和穗毛,箨舌平截,淡紫色,箨叶淡绿色,窄带状披针形,开展或反曲。每小枝具叶3~5,叶鞘常紫色,具脱落性淡黄色肩毛;叶矩圆状披针形,长5~13 cm,下面中脉近基部被短柔毛。笋期5月。

生态习性:箭竹为高山区野生竹种,生于海拔1 000~3 000 m的林下或旷地。适应性强。耐寒冷,耐干旱瘠薄土壤,在避风、空气湿润的山谷生长茂密,有时也生于乔木林冠下。繁殖力较强。

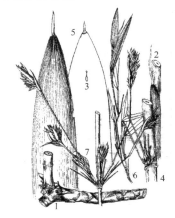

图3.129　箭竹

1. 地下茎　2、4. 秆及分枝　3. 雌蕊
5. 秆箨　6. 叶枝　7. 花枝

观赏用途：秆直,分枝细长,常供园林绿化用。为大熊猫主要食料,可种植在公园内或动物园内。

繁殖：常选择一年生母竹,采用分株、埋鞭或埋秆等法繁殖,管理粗放。

3.5.2.2　紫竹 *Phyllostachys nigra* (Lindl.) Munro. (图 3.130)

又名黑竹,乌竹。禾本科,竹亚科,刚竹属。原产中国,分布于浙江、江苏、安徽、湖北、湖南、福建及陕西等省,北京紫竹院亦有栽培。

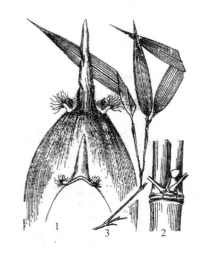

图 3.130　紫竹
1. 秆箨　2. 秆节及分枝　3. 叶枝

形态特征：单轴散生型,乔木状中小型竹。高 3～10 m,径 2～4 cm,新秆淡绿色,密被细柔毛,有白粉,箨环有毛,一年生后,老秆则变为棕紫色以至紫黑色,无毛,箨环与秆环均甚隆起。笋期 4 月下旬,笋浓红褐色或带绿色。箨耳发达,短圆形或裂成二瓣,紫黑色,上有紫黑色、弯曲的长肩毛。箨舌紫色。箨叶三角形或三角状披针形,舟状隆起,初皱折,直立,后微波状,外展。每小枝 2～3 叶,叶鞘初被粗毛,叶片披针形,长 4～10 cm,宽 1.0～1.5 cm,质地较薄,下面基部有细毛。

变种有：

毛金竹(var. *henonis* Stapf. ex Rendle.)。秆高大可达 7～18 m,秆壁较厚,秆绿色至灰绿色。

生态习性：紫竹适应性强,华北经长江流域以至西南地区均有分布。性耐寒,可耐—20℃的低温,亦耐阴,但忌积水,山地平原都可栽培。对土壤要求不严,以疏松肥沃的微酸性土最为适宜。

观赏用途：紫竹秆紫叶绿,扶疏成林,别具特色,在园林中广泛栽培。其秆之粗细高矮可视配植需要加以控制,宜与黄金间碧主竹、碧玉间黄金竹配植一起。

繁殖：紫竹移竹植鞭成活较易,母竹选 2～3 年为好,以 2～3 月栽种最宜。

3.5.2.3　金竹 *Phyllostachys sulphurea* (Carr.) A. et C. Riv. (图 3.131)

又名黄皮刚竹。禾本科,竹亚科,刚竹属。原产中国浙江、江苏、安徽、江西、河南等地。

形态特征：单轴散生型,秆高 7～8 m,径 3～4 cm,中部节间长 20～30 cm,新秆金黄色,节间具绿色条纹。无毛,微被白粉;老秆下有白粉环,分枝以下秆环平,箨环隆起;秆节间正常,不短缩;秆壁在扩大镜下可见晶状小点。笋期 4 月下旬至 5 月上旬。秆箨底色为黄绿色或淡褐色,无毛,被褐色或紫色斑点,有绿色脉纹;无箨耳和穗毛;箨叶带状披针形,有橘红色边带,平直,下垂。每小枝 2～6 叶,有叶耳和长穗毛,宿存或部分脱落;叶长 6～16 cm,宽 1.0～2.2 cm。

栽培品变种有：

槽里黄刚竹('Houzeauana')：秆、节间绿色,沟槽绿黄色。

图 3.131　金竹
1. 秆箨　2. 叶枝　3. 节间

刚竹('Viridis'):秆节间、沟槽均为绿色。

生态习性:抗性强,能耐—18℃低温。喜酸性土,略耐盐碱,在 pH 8.5 左右的碱土和含盐0.1%的土壤也能生长。

观赏用途:刚竹秆高而挺秀,叶翠,四季常青,秀丽挺拔,值霜雪而不凋,历四时而常茂,颇无妖艳,雅俗共赏。山坡、平原均能适应,城郊、乡村河滩地、屋后宅旁、丘陵谷坡绿化,无不相宜。

繁殖:采用移竹绿化,从秋后至初春都可进行。选 2～3 年生分枝较低、生长良好、无病虫害的母竹,连蔸挖掘,留来鞭去鞭各长 20～30 cm,带土 10～15 kg,留枝 4～5 盘,削去顶梢,就近栽植。

3.5.2.4　桂竹 *Phyllostachys bambusoides* Sieb. et Zucc.(图 3.132)

又名黄竹。禾本科,竹亚科,刚竹属。原产中国,分布较广,主产长江流域及山东、河南、陕西等省,河北、山西等地也有栽培。

形态特征:单轴散生型,秆高 10～20 m,胸径达 14～16 cm,中部节间长可达 40 cm,新秆,老秆均为深绿色,无白粉,无毛,分枝以下秆环箨环均隆起。秆箨黄褐色,密被近黑色斑点,疏生硬毛;两侧或一侧有箨耳;箨耳长圆形或镰状;箨舌微隆起,顶端有纤毛;箨叶带状至三角形,橘红色,边缘绿色,并常皱折。每小枝具 5～6 叶,叶质较厚,基部略圆形,叶舌发达,叶耳具长肩毛。笋期 5 月下旬至 6 月中旬。

图 3.132　桂竹

生态习性:喜温暖凉润气候及肥厚、排水良好的沙质土壤,抗性较强,能耐—18℃的低温,耐旱、耐瘠薄,繁殖力也强,幼秆节上潜伏芽易萌蘖。秆大株高,笋期晚,当年生竹易受风雪压折。

观赏用途:桂竹竹秆粗大通直,常栽植于庭园观赏。其材质坚韧,蔑性好,用途很广,仅次于毛竹,是"南竹北移"的优良竹种。

繁殖:常用分株、埋秆等法繁殖。繁殖多在春秋两季进行,移植常直接移竹栽植。

3.5.2.5　淡竹 *Phyllotachys glauca* McClure.(图 3.133)

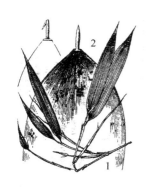

图 3.133　淡竹

1. 叶枝　2. 秆箨

又名粉绿竹。禾本科,竹亚科,刚竹属。原产于中国,分布在长江、黄河中下游各地,而以江苏、山东、河南、陕西等省较多。

形态特征:单轴型散生竹,中型,秆高 5～10 m,径 2～5 cm,无毛,中间节部长达 30～45 cm。分枝一侧有沟槽,秆环与箨环均隆起;新秆密被白粉而为蓝绿色,老秆绿色,仅节下有白粉环。箨鞘淡红褐或淡绿色,有紫色细纵条纹,无毛,多少有淡红褐色斑点,无箨耳,箨舌截平,暗紫色,微有波状齿缺,有短纤毛,箨叶带状披针形,绿色,有紫色细条纹,平直。每小枝 2～3 叶,叶鞘初时有叶耳,后渐脱落。叶舌紫色或紫褐色,叶片披针形,长 8～16 cm。笋期 4 月中旬至 5 月底。

生态习性:粉绿竹适应性较强,在—18℃左右的低温条件和轻度的盐碱土上也能正常生长,能耐一定程度的干燥瘠薄和暂时的流水浸渍。北移引种已跨过渤海,在北纬 40°以上的辽宁省营口、盖县等地能安全越冬。

观赏用途:中国黄河至长江流域重要经济用材树种。可进行片植或作漏窗的装饰。

繁殖:常用移竹、截秆或鞭根繁殖。繁殖时注意选好母竹(2～3 年生),留足来鞭(30 cm)、去鞭(50 cm),做到深挖穴、浅栽竹(较母竹稍深 1～2 cm)、下紧上松(鞭根紧贴土壤,上覆虚土)、浇足底水。

3.5.2.6 毛竹 *Phyllostachys pubescens* Mazel. (图 3.134)

又名茅竹、楠竹。禾本科,竹亚科,刚竹属。原产于中国秦岭、淮河以南,南岭以北,是中国分布最广的竹种。浙江、江西、湖南等地是分布中心。

图 3.134 毛竹

1. 秆箨 2. 叶枝 3. 花枝

形态特征:秆散生,大型竹,乔木状。高可达 20～25 m,直径 12～20 cm。秆基部节间稍短,分枝以下的秆环平,箨环隆起。新秆绿色,密背白粉及细毛。老秆无毛,仅在节下有白粉环,后渐变为黑色。秆箨背面密生黑褐色斑点及深棕色的刺毛。箨舌宽短,两侧下延呈尖拱形,边缘有长纤毛。箨叶三角形至披针形,绿色,初直立,后反曲。箨耳小,但肩毛发达。每小枝有叶 2～3,叶较小,披针形。叶舌隆起,叶耳不明显。笋期 3～4 月。

生态习性:在海拔 800 m 以下的丘陵山地生长最好。山东等地有引种。喜光,亦耐阴。喜湿润凉爽气候,较耐寒,能耐－15℃的低温,若水分充沛时耐寒性更强。喜肥沃湿润、排水良好的酸性土,干燥或排水不畅以及碱性土均生长不良。在适生地生长快,植株生长发育周期较长,可达 50～60 年。

观赏用途:毛竹秆高叶翠,端直挺秀,最宜在风景区大面积种植,形成谷深林茂、云雾缭绕的景观。竹林中若有小径穿越,曲折幽静,宛若画中。也可在湖边、农村屋前宅后、荒山空地上种植,既可改善、美化环境,又具很高的经济价值。

繁殖:挖取壮鞭,保留鞭根、鞭芽,多留宿根土,将竹鞭截成 50～60 cm 的鞭段,平理于苗床上,覆土厚 5～8 cm,保持苗床湿润。只要管理得当,一年后每条鞭可长出 2～3 条竹苗。

3.5.2.7 人面竹 *Phyllostachys aurea* Carr. ex A. et C. Riv(图 3.135)

又名罗汉竹。禾本科,竹亚科,刚竹属。原产于中国江苏、浙江、安徽、河南、陕西、四川、贵州、湖北、湖南、江西、广西中部和北部、广东等地,多生于海拔 700 m 以下山地。

形态特征:单轴型散生竹,秆高 5～8 m,劲直,基部或中部以下数节常呈畸形缩短,节间肿胀或缢缩,节有时斜歪,中部正常,节间 15～20 cm。新秆绿色,有白粉,无毛,箨环有一圈细毛,老秆黄绿色或黄色,秆环与箨环均微隆起。笋期 4 月。秆箨淡褐色,微带红色,边缘常枯焦,无毛,仅基底部有细毛,疏被褐色小斑点或小斑块;无箨耳和穗毛;箨叶带状披针形或披针形,长 6～12 cm,宽 1.0～1.8 cm。

生态习性:亚热带竹种,性较耐寒,能耐－18℃低温。

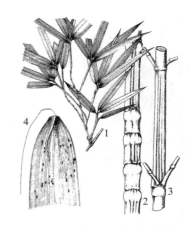

图 3.135 人面竹

1. 叶枝 2、3. 秆及节间 4. 秆箨耐干旱瘠薄,适应性广。

观赏用途:人面竹,其秆劲直,节间肿胀,老秆黄绿,竹姿奇异为良好的观赏竹种,与佛肚竹、方竹等秆变化特殊的种类配植,增添情趣,效果更佳。

繁殖:移植母竹或埋鞭繁殖。也可带鞭埋秆繁殖。

3.5.2.8　方竹 *Chimonobambusa quadrangularis* (Fenzi) Makino.（图3.136）

又名四方竹。禾本科,竹亚科,方竹属。中国特有,分布于华东、华南地区,北可至秦岭南坡。多生于低山坡地及沟谷地带林下。日本及欧美各国引种栽培。

形态特征:单轴散生型,高3~9m,径1~4cm。节间长8~22cm,四方形或近四方形,上部节间呈"D"形,幼时密被黄褐色倒向小刺毛,后脱落,在毛基部留有小疣状突起,使秆表面较粗糙;下部节间四方形,秆环甚隆起,箨环幼时有小刺毛,基部数节常有刺状气根一圈,上部各节初有3分枝,以后增多。箨鞘无毛,背面具多数紫色小斑点,箨耳及箨舌均极不发达,箨叶极小或退化。叶2~5枚着生小枝上,叶鞘无毛,叶舌截平、极短,叶片薄纸质,窄披针形,长8~29cm。肥沃之地四季可出笋,但通常笋期在8月至次年1月。花枝无叶,小穗常簇生成团,生于花枝各节,每小穗含花5~6朵。

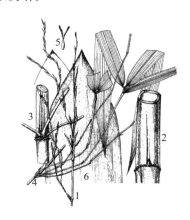

图3.136　方竹
1.花枝　2、3.秆及分枝
4.叶枝　5.雌蕊　6.秆箨

生态习性:亚热带竹种。喜湿润肥沃的土壤环境,能耐阴。四季均可发笋,故又名四季笋。

观赏用途:方竹下方上圆,形状奇特,又有刺状气根,别具风韵,宜植于窗前、水边或配植于花坛中、假山旁。其叶色翠绿,景观秀丽,为优良观赏竹种。

繁殖:移植母竹或埋鞭繁殖。

3.5.2.9　茶秆竹 *Arundinaria amabilis* McCl.（图3.137）

又名青篱竹、沙白竹。禾本科,竹亚科,青篱竹属。原产于中国湖南、华南各地;集中栽培于广东怀集、广宁,有成片集约经营的竹林。

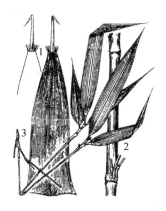

图3.137　茶秆竹
1.秆箨　2.节间及分枝
3.叶枝

形态特征:复轴型混生竹,有横走之竹鞭,局部缩短,地上部丛生状,秆坚硬直立,高6~15m,径可达3cm,节间长30~40cm。秆环平整,箨环似线状,箨鞘棕绿色,干枯后呈灰褐色,脱落迟,被栗色刺毛;箨耳刚毛状,硬而弯曲,箨舌圆形,褐色,具条纹,箨叶细长,硬而直,上部的箨叶稍长于箨鞘,边缘内卷,粗糙。分枝高度中等,枝细小而短,一年生竹的下部节生枝1枚,中上部节生枝3枚。叶4~8片着生枝端,披针形,长13~35cm,叶鞘细长,鞘口有扭曲硬毛。出笋期4月下旬至5月中旬。

生态习性:性较耐寒,能耐-13℃低温。喜深厚、肥沃、湿润而排水良好之酸性或中性沙质壤土,亦能适应土层厚的红、黄壤。瘠薄地上,常呈丛生状。

观赏用途:茶秆竹竹秆耸直挺秀,叶密集下垂,色油绿欲滴,光亮可爱,在公园绿地丛植,或亭树叠石之间,屋前窗外点缀几丛,幽野兼备,风趣横生。亦可用于农村四旁绿化。

繁殖:分离母竹,埋秆或扦插繁殖。

3.5.2.10　菲白竹 *Arundinaria fortunei* (Van Houtte) Riv.（图 3.138）

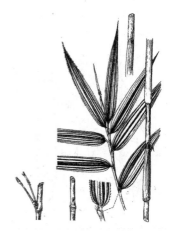

图 3.138　菲白竹

禾本科,竹亚科,青篱竹属。原产日本,中国有引种栽培。

形态特征:丛生状,节间无毛;每节分枝 1。小型竹,秆矮小,高 0.2～1.5 m,直径 0.2～0.3 cm。节间圆筒形。秆环平。秆箨宿存,箨鞘无毛,无箨耳及穗毛,箨舌不明显,箨叶小,披针形。叶披针形,两面具白色柔毛,背面较密,叶片绿色,具明显的白色或淡黄色纵条纹。笋期 5 月。

生态习性:耐寒、耐阴,喜温暖气候、沙性肥沃土壤,生长密集,病虫害极少,可任意修剪,管理简单、粗放。

观赏用途:本竹种秆矮小,叶具不规则白色或淡黄色条纹,甚是美丽,为优良观赏竹种,可丛植草坪角隅,或修剪使其矮化,栽作地被,或栽作绿篱,也可栽作盆景。

繁殖:主要采用分植母株的方法。

3.5.2.11　苦竹 *Arundinaria amara* Keng.（图 3.139）

又名乌云竹梢。禾本科,竹亚科,青篱竹属。原产于中国长江流域中下游以南地区,生于低山丘陵和盆地,很少有成片竹林。竹材供编制竹椅等用,笋味苦,不能食用。

形态特征:地下茎复轴混生。秆直立,高 3～7 m,胸径 2～5 cm,节间长 20～30 cm,幼秆被白粉,箨环下尤甚,秆环隆起,箨环隆起呈木栓质。笋期 5～6 月。箨鞘呈细长三角形,厚纸质兼革质,长 15～20 cm,中部宽 5～6 cm,顶宽 5～10 mm,干时草绿色,背面生有刺毛,箨耳小,深褐色,有直立棕色缝毛。箨舌截平,长约 1～2 cm,箨叶细长披针形,波曲状,长 4～11 cm,宽 3～5 mm。主秆每节发枝 3～5 枚,叶片长 8～20 cm,宽 1.0～2.8 cm。叶鞘无毛,长 2.5～7.5 cm,鞘口无毛,叶舌坚韧,截状。

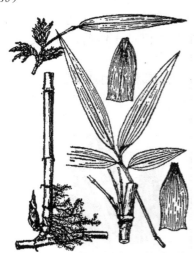

图 3.139　苦竹

生态习性:适应性强,一般土壤均能适应。

观赏用途:苦竹竹秆挺直秀丽,叶片下垂,为优良观赏竹种。可于庭园绿地成丛栽植,或在亭际石旁、窗前屋后配植,以资点缀,无不适宜。

繁殖:分离母竹,埋秆或扦插繁殖。

3.5.2.12　赤竹 *Sasa longiligulata* McCl.（图 3.140）

禾本科,竹亚科,赤竹属。原产于中国,多分布于广东、福建、湖南等省。

形态特征:合轴混合型。秆高 20～200 cm。1 分枝,每分枝上有叶 5～7 片,叶披针形,长 10～30 cm,宽 2～7 cm,视不同种类而异,叶片上横脉明显,有叶耳和发达的鞘口刺毛。初夏出笋,秆箨的长度短于节间,不脱落,黏附于秆上直到腐烂。

生态习性:中性喜阴。

观赏用途:尚可丛植于草坪角隅,或栽培于庭园供观赏。秆可作手杖。笋味美可食。日本赤竹种类丰富,应用较广泛,园艺家们选出了不少观赏变型、品种。

繁殖:分株繁殖。

图 3.140　赤竹

1. 秆及叶枝
2. 叶鞘放大,示叶舌

3.5.2.13　佛肚竹 *Bambusa ventricosa* McCl.（图 3.141）

图 3.141　佛肚竹

1. 秆　2. 秆箨　3. 枝叶
4. 大佛肚竹

又名佛竹。禾本科,竹亚科,箣竹属。中国广东特产,广州、阳江、九龙、香港等均有栽培,其他地区多盆栽。

形态特征:合轴丛生型,植株多灌木状,丛生,无刺,秆无毛,幼秆深绿色,稍被白粉,老时转浅黄色。正常秆圆筒形、畸形秆秆节甚密,节间较正常秆为短,基部显著膨大呈瓶状。箨叶卵状披针形,箨鞘无毛,初时深绿色,干时浅草黄色,箨耳发达,圆形或倒卵形至镰刀形,橘黄色至褐色,干时草黄色,箨舌极短,长 0.3～0.5 cm,叶片卵伏披针形,长 12～21 cm,两面同色,背面被柔毛。

生态习性:喜温暖湿润的气候条件,不耐寒,冬季气温应保持在 10℃以上,低于 4℃往往受冻。喜阳光,但怕北方干燥季节的烈日暴晒,要求疏松和排水良好的酸性腐殖土及沙壤土,在黏重瘠薄的土壤中生长不良。不耐干旱,也怕水涝。

观赏用途:竹秆畸形,状若佛肚,奇异可观,在广东等地可露地栽植,其他地区盆栽观赏。

繁殖:用移植母竹或竹苑栽植,露地栽植应保持土壤湿润并注意排水防涝和松土培土,施以有机肥,以促生长。

3.5.2.14　孝顺竹 *Bambusa glaucescens*（Willd.）Sieb. ex Munro.（图 3.142）

又名凤凰竹、慈孝竹。禾本科,竹亚科,箣竹属。原产于中国长江以南各省,为丛生竹类最耐寒种类之一。

形态特征:竹秆丛生,高 3～7 m,径 1～2 cm。分枝节位低,竹壁厚;幼时节间上部有小刺毛,被白粉;箨鞘厚纸质,硬脆,无毛,向上渐狭;无箨耳或箨耳很小、有纤毛,箨舌不显著,高约 1 mm。每节多分枝,其中 1 枝较粗壮。每小枝有叶 5～12 枚,二列状排列,窄披针形,无小横脉或在脉间具透明微点。笋期 6～9 月。

生态习性:喜温暖湿润气候及排水良好、湿润的土壤,是

图 3.142　孝顺竹

1. 秆及分枝　2. 秆箨　3. 叶枝

丛生竹类中分布最广、适应性最强的竹种之一,可引种北移。

观赏用途:孝顺竹枝叶清秀,姿态潇洒,婆娑柔美,为优良的观赏竹种。可丛植于池边、水畔,亦可对植于路旁、桥头、入口两侧,列植于道路两侧,形成素雅宁静的通幽竹径。

繁殖:分秆繁殖。

3.5.2.15 龙头竹 *Bambusa vulgaris* Schrad. ex Wendland.(图 3.143)

禾本科,竹亚科,箣竹属。原产于中国广东、广西、浙江、福建。印度、马来半岛有栽培。

图 3.143 龙头竹
1. 叶枝 2. 秆箨

形态特征:秆直立,高 6～15 m,直径粗 4～8 cm,竹壁厚,尾梢稍下弯,节间长 20～30 cm,圆柱形,具鲜黄色间以绿色的纵条纹。秆箨革质,背面密被暗棕色刺毛,箨耳边缘具波状长穗毛,箨片直立。每节分枝多数,分枝习性高,主枝较粗长。每小枝具叶 6～7 片,叶鞘具棕褐色粗毛,叶耳明显,叶片狭披针形,长 9～22 cm,宽 1～3 cm,基部近圆形或截平,两面无毛。

此种的栽培品种黄金间碧玉竹('Vittata'):秆鲜黄间绿色条纹,光洁清秀,秆鞘初为绿色,被宽窄不等的黄色纵条纹。

生态习性:喜光,喜高温多湿气候。不耐寒,在有霜冻地区栽培应注意采取防寒措施。

观赏用途:本竹种秆色鲜黄间以绿色纵条纹,光洁清秀,为优美的观赏竹种,可盆栽或植于庭园观赏。

繁殖:带根分株繁殖。

3.5.2.16 慈竹 *Neosinocalamus affinis* (Rendle.) Keng. f.(图 3.144)

又名钓鱼慈。禾本科,竹亚科,慈竹属。广泛分布于中国云南、贵州、广西、湖南、湖北、四川及陕西南部,华南地区有引栽。四川盆地栽培最广,多见于房前屋后、平原及低山丘陵地。

形态特征:秆丛生,秆高 8～13 m,径 3～8 cm,节间长 30～60 cm,幼时具灰色小刺毛。秆下部数节节内常有白色毛环,梢端弓曲或下垂。秆箨迟落,箨鞘背面被棕黑色刺毛,顶端呈山字形。箨叶卵状披针形,腹面密生白色刺毛,箨耳缺,箨舌具穗毛,箨片外翻。每节分枝多,枝条近等粗。叶片长 10～30 cm,宽 1～3 cm,小横脉清晰。笋期 6～9 月。

生态习性:喜温暖湿润气候及肥沃疏松土壤,干旱瘠薄处生长不良。

观赏用途:慈竹秆丛生,枝叶茂盛秀丽,于庭园内池旁、窗前、宅后栽植都极适宜。

繁殖:埋节育苗繁殖。将竹竿逐节或每两节锯成一段,再将其移埋于苗床中并覆土、保湿。

图 3.144 慈竹
1. 秆箨 2. 叶枝

3.5.2.17 阔叶箬竹 *Indocalamus latifolius* (Keng) McClure. (图 3.145)

禾本科,竹亚科,箬竹属。原产中国,分布于华东、华中地区及陕西汉江流域。山东南部有栽培。

形态特征:竹秆混生型,灌木状,秆高约 1 m,径 5 mm,通直,近实心。每节分枝 1～3 枝,与主秆等粗。箬鞘质坚硬,背面有深棕色小刺毛,箬舌平截,鞘口糙毛流苏状,小枝有叶 1～3 片,上面翠绿色,近叶缘有刚毛,下面白色微有毛。笋期 5 月。

生态习性:较喜光,林下、林缘生长良好。喜温暖湿润的气候,稍耐寒。喜土壤湿润,稍耐干旱。

观赏用途:阔叶箬竹植株低矮,叶色翠绿,是园林中常见的地被植物,亦是北方常见的观赏竹种。丛植点缀假山、坡地,也可以密植成篱,适合于林缘、山崖、台坡、园路、石级左右丛植,亦可植于河边、池畔。既可护岸,又颇具野趣。

繁殖:带鞭埋秆繁殖或埋鞭繁殖。

图 3.145　阔叶箬竹
1. 地下茎　2. 秆及分枝
3. 小穗　4. 花枝

3.5.2.18 鹅毛竹 *Shibataea chinensis* Nakai. (图 3.146)

图 3.146　鹅毛竹
1、3. 叶枝及分枝　2. 秆箨背面
4、5. 叶下面放大,示网脉及毛被

禾本科,竹亚科,鹅毛竹属。原产于中国江苏、安徽、江西、福建等地。

形态特征:地下茎(竹鞭)呈棕黄色或淡黄色;节间长仅 1～2 cm,粗 5～8 mm,中空极小或几为实心。体态矮小,株高约 1 m,茎 2～3 mm,秆中部节间长 10～15 cm,秆壁厚,中空小,秆淡绿色,略带紫色,无毛、秆环肿胀。秆箨纸质,无毛,边缘具穗毛;无箨耳和穗毛;箨舌高约 4 mm;箨叶锥状。叶大而茂,每节常有 5～6 分枝,分枝等长,梢端具叶片 1 枚。笋期 5～6 月。

生态习性:喜温暖湿润的气候。喜光、耐旱、耐瘠薄。

观赏用途:绿篱、地被、盆栽、庭园观赏、点缀山石等。

繁殖:分株繁殖。

3.6　棕榈类观赏植物

中国园林中常见的棕榈类树木主要包括棕榈科与苏铁科的观赏植物。

3.6.1　棕榈科 Arecaceae

乔木或灌木;少藤本;茎单干直立,多不分枝,树干上常具宿存叶基或环状叶痕。叶大型,革质,常集生树干顶部,掌状、羽状分裂或扇形;叶柄基部常扩大成纤维质叶鞘。花小,整齐,单性、两性或杂性。圆锥状肉穗花序,生于叶丛中或叶下,具各式佛焰苞;花被片 6;雄蕊 6,2 轮;雌蕊具 3 心皮,分离至合生,子房上位,1～3(7)室,每室 1 胚珠,柱头 3。核果或浆果。共 201 属

2 650种,分布于全球热带和亚热带。中国共有 28 属 100 余种(含栽培品种),主产华南、西南及台湾。

3.6.1.1　棕榈 *Trachycarpus fortunei*(Hook. f.)H. Wendl.(图 3.147)

又名棕树、山棕。棕榈科,棕榈属。原产中国华南沿海至秦岭、长江流域以南,以湖南、湖北、陕西、四川、贵州、云南等地最多。现中国大部分地区有栽培。

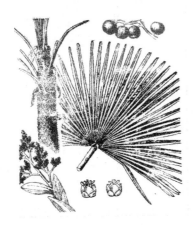

图 3.147　棕榈

形态特征:乔木,树高达 15 m。树干常有残存的老叶柄及被密集的网状纤维叶鞘。叶形如扇,径 50～70 cm,裂片条形,多数,坚硬,先端 2 浅裂,叶柄长 0.5～1.0 m,两侧具细锯齿。叶间肉穗状花序簇生,下垂,黄色。果扁肾形,径 5～10 mm,熟时黑褐色,略被白粉。花期 4～6 月,果期 10～11 月。

生态习性:喜温暖、湿润气候及肥沃、湿润、排水良好的石灰性、中性或微酸性土壤。较耐寒,是棕榈科中最耐寒的植物之一,大树喜光,而小树耐阴。浅根性,无主根,易被风吹倒。生长较慢。

观赏用途:树干挺拔,叶姿优雅。适于对植、列植于庭前、路边、入口处,或孤植、群植于池边、林缘、草地边角、窗前,翠影婆娑,颇具南国风光。耐烟尘,对多种有害气体抗性很强,且有吸收能力,在工矿区可大面积种植。可盆栽,布置会场及庭院。

繁殖:播种繁殖。发芽容易,但生长缓慢。发芽类型为远距叶鞘型。初生叶为全缘亚型。

3.6.1.2　蒲葵 *Livistona chinensis*(Qaxq.)R. Br.(图 3.148)

又名扇叶葵、葵树。棕榈科,蒲葵属。原产中国华南,福建、台湾、广东、广西等地普遍栽培,其他地区可盆栽越冬。

形态特征:乔木,树高达 20 m,基部膨大。叶片直径达 1 m 以上,阔肾状扇形,掌状分裂至中部,裂片条状披针形,具横脉;叶柄长达 1.3～1.5 m,两侧有刺。花序长 1 m,腋生,花无柄,黄绿色。果椭圆形,长 1.8～2.0 cm,熟时蓝黑色。花期 3～4 月,果期 11 月。

生态习性:喜高温、多湿的气候及湿润、肥沃、富含腐殖质的黏壤土。能耐 -2℃ 的低温。喜光,亦能耐阴。耐水湿和咸潮。虽无主根,但侧根异常发达,密集丛生,抗风力强,能在沿海地区生长。生长缓慢。

观赏用途:为热带及亚热带地区优美的庭阴树和行道树,可孤植、丛植、对植、列植。也可盆栽,是园林结合生产的理想树种。

图 3.148　蒲葵

繁殖:播种繁殖。果实采收后不宜暴晒,应立即播种。

3.6.1.3　棕竹 *Rhapis excelsa*(Thunb.)Henry. ex Rehd.(图 3.149)

又名筋头竹、观音竹。棕榈科,棕竹属。原产中国华南及西南地区。北方盆栽在室内越冬。

形态特征:树高达 2~3 m。茎圆柱形,有节,上部被淡黑色、粗硬的网状纤维。叶片径 30~50 cm,掌状 4~10 片深裂,叶缘和中脉有褐色小锐齿,顶端具不规则齿牙。叶柄扁平。花序多分枝。佛焰苞有毛。果近球形,种子球形。花期 6~7 月。

生态习性:适应性强。喜温暖、阴湿及通风良好的环境和排水良好、富含腐殖质的沙壤土。夏季温度以 20~30℃ 为宜,冬季温度不可低于 4℃。萌蘖力强。

观赏用途:株丛挺拔,叶形秀丽,宜配置于花坛、廊隅、窗下、路边,丛植、列植均可,亦可盆栽或制作盆景,供室内装饰。

繁殖:分株或播种繁殖。对斑叶品种也可采用高压繁殖。

图 3.149 棕竹

3.6.1.4 鱼尾葵 *Caryota ochlandra* Hance.（图 3.150）

又名孔雀椰子、假槟榔。棕榈科,鱼尾葵属。原产亚洲热带、亚热带及大洋洲。中国海南五指山有野生分布,台湾、福建、广东、广西、云南均有栽培。

形态特征:乔木,树高约 20 m。干单生。叶 2 回羽状全裂,长 2~3 m,裂片暗绿色,厚而硬,形似鱼尾。花序长达 3 m,多分枝悬垂,花瓣黄色,雄蕊多数。果径 1.8~2.0 cm,熟时淡红色,花期 7 月。

生态习性:喜温暖、阴湿及通风良好的环境和排水良好、富含腐殖质的沙壤土。夏季温度以 20~30℃ 为宜,冬季温度不可低于 4℃。适应性强。萌蘖力强。

图 3.150 鱼尾葵

观赏用途:茎秆挺拔,叶片翠绿,花色鲜黄,果实如圆珠成串。适于庭院、广场、草地孤植、丛植,或作行道树,也可盆栽作室内装饰用。

繁殖:种子繁殖,种子自播能力很强。

3.6.1.5 椰子 *Cocos nucifera* L.（图 3.151）

又名椰树。棕榈科,椰子属。产全球热带地区。中国海南、台湾及云南南部 2000 多年以前就有栽培。今广东、广西、福建均有栽培。

形态特征:大型乔木,茎单干型,高可达 30 m,直径可达 70 cm。基部明显膨大,至老时常倾斜,叶环痕显著。叶一回羽状分裂,羽叶数 30,长达 7 m,羽片数约 200,长约 1 m。叶鞘纤维质,羽片沿叶轴排列成一平面,羽片线形、先端二叉状。花序约 0.9 m,雌雄同序。果卵形,具三棱,果长达 30 cm,直径达 20 cm。种子 1 枚,胚乳均匀。

生态习性:为典型喜光树种,在高温、湿润、阳光充足的海边生长发育良好。根系发达,抗风力强。

观赏用途:树形优美,苍翠挺拔,冠大叶多,在热带、南亚热带地区可作行道树,孤植、丛植、片植均宜,组成特殊的热带风光。椰子是热带佳果之一。

图 3.151 椰子

繁殖:播种繁殖。可先催芽。发芽类型为毗邻型,初生叶为全缘亚型。

3.6.1.6　王棕 *Roystonea regia* （H. B. K）O. F. Cook（图 3.152）

又名大王椰子。棕榈科,王棕属。原产古巴,中国华南及云南等地栽培。

形态特征:常绿乔木,树高达 20 m。树干光滑,有环纹。叶片长达 4 m,裂片条状,长 85～100 cm,宽 4 cm,软革质,通常排成 4 列。花序初时斜举,开花结果后下垂。果近球形,熟时红褐色至紫黑色;种子卵形。花期 4～5 月,果期 7～8 月。

生态习性:喜高温、多湿的热带气候,亦能耐短暂的 0℃低温。喜充足阳光和疏松肥沃的土壤。20 年以上发育正常的植株开始开花结果。

观赏用途:树姿高大雄伟,树干笔挺端直。适作行道树和风景树,孤植、丛植或片植,均具优美观赏效果。

图 3.152　王棕

繁殖:播种繁殖。

3.6.1.7　假槟榔 *Archontophoenix alexandrae* （F. Muell.）H. Wendl. et Drude.（图 3.153）

又名亚历山大椰子。棕榈科,假槟榔属。原产大洋洲,中国华南及云南等地有栽培。

形态特征:乔木,树高达 25 m。树干具阶梯状环纹,基部略膨大。叶片长 2～3 m,羽状全裂,排成 2 列,裂片多数,长达 60 cm,先端渐尖而略 2 浅裂,边缘全缘,下面灰绿,有白粉,中脉和侧脉明显,叶轴下面密被褐色鳞秕状茸毛,叶柄短。叶鞘长 1 m,膨大抱茎,革质。花序长 75～80 cm,下垂。果卵状球形,熟时红色。花期 4～5 月,果期 9～11 月。

生态习性:喜高温、高湿和避风向阳的气候,不耐寒。要求微酸性沙壤土。

观赏用途:树干通直高大,环纹美丽,叶片披垂碧绿,随风招展,浓阴遍地,是著名的热带风光树种之一。在南亚热带地区栽培较广泛,宜作园林树和行道树。

图 3.153　假槟榔

繁殖:播种繁殖。管理粗放,移栽易活。

3.6.1.8　油棕 *Elaeis guineensis* Jacq.（图 3.154）

又名油椰子。棕榈科,油棕属。原产非洲热带,中国华南及云南等地有栽培。

形态特征:乔木,树高达 10 m 以上,胸径 50 cm。叶片长,可达 7 m,叶柄边缘有刺;羽叶裂片条状披针形,长 70～80 cm。雌花序近头状,密集;雄花序排成多数指状的肉穗花序。果卵形或倒卵形,长 4～5 cm,熟时橘红色,种子近球形或卵形。全年开花结果,花后 7～12 个月果熟。

生态习性:喜光。不耐寒,最低温度低于 15℃地区不能栽培。不抗风,不耐旱。

观赏用途:植株高大、雄伟,叶片硕大、美丽,姿态壮观、迷人。可片植或列植作行道树。世界主要产油树种,有"世界油王"之称。

图 3.154　油棕

繁殖:可播种繁殖,应催芽,在温热水中浸泡 2 周。发芽类型为毗邻型,初生叶为全缘亚型。此外组织培养也相当成功,但主要用于经济品种的繁殖。

3.6.1.9 酒瓶椰子 *Hyophorbe lagenicaulis* (L. Bailey.) H. Moore.(图 3.155)

棕榈科,酒瓶椰子属。原产于马斯克林群岛。中国台湾、海南、广东深圳等地均有栽培。

形态特征:常绿乔木。高 6 m。茎干圆柱形,基部较细,中部膨大,近茎冠处又收缩如瓶颈。羽状复叶簇生于茎顶,淡绿色。肉穗花序长约 0.6 m,多分枝,油绿色。果实椭圆形,赭红色,长可达 3 cm,宽可达 2.5 cm。花期 8 月,果期翌年 3～4 月。

生态习性:喜高温、多湿的热带气候。适宜向阳或半阴环境。要求排水良好、湿润、肥沃的壤土。怕霜冻,冬季最低温度要在 10℃以上。

观赏用途:酒瓶椰子是一种非常珍贵的观赏棕榈。它形如酒瓶,非常美观,适宜于庭园或温室栽培观赏。

繁殖:用播种繁殖。发芽类型为毗邻型,初生叶常为二叉亚型。

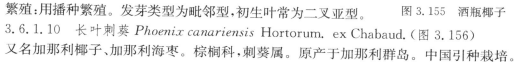

图 3.155 酒瓶椰子

3.6.1.10 长叶刺葵 *Phoenix canariensis* Hortorum. ex Chabaud.(图 3.156)

又名加那利椰子、加那利海枣。棕榈科,刺葵属。原产于加那利群岛。中国引种栽培。

图 3.156 长叶刺葵

形态特征:常绿乔木。茎单干型、直立,高达 20 m 以上,直径常超过 50 cm,具紧密排列的扁菱形叶痕而较为平整。羽状复叶,密生,长约达 6 m,拱形。总轴两侧有 100 多对小羽片。穗状花序,长达 1 m 以上。花小,黄褐色。果实长椭圆形,熟时黄色至淡红色。花期 5～7 月,果期 8～9 月。

生态习性:喜高温、多湿的热带气候,稍能耐寒。喜充足的阳光。在肥沃的土壤中生长快而粗壮,也能耐干旱瘠薄的土壤。

观赏用途:长叶刺葵树干高大雄伟,羽叶细裂而伸展,形成一密集的羽状树冠,颇显热带风光。宜作行道树或园林绿化树种。小株可盆栽,作室内观叶植物。

繁殖:单干型的种类以播种繁殖。发芽类型为远距叶鞘型。初生叶为全缘亚型。丛生型的种类可播种繁殖,也可分株。

3.6.1.11 美丽针葵 *Phoenix roebelenii* O. Brien.(图 3.157)

又名软叶刺葵、江边刺葵、罗比亲王海枣。棕榈科,刺葵属。在中国华南各省有广泛栽培,长江流域及以北地区作盆栽观赏。

形态特征:常绿小乔木或灌木,高 1～3 m,茎单生,有残存三角形叶柄基部,有长针刺,羽状叶长达 2 m,羽片长 20 cm,绿色,柔软,略下垂,排成 2 列。肉穗花序生于叶腋间,雌雄异株,果枣红色。果熟期 10～12 月。

生态习性:性喜温暖湿润。比较耐阴、耐旱、耐瘠,稍耐寒,但不耐土壤板结和积水。

图 3.157 美丽针葵

观赏用途:美丽针葵株型优美,常盆栽作室内观叶植物,也可用作花篮插花。

繁殖:播种繁殖。

3.6.1.12 散尾葵 *Chrysalidocarpus lutescens* Wendl.(图 3.158)

又名黄椰。棕榈科,散尾葵属。原产马达加斯加,中国华南地区有栽培,长江流域及以北地区均作温室观叶盆栽。

图 3.158 散尾葵

形态特征:丛生型常绿灌木,高可达 9 m,直径可达 12 cm,茎自基部,有环纹。叶羽状全裂,扩展,拱形。羽片披针形,先端柔软。叶下花序,花小,成串,金黄色。果卵形,长约 1.5 cm。花期 3~4 月。

生态习性:热带植物。喜温暖、潮湿,耐寒性不强,越冬最低温度在 10℃以上。苗期生长甚慢,以后生长迅速,耐阴。适宜疏松、排水良好、肥厚的壤土。

观赏用途:散尾葵枝叶茂密,四季常青,耐阴性强。适宜庭院草地绿化。幼树可盆栽,作室内饰物。

繁殖:繁殖通常以分株为主,也可播种。

3.6.1.13 袖珍椰子 *Chamaedorea elegans* Mart.(图 3.159)

棕榈科,袖珍椰子属。原产墨西哥北部和危地马拉。中国南部以及台湾均有栽培。

形态特征:单干型常绿矮小灌木,株高 1~3 m。茎细长,绿色,有环纹。叶一回羽状分裂,叶数可达 15,长可达 1 m,羽片数可达 40,长可达 30 cm,羽片沿叶轴两侧整齐排列成 2 列。肉穗花序直立,有分枝。花小,鲜橙红色。果实卵圆形,熟时橙红色。花期 3~4 月。

生态习性:喜温暖、湿润、半阴环境,在强日照下叶色枯黄。能耐轻霜冻,越冬最低温度在 5℃以上。要求排水良好、肥沃、湿润的土壤。

图 3.159 袖珍椰子

观赏用途:袖珍椰子树形矮小,耐阴性强,叶色浓绿,羽毛细裂。本种第二年的苗就具有观赏价值,可植于茶几、办公桌等。也可数株植于同一花钵,以增加绿量。

繁殖:用播种或分株繁殖。初生叶为羽裂亚型。如茎干过高,可重新扦插种植,只需留少量气生根的茎节,春末或夏季栽植。

3.6.2 苏铁科 Cycadaceae

常绿木本;茎干圆柱形,常宿存木质叶基,不分枝或很少分枝。叶有两种:一为互生于主干上呈褐色的鳞片状叶,其外有粗糙茸毛;一为生于茎端呈羽状的营养叶。雌雄异株,雄球花生干顶,中轴密生多数鳞片状或盾状小孢子叶,下面生多数小孢子囊;雌球花(大孢子叶球)上部呈羽状分裂,两侧具 2~6 胚珠。种子呈核果状,有肉质外果皮,内有胚乳,子叶 2,发芽时不出土。共有 1 属,约 200 余种,分布于热带、亚热带地区。中国有 1 属,14 种。

苏铁 *Cycas revoluta* Thumb.(图 3.160)

又名铁树、凤尾蕉、凤尾松、避火蕉。原产中国南部。

形态特征：常绿棕榈状木本植物，茎高达 5 m。叶羽状，长达 0.5～2.4 m，厚革质而坚硬，基部两侧有刺，羽片条形，长达 18 cm，边缘显著反卷。小孢子叶木质，密被黄褐色茸毛，背面着生多数药囊。雄球花圆柱形，长 70 cm，小孢子叶木质，密被黄褐色茸毛，下面着生多数药囊；雌球花略呈扁球形，大孢子叶宽卵形，有羽状裂，密被黄褐色绵毛，在下部两侧着生 2～4 个裸露的直生胚球。种子卵形而微扁，长 2～4 cm。花期 6～8 月，种子 10 月成熟，熟时红色。

图 3.160 苏铁

生态习性：喜暖热、湿润气候，不耐寒，在温度低于 0℃时极易受害。生长速度缓慢，寿命可达 200 余年。俗传"铁树 60 年开一次花"，实则 10 年以上的植株在南方每年均可开花。

观赏用途：苏铁体型优美，能反映热带风光，常布置于花坛的中心或盆栽布置于大型会场内供装饰用。

繁殖：可用播种、分蘖、埋插等法繁殖。

4　常见的观果植物

4.1　观果植物的定义及分类

4.1.1　观果植物的定义

中国人民自古以来,不但热爱五颜六色的观花植物,而且对观果植物也情有独钟。金橘、佛手、石榴、木瓜等都是人们从长期的栽培中选育出的优良观果植物,至今长盛不衰。文人墨客也经常以观果植物为题材进行咏唱,抒发感情。著名诗人屈原在《橘颂》中用"青黄杂糅,文章烂兮"来说明了橘子由青变黄,如同与文章一样,多种多样,丰富多彩。白居易在《种荔枝》中用"红颗珍珠诚可爱,白发太守亦何痴。十年结子知谁在? 自问庭中种荔枝"来表达自己的思想感情。萧纲则写下了"采莲曲,使君迷"之句。

本书所指的观果植物是指其果实在形态、色彩、着生状况、季候、用途等方面具有明显的观赏价值和特殊用途的植物,其中有很多植物的花色、花形、花韵也具有很高的观赏价值,可谓是花果兼优,春华秋实皆美。

4.1.2　观果植物的分类

观果植物按照其性状,分为草本类观果植物、木本类观果植物。

(1)草本类观果植物　包括一二年生及多年生草本植物,如栝楼、冬珊瑚、五色椒等。

(2)木本类观果植物　指那些多年生的、茎部木质化的植物。包括各种乔木、灌木、木质藤本,如南方红豆杉、水杨梅、菝葜等。

4.2　草本类观果植物

4.2.1　蓖麻 *Ricinus communis* L. (图 4.1)

大戟科,蓖麻属。原分布于热带非洲,现世界各地均有栽培。

形态特征:高大一年生草本,或在南方地区常成小乔木,幼枝部分被白粉。叶互生,圆形,盾状着生,直径 15～60 cm,有时大至 90 cm,掌状中裂,裂片 5～11 片,卵状披针形至矩圆形,顶端渐尖,边缘有锯齿;叶柄长。花单性,同株,无花瓣,圆锥花序与叶对生,长 10～30 cm 或更长,上部雌花,下部雄花。蒴果球形,长 1～2 cm,有软刺。种子矩圆形,光滑有斑纹。花期 5～8 月,果期 7～10 月。

生态习性:喜温暖,不耐寒冷,对光照敏感。要求排水良好的沙质

图 4.1　蓖麻

壤土。

观赏用途:根深叶茂,分枝多,可盆栽观赏,也可种植于庭院、宅旁或用作花境、花坛背景材料。

繁殖:播种,可随采随播。

4.2.2 乳茄 *Solanum mammosum* Linn.(图 4.2)

别名五指茄。茄科,茄属。原产于美洲的热带地区,现中国的广东、广西及云南均引种成功。

形态特征:小灌木,常作一年生栽培。株高 1~2 m,茎部密生白色茸毛,散生倒钩刺;叶互生,阔卵形,叶缘浅缺裂,有长柄;花单生或数朵,集生成腋生的聚伞花序,花冠紫色径约 3.8 cm。果实圆锥形乳头状,成熟时黄色,长约 5 cm。花期 9~10 月,果期 11 月至翌年 1 月。

生态习性:喜温暖湿润和阳光充足的环境,不耐寒。稍耐阴,不耐干旱和水湿。要求疏松肥沃、排水良好的土壤。

观赏用途:果实金黄色,形状奇特,满缀成串,有"五代同堂"的美誉,是流行的年宵观果植物。可庭院种植或盆栽观赏。

图 4.2　乳茄

繁殖:播种,多在春季进行。扦插,宜夏季嫩枝扦插。

4.2.3 冬珊瑚 *Solanum pseudocapsicum* Linn.(图 4.3)

又名珊瑚樱、玉珊瑚、吉庆果、喜庆果。茄科,茄属。原产南美巴西等国,中国云南有野生。

图 4.3　冬珊瑚

形态特征:常绿亚灌木。高约 30~50 cm,茎半木质。叶互生,狭长圆形至倒披针形,边缘波状。

花单生于叶腋,绿白色,腋生,夏秋开花。浆果球形,成熟时橙红、红或金黄色,直径 1.0~1.5 cm,经久不落,可在枝头留存到春节以后。

生态习性:喜半阴和温暖湿润气候,要求排水良好的土壤。萌生能力较强。夏季适当遮阴,冬季温度不低于 10℃。

观赏用途:果实鲜红色,经冬不落,为秋、冬季观果的好材料,也可布置花坛。可盆栽。果熟期正值元旦、春节期间,陈设于厅堂几架、窗台上,可增加喜庆气氛。

繁殖:播种繁殖。果实成熟时,采集红色浆果,洗出种子后晒干贮藏,春播。

4.2.4　香瓜茄 *Solanum muricatum* Ait.（图 4.4）

图 4.4　香瓜茄

又名香瓜梨、枇杷茄、人参果。茄科，茄属。原产于南美洲。中国于 20 世纪 80 年代引入。

形态特征：多年生草本，多作一年生植物栽培。盆栽株高一般为高 30～50 cm。茎直立。叶长卵形，互生；单生或簇生，花冠钟状，外围 5 裂，淡紫色，夏季开放。浆果卵形，果瓣尖锐，果皮白色带有紫色斑纹，果熟期为冬春季，可食用。

生态习性：喜温暖湿润、光照充足和通风良好的环境。

观赏用途：果实可爱，富有情趣，挂果期长，可庭院种植或盆栽观赏。

繁殖：春播，在 20～35℃的环境下，约 1 周发芽。扦插，可用其枝条、嫩芽及带花芽的腋芽进行扦插，易生根发芽。

4.2.5　五色椒 *Capsicum frutescens* var. *fasciculatum* (Sturt.) Bailey.（图 4.5）

又名朝天椒、五彩辣椒、樱桃椒等。茄科，辣椒属，为辣椒的变种。原产美洲热带，现世界各地均有栽培。

形态特征：多年生半木质性植物，但常作一年生栽培。株高 30～60 cm，分枝多，茎直立，单叶互生，叶卵形至长圆形，柄短。花小，白色，单生叶腋，或 3～5 朵聚生于枝顶，具梗。果实簇生于枝端，有光泽。果梗直立，浆果长指状，顶端渐尖，果实成熟过程由绿转白、黄、橙、紫、蓝、红等色。花期 5～7 月，果期 8～10 月。

生态习性：性喜阳光充足、温暖湿润的环境，不耐寒冷和干旱。对土壤要求不严，但以肥沃、湿润、排水良好的沙质壤土为好。

观赏用途：绿叶丛中五彩缤纷，极为有趣，为秋季的优美观果花卉，适宜布置花坛、花台，也可盆栽观赏或用作装饰，布置阳台窗台、客室、书房等处。

图 4.5　五色椒

繁殖：播种繁殖。可在 4～5 月露地播种，也可在 3 月于室内盆播，在 5℃的条件下，发芽整齐迅速。

4.2.6　栝楼 *Trichosanthes kirilowii* Maxim.（图 4.6）

又名瓜蒌、药瓜、栝楼蛋。葫芦科，栝楼属。原产于中国苏南、苏北各地，广泛分布于中国北部至长江流域各地，生长在向阳山坡、山脚、石缝、田野草丛中。

形态特征：多年生草质藤本。块根肥大，圆柱形。茎多分枝，卷须细长。单叶互生，具长柄。叶片轮廓近圆形,长宽均7~20 cm,常3~7浅裂或中裂。雌雄异株,花白色,雄花成总状花序或稀单生;雌花单生于叶腋。果实近球形,成熟时黄褐色,光滑,种子多数,扁长椭圆形。花期7~8月,果熟期9~10月。

生态习性:喜阳,也耐半阴。适应性强,垂直分布可达海拔1 200 m。耐寒。忌水涝。适生性强,不择土壤,以沙质壤土为好。

观赏用途:藤蔓细长,攀援强盛,花白色清香,果形大,熟时橙红色,久悬不落。宜植于高棚大架或墙垣壁隅。

繁殖:播种,种子以草木灰拌种擦去果肉,干藏过冬,亦可带果梗悬挂于通风处,春播。分根法,3月中下旬挖取3~5年生健壮雌株的老根,分成7~10 cm的小段,穴栽。

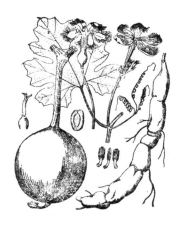

图4.6   栝楼

4.2.7   小葫芦 *Lagenaria siceraria*(Molina.)Standl. var. *microcarpa*(Naud.)Hara.(图4.7)

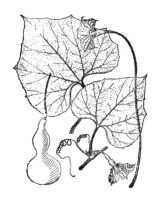

图4.7   小葫芦

又名腰葫芦、观赏葫芦。葫芦科,葫芦属。原产欧亚大陆热带地区。

形态特征:一年生蔓性草本。茎蔓生,密被茸毛,卷须分2叉。叶互生,心状卵形或肾状卵形。边具小齿。雌雄同株;花白色,单生,雄花花托漏斗状,长约2 cm;雌花花萼和花冠似雄花;花梗长;花期7~8月。瓠果淡黄白色,长10 cm左右,中部细,熟后果皮木质。

生态习性:喜温暖、湿润、阳光充足的环境,不耐寒。要求肥沃、排水良好的土壤。

观赏用途:既可观花,观果,又是很好的遮阴材料,果熟后悬挂于室内别具风趣。

繁殖:播种。插种前应先用30 ℃温水浸泡种子,有利发芽。

4.2.8   南瓜 *Cucurbita moschata*(Duch.)Poiret.(图4.8)

又名番瓜。葫芦科,南瓜属。原产南美热带,现全世界广泛栽培。

形态特征:一年生蔓生草本。茎常节部生根,被短刚毛。卷须分3~4叉;叶稍柔软,宽卵形或卵圆形,5浅裂或有5角,两面密被茸毛,沿边缘及叶面上常有白斑,边缘有细齿。花雌雄同株;单生;雄花花托短,花萼裂片条形,上部扩大成叶状,花冠钟状,5中裂,裂片外展,具皱纹,雄蕊3,花药靠合,药室规则S形折曲;雌花花萼裂片显著叶状,子房1室,花柱短,柱头3,膨大,2裂。果柄有棱和槽,瓜蒂扩大成喇叭状;瓠果常有数条纵沟,形状多样

图4.8   南瓜

因品种而不同,种子灰白色,边缘薄。花期5～7月,果期7～9月。

生态习性:喜温暖。性强健。要求疏松而肥沃的土壤。

观赏用途:可植于棚架、花门旁,攀缘而上,果实垂吊,十分美观。果形、果色奇特,采后可置室内观赏。

繁殖:播种。南方3月、北方4月、东北寒冷地区5月初播种为宜。

4.2.9 万年青 *Rohdea japonica*(Thunb.)Roth.(图4.9)

又名铁扁担、冬不凋草、九节莲。百合科,万年青属。原产中国及日本,在中国分布较广,华东、华中及西南地区均有。野生于海拔750～1700 m的林下潮湿处或草地上。

图4.9 万年青

形态特征:多年生常绿草本。地下根茎短粗,具多数纤维根,叶基生,带状或倒披针形,长15～50 cm,宽2.5～7.0 cm,质厚,有光泽,全缘,常波状,端急尖,基部渐狭,花葶自叶丛中抽出,高10～20 cm,顶生穗状花序,长3～4 cm,花小,无柄,淡绿色,密集着生,花期6～8月。浆果球形,9～10月果熟,呈红色稀黄色,经冬不凋。

生态习性:喜温暖,稍耐寒,喜湿润,不耐旱,喜半阴,不耐阳光直射。喜富含腐殖质、微酸性的土壤。

观赏用途:叶片常绿,果实鲜红,经冬不落,为良好的观叶、观果花卉。北方盆栽,可四季摆放室内观赏。在南方温暖地区可作林下、路边地被植物。

繁殖:分株,春、秋季进行。播种,可在早春3～4月进行盆播。

4.3 木本类观果植物

4.3.1 银杏 *Ginkgo Liloba* L.

见3.4.2.1。

4.3.2 南方红豆杉 *Taxus chinensis* var. *mairei* Cheng. et L. K. Fu(*T. speciosa* Florin.)(图4.10)

又名美丽红豆杉。红豆杉科,红豆杉属。原产于中国长江流域以南,为国家重点保护野生植物。

形态特征:常绿乔木,高约16 m。叶螺旋状着生,排成两列,条形,微弯或近镰状,长2.0～3.5 cm,宽3.0～4.5 cm,先端渐尖,背面有两条较狭的黄绿色气孔带,叶缘不反卷,绿色边带较宽,中脉带上的凸点较大,呈片状分布,或无凸点。雌雄异株,雄球花单生叶腋;雌球花的胚珠单生于花轴上部侧生短轴的顶端,基部有圆盘状假种皮。种子卵形或倒卵形,微有2纵棱脊,假种皮杯状,红色。花期3～6月,果期9～11月。

生态习性:耐阴树种,喜阴湿环境。喜温暖湿润的气候。自然生长在山谷、溪边、缓坡腐殖质丰富的酸性土壤中,中性土、钙质土也能生长。对气候适应力较强,能耐−11℃低温。耐阴湿力较强,不耐低洼积水。不耐干旱瘠薄。萌芽能力较强,很少有病虫害,生长缓慢,寿命长。

观赏用途:枝叶浓郁,树形优美,种子成熟时果实满枝逗人喜爱。适合在庭园一角孤植点缀,亦可在建筑背阴面的门庭或路口对植,在山坡、草坪边缘、池边、片林边缘丛植。宜在风景区作中、下层树种与各种针阔叶树种配置。

繁殖:种子繁殖,种子有休眠期,须经低温层积处理,才能当年出苗,苗期生长较缓慢。

同属的观果植物有:

东北红豆杉(*T. cuspidata* Sieb et Zucc;(*T. baccata* L. var. *cuspidata* Carr.)):又名紫杉。主要分布于中国东北,日本、朝鲜、俄罗斯东北部地区也有分布。树高达 20 m。树冠倒卵形或阔卵形。树皮红褐色或灰红色,呈片状剥裂。大枝近

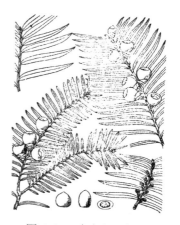

图 4.10　南方红豆杉

水平伸展,侧枝密生,无毛。叶条形,直或稍弯,长 1.0～2.5 cm,宽 2.5～3.0 mm,先端常突尖,表面深绿色,有光泽,下面有两条灰绿色气孔带。主枝上的叶呈螺旋状排列,侧枝上呈不规则而断面近于“V”形的羽状排列。雄球花具 6～14 雄蕊,集成头状,雌球花胚珠淡红色,卵形。花期 5～6 月,种子坚果状,卵形或三角状卵形,微扁,有 3～4 纵棱脊,赤褐色,长约 6 mm,假种皮浓红色,杯形,9 月成熟,11 月脱落。

红豆杉(*T. chinensis* (Pilger) Rehd.):见 3.4.1.20。

4.3.3　杨梅 *Myrica rubra*（Lour.）Sieb. et Zucc.（图 4.11）

杨梅科,杨梅属。原产中国长江以南各地,以浙江栽培最多。日本、朝鲜和菲律宾也有分布。

图 4.11　杨梅

形态特征:常绿乔木,高可达 12 m,胸径 60 cm。叶革质,集生枝顶,长椭圆状倒披针形,长达 4～12 cm,先端较钝,基部狭楔形,全缘或近端部上有浅齿。雌雄异株,雄花序紫红色。核果球形,径 1.5～2.0 cm,有小疣状突起,深红色,也有紫、白等色,多汁,味酸甜。花期 3～4 月,果期 6～7 月。

生态习性:中性树,稍耐阴,不耐烈日直射。性喜温暖湿润气候及深厚、疏松、保水性好的酸性土壤。深根性,萌芽性强。对二氧化硫、氯气等有毒气体有较强的抗性。

观赏用途:枝繁叶茂,树冠圆整,叶色浓绿,初夏红果累累,十分可爱,是园林绿化优良树种。孤植、列植、丛植于路边、草坪、庭院皆可。还可密植,用于分隔空间或起遮蔽作用。

繁殖:播种,于 7 月初采种,洗净果肉后随即播种,或把种子低温沙藏层积到翌年 3 月播种。还可采用一般高空压条和嫁接法。

4.3.4　枫杨 *Pterocarya stenoptera* C. DC（图 4.12）

又名麻柳树、水麻柳、枫柳、蜈蚣柳、平杨柳、燕子树等。胡桃科,枫杨属。现广布于中国华北、华中、华南和西南各地,在长江流域和淮河流域最为常见。朝鲜也有分布。

图 4.12　枫杨

形态特征:落叶大乔木,高达 30 m。树皮浅灰至深灰色,幼时光滑,老时纵裂。枝具片状髓;裸芽密被褐色毛。小枝灰色,被柔毛。羽状复叶,叶轴具翅,小叶 9～23 枚,长椭圆形,长 5～10 cm,缘具细齿,顶生小叶有时不发育。花序轴密被柔毛。果序长 20～40 cm,坚果近球形,具 2 长圆形或长圆状披针形果翅,长 2～3 cm,斜展。花期 4～5 月,果熟期 8～9 月。

生态习性:喜光,喜温暖湿润气候,较耐寒。耐水湿,但不宜长期积水。对土壤要求不严,在酸性至微酸性土上均可生长,以深厚、肥沃、湿润的土壤生长最好。深根性;萌蘖能力强。

观赏用途:树冠广展,枝叶茂密,果实下垂,形状奇特,颇具野趣,可作行道树,也可成片种植或孤植于草坪及坡地,均可形成一定景观。生长快,适应性强,根系发达,为河床两岸低洼湿地的良好绿化树种。对二氧化硫、氯气等抗性强,也适合于工厂绿化。

繁殖:以播种繁育为主,当年秋播出芽率较高。

4.3.5　薄壳山核桃 *Carya illinoensis* K. Koch.(*C. pecan* Engelm. et Graebn.)(图 4.13)

又名长山核桃、美国山核桃。胡桃科,山核桃属。原产北美东部,20 世纪初引入中国,各地常有栽培,但以福建、浙江及江苏南部一带较为集中。

形态特征:落叶乔木,在原产地高达 45～55 m。树皮灰色,深纵裂。鳞芽被灰色柔毛。羽状复叶,小叶 11～17 枚,为不对称的卵状披针形,常镰状弯曲,长 9～13 cm,无腺鳞。坚果长圆形,较大,核壳较薄。花期 4～5 月,果熟期 10～11 月。

生态习性:阳性树种,喜温暖湿润气候,对土壤酸碱度的适应范围比较大,微酸性、微碱性土壤均能生长良好。不耐干旱瘠薄,在土层深厚、疏松、富含腐殖质的冲积平原或河谷地带生长迅速。耐水湿。深根性,萌蘖力强,生长速度中等,寿命长。

图 4.13　薄壳山核桃

观赏用途:本种树干端直,树冠近广卵形,树姿优美,果实如青橄榄,诱人可爱。根系发达,性耐水湿,可孤植、丛植于湖畔、草坪等,宜作庭阴树,行道树,亦适于河流沿岸及平原地区绿化造林,为很好的城乡绿化树种和果材兼用树种。

繁殖:播种用的种子要求坚果充分成熟。种子采收后,经水选,于秋季播种。也可在春季采用枝接法进行嫁接繁殖。

4.3.6　青钱柳 *Cyclocarya paliurus*(Batal.)Iljinsk.(图 4.14)

又名摇钱树、麻柳。胡桃科,青钱柳属。中国特产,广泛分布于安徽、江苏、浙江、江西、福建、台湾、广东等省。

形态特征:落叶乔木,高达 30 m,幼树树皮灰色,平滑,老树皮灰褐色,深纵裂。幼枝密被褐色毛,后渐脱落。芽被褐色腺鳞。奇数羽状复叶,小叶 7～9(13)枚,互生,稀近对生,椭圆形或长椭圆状披针形,长 3～14 cm,先端渐尖,具细锯齿,顶生小边缘具细齿,上面中脉密被淡褐色毛及腺鳞,下面被灰色腺鳞,叶脉及脉腋有白色毛。雄花序长 7～17 cm,花序轴被白色及褐色腺鳞,雌花序长 21～26 cm,具花 7～10朵,柱头淡绿色。果翅径 2.5～6.0 cm,顶端具宿存花柱及花被片。花期 5～6 月,果期 9 月。

生态习性:喜光,要求深厚、肥沃湿润土壤。较耐旱,萌芽力强,生长中速。抗病虫害。

观赏用途:树姿壮丽,枝叶舒展,果如铜钱,悬挂枝间,饶有风趣,为优良观赏绿化树种,宜植于庭园观赏,适于水边或石灰岩山地种植。

图 4.14　青钱柳

繁殖:播种繁殖。由于该树种的种子具有深休眠性,一般播种后需要两年才能萌发。

4.3.7　苦槠 *Castanopsis sclerophylla*（Lindl.）Schott.

见 3.4.1.21。

4.3.8　青冈栎 *Cyclobalanopsis glauca*（Thunb.）Oerst.

见 3.4.1.23。

4.3.9　石栎 *Lithocarpus glaber*（Thunb.）Nakai.

见 3.4.1.22。

4.3.10　青檀 *Pteroceltis tatarinowii* Maxim.（图 4.15）

图 4.15　青檀

又名檀树、翼朴。榆科,青檀属。中国特有单种属植物。主产中国黄河及长江流域,南达两广及西南。

形态特征:落叶乔木,高达 20 m。树皮灰色或深灰色,呈长片状剥落。叶纸质,卵形或椭圆状卵形,长 3～10 cm,宽 2～5 cm,边缘有锯齿,具 3 出脉,先端渐尖至尾状渐尖,基部不对称,楔形、圆形或截形,叶面绿,幼时被短硬毛,脱落后常残留有圆点,光滑或略粗糙,叶背脉腋有簇生毛。花单性,雌雄同株,生于叶腋。小坚果两侧具翅。花期 3～5 月,果熟期 8～10 月。

生态习性:喜光,稍耐阴。耐寒,对土壤要求不严,耐干旱瘠薄,亦耐湿。喜石灰岩山地。根系发达,萌芽力强,寿命长。

观赏用途:青檀树体高大,树冠开阔,果实如元宝状,别有情趣,宜作庭阴树、行道树;可孤植、丛植于溪边、坡地,适合在石灰岩山地绿化造林。

繁殖:播种繁殖。

4.3.11　南天竹 *Nandina domestica* Thunb.(图 4.16)

又名天竺、南天竺、南烛、南竹叶。小檗科,南天竹属。原产中国长江流域及陕西、河北、山东等省,日本、印度也有。多生于湿润的沟谷旁、疏林下或灌丛中。

图 4.16　南天竹

形态特征:常绿直立丛生灌木,高达 2 m。少分枝。叶互生,2~3 回羽状复叶,长 30~50 cm。小叶椭圆状披针形,全缘。圆锥花序顶生,花小,白色。花期 5~7 月。浆果球形,鲜红色。果期 10~11 月开始,经冬不谢。

生态习性:喜温暖湿润、通风良好的半阴环境。不耐寒,不耐旱。喜光,耐阴,强光下叶色变红。适应性较广,可耐干旱瘠薄。适宜含腐殖质的沙壤土生长。

观赏用途:是十分难得的观叶、观花、观果植物,可春赏嫩叶,夏观白花,秋冬观果,红白绿三色兼有。尤其是入冬后,红色果实垂满枝头,串串晶莹剔透,直至次年春天,为冬天带来勃勃生机。可植于庭院或作盆栽。常与山石、沿阶草、杜鹃配植成丛植于庭院房前,草地边缘或园路转角处。南天竹果枝常与盛开的蜡梅、松枝一起瓶插,比喻松竹梅岁寒三友。也可将南天竹制作成案头盆景。

繁殖:播种,果实成熟后采种,可不经处理随采随播。扦插,于春季或雨季进行。分株:每隔 2~3 年结合换盆进行。

4.3.12　阔叶十大功劳 *Mahonia bealei*(Fort.)Carr.(图 4.17)

又名土黄柏、土黄连、八角刺、刺黄柏、黄天竹。小檗科,十大功劳属。原产于中国陕西、湖北、湖南、安徽、浙江、江西、福建、河南、四川等省。

形态特征:常绿灌木,高 1~2 m。树皮灰色;木质部黄色。叶互生,奇数羽状复叶,小叶 7~15 枚,厚革质,卵形,顶生小叶较大,有柄,每侧有 2~8 刺状锐齿,边缘反卷。总状花序簇生,花序长 3~5 cm;花黄褐色,花梗长 4~6 mm。浆果卵形,长约 10 mm,直径约 6 mm,蓝黑色,被白粉。花期 3~4 月,果期 4~8 月。10~11 月下旬果实成熟,经冬不谢。

生态习性:性喜温暖湿润和阳光充足环境,但适应性强,有较强的耐寒能力,不耐暑热。耐阴、耐旱、怕涝。在排水良好的酸性至弱碱性土壤上均能生长良好。

图 4.17　阔叶十大功劳

观赏用途:四季常绿,树形雅致,枝叶奇特,花黄果紫,用于园林绿化点缀显得既别致又富有特色,可选择粗大的植株,进行截干促萌,可形成根、叶、花、果兼美的树桩盆景,也可用于室内盆栽观赏。

繁殖:播种,种子需完成后熟后,进行播种。扦插,可在 3 月进行。分株,一般在秋季和早春进行。

4.3.13　白玉兰 *Magnolia denudata* **Desr.**

见 2.8.5。

4.3.14　南五味子 *Kadsura longipedunculata* **Fin. et Gagn.**

见 2.9.5。

4.3.15　北五味子 *Schisandra chinensis*（**Turcz.**）**Baill.**

见 2.9.6。

4.3.16　华茶藨 *Ribes fasciculatum* **Sieb. et Zucc. var.** *chinense* **Maxim.**（图 4.18）

又名大蔓茶藨。虎耳草科,茶藨子属。分布于中国辽宁、河北、山西、陕西南部、山东、江苏、浙江、湖北等地。

形态特征:落叶灌木,高可达 2 m。老枝紫褐色,皮常剥落;小枝灰绿色。叶圆形,宽约 4～10 cm,基部截形或心形,3～5 裂,裂片阔卵形,边缘锯齿粗钝,两面疏生柔毛。雌雄异株,簇生;雄花 4～9 朵,雌花 2～4 朵,花黄绿色,杯形,有香气,果实近球形,绿红色,顶端有宿存的萼筒。花期 4～5 月,果期9～10 月。

生态习性:喜阴湿环境。生于山坡林下岩石旁和山谷溪边灌木丛中。较耐寒,对土壤适应性强。

观赏用途:花色淡雅,有香气,果实鲜艳,可观花、观果。宜丛植于坡地、山石旁,水池边,极具野趣。

繁殖:播种,可随采随播。

图 4.18　华茶藨

4.3.17　海桐花 *Pittosporum tobira*（**Thunb.**）**Ait.**

见 2.7.8。

4.3.18　火棘 *Pyracantha fortuneana*（**Maxim.**）**Li.**

见 2.7.13。

4.3.19　平枝栒子 *Cotoneaster horizontalis* **Dcne.**（图 4.19）

又名铺地蜈蚣。蔷薇科,梨亚科,栒子属。分布于中国陕西、甘肃、湖北、湖南、四川、贵州、云南等省;尼泊尔也有分布。生于海拔 2 000～3 500 米的灌木丛中。

图 4.19 平枝栒子

形态特征:落叶或半常绿匍匐灌木。株高 30~40 cm,枝开展成整齐二列状。叶小,长 6~15 mm,厚革质,近圆形或宽椭圆形,先端急尖,基部楔形,全缘,背面疏被平伏柔毛。花小,近无梗,单生或 2 朵并生,粉红色,径 5~7 mm。梨果近球形,鲜红色,径 4~6 mm。花期 5~6 月,果期 9~10 月。

生态习性:喜光,也稍耐阴。喜干燥凉爽气候,较耐寒,耐干旱。耐碱性土壤,喜疏松、排水良好的沙质壤土,忌黏质土及低湿环境。耐旱不耐涝。萌芽力强。

观赏用途:枝叶横展,叶小而稠密,花密集枝头,晚秋时叶红色,红果累累,是布置岩石园、庭院、绿地和墙沿、角隅的优良材料。也可作地被和制作盆景。果枝也可用于插花。根可药用。

繁殖:播种,随采随播,也可将种子放至次年春天催芽后再播。扦插,宜夏季嫩枝扦插。压条:以平伸的枝条埋于土中压条,当年即可生根。

4.3.20 木瓜海棠 *Chaenomeles cathayensis* (Hemsl.) Schneid. (*C. lagenaria* var. *cathayensis* Rehd.)(图 4.20)

又名木桃、毛叶木瓜。蔷薇科,梨亚科,木瓜属。产于中国陕西、甘肃、江西、湖北、湖南、四川、云南、贵州、广西等地,各地栽培观赏。

形态特征:落叶灌木至小乔木,株高 2~6 m。枝直立,具短枝刺。叶长椭圆形至披针形,长 5~11 cm,缘具芒状细尖锯齿,表面深绿且有光泽,背面幼时密被褐色茸毛,后渐脱落,叶质较厚。花淡红色或近白色,花柱基部有毛;花梗粗短或近无梗,2~3 朵簇生于二年生枝上。花期 3~4 月,先叶开放;果卵圆形至长卵形,长 8~12 cm,黄色有红晕,芳香,9~10 月成熟。

生态习性:喜温暖,有一定的耐寒性。要求土壤排水良好。不耐湿和盐碱。

图 4.20 木瓜海棠

观赏用途:花色艳丽迷人,花后果实累累,芳香,是观花、观果俱佳的高档花木,可丛植或片植于路旁、林缘、池畔。树矮枝多,易修剪整形制作成盆景。

繁殖:扦插,宜夏季嫩枝扦插。嫁接,可用结果类木瓜做砧木进行嫁接。

4.3.21 木瓜 *Chaenomeles sinensis* (Touin) Koehne.(图 4.21)

又名木梨、光皮木瓜。蔷薇科,梨亚科,木瓜属。中国华东、华中地区习见栽培。

形态特征：落叶灌木或小乔木，高 5～10 m，树皮灰色，成不规则薄片剥落，内皮橙黄色或褐黄色，光滑。托叶披针形，具毛齿，尖端有腺点，早落。叶卵状椭圆形或卵圆形，长 5～10 cm，宽 3.5～8.0 cm，先端短尖，锯齿细尖，尖端有腺点，幼叶下密被茸毛，老叶无毛。花单生，淡粉红色；花萼裂片具细齿。梨果矩圆形，长 6.5～15.0 cm，近木质，芳香。花期 4～5 月，果期 8～10 月。

生态习性：适应性强，喜光，也耐半阴；耐寒，稍耐旱。对土壤要求不严。

观赏用途：本种花美果香，常植于庭园观赏。果实有色有香，常供室内陈列观赏。

繁殖：扦插，每年春、初夏、秋都可以进行嫩枝或硬枝扦插。压条：每年春季或秋季进行。分蘖，可在每年 9～11 月进行。

图 4.21　木瓜

4.3.22　石楠 *Photinia serrulata* Lindl.

见 2.8.26。

同属观果植物：

光叶石楠（*P. glabra*（Thunb.）Maxim.）：分布于中国安徽、江苏、浙江、江西、湖南、湖北、福建、广东等地；越南、缅甸、泰国和日本也有分布。常绿乔木，高 4～10 m。叶片革质，椭圆形、矩圆形或矩圆状倒卵形，长 5～9 cm，宽 2～4 cm，边缘有浅钝的细锯齿，两面无毛；叶柄长 2～4 cm。复伞房花序，生于枝顶，无毛；花白色；梨果卵形，径约 5 mm，红色，无毛。花期 4～5 月，果期 10 月。老叶脱落前变成鲜红色，美丽；果在秋季红色，宿存时间长，为优良的观花、观果树种。

4.3.23　'雷蒙紫海棠' *Malus×strosanguinea*（Spaeth.）Rehd. 'Lemoinei'（图 4.22）

蔷薇科，梨亚科，苹果属。为海棠属的一个栽培品种。由上海园林科研所于 1998 年引进，现已推广。

图 4.22　'雷蒙紫海棠'

形态特征：落叶灌木或小乔木，株高 3 m 左右。树皮灰褐色。叶片卵形或椭圆形，春季新叶红色，后转为绿色。4 月先叶开花，花单瓣，深紫红色，4～7 朵聚生。有二次开花现象。花后结果，球形，成熟时红色，结果量大。果实经冬不落。

生态习性：喜光，不耐阴。喜温暖湿润气候，耐寒冷。耐干旱，忌湿涝。

观赏用途：春花烂漫，色艳夺目，果实紫红，经冬不落，为新颖的观叶、观花、观果俱佳的海棠优良品种。常植于庭园观赏。也可盆栽或作成盆景。

繁殖：播种，可随采随播，也可沙藏放至次年春播。扦插，一般夏季嫩枝扦插。嫁接：以山定子、毛山定子为砧木进行嫁接，宜早春进行。

同属观果植物：

(1) 垂丝海棠(*Malus halliana* Koehne.)，见 2.8.21。

(2) 西府海棠(*Malus micromalus* Mak.)，见 2.8.20。

(3) 苹果(*Malus pumila* Mill.)，见 2.8.19。

(4) 海棠花(*Malus spectabilis* Borkh.)，见 2.8.22。

4.3.24　山楂 *Crataegus pinnatifida* Bunge. (图 4.23)

又名山里红、胭脂果。蔷薇科，梨亚科，山楂属。原产中国河北、山东、山西、河南、陕西等地，多栽培。朝鲜、前苏联远东地区也产。

形态特征：落叶小乔木，高达 6 m。叶三角状卵形或菱状卵形，长 5～10 cm，4～9 羽状深裂，下部两裂有时几近中脉，基部宽楔形或近截形，裂片具不规则尖锐重锯齿。伞房花序，有柔毛，花白色。梨果球形或梨形，成熟时红色，直径 1～2 cm，皮孔白色。花期 5～6 月，果期 8～10 月。

生态习性：喜光，耐寒，耐旱，耐修剪。多生长在砂岩、石灰岩等碱性土壤中。

观赏用途：暮春开白花，秋叶变黄，果实颜色鲜艳，可片植、孤植或修剪成绿篱。也可作盆栽观赏。

繁殖：多采用嫁接繁殖，砧木可用根蘖苗或野生山楂实生苗，用嵌芽接法。

图 4.23　山楂

4.3.25　水榆花楸 *Sorbus alnifolia* (Sieb. et Zucc.) K. Koch.

见 2.8.25。

4.3.26　枇杷 *Eriobotrya japonica* (Thunb.) Lindl. (图 4.24)

蔷薇科，梨亚科，枇杷属。中国四川、湖北有野生分布。

形态特征：常绿小乔木，高可达 10 m。小枝、叶背及花序均密被锈色茸毛。叶粗大革质，常为倒披针状椭圆形，长 12～30 cm，先端尖，基部楔形，锯齿粗钝，侧脉 11～21 对，表面多皱而有光泽。花白色，芳香，10～12 月开花，翌年初夏果熟。果近球形或梨形，黄色或橙黄色，径 2～5 cm。

生态习性：喜光，稍耐阴，喜温暖气候，不耐寒。生长缓慢，寿命较长，一年能发三次新梢。

观赏用途：本种枝繁叶茂，叶大阴浓，常绿有光泽。冬日白花盛开，初夏黄果累累，南方暖地多于庭园内栽植，是园林结合生产的好树种。

繁殖：以播种为主，于 6 月份采种后，立即进行，发芽

图 4.24　枇杷

率较高。也可嫁接,用于优良品种的繁殖,以切接为主,可在3月中旬或4月~5月进行,砧木可用枇杷实生苗和石楠。

4.3.27　佛手 *Citrus medica* L. var. *sarcodactylus*（Noot.）Swingle.（图 4.25）

又名九爪木、五指橘、佛手柑。芸香科,柑橘属。产于中国福建、广东、广西。

形态特征:是枸橼的变种。常绿灌木状小乔木,高可达2 m。枝上有时具短刺。叶片油亮,革质。花瓣白色,边缘有紫晕,具香气。果实金黄色,似佛手状,果皮厚,通常无种子。花期初夏,果期冬季。

图 4.25　佛手

生态习性:喜温暖、湿润、通风良好的环境。耐浓阴,忌暴晒。

观赏用途:佛手是形、色、香俱美的佳木。花具香气,淡雅,叶色泽苍翠,四季常青,果实色泽金黄,香气浓郁,形状奇特似手,千姿百态,为著名的观果树种,可盆栽观赏。有诗赞曰:"果实金黄花浓郁,多福多寿两相宜,观果花卉唯有它,独占鳌头人欢喜。"

繁殖:由于佛手属单性结实,果实中无种子,故自然条件下,不能通过有性繁殖来育苗,多用嫁接或扦插法繁殖。

4.3.28　金橘 *Fortunella margarita*（Lour.）Swingle.（图 4.26）

又名金枣、牛奶橘。芸香科,金橘属。原产于中国南方的两广、闽浙一带,在北方均做盆栽。

图 4.26　金橘

形态特征:常绿灌木或小乔木,高 3 m,通常无刺,分枝多。叶质厚,浓绿,披针形至圆形,长 5~9 cm,宽 2~3 cm,全缘,上面光亮,下面有散生腺点,先端略尖或钝,基部楔形;叶柄长达 1.2 cm。花白色,1~3 朵腋生;子房 5 室。果椭圆形,橙黄至橙红色,果皮肉质味甜。花期 3~5 月,果期 10~12 月。

生态习性:喜湿润,但又怕涝。喜光,但怕强光,光照过强易灼伤叶片。稍耐寒。性较强健,对旱、病的抗性均较强。耐瘠薄土壤。

观赏用途:金橘夏初开花,秋末果熟,清香淡雅,是集观花与赏果于一身的佳木,可盆栽,亦可片植于庭院、公园中供人们欣赏。

繁殖:通常以嫁接、播种为主。多用一年生枸橘或酸橙作砧木,枝接或芽接均可。种子可随采随播,但实生苗结果迟且小。

4.3.29　四季橘 *Citrus mitis* Blanco.（图 4.27）

又名月月橘、长春橘。芸香科,柑橘属。原产于中国华南、浙江和台湾等地。

图 4.27　四季橘

形态特征：常绿灌木或小乔木，株高 100～150 cm。枝条多而密，有少数枝刺；叶互生，叶深绿色，椭圆形，叶缘有波浪状钝齿，叶脉不明显，具窄翼的叶柄；花洁白芳香，生于叶腋；果生于枝端，圆形或扁圆形，橘黄色。花期约在 8 月上旬，并在 180 d 后果实成熟。挂果期长，经冬不落。

生态习性：喜温暖湿润，阳光充足的环境，忌干旱。要求肥沃，排水良好的微酸性土壤。

观赏用途：同金橘。

繁殖：用嫁接繁殖。砧木多用香橼，一般在秋冬季或初春进行芽接或枝接最好。

4.3.30　茵芋 *Skimmia reevesiana* Fortune.（图 4.28）

又名红果茵芋、紫玉珊瑚、黄山桂。芸香科，茵芋属。分布在中国东南沿海各省至湖南、湖北、广西、贵州。野生于山林下、溪谷边。

形态特征：常绿灌木，高约 1 m。单叶，革质，常集生于枝顶，狭矩圆形或披针形，长 7～11 cm，宽 2～3 cm，顶端渐尖，基部楔形，边全缘，有时中部以上有疏而浅的锯齿。聚伞状圆锥花序，顶生。花白色，极芳香。浆果状核果，矩圆形至卵状矩圆形，红色。花期 5 月，果期 7～11 月。

生态习性：喜湿润温暖、阳光较充足环境，稍耐阴，较耐寒，但怕强光暴晒、严寒和积水。

观赏用途：其叶片翠绿光亮，初夏时白花浓密，并具浓郁芳香；秋冬季红果满枝，鲜艳欲滴，是叶花果俱佳的优良观赏花木。

繁殖：播种，可随采随播，也可在冬季沙藏，翌春播种。扦插，以夏季的嫩枝扦插为主，约 30～40 d 就会生根。

图 4.28　茵芋

4.3.31　花椒 *Zanthoxylum bungeanum* Maxim.（图 4.29）

图 4.29　花椒

芸香科，花椒属。除东北和新疆外几分布于全国各地，野生或栽培。

形态特征：落叶灌木或小乔木，高 3～7 m，具香气。茎干通常有增大的皮刺。单数羽状复叶，互生，叶轴狭翅，叶柄两侧常有一对扁平基部特宽的皮刺；小叶 5～11 枚，对生，卵形或卵状长圆形，长 1.5～7.0 cm，宽 1～3 cm，边缘有细钝锯齿，齿缝处着生透明的腺点；下面中脉基部两侧通常密生长柔毛。聚伞状圆锥花序顶生；花单性，花被片 4～8，一轮，子房无柄。蓇葖果球形，红色至紫红色，密生疣状突起的腺体。花期 6～7 月，果期 9～10 月。

生态习性:喜光,喜温暖湿润环境,在土层深厚、肥沃的土壤上生长良好。萌蘖性强,耐寒,耐旱。不耐涝,短期积水可致死亡。抗病能力强。耐强修剪。

观赏用途:可孤植于庭院中;也可片植作防护刺篱。

繁殖:春播,7～9月种子完全成熟时,收种子,晾干后贮藏,播种前需催芽。

4.3.32 冬青 *Ilex chinensis* Sims(*I. purpurea* Hassk.)(图4.30)

又名红冬青、观音茶。冬青科,冬青属。产于中国长江流域及以南地区,常生于山坡杂林中。

形态特征:常绿乔木,高达13 m。树皮灰青色,平滑不裂。单叶互生,叶薄革质,长椭圆形或卵状矩圆形,长5～11 cm,先端渐尖,疏生浅齿,叶柄常淡紫红色,叶面深绿色,有光泽。聚伞花序生于当的生枝叶腋,花淡紫红色。核果椭圆形,成熟时红色,径0.8～1.2 cm。花期5～6月,10～12月果熟。

图4.30 冬青

生态习性:喜光,耐阴,不耐寒。较耐湿,但不耐积水。深根性,抗风能力强,萌芽力强,耐修剪。对有害气体有一定的抗性。喜肥沃的酸性土。

观赏用途:树冠高大,四季常青,秋冬红果累累,宜作庭阴树、园景树,亦可孤植于草坪、水边,列植于门庭、甬道。可修剪成绿篱,可作盆景,果枝可插瓶观赏。

繁殖:播种繁殖,但种子有隔年发芽之特性,故要低温湿沙层积一年后再播种。亦可扦插,但生长较慢。

同属的观果乔木有:

铁冬青(*I. rotunda* Thunb.):产于中国浙江、江西、江苏南部、福建、广东、海南、广西、云南等地。耐阴,不耐寒,喜肥沃、湿润的酸性土。常绿乔木,高达15 m。叶卵圆形或椭圆形,长4～10 cm,先端尖,全缘;叶柄紫红色。伞形花序,花黄白色或黄紫色。果球形或椭圆形,成熟时红色,径4～5 mm。花期5～6月,9～10月果熟。

4.3.33 枸骨 *Ilex cornuta* Lindl.(图4.31)

图4.31 枸骨

又名鸟不宿。冬青科,冬青属。产中国长江中下游各省。

形态特征:常绿灌木或小乔木,株高3～4 m,树皮灰白色,不裂。叶矩圆形,硬革质,长4～8 cm,宽2～4 cm,顶端具3枚尖硬的刺齿,基部各有1～2枚刺齿,中央两侧各具1枚向下的刺齿,或有时全缘。花期4～5月,花小,黄绿色,簇生于老枝叶腋。核果球形,鲜红色,径8～10 mm,10～11月成熟,熟时鲜红,经冬不凋。

生态习性:喜光,稍耐阴。喜温暖湿润的气候,耐寒性稍差。适应性强,适生于微酸性的肥沃湿润土壤。对有害气体有较强的抗性。萌生力强,极耐修剪。

观赏用途:枝叶稠密,秋日红果累累,鲜艳美丽,为优良的观形、观果植物,宜作基础种植或作为岩石园材料,或孤植于花坛,对植于建筑物前、阶旁花池，或丛植于草坪角隅，或修剪成绿篱或作植物雕塑，也可利用老桩制作盆景，或作为圣诞树。

繁殖：以扦插繁殖为主。梅雨季节实行嫩枝扦插，成活率较高。

4.3.34　卫矛 *Euonymus alatus*（Thunb.）Sieb.

见 3.4.3.10。

4.3.35　省沽油 *Staphylea bumalda* DC.（图 4.32）

省沽油科，省沽油属。产中国东北及河北、山东、山西、河南、湖北、安徽等省。

形态特征：落叶灌木，高 1～5 m，树皮紫红色。3 出复叶对生，有长柄；小叶卵形或卵状椭圆形，长 4.5～8.0 cm，宽 2.5～3.0 cm，先端锐尖，基部楔形或圆形，缘具细锯齿，齿尖具尖头，上面无毛，下面青白色，主脉及侧脉有短毛，中间小叶柄较两侧生小叶长。圆锥花序顶生，直立；花两性，白色，整齐花，花萼、花瓣、雄蕊均为 5 数。蒴果膀胱状；种子黄色，有光泽。花期 4～5 月，果期 8～9 月。

生态习性：中性偏阴树种。喜湿润气候。要求肥沃而排水良好的土壤。

观赏用途：本种果实大而奇特，具较高观赏价值，适宜在林缘、路旁、角隅及池边种植。

繁殖：播种繁殖，种子需低温层积 3 个月以上。

图 4.32　省沽油

4.3.36　栾树 *Koelreuteria paniculata* Laxm.

见 3.4.2.27。

4.3.37　无患子 *Sapindus mukorossi* Gaertn.

见 3.4.2.29。

4.3.38　荔枝 *Litchi chinensis* Sonn.（图 4.33）

又名大荔、丹荔。无患子科，荔枝属。原产于中国南部，主要分布在广东、广西、福建、海南、台湾等省区，云南、贵州、四川等地也有少量栽培。

形态特征：常绿乔木。树高可达 30 m，胸径 1 m。树皮灰褐色，不裂。偶数羽状复叶互生，小叶 2～4 对，长椭圆状披针形，长 6～12 cm。花小，无花瓣，成顶生圆锥花序。果球形或卵形，熟时红色，果皮有显著突起小瘤体，可食部分是假种皮，乳白色或黄蜡色，半透明；种子棕红色，褐赤色有光泽，多为椭圆形。花期 3～4 月，果 5～8 月成熟。

图 4.33　荔枝

生态习性:喜暖热湿润气候,喜光,怕霜冻。生长发育期间要求高温多湿,最适生长温度23～29℃,10～12℃生长缓慢。土壤适应性强,但以富含腐殖质、深厚、疏松以及能促进根菌繁衍的酸性(pH 5～6)沙壤土为好。

观赏用途:四季常绿,花量多,花期长,有芳香。果圆形,鲜红,有一定的观赏价值。果实的假种皮可食用,为亚热带著名的水果。南方地区可孤植、片植在风景区、庭院以及农业观光园。

繁殖:传统上采用高枝压条或高接,也可采用嫁接,多用1～2年生干径粗约0.8cm以上的实生苗进行片芽接或合接。

4.3.39 桂圆 *Dimocarpus lonsan* Lour.（*Euphoria longan* Steud.）（图 4.34）

又名龙眼、益智。无患子科,龙眼属。原产于中国南部及西南部,现主要分布于广西、广东、福建和台湾等省区。

形态特征:常绿乔木,树高可达10 m以上。树皮粗糙,薄片状剥落;幼枝及花序被星状毛。偶数羽状复叶互生,小叶3～6对,长椭圆状披针形,长6～17 cm,全缘,基部稍歪斜,表面侧脉明显。花小,花瓣5枚,黄色;圆锥花序顶生或腋生。果球形,径1.2～2.5 cm,熟时果皮较光滑,黄褐色。种子黑色,有光泽。花期4～5月,果期7～8月。

生态习性:喜光树种,幼苗不耐过度阴蔽。喜温忌冻,年均温20～22℃较适宜,对低温敏感;通常年均温在17.5～18℃,最冷月均温要求10℃。较耐旱。对土壤适应性强。深根性树种,能在干旱、贫瘠土壤上生长。萌芽力强,自然生长较慢。

观赏用途:同荔枝。

繁殖:一般采用播种繁殖。7～8月果实成熟呈黄褐色时采

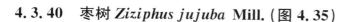

图 4.34 桂圆

摘。种子寿命短,剥去果壳后除去假种皮,用清水洗净后即行播种。栽培品种须采用嫁接繁殖。

4.3.40 枣树 *Ziziphus jujuba* Mill.（图 4.35）

图 4.35 枣树

又名枣、红枣等。鼠李科,枣属。分布于中国东北南部、黄河及长江流域各地,南至广东,西南至贵州、云南。亚洲、欧洲、美洲均有栽培。

形态特征:落叶乔木,高可达10 m。树皮灰褐色,条裂。枝有长枝、短枝与脱落性小枝之分。长枝红褐色,呈"之"字形弯曲,光滑,有托叶刺或不明显;短枝在2年生以上的长枝上互生;脱落性小枝较纤细的无芽枝,簇生于短枝上,冬季与叶俱落。叶卵形至卵状长椭圆形,先端钝尖,边缘有细锯齿,基生3出脉,叶面有光泽,两面无毛。聚伞花序腋生,花小,黄绿色。核果卵形至长圆形,长2～5 cm,熟时暗红色。果核坚硬,两端尖。花期5～6月,果期8～9月。

生态习性:强阳性,抗寒又抗热,好干燥气候。耐干,但不耐水涝。能耐盐碱,除黏土和过湿地外,均能生长良好。根系发达,萌蘖力强。结实早,寿命长,可达200～300年。

观赏用途:枣树老枝干曲苍古,红实悬树,自古作庭树之用,古代曾作行道树。可种植于庭院、屋隅,或作成片栽植,是观赏与果用兼备的庭阴树。

繁殖:主要用分蘖或根插法繁殖,嫁接也可,砧木可用酸枣或枣树实生苗。

4.3.41　葡萄 *Vitis vinifera* L.(图4.36)

葡萄科,葡萄属。原产亚洲西部,中国在2000多年前自新疆引入内地栽培。现辽宁中部以南各地均有栽培,但以长江以北栽培较多。

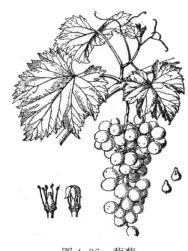

图4.36　葡萄

形态特征:落叶木质藤本,长达30m。茎皮红褐色,老时条状剥落,幼枝光滑。卷须间歇性与叶对生。叶互生,近圆形,长7～15cm,宽6～14cm,3～5掌状裂,基部心形,缘具粗齿,两面无毛或背面稍有短柔毛。叶柄长4～8cm。花小,黄绿色,圆锥花序大而长,浆果椭球形或圆球形,熟时黄绿色或紫红色,有白粉。花期5～6月,果8～9月成熟。

生态习性:品种较多,对环境条件的要求和适应能力随品种而异。但总体来说,性喜光,喜干燥及夏季高温的大陆性气候,冬季需一定的低温,严寒时要埋土防寒。耐干旱,怕涝。深根性。在土层深厚、排水好的沙质壤土中生长最好。

观赏用途:葡萄是很好的园林、棚架植物,既可观果,又可遮阴,还可结果食用与酿酒。

繁殖:可扦插、压条、嫁接繁殖。

4.3.42　小叶扁担杆 *Grewia biloba* G. Don. var. *parviflora* (Bunge) Hand.-Mazz.　(图4.37)

又名孩儿拳头、扁担木、小花扁担杆。椴树科,扁担杆属。产于中国华东、西南、华北及广东、湖北、陕西、辽宁等地,朝鲜也有分布。生于平原或低山灌丛中。

形态特征:落叶灌木,高1～2m;小枝和叶柄密生黄褐色短毛。叶菱状卵形或菱形,长3～11cm,宽1.6～6cm,边缘密生不整齐的小牙齿,下面的毛较密;聚伞花序与叶对生,有多数至3花,花两性,小而淡黄色;核果红色,无毛,径0.8～1.2cm。花期6～7月,果期9～10月。

生态习性:喜光,稍耐阴。较耐寒。耐干旱瘠薄,萌芽力强。对土壤适应性强。

观赏用途:枝叶粗放,果实鲜艳,宿存枝头达数月之久,经冬不落,宜丛植于坡地、山石旁,水池边,极具野趣。

图4.37　小叶扁担杆

繁殖:播种繁殖,可随采随播。

4.3.43 梧桐 *Firmiana simplex*（L.）W. F. Wight(图 4.38)

又名青桐、桐麻。梧桐科,梧桐属。原产中国和日本,中国南北各省都有栽培。

形态特征:落叶大乔木,高达 15～20 m。树干挺直,树皮灰绿色,不裂。小枝粗壮,翠绿色。叶掌状 3～5 裂,长 15～20 cm,基部心形,裂片全缘,先端渐尖,表面光滑,背面有星状毛;叶柄与叶片等长。花萼裂片条形,淡黄绿色,开展或反卷,外面密生淡黄色短柔毛。蓇葖果,在成熟前开裂成舟形;种子棕黄色,大如豌豆,表面皱纹。花期 6～7 月,果熟期 9～10 月。

生态习性:喜光,喜温暖湿润气候。不耐盐碱和水涝。耐寒性不强。深根性,萌芽力弱,生长快,不耐修剪。

观赏用途:干形端直,干皮光绿,叶大阴浓,清爽宜人,舟形蓇葖果奇特,有一定观赏价值,自古以来即为著名的庭阴树种。可孤植或丛植于草坪、庭院、宅前、坡地、湖畔,或与棕榈、芭蕉、修竹等其他树种配植。对二氧化硫、氯气等有毒气体有较强的抗性,可作行道树,也可作工厂矿区的绿化树种。因其秋季落叶较早,故有"梧桐一叶落,天下尽知秋"之说。

繁殖:种子繁殖,一般随采随播。

图 4.38 梧桐

4.3.44 山桐子 *Idesia polycarpa* Maxim.（图 4.39）

又名山梧桐。大风子科,山桐子属。原产于中国秦岭、大别山、伏牛山以南,至广东、广西北部、台湾,西南至四川、贵州、云南;日本、朝鲜也有分布。

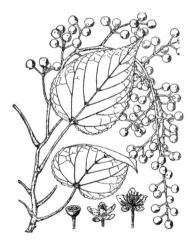

图 4.39 山桐子

形态特征:落叶乔木,高 10～15 m,树皮淡灰色,不裂。幼枝及芽被毛。叶卵形或心状卵形,长 10～25 cm,宽 6～15 cm,先端渐尖或尾尖,基部心形,叶缘具疏浅锯齿,下面灰白色,沿叶脉有毛,脉腋有簇生毛。叶柄下部有 2～4 紫红色腺体。花黄绿色,芳香;花序下垂。果球形,径约 0.5～1.0 cm,红色或橙褐色。花期 4～5 月,果期 10～11 月。

生态习性:性喜阳光充足、温暖湿润的气候。耐寒,抗旱。适应性强,为速生树种。喜疏松、肥沃土壤,在轻盐碱地上可生长良好。

观赏用途:树干高大,树冠广展,花色黄绿,红果累累,是良好的绿化和观赏树种,常作为庭阴树、行道树应用。

繁殖:播种繁殖。混湿沙贮藏的种子取出后可直接播种,袋装干藏的种子应用温水浸泡 24 h 后再播。

4.3.45 胡颓子 *Elaeagnus pungens* Thunb.（图 4.40）

又名羊奶子、羊奶果、蒲颓子、半春子等。胡颓子科,胡颓子属。原产于中国长江流域以南各省,日本也有分布。

图 4.40 胡颓子

形态特征:常绿灌木,高 4 m,树冠开展,具棘刺。小枝被锈色鳞片。叶革质,椭圆形或长圆形,长 5~7 cm,叶端钝或尖,叶基圆形,叶缘微波状,叶表初时有鳞片后变绿色而有光泽,叶背银白色,被褐色鳞片,叶柄长 5~8 mm。花银白色,下垂,芳香,1~3 朵簇生叶腋。果椭圆形,长 1.2~1.5 cm,被锈色鳞片,熟时红色。花期 10~12 月,果 12 月~次年 5 月成熟。

生态习性:性喜光,耐半阴。喜温暖气候,不耐寒。对土壤适应性强,耐干旱又耐水湿。

观赏用途:四季常绿,花期在秋冬,果红色,经冬不落,富有野趣,可成片种植作绿篱,也可盆栽,或制作树桩盆景。

繁殖:播种:采种后在 4℃沙藏 3~4 个月,在春季 4~5 月播种。扦插:一般在梅雨季进行嫩枝扦插。

同属观果植物有:

木半夏(*E. multiflora* Thunb.):落叶灌木,高达 3 m。幼枝密被锈褐色鳞片。叶椭圆形、卵形或卵状宽椭圆形,长 3~7 cm,宽 1.2~4 cm,先端钝尖或骤渐尖,基部楔形,下面密被银白色和散生之褐色鳞片;叶柄锈色。花黄白色,单生;果椭圆形,长 1.2~1.4.0 cm,密被锈色鳞片,熟时红色,果梗长 1.5~4.0 cm,下弯。花期 4~5 月,果期 6~7 月。

牛奶子(*E. umbellata* Thunb.):落叶灌木,高达 4 m,常具刺。幼枝密被银白色鳞片。叶椭圆形或倒卵状披针形,长 3~8 cm,宽 1.0~3.2 cm,先端钝,基部宽楔形或圆,上面幼时具白色毛或鳞片,下面密被银白色鳞片;叶柄银白色。花黄白色,芳香,2~7 朵丛生新枝基部;核果球形,径 0.5~0.7 cm,密被银白色鳞片,熟时红色。花期 4~5 月,果期 7~8 月。

4.3.46 石榴 *Punica granatum* L.

见 2.7.38。

4.3.47 鹅掌柴 *Schefflera octophylla*（Lour.）Harms.

见 3.4.3.13。

4.3.48 洒金桃叶珊瑚 *Aucuba japonica* Thunb. f. *variegata* Rehd.

见 3.4.3.14。

4.3.49 青荚叶 *Helwingia japonica*（Thunb.）Dietr.（图 4.41）

又名叶上珠。山茱萸科,青荚叶属。中国黄河以南各地均有分布,日本也有分布。

形态特征:落叶小灌木,高约 1.2 m。枝条纤细,绿色或紫绿色。叶互生,叶片卵圆状披针形,长 3~13 cm,宽 1.5~9.0 cm,顶端渐尖,基部阔楔形或圆形,边缘具细锯齿。花雌雄异株,雄花通常 5～12 朵组成密伞花序；雌花具梗，单生或 2～3 朵簇生于叶片的中脉或近基部；花瓣 3～5 枚，淡绿色。果实近球形或卵圆形，黑褐色。花期春、夏季。果期 7～8 月。

生态习性：喜阴凉、湿润、光线良好、通风的环境。生长期保持湿润、阴凉、通风良好。要求土壤疏松、肥沃、深厚、富含有机质，排水良好。

观赏用途：该种的花、果均生在叶面中部，果实黑亮，与众不同，十分别致。可于庭园树阴或林下栽培，也可盆栽。

繁殖：播种繁殖，一般以春播为主。扦插，一般在夏季进行嫩枝扦插。

图 4.41　青荚叶

4.3.50　朱砂根 *Ardisia crenata* Sims.（图 4.42）

又名大罗伞、富贵籽。紫金牛科，紫金牛属。产于中国东南部，日本也有分布。

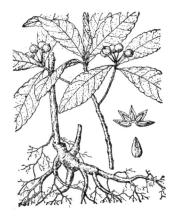

图 4.42　朱砂根

形态特征：常绿灌木，高 30～150 cm。茎肥壮，根断面上有小红点，故名朱砂根。叶革质或坚纸质，椭圆形、椭圆状披针形或倒披针形，长 7～15 cm，宽 2～4 cm；先端短尖或渐尖，基部楔形，边缘具皱波状或波状齿，齿尖有明显的腺点，两面无毛，有时下面具小鳞片。花序伞形或聚伞形，顶生，花白色或淡红色；花长 6 mm，具腺点。果径 6～8 mm，鲜红色，光滑，具腺点。花期 5～6 月，果期 10～12 月，经冬不落。

生态习性：喜温暖、湿润、阴蔽和通风的环境，在散射光环境下生长良好。要求排水良好的肥沃壤土。

观赏用途：朱砂根树姿优美，四季常青，秋、冬红果串串，鲜红艳丽，圆滑晶莹。适宜园林中假山、岩石园中配植；也可盆栽观果或剪枝插瓶。

繁殖：播种：可随采随播，发芽率高。扦插：多在夏季进行嫩枝扦插，极易成活。

4.3.51　紫金牛 *Ardisia japonica*（Hornsted.）Bl.（图 4.43）

又名日本紫金牛、平地木。紫金牛科，紫金牛属。产于中国陕西及长江流域以南各省，分布广，东起江苏、浙江，西至四川、贵州、云南，南达福建、广西、广东均有分布。

形态特征：常绿小灌木或亚灌木，近蔓生，具匍匐根状茎。茎直立长达 10～30 cm，不分枝。叶对生或近轮生，坚纸质或近革质，椭圆状卵形至广椭圆状披针形，边缘具细锯齿。花粉红色或白色，具腺点。果球形，径 5～6 mm，红色，鲜红后变黑色，无毛。花期 4～5 月，果期 6～11 月。

生态习性：在阴湿环境生长优良，极耐阴，多生于林下、谷地、溪旁阴湿处。

图 4.43　紫金牛

观赏用途：枝叶常青，入秋后果色鲜艳诱人，经久不凋，能在郁密的林下生长，是一种优良的地被植物，可地栽或盆栽观赏，也可与岩石相配作小盆景用。

繁殖：播种：种子要在 3～5℃ 的低温下沙藏，才能播种。分株：于春暖期进行。

4.3.52 虎舌红 *Ardisia mamillata* Hance.（图 4.44）

图 4.44 虎舌红

紫金牛科，紫金牛属。产于中国福建、广东、广西、贵州、四川、云南等省。

形态特征：多年生常绿亚灌木，高 10～20 cm，最高可达 40 cm。具匍匐木质根状茎。花小，粉红色，顶生或腋生。核果球形，红色，黄豆般大小。花期 7～9 月，10 月果实成熟变红，整年挂果。

生态习性：喜温暖、半阴环境。最适生长温度为 18～25℃。耐低温，能耐—20℃ 的低温。忌阳光直射。

观赏用途：四季常青，果实鲜红艳丽，圆滑晶莹，十分可爱。适宜作林下地被或盆栽欣赏。也可与岩石相配作盆景用。

繁殖：播种，可随采随播。

4.3.53 柿树 *Diospyros kaki* Thunb.（图 4.45）

又名朱果、猴枣。柿树科，柿树属。原产中国长江和黄河流域，现全国各地广为栽培。

形态特征：落叶乔木，高达 15 m。树冠阔卵形或半球形，树皮黑灰，方形小块开裂。小枝密被褐色或棕色柔毛，后渐脱落。叶阔椭圆形，表面深绿色、有光泽，近革质，长 6～18 cm，宽 2.8～9.0 cm。花雌雄异株或杂性同株，单生或聚生于新生枝条的叶腋中，花黄白色。果形因品种而异，熟时橙黄或红色，萼片宿存，裂片先端钝。花期 5～6 月，果熟期 9～10 月。

生态习性：强阳性树种，耐寒。喜湿润，也耐干旱，能在空气干燥而土壤较为潮湿的环境下生长。忌积水。深根性，根系强大，吸水、吸肥力强，也耐瘠薄。适应性强，不喜沙质土。更新枝结果快、坐果牢、寿命长。抗污染性强。

图 4.45 柿树

观赏用途：树形优美，枝繁叶大，冠覆如盖。入秋部分叶变红，果实似火，是园林中观叶、观果又能结合生产的树种，在公园、居民住宅区、林带中具有较大的绿化潜力。

繁殖：可用播种繁殖，但播种苗多不能保持品种的优良性状，容易发生变异，故多用嫁接方法来培育种苗，砧木多用君迁子实生苗，可用芽接、枝接。

4.3.54 老鸦柿 *Diospyros rhombifolia* Hemsl.（图 4.46）

别名山柿子、丁香柿等。柿树科，柿树属。原产中国浙江、江苏、安徽、江西、福建等地。

形态特征：落叶灌木，高 2～3 m。树皮灰色，平滑；多枝，有枝刺；小枝略曲折，褐色至黑褐色,有柔毛。叶纸质,菱状倒卵形,长 4.0~8.5 cm,宽 1.8~3.8 cm,先端钝,基部楔形,上面深绿色,凹陷,下面浅绿色,凸起;叶柄短,纤细,长 2~4 mm,被微柔毛。花白色,单生于叶腋,花冠壶形。果球形,具长梗,径约 2 cm,嫩时黄绿色,被柔毛,后变橙黄色,熟时橘红色,有蜡样光泽,无毛,顶端具小突尖。花期 4~5 月,果期 10 月,经久不凋。

图 4.46　老鸦柿

生态习性:喜光,较耐阴。喜温暖湿润气候。常生于石灰岩山地。耐热,耐寒力不强。

观赏用途:植株小巧,叶形清秀,果实鲜艳可爱,适用于盆景供观赏。可栽植于园林的庇阴处或树林下。也可配置于岩石园。

繁殖:播种繁殖,秋冬季采收成熟的果实后,去除果肉,可将种子沙藏放至次年春天再播。

4.3.55　秤锤树 *Sinojackia xylocarpa* **Hu.**（图 4.47）

野茉莉科,秤锤树属。中国特有植物。分布于江苏南京幕府山、燕子矶、浦口老山及句容宝华山。生于海拔 300~400 m 丘陵山地。野生植株几近绝灭。

图 4.47　秤锤树

形态特征:落叶小乔木,高 6 m。新枝密被星状毛,后脱落。单叶互生,叶纸质,倒卵状或椭圆形,长 3~9 cm,宽 2.5~5.5 cm,先端尖,基部楔形或近圆,具硬锯齿,幼时被稀疏星状毛,后近无毛。花白色,萼倒圆锥形,密被星状毛,萼片披针形;花冠裂片长圆状椭圆形,长 0.8~1.2 cm,基部合生;花梗长 3 cm。果卵形,长 2.0~2.5 cm,木质,具钝或尖圆锥形的喙,红褐色,皮孔棕色,无毛,形似秤锤。种子长 1 cm,褐色。花期 4~5 月,果熟 9~10 月。

生态习性:喜光树种,幼苗、幼树不耐庇阴。具有较强的抗寒性,能忍受 −16℃ 的短暂极端最低温。喜生于深厚、肥沃、湿润、排水良好的土壤上,不耐干旱瘠薄。

观赏用途:秤锤树花白如雪,可以点缀庭园;秋季果实累累,形似秤锤,果序下垂,随风摆动,颇为独特,有很高的观赏价值。可孤植、群植或片植,也可列植作行道树。

繁殖:播种,秋季采种层积沙藏越冬,使坚硬的果皮软化,或用工具将果实尖端钳去少许,次年春季播种。分株,在母树周围移植幼苗。

4.3.56　紫珠 *Callicarpa japonica* **Thunb.**（图 4.48）

又名日本紫珠。马鞭草科,紫珠属。分布中国华东、中南及西南各省,日本、朝鲜也有分布。

形态特征:灌木,高约 2 m;小枝圆柱形,无毛。叶片倒卵形、卵形或椭圆形,长 7~12 cm,宽 4~6 cm,先端急尖或长尾尖,基部楔形,两面通常无毛,边缘上半部有锯齿。聚伞花序,2~3

图 4.48　紫珠

次分枝;花冠白色或紫色。果球形紫色,径约 2.5 mm。花期 6～7 月,果期 9～10 月。

生态习性:性喜光,也可稍耐阴。喜温暖、湿润。耐寒性较强,京津地区可露地栽培。

观赏用途:紫珠枝条细柔而拱曲,入秋紫果累累,莹润如珠,色美而有光泽,十分独特,适宜庭院栽植观赏。

繁殖:播种,秋后随采随播,也可在春季进行。扦插,夏季进行。

同属观果植物:

(1) 珍珠枫(*C. bodinieri* Levl.):原产中国华中、华南至西南各省区。越南也有分布。落叶灌木。聚伞花序,4～5 次分枝;花冠紫色。果熟时紫色,无毛,径约 2 mm。花期 6～7 月,果期 8～11 月。

(2) 老鸦糊(*C. bodinieri* var. *giraldii*(Rehd.)Rehd.):分布中国陕西、江苏、浙江、安徽、江西、湖北、四川、云南、广东、福建等地的山地旷野间。落叶灌木,高达 1～5m。小枝有星状毛。叶对生;阔椭圆形至披针状长长圆形,长 5～10 cm,先端渐尖,基部楔形,边缘有锯齿,背面疏被生星状毛及细小黄色腺点;叶柄长 1～2 cm。聚伞花序 4～5 次分枝。花冠紫色,稍有毛,具黄色腺点。果熟时紫色,径 2.5～4.0 mm。花期 5～6 月,果期 7～11 月。

(3) 华紫珠(*C. cathayana* H. T. Chang):分布于中国江苏、安徽、江西、福建、广东、广西、云南等省。落叶灌木,高 1.5～3.0 m;小枝纤细。单叶对生,叶片椭圆形或卵形,长 4～8 cm,宽 1.5～3.0 cm,先端渐尖,基部楔形,边缘密生细锯齿。聚伞花序,3～4 次分枝;花冠紫色,有红色腺点。果近球形,熟时紫色。花期 5～7 月,果期 8～11 月。

4.3.57　海州常山 *Clerodendrum trichotomum* Thunb.(图 4.49)

又名臭梧桐、泡花桐。马鞭草科,赪桐属。原产于中国华东、华中至东北地区。朝鲜、日本、菲律宾也有分布。多生于山坡、路旁和溪边。

形态特征:落叶灌木,高达 1～2 m,具特殊臭味;小枝近圆形,皮孔显著。单叶对生,叶卵圆形,长 5～16 cm,宽 3～13 cm,先端渐尖,基部多截形,全缘或有波状齿,两面疏生短柔毛或近无毛,叶柄 2～8 cm。伞房状聚伞花序着生顶部或腋间,花萼紫红色,5 裂几达基部。花冠白色或带粉红色。核果近球状,成熟时蓝紫色。花果期 6～11 月。

生态习性:适应性强,喜阳光,较耐寒。耐旱,也喜湿润土壤,能耐瘠薄土壤,但不耐积水。

观赏用途:花序大,整个花序可同时出现红色花萼、白色花冠和蓝紫色果实的丰富色彩,花果美丽,色泽亮丽,花果期

图 4.49　海州常山

长,植株繁茂,为良好的观赏花木,丛植、孤植均宜,是布置庭院、园林景色的良好材料。

繁殖:播种,初冬采种后,晒干后与湿沙混合,沙藏越冬,翌年3月下旬至4月上旬春播,很容易出苗。扦插,一般夏季嫩枝扦插。

4.3.58　细叶水团花 *Adina rubella* Hance.（图4.50）

又名水杨梅。茜草科,水团花属。分布于中国浙江、江苏、安徽、福建及广东、广西等省区。

形态特征:落叶灌木,高60～100 cm;小枝细长,红褐色,被柔毛。单叶对生,近无柄,纸质,卵状披针形或卵状椭圆形,长2.5～4.0 cm,宽1～2 cm,先端渐尖,基部近圆形或阔楔尖,全缘,两面脉上被疏柔毛或上面近无毛;托叶披针形。头状花序顶生,通常单个,直径1.5～2.0 cm,总花梗长2～3 cm,被柔毛。花5,长4～5 mm,紫红色。蒴果倒圆锥形。花期6～7月,果期9～10月。

生态习性:喜温暖湿润和阳光充足环境。较耐寒,不耐高温和干旱,但耐水淹。以肥沃酸性的沙壤土为佳。

观赏用途:水杨梅枝条披散,婀娜多姿,紫红球花满吐长蕊,秀丽夺目,适用于低洼地、池畔和塘边布置,也可作花径绿篱。

图4.50　细叶水团花

繁殖:播种,10月采种,冬季室内贮藏,翌春播种,播种约30 d发芽;扦插,以梅雨季节最好,选取二年生长成熟枝条,长10～15 cm,插后30～40 d可生根。

4.3.59　金银木 *Lonicera maackii*（Rupr.）Maxim.（图4.51）

又名金银忍冬。忍冬科,忍冬属。产于中国华北、东北地区,朝鲜北部、俄罗斯西伯利亚东部、日本有分布。

图4.51　金银木

形态特征:落叶灌木,高可达5 m。小枝中空,单叶对生;叶呈卵形或卵状椭圆形,先端渐尖,全缘。叶两面疏生柔毛。花成对腋生,总花梗短于叶柄;苞片线形;相邻两花的萼筒分离,裂至中部;花冠唇形,花先白后黄,有芳香,花冠筒2～3倍短于唇瓣;雄蕊5枚,与花柱均短于花冠。浆果球形,亮红色。花期5～6月,果熟期8～10月,经冬不谢。

生态习性:耐寒,耐旱。喜光,也耐阴,具有较强的适应力。不择土壤,在深厚肥沃土壤中生长最为旺盛。

观赏用途:花果并美,具有较高的观赏价值。春末夏初层层开花,金银相映,可赏花闻香,金秋时节,红果挂满枝条,煞是可爱。花朵清雅芳香,为优良的蜜源树种。在园林中,常将金银木丛植于草坪、山坡、林缘、路边或点缀于建筑周围,观花、赏果两相宜。

繁殖:播种和扦插繁殖。春季可播种繁殖,夏季可进行嫩枝扦插,秋季进行硬枝扦插。

4.3.60 珊瑚树 *Viburnum awabuki* K. Koch. (图 4.52)

又名珊瑚枝、法国冬青、日本珊瑚树。忍冬科,荚蒾属。产中国浙江、台湾等地,各地均有栽培。日本、印度也有分布。

图 4.52 珊瑚树

形态特征:常绿灌木或小乔木,高达 2~10 m。树冠倒卵形,树皮灰色,枝干挺直,全体无毛。单叶,互生。叶革质,椭圆形至椭圆状矩圆形,长 5~15 cm,全缘或近先端有不规则浅波状钝齿,侧脉 4~5 对,叶柄褐色。圆锥花序长 5~10 cm;花小而白,芳香。核果椭圆形,红色。花期 5~6 月,果期 7~9 月。

生态习性:喜温暖干燥和阳光充足环境。冬季温度不低于 5℃。较耐寒,耐半阴和耐干旱。要求肥沃、排水良好的沙壤土。

观赏用途:枝繁叶茂,终年碧绿光亮,春日开白花,深秋果实鲜红,累累缀于枝头,状如珊瑚,非常美观。在园林中可做绿篱或绿墙,也可作基础栽植或点缀墙角。树体含水量多,耐火性强,可作防火隔离树带。隔音及抗污染能力强,也是工厂绿化的好树种。

繁殖:主要用扦插繁殖,全年均可进行,以春、秋季为最好。

4.3.61 天目琼花 *Viburnum sargentii* Koehne. (图 4.53)

又名鸡树条荚蒾。忍冬科,荚蒾属。产中国陕西南部、河南南部、长江以南。日本及朝鲜也有分布。

形态特征:落叶灌木,高约 3 m。灰色浅纵裂,略带木栓,小枝有明显皮孔。叶宽卵形至卵圆形,长 6~12 cm,通常 3 裂,裂片边缘具不规则的锯齿,掌状 3 出脉。聚伞花序,径 8~12 cm,具白色大型不孕边花,中间为两性花,花冠乳白色,辐射状。核果近球形,径约 1 cm,鲜红色。花期 5~6 月,果期 8~9 月。

生态习性:耐阴、耐寒,多生于夏凉湿润多雾的灌木丛中。对土壤要求不严,微酸性及中性土壤都能生长。根系发达,移植容易成活。

观赏用途:树态清秀,叶形美丽,花开似雪,果赤如丹。宜在建筑物四周、草坪边缘配植,也可在道路边、假山旁孤植、丛植或片植。枝、叶、果均入药。

繁殖:播种繁殖,以春播为主。扦插宜在夏季进行嫩枝

图 4.53 天目琼花

扦插,春秋两季硬枝扦插成活率均较高。

4.3.62　菝葜 *Smilax china* L.（图 4.54）

又名金刚藤。百合科,菝葜属。产中国西南、中南及华东地区,朝鲜、日本也有分布。

形态特征:落叶攀缘灌木。根状茎粗厚,坚硬,粗 2～3 cm;茎与枝疏生倒弯的刺。单叶 2 列互生,叶片薄革质或坚纸质,卵形或圆形,长 3～10 cm,宽 1.5～6.0 cm,下面淡绿色,有时具粉霜;叶柄长 5～15 mm,叶柄上的鞘占叶柄的 2/3 长,鞘的上方有 1 对卷须,叶的脱落点靠近卷须处。伞形花序球形,生于小枝上,总花梗长 1～2 cm;花单性,多数,雌雄异株;花被片 6,2 轮,绿黄色;浆果球形,熟时红色,有粉霜。花期 2～5 月,果期 9～11 月。

生态习性:性喜阳光充足,耐热,也较耐阴。耐干旱瘠薄,在各种土壤中均能生长,在疏松肥沃的沙质土中长势良好。

观赏用途:果色红艳,果期长,可用于攀附岩石、假山,也可作地面覆盖。

图 4.54　菝葜

繁殖:播种繁殖。果熟后采收种子,洗净,即采即播,也可贮藏至次年春天再播。

5　其他观赏类植物

5.1　观茎干类植物

5.1.1　白皮松 *Pinus bungeana* Zucc. (图 5.1)

又名白骨松、虎皮松、蛇皮松。松科,松属。中国特有树种,分布在中国陕西、山西、山东、河北、陕西、河南、四川、湖北、甘肃等地,生于海拔 500～1800 m 地带。辽宁南部、北京、山东至长江流域广泛栽培。

形态特征:常绿乔木,高达 30 m,胸径 1 m 余。树冠阔圆锥形、卵形或圆头形。树皮淡灰绿色或粉白色,呈不规则鳞片状剥落。一年生枝灰绿色,平滑无毛,大枝近地面处斜出。冬芽卵形,赤褐色。针叶 3 针一束,长 5～10 cm,边缘有细锯齿,树脂道边生;基部叶鞘早落。雄球花序长约 10 cm,鲜黄色,球果圆锥状卵形,成熟时淡黄色,近于无柄。花期 4～5 月,果次年 9～11 月成熟。

生态习性:喜光树种,稍耐阴,幼树略耐半阴。耐干旱,不耐积水和盐土。深根性。喜生于排水良好而又适当湿润的土壤中。对土壤要求不严,在中性、酸性及石灰性土壤上均能生长。

观赏用途:树姿优美,树干斑驳,苍劲奇特,是东亚特有的珍贵三针松。古时多用于皇陵、寺庙,现仍遗留很多白皮松古树。

图 5.1　白皮松

宜在风景区配怪石、奇洞、险峰造风景林。配植在古建筑旁显得幽静庄重,为中国古典园林中常见的树种。可孤植草坪,列植在陵园作纪念树,也可群植片林。

繁殖:种子繁殖,播种前应浸种催芽,亦可嫁接繁殖,砧木用黑松。

5.1.2　白桦 *Betula platyphylla* Suk. (图 5.2)

别名桦树、桦木、桦皮树。桦木科,桦木属。产于中国东北大、小兴安岭、长白山及华北高山地区;垂直分布在东北海拔 1000 m 以下,华北为 1300～2700 m。俄罗斯西伯利亚东部、朝鲜及日本北部亦有分布。

形态特征:落叶乔木,高达 25 m,胸径 50 cm;树冠卵圆形,树皮白色,纸状分层剥离,皮孔黄色。小枝细,红褐色,无毛,外被白色蜡层。叶三角状卵形或菱状卵形,先端渐尖,基部广楔形,缘有不规则重锯齿,侧脉 5～8 对,背面疏生油腺点,无毛或脉腋有毛。果序单生,下垂,圆柱形。坚果小而扁,两侧具宽

图 5.2　白桦

翅。花期 5~6 月,8~10 月果熟。

生态习性:喜光,不耐阴。耐严寒。对土壤适应性强,喜酸性土、沼泽地、干燥阳坡及湿润阴坡都能生长。深根性、耐瘠薄,常与红松、落叶松、山杨、蒙古栎混生或成纯林。天然更新良好,生长较快,萌芽强,寿命较短。

观赏用途:白桦枝叶扶疏,姿态优美,尤其是树干修直,洁白雅致,十分引人注目。孤植、丛植于庭园、公园之草坪、池畔、湖滨或列植于道旁均颇美观。若在山地或丘陵坡地成片栽植,可组成美丽的风景林。

繁殖:播种法。9 月间及时采收种子,风干后装袋内贮藏于室外通风阴凉处,次年 4 月播种,播前可催芽,也可直接播种。

5.1.3 榔榆 *Ulmus parvifolia* Jacq.(图 5.3)

又名秋榆、豹皮榆。榆科,榆属。主产中国长江流域及其以南地区,北至山东、河南、山西、陕西等省,日本、朝鲜也有分布。

形态特征:落叶乔木,或冬季叶变成黄色或红色宿存至第二年新叶开放后脱落,高达 25 m。树冠扁圆头形。树皮灰褐色,裂成不规则薄鳞片状剥落,内皮红褐色,近平滑。单叶互生,较小,近革质,长椭圆形至卵状椭圆形,长 1.7~8.0 cm,宽 0.8~3.0 cm,先端尖或钝,基部偏斜,叶面深绿色,有光泽,几无毛,叶下幼时被短柔毛,缘具单锯齿(萌芽枝之叶常有重锯齿)。花簇生成聚伞花序,翅果长椭圆形至卵形。花期 8~9 月,果熟期 10~11 月。

生态习性:阳性树种,喜光、耐旱、耐寒、耐湿。适应性很强。耐瘠薄,不择土壤。萌芽力强,耐修剪。生长速度中等,寿命长。具抗污染性,滞尘能力强。

观赏用途:本种树形优美,小枝纤柔下垂,姿态潇洒,树皮斑驳,枝叶细密,秋日叶色变红,是良好的观赏树及工厂绿化、"四旁"绿化树种。在庭院中孤植、丛植,或与亭榭、山石配植都很合适。

图 5.3 榔榆

繁殖:播种,宜随采随播。扦插,嫩枝、硬枝扦插均可。

5.1.4 二球悬铃木 *Platanus acerifolia* Willd.(图 5.4)

又名悬铃木、英国梧桐。悬铃木科,悬铃木属。为一球悬铃木与三球悬铃木的杂交种,在英国伦敦育成,广植于世界各地。中国引入栽培已有百年历史;北至旅顺、北京、石家庄、太原,西北至西安、天水,西南至成都、昆明,南至广州、南宁均有分布。

形态特征:落叶大乔木,高可达 35 m。枝条开展,树皮薄片状脱落,内皮淡绿白色。单叶互生,幼时密生星状柔毛;叶大,长 10~24 cm,宽 12~25 cm,掌状 3~5 裂,基部截形或近心脏形。头状花序球形。球果下垂,通常 2 球一串,稀 1~3 球一串,花柱长 2~3 mm,刺状,花期 4~5 月,9~10 月果熟。

生态习性:喜光,不耐阴蔽。喜湿润温暖气候,较耐寒。根系分布较浅,台风时易受害而倒斜。抗污能力较强,叶片具吸收有毒气体和滞积灰尘的作用。适生于微酸性或中性、排水良好

图 5.4　二球悬铃木

的土壤。

观赏用途:本种树干高大,树冠广阔,枝叶茂盛,生长迅速,易成活,耐修剪,对城市环境的适应能力极强,广泛栽植作行道绿化树种,在世界各国广为应用,有"行道树之王"的美称。但由于其幼枝叶上具有大量星状毛及春季果毛飞扬,吸入呼吸道会引起肺炎,故勿用或少用于幼儿园为宜。

繁殖:扦插,扦插种条经一般约 2 个月时间贮藏,待根基部软组织活动明显,达到发胖迹象时即可扦插,扦插时间可于 3 月中下旬进行。

同属观赏植物:

一球悬铃木(*P. occidentalis* Linn.):又名美国梧桐。原产北美。落叶大乔木,高达 50 m。树皮灰白色,小块状剥落,内皮淡绿白色。嫩枝有黄褐色柔毛。叶片广卵形,通常 3 浅裂,稀 5 浅裂,宽 10～22 cm,基部截形、广心形或楔形。头状果序球形,果序单生,稀 2 个一串,宿存的花柱极短;小坚果先端钝。花期 5 月,果期 9～10 月。

三球悬铃木(*P. orientalis* Linn.):又名法国梧桐。原产欧洲东、南部及亚洲西部,中国青岛等地有栽培。落叶大乔木,高达 30 m。树皮深灰色,薄片状脱离,内皮绿白色。嫩枝被黄褐色星状茸毛。叶片广卵形,长 8～16 cm,宽 9～18 cm,5～7 深裂至中部或中部以下,裂片长大于宽,基部阔楔形或截形,叶缘有少数粗大锯齿,托叶圆领状。多数坚果聚合呈球形,3～6 球一串,宿存的花柱长,呈刺毛状,果柄长而下垂。花期 4～5 月,9～10 月果熟。

5.1.5　木瓜 *Chaenomeles sinensis* (Touin) Koehne.

见 4.3.21。

5.1.6　紫茎 *Stewartia sinensis* Rehd. et Wils. (图 5.5)

又名旃檀。山茶科,紫茎(旃檀)属。分布于中国浙江、江西、湖北、湖南、四川东部和安徽南部。

形态特征:落叶或半常绿乔木或小乔木。树皮光滑,淡黄褐色,薄片状剥落,老时不规则片状剥落。单叶互生,叶片纸质,椭圆形或长圆形,长 4～8 cm,宽 2.0～3.5 cm,边缘疏生细锯齿,先端渐尖或短尖,基部楔形或圆形,上面绿色无毛,下面淡绿色,疏被平伏绢毛;叶柄带紫红色。花两性,单生于叶腋,花梗短,苞片 2 枚;萼片 5 枚,外被短柔毛;花瓣 5 枚,白色,倒卵形,基部合生。蒴果木质,卵圆形,顶端喙状,熟时 5 裂。种子扁,长圆形或卵形,有狭翅。花期 6 月,果期 9～10 月。

生态习性:喜湿润、多雾、凉爽的环境,耐寒。萌芽力强。宜于多腐殖质的酸性黄壤中生长。

图 5.5　紫茎

观赏用途:紫茎树皮片状脱裂,内皮棕黄光洁,斑驳奇丽;花白瓣黄蕊,清秀淡雅。宜与常绿树配植于厅堂之前,或草坪一角,颇为悦目。

繁殖:一般从壮健母树上采种,种子采集后用湿沙贮藏,次年春播。也可采用扦插繁殖。

5.1.7　光皮毛梾 *Cornus wilsoniana*（**Wanger.**）**Sojak.**（图5.6）

又名光皮梾木、斑皮抽水树、光皮树。山茱萸科,梾木属。广布于中国黄河以南地区,集中分布于长江流域至西南各地的海拔1 000 m以下的石灰岩区。

形态特征:落叶乔木,高12 m。树皮白色带绿,斑块状剥落后形成明显斑纹。叶对生,椭圆形至卵状椭圆形,基部楔形,背面密被乳头状小突起及平贴的灰白色短柔毛。圆锥状聚伞花序顶生。花小,白色。核果球形,紫黑色。花期5月,果期10~11月,核果球形,紫黑色。

生态习性:喜光,耐寒。对土壤要求不严,喜深厚、肥沃而湿润的土壤,在石灰岩土生长良好。寿命较长。

观赏用途:枝叶茂密、树姿优美、树冠开展,树皮奇特有趣,是优美的园林绿化行道树和庭阴树。

繁殖:播种繁殖,以冬播为主。播种前将种子用50~60℃的温水浸泡一两次。

图5.6　光皮毛梾

5.1.8　红瑞木 *Cornus alba* **Linn.**（图5.7）

又名红梗木、凉子木。山茱萸科,梾木属。产于中国东北、华北、西北、华东等地,朝鲜半岛及俄罗斯也有分布。

图5.7　红瑞木

形态特征:落叶灌木,高3 m。枝条血红色,老干暗红色,无毛,被白粉。叶对生,椭圆形,长4~9 cm,全缘,先端尖,基部圆形或宽楔形,表面暗绿色,背面粉绿色,两面均疏生贴伏柔毛。聚伞花序顶生,花小,黄白色。花期5~6月。核果斜卵形,乳白或蓝白色,成熟期8~10月。

生态习性:性强健,适应性强。喜光、喜湿润;耐寒性强。耐修剪。喜较深厚、湿润、肥沃、疏松的土壤。

观赏用途:秋叶鲜红,叶落后枝干红艳如珊瑚,是少见的观茎植物。园林中多丛植草坪上或与常绿乔木相间种植,得红绿相映之效果,可盆栽或制成盆景,也可作插花切枝。

繁殖:插种,种子应沙藏后春播。扦插,可选一年生枝,秋冬沙藏后于翌年3月~4月扦插。压条,可在5月将枝条环割后埋入土中,生根后在翌春与母株割离分栽。

5.1.9 紫薇 *Lagerstroemia indica* L.

见 2.7.37。

5.1.10 龟甲竹 *Phyllostachys pubescens* var. *heterocycla* (Carr.) Mazel. (图 5.8)

别名龙鳞竹。禾本科,竹亚科,刚竹属。分布在中国秦岭、淮河以南,南岭以北,毛竹林中偶有发现,很少见到有天然成片的。长江流域各城市公园中均有栽植,北方的一些城市公园亦有引种。

图 5.8 龟甲竹

形态特征:毛竹的一个栽培变种,秆直立,粗大,高可达 20 m,竹秆粗 5～8 cm,表面灰绿。叶披针形,每小枝 2～3 叶。秆下部或中部以下节间畸形,不规则短缩,斜面凸出呈龟甲状。

生态习性:喜温暖湿润的气候。喜空气相对湿度大。喜肥沃、深厚、排水良好的微酸性的土壤。

观赏用途:状如龟甲的竹秆既稀少又珍奇,特别是较高大的竹株,为竹中珍品,点缀园林,以数株植于庭院醒目之处,也可盆栽观赏。

繁殖:以母竹移植栽培。挖取母竹时,要多带宿土,并带 50 cm 左右的竹鞭。

5.1.11 金镶玉竹 *Phyllostachys aureosulcata* f. *spectabilis* C. D. Chu et C. S. Chao. (图 5.9)

又名黄镶玉竹。禾本科,竹亚科,刚竹属。产中国江苏云台山,生于山坡,组成小面积纯林。

形态特征:散生竹。秆高 4～6 m,径 2～4 cm;中部节间长 15～20 cm;秆节间金黄色,分枝一侧的纵槽绿色;新秆密被细柔毛,后渐脱落,毛基残留于节间,节下有白粉环;老秆粗糙,秆环突隆起,明显高于箨环。秆箨淡黄色或淡紫色,具乳白色条纹,箨鞘背面疏生紫色细小斑点;箨耳发达,边缘具长穗毛,紫褐色扭曲;箨舌宽短,弧形,边缘被细短毛;箨叶三角形或三角状披针形。每小枝1～2 叶,叶鞘无毛,叶舌隆起,弧形,通常无叶耳和鞘口肩毛;叶片带状披针形,长 5～11 cm,宽 0.8～1.5 cm,下面仅基部微有毛。笋淡黄色或带紫色,有时黄白色。笋期 4 月下旬至 5 月上旬。

生态习性:繁殖快,适应性强。能耐－20℃低温。喜向阳背风、土层深厚、肥沃、湿润、排水和透气性能良好的沙壤土,宜酸性至中性土壤(pH 4.5～7)。

图 5.9 金镶玉竹

观赏用途:为竹子中的珍品,尤其是其嫩黄色的竹秆上,每节都有一条绿色的凹槽,犹如在金板上镶进了一块块碧玉,美丽淡雅,清秀挺拔,高雅脱俗,可植或丛植用于点缀亭阁、庭院,形成窗外含竹、粉墙竹影、山石竹伴等景观,或片植配置在公园、广场等地,营造竹径通幽的竹林小道。

繁殖:多采用母竹移植法栽植,应选择生长健壮、竹秆较低矮、分枝节位低、枝叶繁茂、鞭芽饱满、胸径不太粗、无病虫害的 1～2 年生母竹。

5.1.12　金竹 *Phyllostachys sulphurea*（Carr.）A. et C. Riv.

见 3.5.2.3。

5.1.13　斑竹 *Phyllostachys bambusoides* f. *tanakae* Makino. ex Tsuboi.（图 5.10）

又名湘妃竹。禾本科,竹亚科,刚竹属。自然分布于中国黄河至长江流域各地,常见于观赏栽培。

形态特征:秆高达 7～13 m,径达 3～10 cm。秆环及箨环均隆起;秆箨黄褐色,有黑褐色斑点,疏生直立的硬毛。箨耳边缘有弯曲的穗毛。箨叶绿色或边缘带橘红色,平直或微皱,下垂。每小枝 5～6 片,叶带状披针形,长 7～15 cm,宽 1.3～2.3 cm,下面粉绿色。笋期 5 月中旬。

生态习性:喜肥沃疏松的土壤,较耐干旱寒冷,但不耐水湿。

观赏用途:秆具紫褐色斑块与斑点,为著名观赏竹。"斑竹一枝千滴泪,红霞万朵百重衣",斑竹在中国与日本都有一段关于舜帝与二妃的传说。宜在亭、台、轩、榭之旁栽立数竿,或在名胜的水边院旁栽种,也宜以粉墙为背景,种之几行,并以窗框创造出竹影婆娑的清幽典雅环境。

繁殖:母竹移植造林,要多带土,最好成丛栽植。

图 5.10　斑竹

5.1.14　紫竹 *Phyllostachys nigra*（Lindl.）Munro.

见 3.5.2.2。

5.1.15　佛肚竹 *Bambusa ventricosa* McCl.

见 3.5.2.13。

5.1.16　小琴丝竹 *Bambusa glaucescens* f. *alphonse-karr*（Mitf.）Sasaki.（图 5.11）

图 5.11　小琴丝竹

又名花孝顺竹。禾本科,竹亚科,簕竹属。原产中国长江以南各省。四川、广西、广东、云南省多于庭园中栽培。

形态特征:本种为孝顺竹的变种。丛生竹,秆高 2～4 m,径 1～3 cm,叶披针形,长 4～10 cm,质薄,箨叶直立,长三角形,秆和分枝的节间黄色,具不同宽度的绿色纵条纹,秆箨新鲜时绿色,具黄白色纵条纹,笋期 7～9 月。

生态习性:喜温暖湿润气候。性喜阳光,不耐阴。夏季能耐 50 ℃的高温,冬季能耐 −7 ℃的低温。喜排水良好、湿润的弱酸性土壤。

观赏用途:小琴丝竹姿态优美且秆色秀丽,为庭园观赏或盆栽的上佳材料。可截成高度为1 m 左右的竹丛作绿篱,也可与低矮的地被植物、草木花卉搭配成色彩鲜艳的花境,还可多株群植,作孤植树欣赏。也可栽植于园路两侧作行道树,营造曲径通幽的园林意境,也可盆栽观赏。

繁殖:主要移植母竹,亦可埋苑、埋秆、埋节繁殖。

5.1.17　方竹 *Chimonobambusa quadrangularis* (Fenzi) Makino.

见 3.5.2.8。

5.2　观芽植物

5.2.1　银芽柳 *Salix leucopithecia* Kimura.（图 5.12）

又名棉花柳、银柳。杨柳科,柳属。原产日本,中国江南一带有栽培。

图 5.12　银芽柳

形态特征:落叶灌木,株高 2～3 m,基部抽枝,新枝有茸毛。冬芽红紫色,有光泽。叶互生,叶长椭圆形,长 9～15 cm,缘具细浅齿,叶背面密被白毛,半革质。雄花序椭圆柱形,长 3～6 cm,早春叶前开放,初开时芽鳞疏展,包被于花序基部,红色而有光泽,盛开时花序密被银白色绢毛,颇为美观。观花期 12 月至翌年 2 月。

生态习性:喜光,喜湿润,较耐寒,北京可露地过冬。耐肥、耐涝,在水边生长良好。

观赏用途:冬季先花后叶,银白色花芽银光闪烁,形似毛笔头,花蕾展现时,又像朵朵棉花球,其银色花序十分美观,适于瓶插观赏。

繁殖:扦插繁殖。栽培后每年须重剪,以促其萌发更多的开花枝条。

5.2.2　白玉兰 *Magnolia denudata* Desr.

见 2.8.5。

6 常见的草坪及地被植物

6.1 草坪与地被植物的定义

6.1.1 草坪与草坪草的定义

虽然草坪在《辞海》中被定义为"园林中用人工铺植草皮或播种草籽培养形成的整片绿色地面",但目前应用已不仅只局限于园林,且还应用于运动场、道路、飞机场、工厂和需要进行水土保持工程的地方。严格地讲,草坪通常是指以具有匍匐状、低矮、质优、扩展性强的禾本科草和少数其他科植物,用来进行覆盖地面,形成一种面积较大、平整或稍有起伏、郁闭的像地毯一样致密的地面覆盖层。

草坪草又称草种、草坪植物,是指铺设草坪的植物材料,即指能够形成草坪或草皮,并能耐受定期修剪和人、物使用的一些草本植物。草坪草大多为质地纤细、株体低矮,具有扩散生长特性的根茎型和匍匐型的禾本科与其他科的植物,如高羊茅、狗牙根、天堂草、沟叶结缕草、早熟禾、苔草属的一些草类等。

6.1.2 草坪草的分类

草坪草种类繁多,特性各异,根据一定的标准将众多的草坪草区别开来,称为草坪草分类。

6.1.2.1 按气候条件和草坪草地域分布分类

按草坪草生长的适宜气候条件和地域分布范围,可将草坪草分为暖季型草坪草和冷季型草坪草。

(1)暖季型草坪草 也称为夏型草,主要属于禾本科画眉亚科的一些植物。最适生长温度为 25～30℃,主要分布在长江流域及以南较低海拔地区。主要特点是冬季呈休眠状态,早春开始返青,复苏后生长旺盛。进入晚秋,一经霜害,其茎叶枯萎褪绿。在暖季型草坪植物中,大多数只适应于华南栽培,只有少数几种,可在北方地区良好生长。

(2)冷季型草坪草 也称为冬型草,主要属于禾本科早熟禾亚科的一些植物。最适生长温度为 15～25℃,主要分布于华北、东北和西北等长江以北的中国北方地区。主要特征是耐寒性较强,在夏季不耐炎热,春、秋两季生长旺盛。适合于中国北方地区栽培。其中也有一部分品种,由于适应性较强,亦可在中国中南及西南地区栽培。

6.1.2.2 按不同科属分类

以前草坪植物的主要组成是禾本科草类,近年已发展到莎草科、豆科及旋花科等。

(1)禾本科草坪草 占草坪植物的 90%以上,分属于羊茅亚科、黍亚科、画眉亚科。

① 剪股颖属:代表草种有细弱剪股颖、绒毛剪股颖、匍匐剪股颖和小糠草等,该类草具有匍匐茎或根茎,扩散迅速,形成草皮性能好,耐践踏,草质纤细致密,叶量大,适应于弱酸性、湿润土壤。可建成高质量草坪,如高尔夫球场、曲棍球场等运动场草坪和精细观赏型草坪。

② 羊茅属:代表种有韧叶紫羊茅、匍匐紫羊茅、羊茅、细叶茅和高羊茅等。共同特点是抗逆性极强,对酸、碱、瘠薄、干旱土壤和寒冷、炎热的气候及大气污染等具有很强的抗性。韧叶紫羊茅、匍匐紫羊茅、羊茅、细叶茅均为细叶低矮型。高羊茅为高大宽叶型。羊茅类草坪草主要用做运动场草坪及各类绿地草坪混播中的伴生种。

③ 早熟禾属:代表种是草地早熟禾、普通早熟禾、林地早熟禾和早熟禾等。根茎发达,形成草皮的能力极强,耐践踏,草质细密、低矮、平整、草皮弹性好、叶色艳绿、绿期长。抗逆性相对较弱,对水、肥、土壤质地要求严。这类草坪草是北方建植各类绿地的主要草种,也是建植运动场草坪的主要草种,尤其是草地早熟禾的许多品种。

④ 黑麦草属:代表草种为多年生黑麦草、洋狗尾草、梯牧草。多年生黑麦草种子发芽率高、出苗速度快、生长茂盛,叶色深绿、发亮,但需要高水肥条件,坪用寿命短,一般主要用作运动场草坪和各类绿地草坪混播的保护草种。

⑤ 结缕草属:代表草种为结缕草、大穗结缕草、中华结缕草、马尼拉结缕草、细叶结缕草。结缕草具有耐干旱、耐践踏、耐瘠薄、抗病虫等许多优良特性,并具有一定的韧度和弹性。不仅是优良的草坪植物,还是良好的固土护坡植物。

(2) 非禾本科植物　凡是具有发达的匍匐茎,低矮细密,耐粗放管理、耐践踏、绿期长,易于形成低矮草皮的植物都可以用来铺设草坪。莎草科草坪草,如白颖苔草、细叶苔、异穗苔和卵穗苔草等;豆科蝶形花亚科车轴草属的白三叶和红三叶、多变小冠花等,都可用作观花草坪植物;其次,还有其他一些植物,如马蹄金、沿阶草、百里香、匍匐委陵菜等也可用作建植园林花坛、造型和观赏性草坪植物。

6.1.2.3　按草坪草叶宽度分类

(1) 宽叶型草坪草　叶宽茎粗,生长强健,适应性强,适用于较大面积的草坪地,如结缕草、地毯草、假俭草、竹节草、高羊茅等。

(2) 细叶型草坪草　茎叶纤细,可形成平坦、均一、致密的草坪,要求土质良好的条件,如剪股颖、细叶结缕草、早熟禾、细叶羊茅及野牛草。

6.1.2.4　按株体高度来分类

(1) 低矮型草坪草　株高20 cm以下,低矮致密,匍匐茎和根茎发达,耐践踏,管理方便,大多数适于高温多雨的气候条件;多行无性繁殖,形成草坪所需时间长,若铺装建坪则成本较高,不适于大面积和短期形成的草坪;常见种有结缕草、细叶结缕草、狗牙根、野牛草、地毯草、假俭草。

(2) 高型草坪草　株高通常20 cm以上,一般用播种繁殖,生长较快,能在短期内形成草坪,适用于建植大面积的草坪,其缺点是必须经常刈剪,才能形成平整的草坪。如高羊茅、黑麦草、早熟禾、剪股颖类等。

6.1.2.5　按草坪草的用途来分类

(1) 观赏性草坪草　多用于观赏草坪。草种要求平整、低矮、绿色期长、茎叶密集,一般以细叶草类为宜,或具有特殊优美的叶丛、叶面或叶片上具有美丽的斑点、条纹和颜色以及具有美丽的花色和香味的一些植物。如白三叶、多变小冠花、百里香、匍匐委陵菜。

(2) 普通绿地草坪草　大多数草坪草都可作为普通绿地草坪草,适应性强,具有优良的坪用性和生长势,推广范围广,种植面积大,成为该地区的主体草种。多用于休闲性质草坪,没有固定的形状,管理粗放,允许人们入内游憩活动。如中国南方的细叶结缕草、地毯草、狗牙根,北方的草地早熟禾、白三叶、野牛草。

（3）固土护坡草坪草　为一些根茎和匍匐茎十分发达的具有很强固土作用和适应性强的草坪草,如结缕草、假俭草、竹节草、无芒雀麦等。

（4）点缀草坪草　指具有美丽的色彩,散植于草坪中用来陪衬和点缀的草坪植物,多用于观赏草坪,如小冠花、百脉根等。

6.1.3 地被植物的定义

地被植物是指覆盖在地表面的低矮植物。它不仅包括多年生低矮草本植物,还有一些适应性较强的低矮、匍匐型的灌木和藤本植物。

6.2 常见的草坪植物

6.2.1 狗牙根 *Cynodon dactylon*（L.）Pers.（图 6.1）

又名百慕大草、爬地草、绊根草。禾本科,狗牙根属。广泛分布于温带地区。

形态特征:多年生草本,具有根状茎和匍匐枝,须根细而坚韧。匍匐茎平铺地面或埋入土中,长 10～110 cm,光滑坚硬,节处向下生根,株高 10～30 cm。叶片平展、披针形,长 3.8～8.0 cm,宽 1～3 mm,前端渐尖,边缘有细齿,叶色浓绿。穗状花序 3～6枚呈指状排列于茎顶,小穗排列于穗轴一侧,有时略带紫色。种子长 1.5 mm,卵圆形,成熟易脱落,可自播。花果期 4～10 月。

生态习性:性喜温暖湿润气候,耐阴性和耐寒性较差,最适生长温度为 20～32℃,在 6～9℃时几乎停止生长,喜排水良好的肥沃土壤。耐践踏,侵占能力强。在华南绿期为 270 d,华北、华中为 240 d 左右。繁殖能力强。

图 6.1　狗牙根

观赏用途:是中国黄河流域以南栽培应用较广泛的优良草种之一。长江中下游地区,多用它铺建草坪,或与其他暖地型草种进行混合铺设各类草坪运动场。同时又可应用于公路、铁路、水库等处作固土护坡绿化材料。

繁殖:采用播种和根茎繁殖两种方法进行草坪建植。

6.2.2 天堂草 *C. dactylon×C. transadlensis*（图 6.2）

图 6.2　天堂草

又名矮天堂、矮生百慕大。禾本科,狗牙根属。广布于温带地区。中国黄河流域以南各地均有野生,新疆的伊犁、喀什、和田也有分布。

形态特征:多年生草本物,是近年人工培育的杂交草种。叶丛密集,植株低矮,叶色嫩绿而细弱。

生态习性:耐寒、耐旱、病虫害少,生长缓慢。耐频繁的刈割、践踏后易于复苏。绿色观赏期为 280 d。现常作单纯草坪（即由一种草本植物组成的草坪）,或与黑麦草混合栽培。

观赏用途:在国外被广泛应用于高尔夫球场、足球场和公共绿地中,其耐践踏性很好。即使被践踏,恢复也较快。

繁殖:为非洲狗牙根与普通狗牙根杂交后代,主要是无性繁殖。

6.2.3　日本结缕草 *Zoysia japonica* Steud.(图 6.3)

又名结缕草、锥子草、延地青。禾本科,结缕草属。原产亚洲东南部,主要分布在中国、朝鲜和日本等温暖地带。

图 6.3　日本结缕草

形态特征:多年生草本。茎叶密集,株体低矮。深根性植物,须根一般可入土层达 30 cm 以上。地下根状茎及地上匍匐枝韧性强,于茎节上产生不定根。植株直立,茎高 12～15 cm。叶片革质,光滑,上面常具柔毛,长 3 cm,宽 2～3 mm,具一定的韧度,狭披针形,先端锐尖;叶舌不明显,表面具白色柔毛。总状花序长 2～4 cm,宽 3～5 mm;小穗卵圆形,由绿转变为紫褐色。种子成熟后易脱落,外层附有蜡质。花果期 4～8 月。

生态习性:适应性较强,喜温暖气候,喜阳光。耐高温,抗干旱,不耐阴。耐瘠薄,耐踩踏,并具有一定的韧度和弹性。除了春、秋季生长茂盛外,炎热的夏季亦能保持优美的绿色草层,冬季休眠越冬。

观赏用途:优良的草坪植物,可用来铺建草坪足球场、运动场地、儿童活动场地。利用其匍匐枝的优势,易形成单一成片的群落及纯草层,也是良好的固土护坡植物。

繁殖:一般以带土小草块移栽来建设草坪。亦可播种,播种前需进行处理以提高发芽率,一般播种量为 8～10 g/m² ,足球场的播种量增加为 18 g/m² 左右。

6.2.4　中华结缕草 *Zoysia sinica* Hance.(图 6.4)

又名盘根草、护坡草。禾本科,结缕草属。原产亚洲东部亚热带地区。主要分布于中国东北、华北、华东、华南,主产于山东省丘陵地区,日本、朝鲜,北美也有栽培。

形态特征:多年生草本。秆高 10～30 cm。具根状茎。叶舌不显著,为一圈纤毛,叶片条状披针形,宽 3～5 mm,边缘常内卷。总状花序,长 2～4 cm,宽约 5 mm,小穗柄长达 2 mm,小穗披针形,两侧压扁,紫褐色,长 4～6 mm,宽 1.0～1.5 mm,含两性小花 1 朵,成熟后整个小穗脱落,第一颖缺,第二颖革质,边缘于下部合生,全部包裹内外稃。花期 5～6 月。

生态习性:阳性喜温植物,对环境条件适应性广。耐湿、耐旱、耐盐碱、耐牧性强,再生力也较好,抗践踏,耐修剪,覆盖性好。

观赏用途:是极好的运动场草坪用草,又是一种良好的水土保持植物。

图 6.4　中华结缕草

繁殖:播种繁殖,也可采用分株等营养繁殖。

6.2.5 沟叶结缕草 *Zoysia matrella*（L.）Merr.（图 6.5）

又名马尼拉草。禾本科,结缕草属。广泛分布于亚洲和澳大利亚的热带和亚热带地区。中国福建和广东及广西等地有野生。

形态特征:多年生草本。具横走茎,须根细弱;秆直立,高 12～20 cm,基部节间短,每节具一个至数个分枝。叶舌短而不明显,叶鞘长于节间,叶片质硬,内卷,上面具沟,无毛,叶长可达 3 cm,宽 1～2 mm,顶端尖锐。总状花序;颖果长卵形,棕褐色,长约 1.5 mm。花果期 4～10 月。

生态习性:适应于各种土壤条件,喜排水好、较细、肥沃、pH 值为 6～7 的土壤。耐盐,喜光,耐阴,喜温暖潮湿气候。耐热,也耐寒、耐干旱。在热带和大部分亚热带地区,终年常绿;在较冷的亚热带和温带地区与日均温在 10.0～12.8℃时,开始停止生长,继而地上部分枯黄,以地下根茎越冬。

图 6.5 沟叶结缕草

观赏用途:在适宜的土壤气候条件下,能形成致密、整齐的优质草坪,故广泛应用于庭院、运动场及护坡。

繁殖:以无性繁殖为主,也可种子繁殖,但因种子出苗率低应进行种子处理。

6.2.6 假俭草 *Eremochloa ophiuroides*（Munro）Hack.（图 6.6）

又名苏州阔叶子草、死攀茎草、百足草、蜈蚣草。禾本科,假俭草(蜈蚣草)属。分布于中国长江流域以南。

图 6.6 假俭草

形态特征:多年生草本。植株低矮,高 10～15 cm。叶片线形,长 2～5 cm,宽 1.5～3.0 mm。以 5～9 月份生长最为茂盛,匍匐茎发达,再生力强,蔓延迅速。根系深较耐旱,茎叶冬日常常宿存地面而不脱落,柔软而有弹性,耐践踏。花序总状,花矮,绿色,微带紫色,比叶片高,长 4～6 cm,生于茎顶,秋冬抽穗,开花,花穗比其他草多。种子入冬前成熟。花果期夏秋季。

生态习性:喜光,耐阴,耐干旱,较耐践踏。据观测,南京地区的茎叶绿色期约 220 d。喜阳光和疏松的土壤;若能保持土壤湿润,冬季无霜冻,可保持长年绿色。耐修剪,抗二氧化硫等有害气体,吸尘、滞尘性能好。

观赏用途:由于其茎叶平铺地面,能形成紧密的草坪,几乎没有其他杂草侵入,平整美观,厚实柔软而富有弹性,舒适而不刺皮肤。其秋冬开花抽穗,花穗多且微带紫色,远望一片棕黄色,别具特色,是华东、华南各省较理想的观光草坪植物,被广泛用于园林绿地,或与其他草坪植物混合铺设运动草坪,也可用于护岸固堤。

繁殖：入冬种子成熟落地有一定自播能力，故可用种子直播建植草坪。也可采用移植草块和埋植匍匐茎的方法进行草坪建植，一般 1 m² 草皮可建成 6～8 m² 草坪。

6.2.7　野牛草 *Buchloe dactyloides*（Nutt.）Engelm.（图 6.7）

又名水牛草。禾本科，野牛草属。原产于北美洲。

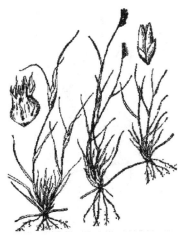

图 6.7　野牛草

形态特征：多年生草本植物。具根状茎或细长匍匐枝。秆高 5～25 cm，较细弱。叶片线形，长 10～20 cm，宽 1～2 mm，两面均疏生有细小柔毛，叶色绿中透白，色泽美丽。花雌雄同株或异株，雄花序 2～8 枚，长 5～15 mm，排成总状，雄小穗含 2 花，无柄，成两行覆瓦状排列于穗轴的一侧；雌小穗含 1 花，大部分为 4～5 枚簇生，呈头状花序，通常种子成熟时，自梗上整个脱落。花果期秋季。

生态习性：适应性较强，喜阳光，亦耐半阴。耐瘠薄土壤，能耐碱性土壤。有较强的耐寒性，在 －34℃ 的低温情况下，仍能安全越冬。耐旱能力甚强，一般在 2～3 个月严重干旱情况下，仍能维持生命。与杂草的竞争力强，具一定的耐践踏性。

观赏用途：目前广泛用于中国北方，作为工矿企业、公园、机关、学校及住地的绿化植物。由于它抗二氧化硫、氟化氢等污染气体能力较强，也是冶炼、化工等工业区的环保绿化植物。

繁殖：播种与营养繁殖均可。由于结实率低，一般采用分株繁殖或匍匐茎埋压。

6.2.8　地毯草 *Axonopus compressus*（Sw.）Beauv.（图 6.8）

又名大叶油草。禾本科，地毯草属。原产于美国南部、墨西哥及巴西。

形态特征：多年生草本。具长匍匐茎。秆高 15～40 cm，压扁，节常被灰白色柔毛。叶宽条形，质柔薄，先端钝，秆生，叶长 10～25 cm，宽 6～10 mm，匍匐茎上的叶较短；叶鞘松弛，压扁，背部具脊，无毛；叶舌短，膜质，长 5 mm，无毛。总状花序通常 3 个，最上 2 个成对而生，长 4～7 cm；小穗长圆状披针形，长 2.2～2.5 mm，疏生丝状柔毛，含 2 小花，第一颖缺，第二颖略短于小花的外稃，结实小花的外稃硬化成革质，椭圆形至长圆形，长约 1.7 mm，顶端疏生少数柔毛。花果期秋季。

生态习性：喜潮湿的热带和亚热带气候，不耐霜冻；适于在潮湿的沙土上生长，不耐干旱，旱季休眠；也不耐水淹。耐阴蔽。

图 6.8　地毯草

观赏用途：可作公共绿地草坪、庭园草坪、运动场草坪及大树下地被，也可在河川、道路旁固土护坡。

繁殖：主要用根蘖繁殖，极易成活，撒播、条播均可。

6.2.9 竹节草 *Chrysopogon aciculates*（Retz.）Trin.（图 6.9）

又名粘人草、百足草。禾本科，金须茅属。分布于大洋洲，中国台湾、广东、广西及云南省有分布。

形态特征：多年生草本。具根茎和匍匐茎。秆高 20～50 cm。叶鞘无毛，叶多聚集于匍匐茎和秆的基部，秆生者稀疏或短于节间。叶片条形，顶端钝，长 2～5 cm，宽 3～6 mm。圆锥花序带紫色，长 5～9 cm；分枝细弱；小穗数枚生于顶端。花期夏秋季。

生态习性：具有匍匐茎，侵占性强，具有一定的耐践踏性。适宜的土壤类型较广，在土壤 pH 值为 6～7 时，生长最好。抗旱、耐湿，但不抗寒。

观赏用途：叶片着生于基部，易形成平坦的坡面，用于布置园林水景的边缘和岸边湿地，以成片种植展示群体效果。由于其根茎发达，耐贫瘠土壤，最适合用于路旁和作水土保持草坪，是良好的湿地地被和水面覆盖材料。

繁殖：以蔓茎扦插繁殖为主，节上常具不定根，扦插容易。

图 6.9 竹节草

6.2.10 苇状羊茅 *Festuca arundinacea* Schreb.（图 6.10）

图 6.10 苇状羊茅

又名苇状狐茅、高羊茅。禾本科，茅属。原产亚洲的西伯利亚西部、欧洲和非洲北部，中国新疆也有分布。

形态特征：多年生草本。植株高度 80～180 cm。茎秆成疏丛状，直立光滑。叶鞘大多光滑无毛；叶片线形，先端长渐尖，背面光滑，上面及边缘粗糙，大多扁平。圆锥花序开展，直立或垂头，小穗长 10～13 mm，含花 4～5 朵，绿而带淡紫色；颖片披针形，无毛，先端渐尖。种子千粒重 2.5g 左右。

生态习性：适宜在各种土壤上生，在 pH 4.7～9.5 的土壤上均可生长，而在肥沃、潮湿、黏重的土壤上生长最佳。耐湿、耐寒、耐旱、耐热。

观赏用途：大量应用于运动场草坪和防护草坪。

繁殖：种子繁殖。

6.2.11 草地早熟禾 *Poa pratensis* L.（图 6.11）

又名六月禾。禾本科，早熟禾属。原产于欧亚大陆、中亚细亚地区，广泛分布于北温带冷凉湿润地区。

形态特征：多年生草本。具匍匐细根状茎；根须状。秆直立，疏丛状或单生，光滑、圆筒状，高可达 60～100 cm，具 2～3 节，上部节间长 11～19 cm。叶舌膜质，截形；长 1～2 mm；叶片条形，先端渐尖，光滑，扁平，内卷，长 6～18 cm，宽 3～4 mm；叶鞘粗糙，疏松，具纵条纹，长于叶片。圆锥花序卵圆形，或塔形，开展，先端稍下垂，长 13～22 cm，宽 2～4 cm；每节 3～4 分枝，二

图 6.11　草地早熟禾

次分枝,小枝上着生 2～4 小穗;小穗卵圆形,草绿色,成熟后草黄色,长 4～6 mm,含 2～4 花;第一颖 2～3 mm,具 1 脉;第二颖长 3～4 mm,具 3 脉;外稃纸质,顶端钝;脊与边脉在中部以下具长柔毛,间脉明显,基盘有稠密的白色绵毛;第一外稃长 3～4 mm,内稃较短于外稃,脊粗糙。颖果纺锤形,具三棱,长约 2 mm。花期 4～8 月。

生态习性:适生于冷湿的气候环境。大致在温度 5℃时,可开始生长,在 15～32℃时,可充分生长。极端的冷和热都造成损伤,特别不能抵抗高温干燥。对土壤适应的范围较广。

观赏用途:在中国北方广泛推广,成为草坪绿化的重要草种。主要用于铺建运动场、高尔夫球场、公园、路旁草坪、铺水坝地等是重要的草坪草。

繁殖:播种或移植幼苗繁殖。一般播种量每亩约 0.5～0.8 kg,草坪育苗的播种量每 666.7 m² 7～8 kg。

6.2.12　早熟禾 *Poa annua* L.（图 6.12）

又名稍草、小青草、小鸡草、冷草、绒球草。禾本科,早熟禾属。世界广泛分布。

形态特征:一年生禾草。高 8～30 cm。在精细的管理下也可越年生长。秆丛生,直立或基部倾斜,高 5～30 cm,具 2～3 节。叶鞘质软,中部以上闭合,短于节间,平滑无毛;叶舌膜质,长 1～2 mm,顶端钝圆;叶片扁平,长 2～12 cm,宽 2～3 mm。圆锥花序开展,呈金字塔形,长 3～7 cm,宽 3～5 cm,每节具 1～2 分枝,分枝平滑;小穗绿色,长 4～5 mm,具 3～5 小花;颖质薄,顶端钝,具宽膜质边缘,第一颖具 1 脉,长 1.5～2.0 mm,第二颖具 3 脉,长 2～3 mm;外稃椭圆形,长 2.5～3.5 mm,顶端钝,边缘及顶端宽膜质,具明的 5 脉,脊的下部 1/2～2/3 以下具柔毛,边缘下部 1/2 具柔毛,间脉无毛,基盘无绵毛;内稃与外稃近等长或稍短,脊上具长丝状毛;花药淡黄色,长 0.7～0.9 mm。颖果黄褐色,长约 1.5 mm。果期 7～9 月。

图 6.12　早熟禾

生态习性:冷地型禾草。喜光,耐阴性也强,可耐 50%～70% 郁闭度。耐旱性较强。在 −20℃低温下能顺利越冬,−9℃下仍保持绿色;抗热性较差,在气温达到 25℃左右时,逐渐枯萎。耐瘠薄,对土壤要求不严。不耐水湿。

观赏用途:可用于公共绿地或观赏草坪,亦可用暖地草坪草的冬季盖播。

繁殖:播种繁殖为主,也可用根茎来繁殖。

6.2.13　匍茎翦股颖 *Agrostis stolonifera* L.（图 6.13）

又名匍茎小糠草。禾本科,翦股颖属。原产欧亚大陆的温带和北美。

形态特征:多年生草本植物。秆的基部偃卧地面,具长达 8 mm 左右的匍匐枝,有 3～6 节,直立部分 20～50 mm。叶片扁平线形,呈浅绿色,叶柔软细腻。长 5.5～8.5 cm,宽 3～4 mm,两面均具小刺毛。圆锥花序卵状矩圆形,老后呈紫铜色;小穗长 2.0～2.5 mm;颖几相等;外稃无芒,具 2 脉。颖果长约 1 mm,宽 0.4 mm;种子细小,黄褐色。花果期 6～8 月。

生态习性:喜冷凉湿润气候,耐寒、耐热、耐阴、耐瘠薄、耐低修剪。其匍匐根横向蔓延能力强,能迅速覆盖地面,形成密度大的草坪。但由于茎枝上节根扎的较浅,因而耐旱性稍差。对土壤要求不严,在微酸及微碱性土壤中均能生长,以雨多、肥沃的土壤生长最好。

观赏用途:一般不作为庭院草坪,主要用于高尔夫球场果领和发球区、草地保龄球和草地网球场,有时也用于高尔夫球场球道和优质草坪。

繁殖:可采用营养繁殖,将其草皮分离开,将匍匐茎截成几段或几节,然后移栽。但通常采用播种方式建坪。种子和播茎繁殖均可,多以后者为主。

图 6.13　匍茎翦股颖

6.2.14　黑麦草 *Lolium perenne* L.(图 6.14)

图 6.14　黑麦草

又名多年生黑麦草、宿根黑麦草。禾本科,黑麦草属。原产亚洲和北非的温带地区,现在世界各地的温带地区均有广泛分布。

形态特征:多年生疏丛型草本植物。株高 80～100 cm。须根发达,主要分布于 15 cm 深的土层中。茎直立,光滑中空,色浅绿。单株分蘖一般 60～100 个,多者可达 250～300 个。叶片深绿有光泽,长 15～35 cm,宽 0.3～0.6 cm,多下披;叶鞘长于或等于节间,紧包茎;叶舌膜质,长约 1 mm。穗状花序长 20～30 cm,每穗有小穗 15～25 个,小穗无柄,紧密互生于穗轴两侧,长 10～14 mm;有花 5～11 枚,结实 3～5 粒;第一颖常常退化,第二颖质地坚硬,有脉纹 3～5 条,长 6～12 mm;外稃长 4～7 mm,质薄,端钝,无芒;内稃和外稃等长,顶端尖锐,透明,边有细毛。颖果梭形。花果期 5～7 月。

生态习性:喜温暖湿润土壤,适宜土壤 pH 为 6～7。该草在昼夜温度为 12～27℃ 时再生能力强。光照强、日照短、温度较低对分蘖有利,遮阳对其生长不利。耐湿,但在排水不良或地下水位过高时生长不利。

观赏用途:可用于家庭草坪、公园、墓地、公共场地、高尔夫球道、高草区,或公路旁、机场和其他公用草坪的建植,也可与其他种子如草地早熟禾混播用于这些场地的建植,还可用作快速建坪和土壤防固及暖季型草坪冬季交播。改进的黑麦草栽培种能与草地早熟禾很好地混播，尤其可作为寒冷潮湿气候地区的运动场草坪。

繁殖：春秋均可播种，可散播也可条播。

6.3　常见的地被植物

6.3.1　常夏石竹 *Dianthus plumarius* L.（图6.15）

又名羽裂石竹。石竹科，石竹属。原产奥地利、西伯利亚地区。

形态特征：宿根草本。高15～30 cm。茎蔓状簇生，上部分枝，越年呈木质状，光滑而被白粉。叶厚，灰绿色，长线形。花2～3朵，顶生枝端，花色有紫、粉红、白色，具芳香；有单瓣或重瓣。花期6～10月。

生态习性：喜阳光充足、通风及凉爽气候。耐旱，耐寒，不耐酷暑，忌水涝。要求肥沃、疏排水良好的石灰质壤土。

观赏用途：是布置花坛、花境的好材料。可大面积栽作地被，或与草坪搭配，形成缀花草坪或用于草坪镶边。

图6.15　常夏石竹

繁殖：播种、分株及扦插法繁殖。

6.3.2　诸葛菜 *Orychragmus violaceus*（L.）O. E. Schulz.（图6.16）

又名菜子花、二月兰。十字花科，诸葛菜属。原产中国东北、华北及华东地区。

形态特征：二年生草本。高20～70 cm，一般30～50 cm。茎直立，光滑，单茎或多分枝，具白色粉霜。基生叶扇形，近圆形，边缘有不整齐的粗锯齿；茎生叶抱茎，茎丫部叶羽状分裂，顶生叶肾形或三角状卵形。总状花序顶生，花冠深紫或浅紫色，花瓣4枚，倒卵形，成十字排列，具长爪。长角果圆柱形，略带四棱，长6～9 cm，6月成熟；种子黑褐色，卵形，有自播能力。花期早春至6月，盛花期3～4月。

生态习性：耐寒性、耐阴性较强，有一定散射光即能正常生长、开花、结实，冬季保持常绿；在阳地、半阴地生长更好。对土壤要求不严，但以中性或弱碱性土壤为好。

图6.16　诸葛菜

观赏用途：诸葛菜冬季绿叶葱葱，早春花开成片，为良好的园林阴处或林下地被植物，也可用作花境栽培。抗逆性强，可用于公园、林下、路旁、机场大片绿化带，也可用于荒坡绿化。

繁殖：播种，于8～10月直接撒播，也可圃地播种，进行移栽，亦可春播，但长势较差，开花也少。因种子有自播能力，连续栽培时可不需播种或少播种。

6.3.3 蛇莓 *Duchesnea indica*（Andrews）Focke（图 6.17）

又名三爪风、蛇泡草、龙吐珠。蔷薇科,蔷薇亚科,蛇莓属。分布于中国辽宁以南各省区,日本、阿富汗以及欧洲、美洲也有分布。

形态特征:多年生草本。全株有白色柔毛。茎细长,匍状,节节生根。三出复叶互生,小叶菱状卵形,长 1.5～4.0 cm,宽 1～3 cm,边缘具钝齿,两面散生柔毛或上面近无毛,具托叶;叶柄与地片等长或长数倍,有向上伏生的白柔毛。花单生于叶腋,具长柄;副萼片 5 枚,有缺刻,萼片 5 枚,较副萼片小;花瓣 5 枚,黄色,倒卵形;雄蕊多数,着生于扁平花托上。聚合果成熟时花托膨大,海绵质,红色;瘦果小,多数,红色。花期 4～5 月,果期 5～6 月。

生态习性:喜温暖湿润环境。较耐旱,耐瘠薄。对土壤要求不严,常生于田边、沟边或村旁较湿润处。

观赏用途:蛇莓生命力较强,夏季结的鲜红晶莹的果实颇为诱人。宜栽在斜坡作地被植物。

繁殖:播种或分株繁殖。

图 6.17 蛇莓

6.3.4 白三叶 *Trifolium repens* L.（图 6.18）

又名白花三叶草、白车轴草、白三草、车轴草、荷兰翅摇。豆科,蝶形花亚科,车轴草属。原产欧洲和小亚细亚,现广泛分布于温带及亚热带高海拔地区。

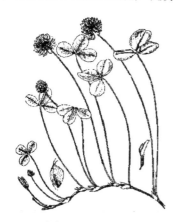

图 6.18 白三叶

形态特征:多年生草本。植物低矮,高 30～40 cm。直根性,根部有与根瘤菌共生的特性,根部分蘖能力及再生能力均强。分枝多,匍匐枝匍地生长,节间着地即生根,并萌生新芽。3 小叶复叶,小叶倒卵状或倒心形,基部楔形,先端钝或微凹,边缘具细锯齿,叶面中心具"V"形的白晕;托叶椭圆形,抱茎。头形总状花序,球形,总花梗长,花白色,偶有淡红色。花期夏秋。边开花,边结籽,种子成熟期不一,种子细小。

生态习性:喜温暖、湿润环境,有一定耐寒性,耐霜打。在长江以南地区能保持常绿。不耐高温,在夏季高温时部分植株会处于半休眠状态。喜光,亦能耐半阴。不耐干旱,在长期干旱时,部分叶片会产于边缘枯焦的现象,需及时浇水抗旱。不耐盐碱,在含盐量稍大的土壤中不能长久生存。有固氮能力,对肥料要求不多。

观赏用途:叶丛低矮,开花多,绿色期长,常用于缀花草坪,可于早熟禾、紫羊茅等混播。也可单播用作开花地被,常用于斜坡绿化,具有保持水土的作用。

繁殖:生命力强,具自播能力。

6.3.5　红花酢浆草 *Oxalis rubra* St. Hil.（图 6.19）

又名三叶草、夜合梅、大叶酢浆草、三夹莲、铜锤草等。酢浆草科,酢浆草属。原产巴西及南非好望角。

形态特征:多年生常绿草本。高 10~20 cm。地下具球形根状茎,白色透明。基生叶,叶柄较长,三小叶复叶,小叶倒心形,三角状排列。花从叶丛中抽生,伞形花序顶生,总花梗稍高出叶丛。花与叶对阳光均敏感,白天、晴天开放,夜间及阴雨天闭合。蒴果。花期 4~10 月。

生态习性:喜向阳、温暖、湿润的环境。抗旱能力较强,不耐寒。夏季有短期的休眠。夏季炎热地区宜遮半阴,华北地区冬季需进温室栽培,长江以南,可露地越冬。对土壤适应性较强,一般园土均可生长,但在肥沃、疏松及排水良好的腐殖质丰富的沙质土壤生长最快。

观赏用途:该种具有植株低矮、整齐,花多叶繁,花期长,花色艳,覆盖地面迅速,又能抑制杂草生长等诸多优点,园林中广泛种植,既可布置于花坛、花境、庭院绿化镶边,又适于大片栽植作为地被植物和隙地丛植。还可用其组字或组成模纹图案,效果很好。可盆栽,用来布置广场、室内阳台。

繁殖:主要以分株繁殖,也可用播种繁殖,春、秋季皆可进行。

同属观赏植物:

紫叶酢浆草(*O. triangularis* 'Purpurea'):原产南美巴西,一说墨西哥。多年生宿根草本。株高 15~20 cm。具根状茎,根状茎直立,地下块状根茎粗大呈纺锤形。叶丛生,具长柄,掌状复叶,小叶 3 枚,无柄,倒三角形,上端中央微凹,叶大而紫红色,被少量白毛。花葶高出叶面 5~10 cm,伞形花序,有花 5~8 朵,花瓣 5 枚,淡红色或淡紫色,花、叶对光敏感。晴天开放,夜间及阴天光照不足时闭合。果实为蒴果。花期 4~11 月(图 6.20)。

图 6.19　红花酢浆草

图 6.20　紫叶酢浆草

6.3.6 富贵草 *Pachysandra terminalis* **Sieb. et Zucc.**(图 6.21)

又名转筋草、顶花板凳果。黄杨科,富贵草属。分布于中国的浙江、湖北、四川、陕西、甘肃等省区,日本也有分布。

形态特征:匍匐常绿小灌木。高 20～30 cm。匍匐状茎,肉质,多分枝,无毛。叶丛状轮生,倒卵形或菱状卵形,先端钝,基部楔形,缘有粗锯齿,叶面革质状,深绿色,叶背浅绿色。穗状花序顶生;花单性,雌雄同株;花细小,白色。核果卵形,无毛。花期 3 月上旬～4 月中旬,果熟期 5 月。

生态习性:极耐阴。耐寒,在北方能过冬。耐盐碱能力强,在上海的盐碱地上生长良好。繁殖快。

观赏用途:夏季顶生白色花序,冬季碧叶覆地,最适合作林下地被。

图 6.21 富贵草

繁殖:可全年播种,生长迅速,自播种至成品需要 140～160 d。扦插,温度合适,一年四季皆可进行,以 25℃左右最为适宜。

6.3.7 过路黄 *Lysimachia christinae* **Hance**(图 6.22)

报春花科,珍珠菜属。原产于中国长江流域及西南各省。

图 6.22 过路黄

形态特征:多年生草本。有短毛或近于无毛。叶、萼、花冠均有黑色腺条。茎匍匐,由基部向顶端逐渐细弱呈鞭状,长 20～60 cm。叶对生,心形或宽卵形,长 2～5 cm,宽 1.0～4.5 cm,顶端圆钝;叶柄长 1～4 cm。花单生于叶腋,花柄长达叶的顶端;花萼 5 深裂,裂片倒披针形或匙形,长 4～8 mm;花冠黄色,长为花萼的 2 倍,裂片舌形,顶端尖;雄蕊不等长。花丝基都迎合成环;子房表面有黑色腺斑。花柱略长于雄蕊。蒴果球形,径 3～5 mm,有黑色腺条,瓣裂。花期 5～7 月。

生态习性:喜光,适宜于种植在肥沃、湿润排水良好的壤土中。

观赏用途:花色金黄,叶色嫩绿,匍匐性强,适合作林下地被。

繁殖:扦插繁殖。

同属观赏植物:

金叶过路黄(*L. nummularia* 'Aurea'):株高约10 cm,枝条匍匐生长,叶色金黄艳丽,卵圆形,6～7 月开杯状黄色花。

6.3.8 蔓长春 *Vinca major* **L.**(图 6.23)

又名长春蔓。夹竹桃科,蔓长春花属。原产地中海沿岸及美洲、印度等地。

图 6.23　蔓长春

形态特征:常绿蔓性半灌木。着花的茎直立,除叶柄、叶缘、花萼及花冠喉部有毛外,其余无毛。叶卵形,长 3～8 cm,宽 2～6 cm,顶端钝,基部宽或稍呈心形。花单生于叶腋,紫蓝色,花柄长 3～5 cm;萼裂片线形,长约 1 cm;花冠筒部较短,裂片倒卵形,顶端钝圆。蓇葖果双生,直立,长约 5 cm;种子顶端无毛。花期 5～7 月。

生态习性:喜温暖湿润。喜阳光也较耐阴,稍耐寒,喜欢生长在深厚肥沃湿润的土壤中。

观赏用途:四季叶色青翠,株形小巧,紫蓝色花朵美丽,可作林下地被。其变种花叶长春蔓,绿色叶片上有许多黄白色块斑,更是一种美丽的观叶、观花植物,也可盆栽欣赏。

繁殖:扦插,在整个生长季期中进行都可进行,取茎 2～3 节插于沙或土中,按时浇透水,遮阴,约 10 d 就能生根。还可采用分株、压条法繁殖。

6.3.9　络石 *Trachelospermum jasminoides*（Lindl.）Lem.

见 3.4.4.9。

6.3.10　马蹄金 *Dichondra repens* Forst.（图 6.24）

又名荷包草、黄疸草、铜钱草、小挖耳草。旋花科,马蹄金属。原产中国浙江、江西、福建、台湾、湖南、广东、广西、云南等地。

形态特征:多年生常绿匍匐状草本。长约 30 cm。茎多数,纤细,丛生,匍匐地面,节着地可生出不定根,通常被丁字形着生的毛。单叶互生,全缘,具柄,叶片圆形或肾形,有时微凹,基部深心形,形似马蹄,故名。夏初开花,花小,单生于叶腋,花冠钟状黄色、深 5 裂,裂片长圆状披针形。蒴果膜质,近球形,径约 2 mm;种子黄至褐色、被毛,2 粒。花期 4 月,果期 7 月。

生态习性:耐阴,耐湿,稍耐旱,适应性强,喜湿润而富含腐殖质的土壤。

观赏用途:蔓延能力很强,为优良的地被植物,常用于小面积或较阴处的草坪。

图 6.24　马蹄金

繁殖:播种和分株繁殖。

6.3.11　连钱草 *Glechoma longituba*（Nakai.）Kupr.（图 6.25）

又名金钱草、活血丹、大叶金钱草、透骨消。唇形科,活血丹属。除西北、内蒙古外,全国各地均有分布。生于河边、路边、林间草地、山坡林下。

形态特征:多年生草本。茎细,方形,被细柔毛,下部匍匐,上部直立。叶对生,肾形至圆心形,长 1.5～3.0 cm,宽 1.5～5.5 cm,边缘有圆锯齿,两面有毛或近无毛,下面有腺点;叶柄长为叶片的 1～2 倍。轮伞花序腋生,每轮 2～6 花,苞片刺芒状,花萼钟状,长 7～10 mm,萼齿狭三角状披针形,顶端芒状,外面有毛和腺点;花冠 2 唇形,淡蓝色至紫色,长 1.7～2.2 cm,下唇具深色斑点,中裂片肾形;雄蕊 4 枚,药室叉开。小坚果长圆形,褐色。花期 3～4 月,果期 4～6 月。

生态习性:对土壤要求不严,但以疏松、肥沃、排水良好的沙质壤土为佳;适宜在温暖、湿润的气候条件下生长。

观赏用途:可作疏林下、河岸溪边的地被植物,也可用作岩石园及花境材料。

繁殖:可用种子和匍匐茎扦插繁殖。

图 6.25　连钱草

6.3.12　金银花 *Lonicera japonica* Thunb.

见 2.9.26。

6.3.13　大花金鸡菊 *Coreopsis grandiflora* Hogg.

见 2.3.22。

6.3.14　菊花脑 *Chrysanthemum nankingense* Hand. -Mazz.（图 6.26）

又名菊花叶、路边黄、黄菊仔。菊科,菊属。原产中国,在贵州、江苏、湖南等省有野生种。

图 6.26　菊花脑

形态特征:多年生宿根草本。高 30～100 cm。植株直立,茎半木质化,稍被细毛。单叶互生,卵圆形或长椭圆形,叶长 2～6 cm,宽 1.0～2.5 cm,叶缘具粗锯齿或二回羽状深裂,叶表面绿色,背面淡绿色,先端短尖,叶脉上具稀疏的细毛,叶基稍收缩成叶柄,叶柄扁圆形,具窄翼,绿色或淡紫色。头状花序,黄色,着生于枝顶,花序直径 0.6～1.0 cm,花梗长 0.5 cm。总苞半球形,外层苞片较内层苞片短一半,狭椭圆形,内层苞片卵圆形,先端钝圆。主侧枝各花序聚集成圆锥形。瘦果,种子细小,千粒重 1.6 g 左右。花期 9～11 月,果熟期 12 月。

生态习性:短日照植物,强光、长日照有利于茎叶生长。根系发达,对土壤适应性强,耐瘠薄和干旱,忌涝,在土层深厚、排水良好、肥沃的土壤中生长健壮;耐寒,忌高温。

观赏用途:菊花脑春夏叶色翠绿,秋季黄花盛开,宜在封闭式的花坛内作观花地被植物,嫩叶可食用作蔬菜。

繁殖:播种或扦插繁殖。

6.3.15　丽蚌草 *Arrhenatherum elatius* var. *tuberosum* Halac. 'Variegatum'（图 6.27）

图 6.27　丽蚌草

又名银边草、块茎燕麦、条纹燕麦草。禾本科,燕麦草属。原产欧洲。

形态特征:多年生草本。地下茎白色念珠状;地上茎簇生、光滑。叶丛生,线状披针形,长 30 cm,宽约 1 cm,有黄白色边缘。圆锥花序具长梗,约 50 cm,有分枝;小穗具两花,上面花两性或雌性,下面为雄花。花期 6～7 月。

生态习性:喜凉爽湿润气候。喜阳也耐阴,忌酷暑,夏季处于休眠或半休眠状态。耐寒也耐旱,不择土壤,栽培容易。

观赏用途:奇特可爱,园林中也常作花坛或地被植物,常作小型盆栽观赏。

繁殖:以分株为主,生长季都可进行,但以 3 月和 9 月休眠后刚萌发为佳。

6.3.16　菲白竹 *Pleioblastus fortunei*（van Houtte）Nakai.

见 3.5.2.10。

6.3.17　紫露草 *Tradescantia rd flexa* Rafin.（图 6.28）

又名美洲鸭跖草。鸭跖草科,鸭跖草属。原产北美,中国普遍有栽培。

形态特征:多年生宿根草本。高可达 30～50 cm。茎直立,圆柱形,苍绿色,光滑。叶广线形,苍绿色,稍被白粉,多弯曲,叶面内折,基部鞘状。花蓝紫色,多朵簇生枝顶,外被 2 枚长短不等的苞片,径 2～3 cm;萼片 3 枚,绿色;雄蕊 6 枚,花丝毛念珠状。花期 5～7月,单花开放只有 1 d 时间。

生态习性:喜日照充足,但也能耐半阴。生性强健,耐寒,在华北地区可露地越冬。对土壤要求不严。

观赏用途:用于花坛、道路两侧丛植效果较好,也可盆栽供室内摆设,或作垂吊式栽培。

图 6.28　紫露草

繁殖:多采用分株法,于春秋进行。利用茎扦插也可成活,应置于阴棚下养护。

6.3.18　萱草 *Hemerocallis fulva* L.

见 2.3.26。

6.3.19　玉簪 *Hosta plantaginea*（Lam.）Aschers.（图 6.29）

又名玉春棒、白鹤花、玉泡花、白玉簪。百合科,玉簪属。原产中国及日本。

形态特征:宿根草本。高 30～50 cm。叶基生成丛,卵形至心状卵形,基部心形,叶脉呈弧状。总状花序顶生,高于叶丛,花为白色,管状漏斗形,浓香。花期6～8月。园艺变种还有花叶玉簪等。

生态习性:性强健,耐寒,喜阴,忌阳光直射,不择土壤,但以排水良好、肥沃湿润处生长繁茂。

观赏用途:玉簪是较好的阴生植物,在园林中可用于树下作地被植物,或植于岩石园或建筑物北侧。也可盆栽观赏或作切花用。

繁殖:多采用分株繁殖,亦可播种。

同属观赏植物:

图 6.29 玉簪

紫萼(*H. ventricosa*(Salisb.)Stearn.):原产中国江苏。多年生草本,叶基生,卵形至卵圆形。花葶从叶丛中抽出,总状花序,花紫色或淡紫色。蒴果圆柱形。花期6～7月,果期8～9月。

6.3.20 阔叶麦冬 *Liriope palatyphylla* Wang et Tang(图6.30)

图 6.30 阔叶麦冬

又名麦门冬。百合科,土麦冬属。原产中国和日本的亚热带山地、山谷林下。

形态特征:多年生常绿草本。植株丛生;根多分枝,常局部膨大成纺锤形或圆矩形小块根,块根长可达3.5 cm,直径7～8 mm。叶丛生,革质,长20～65 cm,宽1.0～3.5 cm。花葶通常长于叶,长35～100 cm;总状花序长25～40 cm,具多数花,3～8朵簇生于苞片腋内;苞片小,刚毛状;花被片矩圆形或矩圆状披针形,长约3.5 mm,紫色;花丝长约1.5 mm;花药长1.5～2.0 mm;子房近球形,花柱长约2 mm,柱头三裂。种子球形,初期绿色,成熟后变黑紫色。花期6月下旬～9月。

生态习性:喜阴湿温暖,稍耐寒。适应各种腐殖质丰富的土壤,以沙质壤土最好。

观赏用途:可作为地被、花坛、花境边缘,也可盆栽观赏。

繁殖:一般用分株繁殖。播种繁殖,极为简易。

6.3.21 麦冬 *Ophiopogon japonicus*(L. f.)Ker-Gawl.(图6.31)

又名书带草、不死草、沿阶草、铁韭菜。百合科,沿阶草属。分布在中国、日本及韩国,一般产在海拔700～1 200 m的山区。

形态特征:多年生常绿草本。须根较粗,须根顶端或中部膨大成纺锤形肉质小块根,地下走茎细长。叶丛生,线形,先端渐尖,叶缘粗糙,墨绿色,革质。花葶从叶丛中抽出,有棱,顶生总状花序较短,着花约10朵,白色至淡紫色。种子肉质,半球形黑色。花期8～9月。

生态习性:耐寒力较强,喜阴湿环境,在阳光下和干燥的环境中叶尖焦黄。对土壤要求不严,但在肥沃湿润的土壤中生长良好。

图 6.31 麦冬

观赏用途:在南方多栽于建筑物台阶的两侧,故又名沿阶草,北方常栽于通道两侧。

繁殖:可用分株、播种法繁殖。

6.3.22 吉祥草 *Reineckea carnea*（Andr.）Kunth（图 6.32）

又名松寿兰、小叶万年青、竹根七、蛇尾七。百合科,吉祥草属。原产中国长江流域以南各省及西南地区,日本也有分布。

图 6.32 吉祥草

形态特征:多年生常绿草本植物。茎呈匍匐根状,节端生根。叶片丛生,宽线形,中脉下凹,尾端渐尖,长 15～40 cm。花淡紫色,直立,顶生穗状花序,长约 6 cm。果鲜红色,球形。花期 5～9 月,果期 6～10 月。

变种有:

银边吉祥草(var. *variegata*):叶缘白色或有白色条纹。

生态习性:性喜温暖、湿润的环境,较耐寒耐阴。对土壤的要求不高,适应性强。

观赏用途:株形优美,叶色青翠,可作为地被、花坛、花境边缘,也可盆栽或水培欣赏。

繁殖:常于早春萌芽前分株繁殖。

6.3.23 万年青 *Rohdea japonica*（Thunb.）Roth.

见 4.2.9。

6.3.24 白及 *Bletilla striata*（Thunb.）Rchb. f.（图 6.33）

又名连及草、甘根、白给、箬兰、朱兰、紫兰、紫蕙、百笠。兰科,白及属。原产中国,广布于长江流域各省,朝鲜、日本也有分布。

形态特征:多年生草本。假鳞茎块根状,白色,肥厚,有指状分歧。茎粗壮,直立,高 30～60 cm。叶 3～6 枚,披针形或广披针形,先端渐尖,基部鞘状抱茎。总状花序顶生,稀疏,有花 3～8 朵,花大,紫红色;花瓣 3 枚,唇瓣倒卵长圆形,深 3 枚裂,中裂片边缘有波状齿,侧裂片部分包覆蕊柱;萼片 3,花瓣状。蒴果,圆柱状,6 纵棱突出;种子细小如尘埃。花期 4～5 月,果期 7～9 月。园艺品种尚有蓝、黄、粉红、白等色。

图 6.33 白及

生态习性:喜温暖、阴湿的环境。稍耐寒,长江中下游地区能露地栽培。耐阴性强,忌强光直射,夏季高温干旱时叶片容易枯黄。宜排水良好含腐殖质多的沙壤土。

观赏用途:白及为地生兰的一种,紫红色的花朵井然有序,在苍翠叶片的衬托下,端庄而优雅。花还有白、蓝、黄和粉等色,可布置花坛,宜在花境、山石旁丛植或做稀疏林下的地被植物,也可盆栽室内观赏。

繁殖:常用分株繁殖。春季新叶萌发前或秋冬地上部枯萎后,掘起老株,分割假鳞茎进行分植,每株可分 3～5 株,每株须带顶芽。

7　观赏植物在景观营造中的应用

7.1　观赏植物在景观营造中的应用原则

观赏植物在营造植物景观中能否成功,最关键的是植物种类引入的成功与否,也就是要有高度的科学性。其次是要在艺术上进行再创造,给人以视觉上美的冲击感,既来源于自然又高于自然,也就是要有高度的艺术性。物种选择是植物景观营造的基础,艺术创造是对硬质(构筑物)与软质(有生命的植物等)的有机结合与高度提炼。观赏植物在景观营造中的应用一般应遵循以下原则:

7.1.1　适地适种原则

植物生长的环境对植物的生长发育具有重要的影响,每一物种只有在一定的生态幅范围内才能正常生长和发育。因此,只有将适宜的物种引入到适宜的环境之中,观赏植物才能在所设计的环境中定居成功。可以说,适地适种是观赏植物在景观营造运用中必须优先考虑的原则。

7.1.2　物种多样性原则

在自然植物群落中物种多样性丰富,不同特种的生态位互补,使群落保持相对的稳定,资源利用也更充分,群落保持较高的生产力水平。与自然群落相比,人工景观植被群落一般生物多样较低,生态位不饱和,因而群落的稳定性也较差。在进行物种选择时,应最大限度填补空白的生态位,协调种间关系,从而增强群落自身的稳定机制,促进群落景观效益,并充分利用资源,提高群落的生态效益。

7.1.3　乡土物种优先与外来物种为辅相结合的原则

物种长期与环境协同进化,决定了乡土物种具有优越的适宜本地环境的特性,同时在乡土环境中与其他物种之间也形成了相互适宜的能力,因此在具体环境中,乡土物种组成的群落具有生态上的合理性。而外来物种中由于缺乏与乡土环境之间的长期协同进化关系,其组成的景观林群落与乡土物种形成相互排斥关系,造成乡土环境退化或降低群落的生物多样性。因此,优先考虑乡土物种,发挥乡土物种适宜本地环境的优势,不仅能保证物种选择的成功,而且具有生态上的安全性,这也是保护乡土(原生)观赏植物的根本途径之一。如果外来物种经长期种植,表现出良好的生态上的适宜性,且具有较好的生态与景观效益也应当考虑使用,但必须慎重,应通过栽培试验,将外来物种的引入和配植建立于生态合理的理论基础之上。

7.1.4　重视物种在景观群落中的地位和作用的原则

处于不同生长发育阶段的景观群落中的优势物种的生态特性、生理特性差异较大,对环境的适应能力不同。基于这个原因,在对植物景观退化辨识的基础上,应优先考虑选择那些相对适应环境、处于较高发育阶段植物景观群落的优势种和建群种作为构建人工植物景观的主要物种,这样可尽快建植较稳定的森林群落,加快植物景观的建植速度,减少建植时间。

7.1.5　生态位原则,优化观赏植物配置

基于物种多样性的考虑,在利用植物进行造景与配植时采用的植物种类会较多,这就要求拟定一个合理的配比,因为自然群落中的物种、种群不是偶然的组合,而是生态上的协调与组合。此外,绿化植物的选配除了要考虑它们的生态习性外,还要取决于生态位的配植,这是观赏植物配置关键的一步,它直接关系到系统生态功能的发挥和景观价值的提高。因此,在选配植物时,应充分考虑植物在群落中的生态位特征,从空间、时间和资源生态位上的分异来合理选配植物种类,使所选择植物生态位尽量错开,从而避免种间的直接竞争。植物景观营造中植物组合是群落稳定的一个重要尺度,植物物种组合多样性指数高的群落,物种之间往往形成比较复杂的关系,植物链或植物网更加趋于复杂,当面对来自外界环境的变化或群落内部种群的波动时,群落有一个较强的反馈系统,可以缓冲干扰。所以,植物物种组合是需要考虑的首要问题。

7.1.6　遵循艺术构图理念的原则

观赏植物在应用中,要通过艺术构图理念的渗透,体现出观赏植物个体及群体的形式美及人们在观赏时映射出的意境美。观赏植物组成的"软质"景观中的艺术再创造是极其细腻和复杂的。在植物景观设计中,首先要做到变化与统一相结合。在观赏植物配植时,株型、色彩、线条(轮廓)、质感、设计比例以及其文化背景的组合要有变化,从而显出其丰富多彩;同时,又要使它们之间保持相互的兼容性,形成和谐的统一体;目的是要求在统一中求变化,在变化中有统一。其次,要做到协调与对比相结合。在植物作为景观元素配植时,要注重体量、色彩及其文化内涵的相调和,同时也要做到在色彩的明暗、反差方面的对比,以达到突出主题、强化视觉的冲击力的效果。

7.2　观赏植物造景与配置的基本形式

观赏植物与建筑的配置是自然美与人工美的结合,处理得当,两者关系可求得和谐一致。植物丰富的自然色彩、柔和多变的线条、优美的姿态及风韵都能增添建筑的美感,使之产生出一种生动活泼而具有季节变化的感染力,一种动态的有生命的景观,使建筑与周围的环境更为协调。随着城市建筑密度的不断增加,人民生活水平的提高及旅游事业的发展,对环境的要求也越来越高。因此,除了搞好园林中观赏植物与景观建筑的配置外,提高城市建设项目中各处绿化水平,用多变的建筑空间留出庭院、天井、走廊、壁龛、屋顶花园、底层花园、层间花园等进行美化,甚至将自然美引入卧室、书房、客厅等居住环境,已是当今的热点课题。

7.2.1　观赏植物与建筑组景中的形式

7.2.1.1　互为因借

一组优秀的建筑作品,犹如一曲凝固的音乐,给人带来艺术的享受,但终究还缺少些生气。景观建筑是构成景观的重要元素,但是要和构成自然景观的主要因素——观赏植物组合起来,才能真正有了景观上的意义。建筑与观赏植物之间的关系应是相互因借、相互补充,使景观具有画意,见图7.1。

图 7.1 中国南方某园建筑与植物的结合 图 7.2 远超出山际线的聆风塔

如果处理不妥,则会适得其反。同样,如果设计者不顾及周围的植物景观,将其庞大的建筑作品拥塞到小巧的风景区或风景点上,就会导致周围的风景比例严重失调,甚至犹如模型,使景观受到野蛮的损毁。如张家港香山上新建的聆风塔,其体量远远超过山际线。上述这类败笔,在国内园林中不乏其例。相反,马鞍山采石矶风景区中的餐厅——"翠螺轩"建立过程就是一个珍惜和利用现有建筑场地观赏树木资源的范例,工程技术人员将现场的香樟、桂花等大树,不因平整场地、降低地平面而挖除,反而塑石加围而保护利用。楼建成后,楼外的园林绿化也有了一定的基础,新建成的园林建筑如同从绿阴葱葱的观赏植物中长出的一样。此外,在建筑之间塑石围山,引水作瀑,流入水池,再配植了耐阴的南天竹、八角金盘等树木花草,成为一个安静漂亮的小庭园,而建筑却围着这一小庭园。楼建成,小庭园也同时落成,人们不禁赞扬建筑师和园林工程师高度和谐的合作,见图 7.3。

优秀的建筑在园林中本身就是一景。南京莫愁湖公园的湖心亭的选址就是一个利用建筑完美组景的范例。外观平常的池塘本无其他利用价值,既不能泛舟其中,也缺乏景观,但被利用在东北角用假山堆砌小岛,并在其上建了一座小巧的六角休息亭,使绿树丛中洁白的小亭成为池塘一景。登上六角亭远眺莫愁北湖的水面,宛若一幅自然山水画。该亭一侧的石阶边保留了石壁上原有的青檀、毛萼忍冬,加上配植莫愁湖的主题树种,并傍以山石。由于这些植物生长缓慢,因此,亭、路、石、植物的比例显得合适,见图 7.4。

图 7.3 马鞍山采石矶翠螺轩 图 7.4 莫愁湖的湖心六角亭与海棠组景

7.2.1.2　相互对比

建筑的线条往往比较硬直、固定不变而具硬质景观的属性。植物线条却较柔和、活泼并随季节变化而具软质景观的属性。马鞍山采石矶盆景园后廊中配植的早园竹和散置其中的石笋,在湖对岸保留了原有的枝条蜿蜒遒劲的榔榆,两者组合犹如一幅饱蘸浓墨泼洒出的画面,不仅增添走廊中的活泼气氛,并使浅色的建筑色彩与浓绿的植物色彩及其线条形成了强烈的对比,见图7.5。

建筑的屋顶也可用植物美化。南京长江贸易大楼25层的建筑屋顶长满爬山虎后,无花时,犹如乡间茅舍,充满田园情趣;杜鹃花盛开时,一片繁花似锦,现代化建筑与田园风光产生了强烈的对比,更丰富了建筑的色彩,见图7.6。

图7.5　马鞍山采石矶盆景园　　　　　图7.6　南京长江贸易大楼第25层屋顶花园

7.2.1.3　以观赏植物框景

植物的枝干可用来框借远处的建筑,甚至以山峦、植物为景。南京莫愁湖公园苏合厢景墙以湖对面海棠为框景就是一例(见图7.7)。某些园林建筑本身并不吸引人,甚至施工时非常粗糙,可是用植物组成一景后,建筑的不足之处常被掩盖或弥补了。依山傍水的园林建筑,通过将植物配植其间,使其融为一体,成为一完整的景观,这种例子在风景区中也屡见不鲜,马鞍山采石矶的三亭桥的观赏最佳点就是在对面的丝棉木与重阳木林下(见图7.8)。

图7.7　莫愁湖景墙以海棠框景　　　　图7.8　下垂的丝棉木枝条框三亭桥景观

7.2.1.4　用于装饰建筑中的景观元素及弥补其不足

(1)门　门为观赏景观路径的咽喉,门与墙体在一起,起到分隔空间的作用。充分利用门的造型,以门为框,通过观赏植物的渗透,与路、石等进行精细的艺术构图,将这些元素渗透入画,而且可以扩大视野,引导视线。园林中门的应用很多,并有丰富多彩的造型,但是优秀的构图作品却不多。马鞍山圆梦园(盆景园)中,在规整矩形的门框两侧前配上两丛红花檵木,浑圆的姿态和椭圆叶片的线条打破了门框僵硬的线条;门框的左侧植上一丛粉单竹与之相呼应,起到了均衡的效果。路的笔挺流畅,墙内地上自然堆放着各派盆景,犹如山峦远景,层次清晰,构图简洁,将游人的视线引向深幽这处,达到了入画的境界(见图7.9)。在当今许多景观设计中,由于过于偏重门的标志性硬景观设计而忽视与观赏植物软景观的匹配,往往门的植物配植较乱或者十分单调,缺少组景

图 7.9　圆梦园(盆景园)植物配景

成图,更没有起到框景作用,仅满足于人的交通功能而失去了动态的景观资源,甚为可惜。

(2)窗　观赏植物常被利用作为窗户框景的重要内容,安坐室内,透过窗框外的植物配植,俨然一幅生动画面。由于窗框的尺度是固定不变的,变化不大的植物,如芭蕉、南天竺、孝顺竹、苏铁、棕竹、软叶刺葵等种类,近旁可再配些尺度不变的剑石、湖石,增添其稳固感。这样有动有静,构成相对稳定持久的画面。另外,由于人的视角可以从不同角度去观赏,角度不同也就造就不同的植物景观。

图 7.10　美国北卡大学校园贴墙火棘景观

(3)墙面　在景观设计中利用墙的南面良好的小气候特点引种栽培一些美丽的适于近看且耐看的植物,以墙面为"纸",以观赏植物为画而组成画卷,继而发展成美化墙面(见图7.10)。一般的墙垣都是用藤本植物,或经过整形修剪及绑扎的观花、观果的灌木,甚至极少数的乔木来美化墙面,辅以各种球根、宿根花卉作为基础栽植,常用种类如紫藤、木香、藤本月季、地锦、五叶地锦、扶芳藤、中华常春藤、猕猴桃、葡萄、铁线莲、凌霄、金银花、华中五味子、五味子、广东蛇葡萄、

冠盖藤、钻地风、宁春油麻藤、鸡血藤、羊角藤、鹰爪枫、崖豆藤、珍珠莲、炮仗花、使君子、迎春、连翘、火棘、平枝栒子、银杏等。经过美化的墙面,自然气氛倍增。通过配植观赏植物,用其自然的姿态与色彩作画。常用的植物有红枫、山茶、木香、杜鹃、卫矛、南天竺等,红色的叶、花、果则跃然墙上,再配植有姿态效果的数丛芭蕉或数枝丛生竹,将高低错落的植物植于其上,使墙面若隐若现,产生远近层次延伸的视觉。一些深色或暗色的墙面前,宜配植些开浅色花的植物,如木绣球,使硕大饱满圆球形白色花序明快地跳跃出来,也起到了扩大空间的视觉效果。一些山墙、城墙、如有薜荔、何首乌等植物覆盖遮挡,极具自然之趣。墙前的基础栽植宜规则式,与墙面平直的线条取得一致。但应充分了解植物的生长速度,掌握其具体量和比例,以免影响室内采光。在一些窗格墙或虎皮墙前,宜选用草坪和低矮的花灌木以及宿根、球根花卉。高大的花灌木会遮挡墙面的美观而喧宾夺主。

建筑的角隅线条往往生硬,通过植物进行软化最为有效,宜选择观花、观果、观叶、观干等

种类成丛配植,也可结合地形设计,叠石栽草,再配植些优美的花灌木组成一景。

(4)用于屋顶花园和楼顶覆盖 随着建筑及人口密度的不断增长,而城市内用于绿地的面积又非常有限,屋顶花园及垂直绿化这种"占天不用地"的植物造景方式就会在可能的范围内相继蓬勃发展,这将使建筑与植物更紧密地融为一体,丰富了建筑的美感,也便于居民就地游憩,减少市内众多公园、市民广场等绿地的压力。屋顶花园对建筑的结构在解决承重、漏水方面和对建筑的损伤等方面提出了挑战。在江南一带气候温暖、空气湿度较大,所以浅根性、树姿轻盈、秀美,花、叶美丽的植物种类都很适宜配植于屋顶花园中。尤其在屋顶铺以草坪,其上再植以多年生花卉和花灌木,效果更佳。在北方营造屋顶花园困难较多,冬天严寒,屋顶薄薄的土层很易冻透,而早春的旱风在冻土层解冻前易将植物吹干,故宜选用抗旱、耐寒的草种、宿根、球根花卉以及乡土花灌木,也可采用盆栽、缸栽,冬天便于移至室内过冬。在国内以南京古南都饭店的屋顶花园布置较为复杂,全园有亭、廊、路、桥、水池、山石、雕像、花架、鱼池、园灯以及众多的观赏植物,如洒金柏、棕榈、菲白竹、苏铁、栀子、云南黄素馨、卫矛、凌霄、含笑、矢竹、海桐、红花檵木、四季桂、南天竺、狭叶十大功劳、罗汉松、石榴、八仙花、山茶、小琴丝竹、洒金桃叶珊瑚、沿阶草、美人蕉、蔓长春花等。

7.2.2 观赏植物在造景中作为文化映射的载体

中国有着悠久的文化、历史,她在众多古典园林遗产中留下了深深烙印。由于园主人意识形态以及园林功能和地理位置的差异,造成园林建筑风格各异,故对观赏植物配植的要求也有所不同。大多皇室古典园林,为了反映君王的至高无上的思想,加之宫殿建筑庞大,色彩浓重,布局严整,选择了侧柏、桧柏、油松、白皮松等树体高大、四季常青、苍颈延年的树种作为基调,与用来显示帝王的兴旺不衰,万古长青是很相匹配的。这一理念在近代或现代建筑中也有体现,但其内涵已转变成为了代表一个国家的尊严、或对先烈(贤)的崇敬。这些温带的植物种类,耐旱耐寒,生长健壮,叶色浓绿,树姿雄伟,与周围宫廷建筑相协调。南京明故宫、法国卢浮宫、南京中山陵、美国白宫前植物景观等均是如此。南京明故宫前午朝门的建筑庄严对称,植物配植也常为规则式。进门后两排桧柏犹如夹道的仪仗,数株龙爪槐植于建筑前。为了彰显"玉堂富贵"、"石榴多子"等封建意识形态,园内配植了白玉兰、垂丝海棠、牡丹、芍药、石榴等树种,而迎春、蜡梅及柳树是作为报春含义来配植的。

图 7.11 以植物与建筑小品构成的
"海棠春坞"主题

江南园林很多是代表文人墨客情趣和官僚士绅的私家园林。在思想上体现士大夫清高、风雅的情趣,其建筑色彩淡雅。黑灰的瓦顶、白粉墙、栗色的梁柱、栏杆,在建筑分隔的空间中配置植物景观。由于营造景观的空间不大,故在地形及植物配植上力求以小中见大的手法,通过"微缩山林"模拟大自然景色。植物配植充满诗情画意的意境,在景点命题上体现植物与建筑的巧妙结合,如"海棠春坞"的小庭园中,一丛翠竹,数块湖石,以沿阶草镶边,使一处角隅充满画意,修竹有节,体现了主人"宁可食无肉,不可居无竹"的清高寓意(见图7.11)。

中国有些以西方建筑为主的园林,多出自于民国早期留洋的设计师之手。他们巧妙地将中西方文化结合并融入景观设计之中,成为中国独特的一类文化遗产——民国建筑景观。其植物造景中则以开阔、略有起伏的草坪为底色,其上配植雪松、龙柏、月季、杜鹃等鲜艳花灌木,或丛植,或孤植,模拟欧美一些牧场的景色。如南京中山植物园、南京体育学院中的建筑群。

纪念性园林中的建筑常具有庄严、稳重的特点。植物配植常用松、柏来象征革命先烈高风亮节的品格和永垂不朽的精神,也表达了人民对先烈的怀念和敬仰。配植方式一般采用对称等方式。南京雨花台纪念碑两侧选用了两丛白兰花,效果很好,且别具风格,既打破了纪念性园林惯用松、柏的界线,又不失纪念的意味。常绿的白兰花可视作先烈为之奋斗的革命事业万古长青,香味馥郁的白色花朵象征着先烈的业绩流芳百世,香留人间。两排白玉兰树形饱满,体态壮观,冠径约 6 m,在体量上堪与纪念馆的主体建筑相协调。

7.2.3 室内庭院的观赏植物应用

室内植物景观的营造是人们将自然界的观赏植物进一步引入居室、客厅、书房、办公室等人们特定的活动建筑空间以及超级市场、宾馆、娱乐场所、室内游泳池、展览温室等公共的共享建筑空间中。自用空间一般具有一定私密性,面积较小,以休息、学习、交谈为主。植物景观宜素雅、宁静。共享空间以游、赏为主,当然也有餐饮、休息,空间一般较大,植物景观宜活泼、丰富多彩,甚至有地形、山、水、小桥等构筑物,如杭州金马饭店大厅共享空间的景观。室内植物造景需科学地选择耐阴植物和给予细致、特殊的养护管理以及合理的设计及艺术布局,加上现代化的采光、采暖、通风、空调等人工设备改善室内环境条件,创造出既利于植物生长,也符合人们生活和工作要求、生理和心理要求的环境,让人感到舒适、雅致、美观,犹如处于安静、优美的自然界中(见图 7.12)。

图 7.12 华南某宾馆庭院植物景观

早在 17 世纪室内绿化已处于萌芽状态,一叶兰和大花君子兰是最早被选作室内绿化的植物。19 世纪初,仙人掌植物风行一时,以后蕨类植物、八仙花属等相继采用,种类愈来愈多。近几十年的发展已使室内绿化达到繁荣兴盛的阶段。由于大自然中植物原生状态都是在露天条件下,人类将其引种驯化至与外界相对隔绝的室内空间内,在应用中必然受到多种条件的限制。具体说来有如下几个方面:

7.2.3.1 室内生态环境

室内生态环境条件大异于室外条件,通常光照不足,空气湿度低,空气不大流通,温度较恒定,因此并不利于植物生长。为了保证植物生长条件,除选择较能适应室内生长的植物种类外,还要通过人工装置的设备来改善室内光照、温度、空气湿度、通风等条件,以维持植物生长。

(1) 室内光照来源及分布

① 自然光照:源于顶窗、侧窗、屋顶、天井等处。自然光具有植物生长所需的各种光谱成分,无需成本,但是受到纬度、季节及天气状况的影响,室内的受光面也因朝向、玻璃质量等变

化不一。一般屋顶及顶窗采光最佳，受干扰少，光强及面积均大，光照分布均匀，植物生长匀称。而侧窗采光则光强较低，面积较小，且导致植物侧向生长。侧窗的朝向同样影响室内的光照强度。按照光照强度，自然光可分为：

a. 直射光：南窗、东窗、西窗都有直射光线，而以南窗直射光线最多，时间最长，所以在南窗附近可配植需光量大的植物种类，甚至少量观花种类。如仙人掌、蟹爪兰、杜鹃花等。当有窗帘遮挡时，可植虎尾兰、吊兰等稍耐阴的植物。

b. 明亮光线：东窗、西窗除时间较短的直射光线外，大部分为漫射光线，仅为直射光20%～25%的光强，西窗夕阳光照强，夏季还需适当遮挡，冬季可补充室内光照，也可配植仙人掌类等多浆植物。东窗可配植些橡皮树、龟背竹、变叶木、苏铁、散尾葵、文竹、豆瓣绿、冷水花等。

c. 中度光线：在北窗附近，或距强光窗户 2 m 远处，其光强仅为直射光的 10% 左右，只能配植些蕨类植物，冷水花、万年青等种类。

d. 微弱光线：室内四个墙角，以及离光源 6.5 m 左右的墙边，光线微弱，仅为直射光的 3%～5%。宜配植耐阴的喜林芋、棕竹、茴芋等。

② 人工光照：当室内自然光照不足以维持植物生长，需设置人工光照来补充。

（2）温度　用作室内造景的植物大多原产在热带和亚热带，故其有效的生长温度以 18～24℃ 为宜，夜晚也以高于 10℃ 为好。最忌温度骤变。白天温度过高会导致过度失水，造成萎蔫；夜晚温度过低也会导致植物受损。故常设置恒温器，以便在夜间温度下降时增添能量。顶窗的启闭可控制空气的流通及调节室内温、湿度。

（3）湿度　室内空气相对湿度过低不利植物生长，过高人们会感到不舒服。一般控制在40%～60%，对人与植物均不利。如降至 25% 以下时，植物生长不良，因此要预防冬季供暖时空气湿度过低的弊病。室内造景时，设置水池、叠水、瀑布、喷泉等均有助于提高空气湿度。如无这些设备时，增加喷雾，湿润植物周围地面，以及套盆栽植也有助于提高空气湿度。

（4）透气　室内空气流通差，常导致植物生长不良，甚至发生叶枯、叶腐、病虫滋生等，故要通过窗户的开启来进行调节。此外，设置空调系统及冷、热风口予以调节。

7.2.3.2　室内庭园中观赏植物的应用形式

室内植物景观设计首先要服从室内空间的性质、用途，再根据其尺度、形状、色泽、质地，充分利用墙面、天花板、地面来选择植物材料，加以构思与设计，达到组织空间、改善和渲染空间气氛的目的。

（1）以观赏植物组织和划分空间　大小不同空间通过植物配植，达到突出该空间的主题，并能用植物对空间进行分隔、限定与疏导（见图 7.13）。

（2）以观赏植物组织观赏路线　近年来许多大、中型公共建筑的底层或层间常开辟有高大宽敞、具有一定自然光照及有一定温、湿度控制的"共享空间"，用来布置大型的室内植物景观，并辅以山石、水池、瀑布、小桥、曲径，形成一组室内游赏中心。南京丁山宾馆充分考虑到旅游特点，采用中国传统的写意自然山水园，小中见大的布置手法，在底层大厅中贴壁建成一座假山，山顶有亭，山壁瀑布直泻而下，壁上种植各种耐阴湿的蕨类植物、沿阶草、孝顺竹。瀑布下边曲折的水池，池中有鱼，池上架桥，并引导客人欣赏江南风光。池边种植旱伞草、五针松、凤尾竹等植物，空中悬吊蔓长春花。优美的园林景观及点题使宾客流连忘返（见图 7.14）。

图7.13 新加坡机场中
以观赏植物组织划分空间

图7.14 以藤蔓花卉制成的
绿柱来组织观赏路线

西欧各国有很多超级市场,室内绿化设计非常成功,进而还建设了全气候、室内化的商业街,成为多功能的购物中心(如图7.15)。为增加人气,商家都很重视植物景观的设计,使顾客犹如置身露天商场。不但有绿萝、常春藤等垂吊植物,还有垂叶榕大树、应时花卉及各种观叶植物。新加坡妇女善养花,一般超级市场及大百货商店常举行插花展览,吸引女顾客光临参观并购物,也常设置鲜花柜台,既营业又美化商业环境。底层或层间常设置大型树台,宽大的周边可供顾客坐下小憩。更有在高大的垂叶榕下设置桌椅,供饮食、休息(见图7.16)。

图7.15 日本成田机场候机购物中心

图7.16 新加坡机场一角

大型室内游泳池为使环境更为优美自然,在池边摆置硕大真实的卵石,墙边种植大型树木及椰子等棕榈科植物,墙上画上沙漠及热带景观,真真假假,以假乱真,使游泳者犹如置身在热带河、湖中畅游(见图7.17)。为使植物生长苗壮,屋顶常用透光的玻璃纤维或玻璃制成。

一些商业用办公室的写字楼,为提高甲、乙方商务谈判的成功率,以及宁静、优美的办公环境,则更注意室内的植物景观。建筑设计时已为植物景观留出空间。如美国某办公大楼,办公室布置在楼的周边,而楼的中心突出来布置层间及底层花园。电梯面向花园处为有机玻璃,故电梯上下时乘客可以一直观景。办公室内面对各层花园处都用落地玻璃墙。因此,虽在室内谈判交易,犹如置身于自然的环境中,气氛和谐、惬意,从心理上分析,增加了交易的成功率(见图7.18)。

图 7.17　模拟热带景观的游泳池

图 7.18　美国某写字楼的咖啡厅观赏植物布置

国内一些展览温室内的园林景观也值得品味。室内微地形起伏,有水池、瀑布、山石、道路、小桥等。植物植于地下,而不用盆栽。尤其是个别热带温室,在室内地面向下挖 1.5～2.0 m,其上种植热带沟谷喜阴湿的植物,同时也等于提高了温室高度;墙上贴上水石,种植蕨类植物;室内的植物配植充分利用热带雨林中的附生、寄生景观,既有郁郁葱葱的观叶植物,也有很多色彩绚丽的兰科、凤梨科以及众多的彩叶植物。澳大利亚植物园仙人掌类展览温室也极具特色:室内按生态环境布置,生石花周围铺上很多色泽、外形均颇相似的小卵石,游客可饶有兴趣蹲下分辨真伪。高大的六棱柱、仙人掌及各种多浆植物错落有致,花朵大多极为艳丽、奇特。

在南京中山植物园现代温室休闲区中,咖啡馆内用棕榈科植物及垂叶榕等大树布置热带景观,有带树皮的松树原木造成小桥、栏杆、小亭,顾客饮咖啡时,犹如身处热带丛林的自然环境中,感到非常轻松愉快。在这些小环境中,观赏植物有如下特别的功能:

① 分隔与限制:一些有私密性要求的环境,为了交谈、看书、独享等,都可用植物来分隔和划定空间,形成一种局部的小环境。某些商业街、写字楼内部,医院中也有用植物进行分隔。

② 分隔:可运用花墙、花池、桶栽、盆栽、等方法来划定界线,分隔成有一定透漏,又略有隐蔽的小空间。要做到似隔、相互交融的效果,但布置时一定要考虑到人行走及坐下时的视觉高度(见图 7.19)。

③ 限制:花台、树木、水池、叠石等均可成为局部空间中的核心,形成相对独立的空间,供人们休息、停留、欣赏。两个邻近的空间,通过植物组织空间,互不干扰。

④ 暗示与引导:在一些建筑空间灵活而复杂的公共娱乐场所,通过植物的景观设计可起到组织路线、疏导的作用。主要出入口的导向可以用观赏性强的或体量较大的植物引起人们的注意,也可用植物做屏障来阻止错误的导向,使之不自觉地随着植物布置的路线疏导(见图 7.20)。

图 7.19　温室热带观赏植物景观

图 7.20　以观赏植物的整形来分隔、限制及引导线路

（3）改善空间感 室内植物景观设计主要是创造优美的视觉、听觉及触觉等生理及心理反应,感觉到空间的完美(见图7.21)。

① 贯通与渗透:建筑物入口及门厅的植物景观可以起到人们从外部空间进入建筑内部空间的一种自然过渡和延伸的作用,有室内、外动态的不间断感。这样就达到了连接的效果。室内的餐厅、客厅等大空间也透过落地玻璃窗,使外部的植物景观渗透进来,作为室内的借鉴,并扩大了室内的空间感,给枯燥的室内空间带来一派生机。日本、欧美很多宾馆及中国诸多宾馆饭店都采用此法。

图7.21 以观赏植物整形改善空间感

植物景观不仅能使室内、外空间互相渗透,也有助于相互连接,融为一体。如南京师范大学仙林图书馆中用一泓池水将室内外三个空间连成一体。前边门厅部分池水仅仅露出很小部分,大部分中间有自然光的水体,池中布置自然山石砌成的栽植池,栽植云南黄馨、菖蒲、水生鸢尾等观赏植物,后边很大部分水体是在室外。一个水体连接三个空间,而中间一个空间又为两座小型假山分隔,因此,渗透和连接的效果俱佳。

② 丰富与点缀:室内的视觉中心也是最具有观赏价值的焦点,通常以植物为主体,以其绚丽的色彩和优美的姿态吸引游人的视线。除活植物外,也可用大型的鲜切花或干花的插花作品。有时用多种植物布置成一组植物群体,或花台,或花池,也有更大的视觉中心,用植物、水、石,再借光影效果加强变化,组成有声有色的景观。墙面也常被利用布置成视觉中心,最简单的方式是在墙前放置大型优美的盆栽植物或盆景,也有在墙前辟栽植池,栽上观赏植物,或将山墙有意凹入呈壁龛状,前面配植粉单竹、金镶玉竹或其他植物,犹如一幅壁画,也有在墙上贴挂山石盆景、盆栽植物等。

③ 对比:室内植物景观无论在色彩、体量上都要与家具陈设有所关系,有协调,也要有衬托及对比。江南园林常以窗格框以室外植物为景,在室内观赏,为了增添情趣,在室内窗框两边挂上两幅图画,或山水,或植物,与窗外活的植物画面对比,相映成趣。北方隆冬天气,室外白雪皑皑,室内暖意融融,再有观赏植物布置在窗台、角隅、桌面、家具顶部,显得室内春意盎然,对比强烈。一些微型盆栽植物,如微型月季、微型盆景、摆置在书桌、几案上,更能衬托主人的雅致。

④ 屏障、引导视线:室内某些有碍观瞻的局部,如家具侧面、夏日闲置不用的水电管道、壁炉、角隅等都可用植物来遮挡。

⑤ 渲染气氛:不同室内空间的用途不一,植物景观合理设计可给人以不同的感受。

a. 入口:公共建筑的入口及门厅是人们必经之处,逗留时间短,交通量大。植物景观应具有简洁鲜明的欢迎气氛,可选用较大型、姿态挺拔、叶片直上、不阻挡人们出入视线的盆栽植物,如棕榈、椰子、棕竹、苏铁、南洋杉等,也可用色彩艳丽、明快的盆花。盆器宜厚重、朴实,与入口体量相称,并在突出的门廊上可沿柱种植木香、凌霄等藤本观花植物。室内各入口,一般光线较暗,场地较窄,宜选用修长的耐阴植物,如棕竹、苏铁等,给人以线条活泼和明朗的感觉(见图7.22)。

b. 客厅:是接待客人或人们聚散之处,讲究柔和、谦逊的环境气氛。植物配植时应力求朴

图 7.22　安徽太白楼青莲祠入口垂枝榆景观

素、美观大方,不宜复杂。色彩要求明快,晦暗会影响客人情绪。在客厅的角落及沙发旁,宜放置大型的观叶植物,如南洋杉、垂叶榕、龟背竹、棕榈科植物等,也可利用花架来布置盆花,四季海棠等,使客厅一角多姿多彩,生机勃勃。角橱、茶几上可置小盆的兰花、彩叶草、蕙兰、万年青、红掌、仙客来等,或配以插花。柜顶、墙上配以垂吊植物,可增添室内装饰空间画面,更具立体感,又不占客厅的面积,常用吊竹梅、花叶蔓长春类、蕨类、常春藤、绿萝等植物。

c. 居室:居室为休息及睡眠之用,要求具有令人感觉轻松、能松弛紧张情绪的气氛,但对不同性格者可有差异。对于喜欢宁静者,只需少量观叶植物,体态宜轻盈、纤细,如吊兰、文竹、肾蕨、袖珍椰子等。选择应时花卉也不宜花色鲜艳,可选紫罗兰等。角隅可布置巴西铁树、香龙血树等。对喜好欢快热闹一族,除观叶植物外,还可增加些花色艳丽的火鹤、天竺葵、仙客来等盆花,但不宜选择大型或浓香的植物。儿童居室要特别注意安全性,不能用带刺的植物。以小型观叶植物为主,并可根据儿童好奇心强的特点,选择一些有趣的植物,如三色堇、蒲包花、捕蝇草、猪笼草、含羞草等,再配上有一定动物造型的容器,既利于儿童思维能力的启迪,又可使环境增添欢乐的气氛。

d. 书房:作为研读、著书的书房,应创造清静雅致的气氛,以利聚精会神钻研攻读。室内布置宜简洁大方,用棕榈科等观叶植物较好。书架上可置垂蔓植物,案头上放置小型观叶植物,外套竹制容器,倍增书房雅致气氛。可选凤尾竹,康乃馨等。

e. 旋梯:建筑中的楼梯特别是旋转廊梯,常形成一阴暗、视觉感官的死角。配置植物既可掩盖死角,又可增添美化的气氛。一些大型宾馆、饭店,为提高环境质量,对楼梯部分的植物配置极为重视。较宽的楼梯,每隔数级置一盆花或观叶植物。在宽阔的转角平台上,可配置些较大型的植物,如橡皮树、龟背竹、龙血树、棕竹等。扶手的栏杆也可用蔓性的常春藤、薜荔、花叶蔓长春等,任其缠绕,使周围环境的自然气氛倍增。

7.2.4　观赏植物在水体造景中应用形式

7.2.4.1　观赏植物与水体的景观关系

园林水体给人以明净、清澈、近人、开怀的感受。古人称水为园林中的"血液"。众所周知,水是构成景观的重要因素,因此,在各种风格的园林中,水体均有其不可替代的作用。中国南、北古典园林中,几乎无园不水。西方规则式园林中同样重视水体。凡尔赛园林中令人叹为观止的运河及无数喷泉就是一例。园林水体可赏、可游。大水体有助空气流通,即使是一斗碧水映着蓝天,也可起到使游客的视线无限延伸的作用,在感觉上扩大了空间。淡绿透明的水色,简洁平静的水面是各种园林景物的底色,与绿叶相调和,与艳丽的鲜花相对比,相映成趣。园林中各类水体,无论其在园林中是主景、配景或小景,无一不借助植物来丰富水体的景观。水中、水旁观赏植物的姿态、色彩、所形成的倒影,均加强了水体的美感。有的绚丽夺目、五彩缤纷,有的则幽静含蓄,色调柔和。如江浦艺莲苑的四个湖面植物配植取得截然不同的景色效果。第一、第二湖面倒影及湖边植物色彩绚丽夺目,五彩缤纷。以杨树、松、水杉、柏的绿色为背景,春季突出黄花鸢尾,夏季欣赏水中红、白睡莲、红色的水生美人蕉、紫堇色的再力花,秋季湖边各种色叶树种,如北美枫香、卫矛、乌桕、元宝枫、银杏、落羽杉、水杉等,红、橙、黄等色竞相争艳。此外,还有四季都呈金黄色的金黄叶北美花柏,春、夏、秋、都为红色的红枫。沿湖游览,目不暇接,绚丽的色彩使人兴奋,感官冲击力强,非常适合年轻一族活泼的性格。相反,在第三、第四湖面周围都各配植不同绿色度的树种作为基调,稍点缀几株秋色叶树种,形成了宁静、幽雅的水面,同时不失万绿丛中一点红的景观,非常适合中、老年游人,以及一些性格内向、喜静的年轻人游憩。

7.2.4.2　各类水体景观中的观赏植物应用形式

纵观水体景观,不外乎湖、池等静态水景及河、溪、涧、瀑、泉等动态水景。

(1) 在湖的水体景观中应用形式　湖是园林中最常见的水体景观。如杭州西湖、武汉东湖、南京玄武湖、南宁的南湖、马鞍山的雨山湖,还有中山植物园、越秀公园、嘉兴南湖公园等都有大小不等的湖面。杭州西湖,湖面辽阔,视野宽广(见图 7.23)。沿湖景点突出季节景观,如苏堤春晓、曲院风荷、平湖秋月等。春季,桃红柳绿,垂柳、悬铃木、枫香、水杉、池杉新叶一片嫩绿;碧桃、东京樱花、日本晚樱、垂丝海棠、溲疏、迎春先后吐艳,与嫩绿叶色相映,春色明媚。西湖的秋色更是绚烂多彩。红、黄、紫色具备,色叶树种丰富,有无患子、悬铃木、银杏、鸡爪槭、红枫、枫香、乌桕、三角枫、柿、油柿、重阳木、紫叶李、水杉等。马鞍山雨山湖公园内湖岸有几处很优美的植物景观,采用群植的方式形成大片的落羽杉林、枫香林、悬铃木林;沿湖四周探向水面的枫杨、无患子、丛生竹等都是湖边植物配植形成的引人入胜的景观(见图 7.24)。

图 7.23　黄连木枝条框夕照下湖景　　　　　图 7.24　雨山湖水杉与香樟林优美景观

(2) 在池的小型水体景观中应用形式　在较小的园林中,水体的形式常以池为主。为了获得“小中见大”的效果,植物配植常突出个体姿态或利用植物分割水面空间、增加层次,同时也可创造活泼和宁静的景观(见图 7.25)。如中山植物园,池面才 110 m²,水面集中。池边植以含笑、碧桃、玉兰、黑松、香柏、浙江紫薇等,疏密有致,既不挡视线,又增加了植物层次。池边一花繁叶茂的木香,树冠及虬枝探向水面,倒影生动,颇具画意。在叠石岸边廊架上配植了猕猴桃、凌霄、络石、常春藤等,使高于水面的驳岸略显立面上的情趣。

马鞍山鹃岛中的水体四周,植以高大乔木,如香樟、水杉、枫香、北美红杉;林下的各色杜鹃、四照花;岸边的鱼腥草、蝴蝶花、石菖蒲、鸢尾、萱草等作为地被,在水面上布满树木的倒影。因此,水面空间的意境非常幽静,构成线条各异的图画(见图 7.26)。

图 7.25　以植物姿态丰富水面景观

图 7.26　以大乔木丰富水体四周林冠线

（3）在溪涧与峡谷的应用方式　溪涧与峡谷最能体现山林野趣。自然界这种景观非常丰富。如马鞍山采石矶的"卧龙洞"，就是三条溪涧。溪涧中流水淙淙，山石高低形成不同落差，并冲出深浅、大小各异的水池，造成各种水声。溪涧石隙旁长着野生的蝴蝶花、红花石蒜、大卫氏落新妇、换锦花、紫堇以及各种禾草。溪涧上方或有八仙花的花枝下垂，或有天目琼花、杜鹃花遮挡（见图 7.27）。

图 7.27　人造溪涧以丰富的植物体现山林野趣

杭州玉泉溪位于玉泉观钱东侧，为一条人工开凿的弯曲小溪涧。引玉泉水流入植物园的山水园，溪长 60 余米，宽仅 1 m 左右，两旁散植樱花、玉兰、女贞、南迎春、杜鹃、山茶、贴梗海棠等花草树木，溪边砌以湖石，铺以草皮，溪流从矮树丛中涓涓流出，每到春季，花影堆叠婆娑，成为一条蜿蜒美丽的花溪。

黄山脚下石门峡长近 20 m，宽 1 m 左右，两岸巨石夹峙，其间植有数株挺拔的乔木，岸边岩石缝隙间生豆腐柴、粉背蜡瓣花、大血藤等藤、灌，形成了一种朴素、自然的清凉环境，保持了自然山林的基本情调。峡口配植了紫藤、竹丛，颇有江南风光。

（4）与泉相配植　由于泉水喷吐跳跃，吸引了人们的视线，可作为景点的主题。再配植合适的植物加以烘托、陪衬，效果更佳。以泉城著称的济南，更是家家泉水，户户垂柳。趵突泉、珍珠泉等各名泉水的水底摇曳着晶莹碧绿的各种水草，更显泉水清澈。广州矿泉别墅以泉为题，以水为景，种植榕树一株，辅以棕竹、蕨类植物，高低参差配植，构成富具岭南风光的"榕荫甘泉"庭园。杭州西泠印社的"印泉"，面积仅 1 m²，水深不过 1 m。池边叠石间隙夹以沿阶草，边上种植孝顺竹一丛，梅花一株探向水面，形成疏影横斜、暗香浮动、雅静的景观。

南京燕子矶古三台洞公园布置既艳丽，又雅致，是古人常来游憩玩赏之处。花园中有一天然泉眼，并以此为起点，挖成一长条蜿蜒曲折的清溪，种满由全国各地收集来的水生花卉。开花时节，游客蜂拥而至，赏花饮泉，十分舒畅。

珍珠泉公园中在小地形高处设置泉口，泉水顺着曲折小溪流下，溪涧、溪旁布石，石隙、溪旁种植各种矮生色叶植物以及各种宿根、球根花卉，与缀花草坪相接，谓之自然景观叠泉瀑布，景观宜人。

（5）沿河配植　在园林中,直接运用河的形式不多见。马鞍山珍珠园在全长近千米的河道上,以夹峙两岸的峡口、石矶,形成高低起伏的岸路,同时也把河道障隔、收放成四个段落,在收窄的河边植上庞大的榉树,分隔的效果尤为显著（见图7.28）。沿岸的柳树、绒毛白蜡;山坡上的黑松、栾树、元宝枫、侧柏,加之散植的榉树、红花刺槐,形成一条绿色长廊,碧桃、山樱点缀其间,益显明媚。行舟漫游,最得山重水复、柳暗花明之趣。站在后湖桥凭栏而望,两岸古树参天,清新秀丽,玉带河水映倒影,正是"两岸青山夹碧水"的写照。此外,在雨山湖的入湖水道改道中还取消了直线条,代之以曲线条,使规则式的河道改成曲折有致,有收有放,有河湾,有岛屿。两岸配植自然式的树丛、孤立树和花灌木。一些倒木也不予清除,任其横向水面,倒也自然有趣（见图7.29）。

图7.28　珍珠河沿岸植物
配植效果

图7.29　以观赏植物展现
"两岸青山夹碧水"景观

（6）堤、岛的植物配植　水体中设置堤、岛是划分水面空间的主要手段。而堤、岛上的植物配置,不仅增添了水面空间的层次,而且丰富了水面空间的色彩,倒影成为主要的景观。

堤在园林中虽不多见,但杭州的苏堤、白堤,马鞍山雨山湖的鹊岛西堤,南京玄武湖公园及南京莫愁湖公园都有长短不同的堤。堤常与桥相连,故也是重要的浏览路线之一。苏堤、白堤除桃红柳绿的景色外,各桥头也配植不同植物。鹊岛西堤以丝棉木、柳为主,白拱桥以浓郁的树木为背景,更衬出桥身洁白。南湖公园堤上各处架桥,最佳的植物配植是在桥的两端很简洁地种植数株晚樱,潇洒秀丽。水中三孔桥与榉树的倒影清晰可见。南京莫愁湖公园北圩湖堤两旁,各植两排落羽杉,林下遍植各地引种来的鸢尾,如同各色蝴蝶在草地上飞舞,富具动势。远处望去,游客往往疑为缀花草甸。

岛的类型众多,大小各异。有可游的半岛及湖中岛,也有仅供远眺、观赏的湖中岛。前者在植物配植时还要考虑导游路线,不能有碍交通,后者不考虑导游,植物配植密度较大,要求四面皆有景可赏（见图7.30）。

马鞍山雨山湖公园鸟类生态岛面积很小,孤

图7.30　南京莫愁湖公园湖心岛杨树林背景

悬水面西南隅。全岛植物种类丰富,环岛以自然野生植物为主。四季常留的各种鸟类掩映于岛上的各色植物之间,并在冬日落叶时,绝大部分枝干以其浓重的白色鸟粪烘托出该岛的生态效益及景观效果(见图 7.31)。

  杭州三潭印月可谓是湖岛的绝例。全岛面积约 7 hm²。岛内由东西、南北两条堤将岛划成"田"字形的四个水面空间。堤上植大叶柳、香樟、木芙蓉、紫藤、紫薇等乔灌木,疏密有致,高低有序,增加了湖岛的层次、景深和丰富的林冠线。构成了整个西湖的湖中有岛,岛中套湖的奇景。而这种虚实对比,交替变化的园林空间在巧妙的植物配植下,表现得淋漓尽致。综观三潭印月这一庞大的湖岛,在比例上与西湖极为相称。

  公园中不乏小岛屿组成园中景观的例子(见图 7.32)。南京莫愁湖湖心的小岛上遍植杨树。岛上植以苦楝、紫薇,林下遍种较耐阴的二月兰、玉簪,岛边配植十姐妹等开花藤灌,探向水面,浅水中种植黄花鸢尾等。离其不远的地方还有一个完全没有人为干扰的自然小岛,许多水禽栖息于此。这些都既是供游客赏景,也是水禽良好的栖息地。

图 7.31　马鞍山雨山湖公园鸟类生态岛景观　　　　图 7.32　颇具南方风格的湖心绿岛

7.2.4.3　水际岸边的植物景观配植方式

  (1) 水边植物的应用方式　首先是以植物来组图成景。淡绿透明的水色,是调和各种园林景物色彩的底色,如水边碧草、绿叶,水中蓝天、白云。但对绚丽的开花乔灌木及草本花卉,或秋色却具衬托的作用。马鞍山某宾馆临近水面,其后勤管理部建筑为白色墙面,与近旁湖面间铺以碧草,水边配植一棵樱花、一株杜鹃。水中映着蓝天、白云、白房、粉红的樱花、鲜红的杜鹃。色彩运用非常简练,倒影清晰,景观活泼又醒目(见图 7.33)。南京白鹭洲公园水池旁种植了落羽杉和蔷薇。春季落羽松绿色的枝叶像一片绿色屏障衬托出粉红色的十姐妹,绿水与其倒影的色彩非常调和;秋季棕褐色的秋色叶丰富了水中色彩。上海动物园天鹅湖畔及杭州植物园山水园湖边的香樟春色叶色彩丰富,有的呈红棕色,也有嫩绿、黄绿等不同的绿色,丰富了水中春季色彩,并可以维持数周效果。如再植以乌桕等耐水湿树种,则秋季水中倒影又可增添红、黄、紫等色彩(见图 7.34)。

  其次是以观赏植物勾勒景观。平直的水面通过配植具有各种树形及线条的植物,可丰富线条构图。鹃岛公园湖边配植水杉、垂柳、银杏及香樟。高耸的水杉与低垂水面的柳条与平直的水面形成强烈的对比,而水中浑圆的香樟树冠倒影及银杏圆柱形树冠轮廓线的对比也非常鲜明。中国园林中自古水边就主张植以垂柳,造成柔条拂水、湖上新春的景色。此外,在水边种植落羽杉、池杉、水松及具有下垂气根的小叶榕均能起到线条构图的作用。另外,水边植物栽植的方式,探向水面的枝条,或平伸,或斜展,或拱曲,在水面上都可形成优美的线条。

图 7.33　以乔木及花灌木丰富水岸线

图 7.34　多样的树形与景观建筑组图成景

水边植物配植片林时,留出透景线,利用树干、树冠框以对岸景点。如玄武湖边利用侧柏林的透景线,框九华山藏经阁这组景观。莫愁湖公园第一个湖面,也利用湖边片林中留出的透景线及倾向湖面的地形,引导游客很自然地步向水边欣赏对岸的红枫、卫矛及无患子的秋叶。

一些姿态优美的树种,其倾向水面的枝、干可被用作框架,以远处的景色为画,构成一幅自然的画面。如南湖公园水边植有很多枝、干斜向水面、弯曲有致的垂柳、相思,透过其枝、干,正好框住远处的多孔桥,画面优美而自然(见图7.35)。

探向水面的枝、干,尤其似倒未倒的水边大乔木,在构图上可起到增加水面层次的作用,并且富具野趣。如三潭印月倒向水面的大叶柳。

图 7.35　伸向水面的枝、干框图成景

(2)驳岸的植物配置方式　岸边植物配植很重要,既能使山和水融成一体,又对水面空间的景观起着主导的作用。驳岸有土岸、石岸、混凝土岸等。配置方式有自然式或规则式。自然式的土驳岸常在岸边打入树桩加固。中国园林中采用石驳岸及混凝土驳岸居多。

对于自然的土岸边的植物配植宜自然栽植,用同一树种,同样大小,甚至整形式修剪,绕岸栽植一圈。应结合地形、道路、岸线配植,有近有远,有疏有密,有断有续,曲曲弯弯,自然有趣。张家港香山景区中自然式土岸边的植物配植,多半以草坪为底色,为引导游人到水边赏花。常种植大批宿根、球根花卉,如石蒜、洋水仙、金钟花、绵枣儿、萱草以及蓼科、天南星科、鸢尾属、毛茛属植物。红、白、蓝、黄等色五彩缤纷,犹如中国西部高原湖边的五花草甸。为引导游人临水观倒影,则在岸边植以大量花灌木、树丛及姿态优美的孤立树。尤其是色叶树种与常绿树种使一年四季具有色彩。土岸常少许高出最高水面,站在岸边伸手可及水面,便于游人亲水、嬉水。中国南京国际会议中心内的花园设计属欧洲风格。起伏的草坪延伸到自然式的土岸、水边。岸边自然式配植了鲜红的杜鹃和红枫,衬出嫩绿的垂柳,以雪松、龙柏为背景,水中倒影清晰。中山植物园山水园的土岸边一组树丛配植具有四个层次。高低错落,延伸到水面上的合欢枝条,以及水中倒影颇具自然之趣。早春有红色的

图 7.36 自然黄石驳岸与湿生植物配景

山茶、红枫，黄色的南迎春、黄菖蒲，白色的毛白杜鹃及芳香的含笑；夏有合欢；秋有桂花、枫香、鸡爪槭；冬有马尾松、杜英。四季常青，色香具备（见图 7.36）。

规则式的石岸线条生硬、枯燥。柔软多变的植物枝条可补其拙。自然式的石岸线条丰富，优美的植物线条及色彩可增添景色与趣味。苏州拙政园规则式的石岸边种植垂柳和南迎春，细长柔和的柳枝下垂至水面，圆拱形的南迎春枝条沿着笔直的石岸壁下垂至水面，遮挡了石岸的丑陋。一些大水面规则式石岸很难被全部遮挡，只能用些花灌木和藤本植物，诸如夹竹桃、云南黄馨、地锦、薜荔等来局部遮挡，稍加改善，增加些活泼气氛。自然式石岸，有美，有丑。植物配植时要露美，遮丑。

水边绿化树种首先要具备一定耐水湿的能力，另外还要符合设计意图中美化的要求。中国从南到北常见应用的树种有：水松、蒲桃、小叶榕、高山榕、羊蹄甲、木麻黄、椰子、蒲葵、落羽杉、池杉、墨西哥落羽杉、垂柳、旱柳、水冬瓜、乌桕、悬铃木、枫香、枫杨、三角枫、重阳木、柿、榔榆、桑、柘、梨、白蜡、柽柳、海棠、香樟、棕榈、无患子、蔷薇、紫藤、云南黄馨、连翘、棣棠、夹竹桃、桧柏、丝棉木等。欧洲园林中水边常见的观赏树种有：垂枝柳叶梨、巨杉、北美红杉、北美黑松、钻天杨、杂种柳、七叶树、雪松等；色叶树种有红栎、水杉、中华石楠、鸡爪槭、紫杉、北美紫树、连香树、落羽杉、池杉、卫矛、金钱松、日光槭、血皮槭、糖槭、圆叶槭、杞木、银杏、北美枫香、日本金松、花楸、北美唐棣等；色叶树种有灰绿北美云杉、挪威云杉、金黄挪威槭、金黄美洲花柏、金黄大果柏、紫叶山毛榉、金黄叶刺槐、紫叶榛、紫叶小檗、金黄叶山梅花、金黄叶接骨木等；常见的花灌木有香港四照花、杜鹃属、欧石楠、红脉吊钟花、花楸属、八仙花、圆锥八仙花、北美唐棣、山楂属等。

7.2.4.4 水面植物配植形式

水面景观低于人的视线，与水边景观呼应，加上水中倒影，最宜游人观赏。马鞍山雨山湖公园的湖中，可见水面上有控制地种植了一片萍蓬，金黄色的花朵挺立水面，与水中水杉倒影相映，犹如一幅优美的水面画（见图 7.37）。南京中山植物园蔷薇园的一片水面，遍植荷花，体现了"接天莲叶无穷碧，映日荷花别样红"的意境。每当游人环湖漫步在林下，阵阵清香袭来，非常惬意。当朵朵莲蓬挺立水面时，又是一番水面丰收景象。遗憾的是水面看不到白塔美丽的倒影。

因此，在岸边若有亭、台、楼、阁、榭、塔等园林建筑，或种植有优美树姿、色彩艳丽的观花、观叶树种，则水中的植物配植切忌拥塞，必须予以控制，留出足够空旷的水面来展示倒影。对待一些污染严重、具有臭味的水面，宜配植抗污染能力强的凤眼莲、水浮莲以及浮萍等，布满水面，隔臭防污，使水面犹如一片绿毯或花地（见图 7.38）。西方一些国家的园林中提倡野趣园。野趣最宜以水面植物配植来体现。通过种植些野生的水生植物，如芦苇、香蒲、慈菇、莕菜、浮萍、槐叶萍，水中植些眼子菜、玻璃藻、黑藻等，使水景野趣横生。

图 7.37 雨山湖水面植物景观

图 7.38 与"赏荷桥"相映成趣的水生植物景观

（1）当今小型水景中观赏植物应用概况 近年来随着园林事业的发展、人们审美情趣的提高,小型水景园也得到了较为广泛地应用。在城市广场局部景点、居住区花园、街头绿地、大型宾馆的花园、屋顶花园、展览温室内都有建造。但是传统的技法,多半做成堆叠假山的山水园,或用瀑布、喷泉等水景,很少有丰富多彩的水生植物组成的水景。外形也较简单,除了几何形外,多半为一头大一头小的变形虫形。驳岸常用混凝土、仿树桩,或砌卵石、山石等,一般高出水面 40 cm 左右。其实小型水景园中,平池静水,几石浮水如鸥,花草熠熠的景观远比丑陋、枯燥的假山美得多。中国植物资源丰富,不乏水中、水际、沼生、湿生植物种类。此外,也可用些金鱼、蛙类、蜗牛、贝类等动物来丰富水景。在水池建造方面宜吸取国外一些简便、成本低廉的经验,如采用衬池及预制水池,为没有施工技术的非专业人员提供了方便。

（2）国外沼泽园（水生湿地）中观赏植物应用概况 美国、荷兰、加拿大等国的园林中常有大型、独立的沼泽（湿地）园。一种是在沼泽园中打下木桩,铺以木板道路,使游人可沿木板深入沼泽园,去欣赏各种各种沼生植物;另一种没有路导入园内,只能沿园周围观赏。而小型的沼泽园场合水景园结合,为水池延伸部分。具有沼泽部分的水景园,可增添很多美丽的沼生植物,而且能创造出花草熠熠、富有情趣的景观（见图 7.39）。

与自然式水景园相连的沼泽园也宜采用自然式。水景园中央最深,慢慢向外变浅,最后由浅水到湿土,为各种水生、湿生植物创造了条件。

整形式水景园总是配以整形式沼泽园,如水景园采用衬池结构,只要把衬池加大,两者共用。只是水景园水深,沼泽园浅。两园之间用砖或石料砌一道透水墙,渗水不能渗土。沼泽园底部铺上卵石,再在上面铺上粗泥炭土与黏土混合的种植介质,最上面再覆盖一层石砾。水可从水景园通过墙缝渗入沼泽园的土中,保持基质湿度,而多余的水又可从根部排入水景园。透水墙由于不渗土,故能保持水景园水的洁净（见图 7.40）。

图 7.39 加拿大布查特花园中的沼泽池

图 7.40 中国南方某水景园

（3）国外常用的水生、水际及沼生植物　水生植物种于盆或其他容器中，沉入水底。深度可由池底砖墩，混凝土墩的高度来调节。也有在池底设种植床栽种。水际植物多生长在湿土至 15 cm 的浅水中，可直接种于水景园的土中，也可种在水池中留出的种植台或种植器中。

7.2.5　观赏植物对城市道路的造景作用

古今中外道路绿化都备受重视。两千多年前中国已有用松树作行道树。唐代京都长安用榆、槐作行道树。北宋东京街道旁种植了桃、李、杏、梨。国外不少国家自古也重视行道树栽植，西欧各国常用欧洲山毛榉、欧洲七叶树、椴、榆、桦木、意大利丝柏、北美红杉、欧洲紫杉等。

随着城市建设飞跃发展，城市道路增多，功能各异，形成了各种绿带。也有将行道树，林阴道与防护林带共同联盟成绿色走廊。一些发达国家和中国某些城市更把私宅、公共建筑周围的植物景观纳入到街道绿化，并连成一体，构成了整个花园城市，大大改善和丰富了城市景观。城内、城郊风景区、公园、植物园中还有许多不同级别的园路，其旁的植物配置更是丰富多彩，不拘一格，使园景增色不少。

7.2.5.1　城市道路观赏树种的应用原则

一般来说，城市道路树种应具备冠大、阴浓、主干挺直、树体洁净、落叶整齐；无飞絮、毒毛、臭味、污染的种子或果实；适应城市环境条件，如耐践踏、耐瘠薄土壤、耐旱、抗污染等；隐芽萌发能力强，耐修剪，易复壮、长寿等条件。

（1）道路树种选择应以乡土树种为主，从当地植被中选择优良的树种　道路树种选择应以乡土树种为主，但不排斥经过长期驯化考验的外来树种。南方可考虑香樟、榕树、桉树、台湾相思、红花羊蹄甲、凤凰木、黄槿、木麻黄、银桦、马尾松、大王椰子、椰子、木菠萝、扁桃、杧果、红千层、柠檬桉、白千层、缅桂、白兰、大花紫薇、蓝花楹等。华东、华中可选择香樟、广玉兰、银鹊树、枫杨、重阳木、悬铃木、无患子、枫香、乌桕、银杏、女贞、斑皮毛梾、喜树、合欢、青桐、鹅掌楸等。华北、西北及东北地区可用毛白杨、旱柳、白榆、槐树、臭椿、白蜡、复叶槭、元宝枫、刺槐、银杏、合欢、桦木、油松、华山松、白皮松、红松、樟子松、云杉、落叶松等。

（2）根据适地适树原则，分别选择适合当地立地条件的树种　① 结合城市特色，优先选择城市代表性花卉、树木及主要适应性树种：只有先做好"识地识树"，才能做到"适地适树"。如江南诸多城市，岩石多，土壤多呈酸性，高温，雾重，污染严重。可选择黄金树、小叶榕、臭椿、泡桐等。江苏北部地下水位高，盐碱性土，可选择绒毛白蜡、刺槐、旱柳、侧柏、黄金槐、臭椿等。天津市市树绒毛白蜡，树冠秀美且阴浓，适应城市盐碱地的立地条件，是优良的道路绿化树种。

② 结合城市景观要求进行选择：云南的昆明具有春城的美称，要求植物造景能反映四季常青、四时花香的景观。道路树种要求体现亚热带景观，故采用云南樟、银桦、藏柏、柳杉等四种常绿树种及悬铃木、银杏、大叶桉等较为完美。

③ 复层混交的群落，要选择一批耐阴的小乔木及灌木：道路各种绿带常可配植的植物有茵芋、山茶、厚皮香、柃木、八角金盘、红茴香、大叶冬青、君迁子、含笑、虎刺、扶桑、海桐、九里香、红背桂、大叶黄杨、锦熟黄杨、栀子、熊掌木、杜鹃花、棕榈、棕竹、结香、荛花、老鸭柿、海仙花、珍珠梅、天目紫茎、金银木、南天竹、十大功劳、枸杞、伞八仙、圆锥八仙等。

④ 选用一些具有观赏与经济价值并举的树种:城郊区公路绿带可选用乌桕、油桐、竹类、薄壳山核桃、棕榈、杜仲、斑皮毛栲、北美枫香、青钱柳、珊瑚朴、水杉等。

7.2.5.2　城市道路的植物配植

城市道路的植物配植首先要服从交通安全的需要,能更有效地协助组织车流、人流的集散。同时也起到改善城市生态环境及美化的作用。现代化城市中除必备的人行道、慢车道、快车道、立交桥、高速公路外,有时还有林阴道、滨河路、滨海路等,这些道路的植物配植组成了车行道分隔绿带、行道树绿带、人行道绿带。

(1) 高速公路及其节点的植物配植形式　随着中国进入高速公路建设的时代,各地公路建设要符合国际高速公路的标准,一般具有上、下4条以上的车道。中间3 m的分隔带虽然稍窄些,但仍可以种植低矮的花灌木、草皮以及宿根花卉。一般较宽的分隔带可种植自然式的树丛。路肩外侧以及高速公路两旁则视环境进行专门的植物配植。

国外高速公路的路线常由景观设计师来选定。忌讳长距离笔直的路线,以免驾驶员感到单调而易疲劳,再保证交通安全的前提下,前方时时出现优美的景观,达到车移景易的效果。公路两旁的植物配植在有条件的情况下常配植宽20 m以上乔、灌、草复层混交的绿带,因为这种绿带具有自然保护的意义,至少可以成为当地野生动物、植物最好的庇护场所。树种视土壤条件而定。在酸性土上常用桦木、花楸等种类,有花有果,秋色迷人。其次也有用单纯的乔木植在大片草地上,管理容易,费用不大。在坡度较大处,大片草地容易遭雨水冲刷破坏,可用木本观赏植物构成模纹色块,非常壮观。因此驾车在高速公路上,欣赏着前方不断变换的景观,确实是一种愉悦的享受。

高速公路及一般立体交叉处的植物配植要求在弯道处侧常植数行乔木,以利引导行车方向,使驾驶员有安全感。在两条道交汇到一条道上的交接处及中央隔离带上,只能种植低矮的灌木及草坪,便于驾驶员看清楚周围行车,减少交通事故。立体交叉较大的面积,可按中心花园进行植物配植。在国内,宁杭高速首先进行了这种尝试。

(2) 车行道分隔绿带的观赏植物配植形式　车行道分隔绿带指车行道之间的绿带。具有快、慢车道共三块路面者有两条分隔绿带,具有行车道二块路面者设一条分隔绿带。绿带的宽度国内外都很不一致。窄者仅1 m,宽可达10 m。在分隔绿带上的植物配植除考虑到增添街景外,首先要满足交通安全的需要,不能妨碍司机及行人的视线。一般窄的分隔绿带上仅种低矮的灌木及草皮,或定干较高的乔木。随着宽度的增加,分隔绿带的植物配植形式多样,可规则式,也可自然式。最简单的规则式配植极为丰富。利用植物不同的树姿、线条、色彩,将常绿、落叶的乔、灌木,花卉及草坪地被配植成高低错落、层次参差的树丛、树冠饱满或色彩艳丽的孤立树、花地、岩石小品等各种植物景观,以达到四季有景、富有变化的水平。在温带地区,冬天寒冷,为增添街景色彩,可选用些常绿乔木,如雪松、华山松、白皮松、油松、樟子松、云杉、杜松。地面可用沙地柏及耐阴的藤本地被植物地锦、五叶地锦、扶芳藤、金银花等。为增加层次,可选用耐阴的珍珠梅、金银木、连翘、天目琼花、海仙花、枸杞等作为下木。百合类、萱草、地被菊、金鸡菊、荷包牡丹、野棉花等,以及自播繁衍能力强的二月花、孔雀草,波斯菊等可配植成缀花草地。还有很多双色叶树种如银白杨、新疆杨以及秋色树种如银杏、紫叶李、栾树、黄连木、五角枫、火炬树等都可配植在分隔绿带上。中国亚热带地区辽阔,树种更为丰富,可配植出更为诱人的街景。落叶乔木如枫香、无患子、鹅掌楸等作为上层乔木,下面可配植常绿低矮的灌木及常绿草本地被。对于一些土质瘠薄,不宜种植乔木处,可配植草坪、花卉及抗性强的灌木,如红花檵木等。无论何种植物配植形式,都需处理好交通与植物景观的关系。如在道路尽头或人行横道,车辆拐弯处不宜配植妨碍视线的乔灌木,只能种植草坪、花卉及低矮灌木(见图7.41)。

　　(3) 观赏植物在行道树绿带中的应用形式　　是指车行道与人行道之间种植行道树的绿带。其功能主要为行人遮阴,同时美化街景。中国从南到北,夏季炎热,深知"只有树木最能体现对行人的关爱"(见图7.42)。许多火炉城市都喜欢用冠大阴浓的悬铃木、枫杨等。新疆某些地段在人行道上搭起了葡萄棚。台湾喜欢用花大色艳的凤凰木、木棉、大花紫薇等,树冠下为蕨类地被,一派热带风光。青海西宁用落叶松以及宿根花卉地被,呈现温带高山景观。目前行道树的配置已逐渐向乔、灌、草复层混交发展,大大提高了环境效益。

图 7.41　法国香榭丽舍大街　　　　　　图 7.42　马鞍山湖南路
车行道分割绿带景观　　　　　　　　复层行道树绿带景观

　　行道树绿带的立地条件是城市中最差的。由于土地面积受到限制,故绿带宽度往往很窄,常在 1.0～1.5 m。行道树上方常与各种架空的电线发生矛盾,地下又有各种电缆、上下水管、煤气管道、通讯线缆、热力管道,真可谓天罗地网。更由于土质差,人流践踏频繁,故根系不深,容易造成风倒。种植时,在行道树四周常设置树池,以便养护管理及少被践踏。在有条件的情况下,可在树池内盖上用铸铁或钢筋混凝土制作的树池框子。除了尽量避开"天罗地网"外,应选择耐修剪、抗贫瘠、根系较浅的行道树种。

　　(4) 观赏植物在人行道绿带中应用的形式　　指车行道边缘至建筑红线之间的绿化带,包括行道树绿带、步行道绿带及建筑基础绿带。此绿带既起到与嘈杂的车行道的分隔作用,也为行人提供安静、优美、庇阴的环境(见图7.43)。由于绿带宽带不一致,因此,植物配植各异。基础绿带国内常见用地锦等藤本植物作墙面垂直绿化,用直立的珊瑚树或者女贞植于墙前作为分隔。如果绿带再宽些,则以此绿色屏障作为背景,前面配植花灌木、宿根花卉及草坪,但在外缘常用绿篱分隔,以防行人践踏破坏。

　　国外极为注意基础绿带,尤其是一些夏日气候凉爽,无需行道树遮阴的城市,则可以各式各样的基础栽植来构成街景(见图7.44)。沿街墙面上除了有藤本植物外,在墙上还可挂上栽有很多应时花卉的花篮,外窗台上长方形的塑料盒中栽满鲜花,墙基配植多种矮生的裸子、植物阴绣球以及宿根、球根花卉,甚至还可配植成微型的岩石园。绿带宽度超过 10 m 者,可用规则的林带式配植或配置成花园林阴道。

图 7.43 美国北卡大学校园步行道绿带景观   图 7.44 美国三藩市街道绿化景观

7.2.6 风景区道路景观中的植物配置方式

　　风景区、公园、自然保护区等风景名地中的道路除了集散、组织交通外,主要起到引导游览路线的作用。园路的宽窄、线路乃至高低起伏都是根据园景中地形以及各景区相互联系的要求来设计的。一般来讲,园路的曲线都很自然流畅,路旁的植物及小品也宜自然多变,不拘一格。游人漫步其上,远近各景可构成一幅连续的动态画卷,具有步移景异的效果。园路的面积占有相当大的比例,又遍及各处,因此两旁观赏植物配植的优劣会直接影响全园(局)的景观。

7.2.6.1 主路旁植物配置方式

　　主路是沟通各活动区的主要道路,往往设计成环路,宽 3～6 m,游人量大,甚至有车辆通行。平坦笔直的主路两旁常用规则式配植。最好以观花乔木,并以花灌木作下木,丰富园内色彩。主路前方有吸引人眼球的风景建筑作对景时,两旁植物可密植,使道路成为一条甬道形成夹景,以突出建筑主景。入口处也常常为规则式配植,可以强调气氛。如雨山湖公园入口处两排高耸的悬铃木,下层配以粉花绣线菊、桃叶珊瑚等花灌木,给人以进入森林的气氛(见图 7.45)。

　　对于蜿蜒曲折的园路,不宜成排成行种植,而以自然式配置为宜。沿路的植物景观在视觉上应有挡有敞,有疏有密,有高有低,景观中有草坪、花地、灌丛、树丛、孤立树、修剪成型的植物雕塑,甚至水面、山坡、景观建筑小品等的不断变化。游人沿路漫游可经过大草坪,也可在林下小憩或穿行在花丛中赏花。路旁若有微地形变化或园路本身高低起伏,最适宜进行自然式配植。若在路旁微地形隆起处配植复层混交的人工群落,最得自然之趣。华东地区可用湿地松、黑松、火炬松、赤松或金钱松等作上层乔木;用杜鹃、含笑、刺梨、山茶做下木;络石、阔叶麦冬、沿阶草、蔓长春花、常春藤或石蒜等作地被。游人步行在松林下,与这些适于近看的观赏花木擦肩而过,顿觉幽静异常。路边无论远近,都应有景可观,在配植植物时必须留出透视线。如遇水面对岸有景可观,则路边沿水面一侧不仅要留出透视线,而且在地形上还需稍加处理。要在顺水面方向略向下倾斜,再植上草坪,引导游人走向水边去欣赏对岸景观。路边地被植物的应用同样不容忽视,可根据环境不同,种植耐阴或喜光的观花、观叶的多年生宿根、球根草本或藤本,既组织了植物景观又使环境具有生态效益(见图 7.46)。

图 7.45　雨山湖入口复层行道树秋季景观　　　　　图 7.46　安徽林散之纪念馆入口自然式植物景观

7.2.6.2　次级道路与小径旁植物配置形式

次路是园中各区内的主要道路,一般宽 2～3 m。小路是供游人漫步在宁静的休息区中,一般宽仅 1.0～1.5 m。次路与小路两旁的种植可更灵活多样。由于路窄,有的只需在路的一旁种植乔、灌木,就可起到既遮阴又赏花的效果。有的利用木绣球、冬青、鸡爪槭等具有拱形枝条的大灌木或小乔木植于路边,有的甚至用廊架形成拱道,配以数种藤本植物,游人穿于其下,富有野趣(见图 7.47)。有的植成复层混交群落。采石矶一条小径,路边为主要建筑,但因配植了乌桕、珊瑚树、桂花、夹竹桃、海桐及金钟花等组成的复层混交群落,加之小径本身又有坡度,给人以深邃、幽静之感。南京林业大学的樱花路、桂花径、枫香路,栖霞山公园的桃花洞花径等都是成功的范例。福州在小径两旁常用红背桂、茉莉花、扶桑、龙船花、洒金榕、红桑等配植成彩叶篱及花篱;国外则常在小径两旁配植花境或花带。长江以南喜在小径两旁配植竹林,组成竹径,让游人循径探幽。竹径自古以来都是中国园林中常用的造景手法。创造曲折、幽静、深邃的园路环境,用竹来造景在中华文化传统的背景下是非常适合的。竹生长迅速,适应性强,常绿,清秀挺拔。杭州的云栖、三潭印月、西泠印社、植物园内都有竹径。尤其是安吉万竹园的竹径,长达 1 000 m,两旁毛竹高达 20 m 余,竹林两旁宽厚,望不到边,穿行在这曲折的竹径中,很自然地产生一种"夹径萧萧竹万枝,云深幽壑媚幽姿"的幽深感。

图 7.47　采石矶园中以攀缘植物形成的绿色隧道　　　图 7.48　曲折、幽静、深邃的竹坞寻幽园路景观

7.2.7　观赏植物在岩石园中的应用形式

山石在中国园林中的应用,常以山石本身的形体、质地、色彩及意境作为欣赏对象。可孤赏,也可做成假山园,更有砌作岸石、或结合地形、半露半埋来造景等;但很少有色彩丰富的观赏植物与之有意相配植。有之,则多半为木本植物,而草本植物常限于沿阶草、石菖蒲、蝴蝶花、马蔺、红花酢浆草等种类,偶见金银花、地锦、薜荔、何首乌等藤本植物;因此,如何将山石与土山及小地形结合起来,利用中国丰富多彩的旱生植物、岩生植物、沼泽及水生植物,创造出具有中国特色的山石园,无论是在景观上还是生态上都很有意义的事。

7.2.7.1　观赏植物在岩石园应用概况

岩石园是以岩石上能生存植物为主,结合地形选择适当的耐旱、耐湿植物,模拟高山草甸、牧场、碎石陡坡、峰峦溪流等自然景观。全园景观别致,富有野趣。

岩石园在欧美各国颇多,日本也有,规模大的可以占地数千平方米,小者多为公园中专辟一域的小型岩石园。目前很多中小型花园、高档居住区、市民广场等处兴起建造微型岩石园,因为这很易和面积较小的私家花园相协调。岩生植物多半花色绚丽,体量小,易为人们偏爱。为模拟自然高山景观需要,各种低矮、匍生、具有高山植物体形的栽培变种应运而生。

17世纪后半叶欧洲有位植物学家写了一本论述高山植物的专著,为引种栽培高山植物提供了良好的理论和实践的基础。18世纪末欧洲兴起了引种高山植物,一些植物园中开辟了高山植物区,为今天岩石园的前身。19世纪末英国植物学家提出了更完善、系统的引种驯化高山植物的原理及栽培方法。在引种高山植物及建立岩石园的过程中,发现了许多高山植物不能忍受低海拔的环境条件而死亡。之后就寻找一些貌似高山植物的灌木、多年生宿根、球根花卉来替代,才使岩石园逐渐发展至今。

英国爱丁堡皇家植物园于1860年率先在国内东南部建立了一个岩石园。历经100余年的改建及不断完善,至今占地$1\,hm^2$,其规模、地形、景观在世界上最为有名。丘园也有一个不小的岩石园。其他各地的植物园,以及一些公园、校园中有大小不等的岩石园。

中国最早在庐山植物园,于20世纪30年代由陈封怀创建了一个岩石园。其设计思想为:利用原有地形,模仿自然,依山叠石,做到花中有石,石中有花,花石相夹难分,沿坡起伏,垒垒石垛,丘壑成趣,远眺可显出万紫千红、花团锦簇,近视则怪石峥嵘,参差连接形成绝妙的高山植物景观。至今还保存有石竹科、报春花科、龙胆科、十字花科等高山植物约236种。在岩石园发展过程中具有多种类型。作为园的外貌出现,其风格有自然式和规则式。此外还有墙园式及容器式。结合温室植物展览,还专辟有高山植物展览室。

7.2.7.2　岩石园景观中的观赏植物配置方式

(1)规则式岩石园　规则式相对于自然式而言,常建于街道两旁,房屋前后,小花园的角隅及土山的一面坡上。外形常呈台地式,栽植床排成一层层的台阶,比较规则。景观和地形简单,主要欣赏岩石植物及高山植物。

(2)墙园式岩石园　这是一类特殊的岩石园。利用各种护土的石墙或用作分割空间的墙面缝隙种植各种岩生植物。有高墙和矮墙两种。高墙需做40 cm深的基础,而矮墙则在地面直接垒起。建造墙园式岩石园需注意墙面不宜垂直,而要向护土方向倾斜。石块插入土壤固定,也要由外向内稍朝下倾斜,以便承接雨水,使岩石缝里保持足够的水分供植物生长。石块之间的缝隙不宜过大,并用肥土填实,竖直方向的缝隙要错开,不能直上直下,以免冲刷导致墙面不坚固。石料以薄片状的石灰岩较为理想,既能提供岩生植物较多的生长缝隙,又有理想的色彩效果。

图7.49 青岛城阳南中轴岩石园景观

（3）自然式岩石园 自然式岩石园以展现高山的地形及植物景观为主,并尽量引种高山植物。园址要选择在向阳、开阔、空气流通之处,不宜在墙下或林下。公园中的小岩石园,因限于面积,则常选择在小丘的南坡或东坡,如青岛城阳南中轴岩石园就是这样建园立意的(见图7.49)。

岩石园的地形改造很重要。模拟自然地形应有隆起的山峰、山脊、支脉、下凹的山谷、碎石坡和干涸的河床、曲折蜿蜒的溪流和小径,以及池塘与跌水等。流水是岩石园中最愉快的景观之一,故要尽量将岩石与流水结合起来,使之具有声响,显得很有生气。因此,要创造合理的坡度及人工泉源。溪流两旁及溪流中的散石上种植植物,使外貌更为自然。丰富的地形设计才能造成植物所需的多种生态环境,以满足生长发育的需要。一般岩石园的规模及面积不宜过大,植物种类不宜过于繁多,否则养护管理极为耗费人力物力。

岩石园的用石要能为植物根系提供凉爽的环境,石隙中要有贮水能力,故要选择透气的岩石,具有吸收湿气的能力,坚硬不透气的花岗岩是不适宜的。大量使用表面光滑、闪光的碎砖是不合适的,应选表面起皱、美丽、厚实、符合自然岩石外形的石料。最常用的有石灰岩、砾岩、砂岩等。石灰岩含钙化合物,外形美观。长期沉于水底的石灰岩,在水流的冲刷下,形成多孔,且质地较轻,具有容易分割的特性。缺点是在种植床中要填入较多的苔藓、泥炭、腐叶土等混合土,以减低 pH 值。砾石又叫布丁石,造价便宜,含铁的成分,有利于植物生长,但岩石外形有棱有角或圆胖不雅,没有自然层次,所以较难建造及施工。红砂岩含铁多,其缺点同砾石。中国砾岩资源丰富,吸水、保水能力好,缺点是太疏松。岩石本身就是岩石园的重要欣赏对象,因此置石合理与否极为重要。岩石块的摆置方向应趋于一致,才符合自然界底层外貌。同时应尽量模拟自然的悬崖、瀑布、山洞、山坡造景。然而,若在一个山坡上置石太多,反而显得不自然。岩

图7.50 "落地式大盆景"岩石园植物景观

石块至少应埋入土中 1/3～1/2 深,要将漂亮的石面露出土面(见图7.50)。

岩石园内游览小径宜设计成柔和曲折的自然线路。小径上可铺设平坦的石块或铺路石碎片。小径的边缘和石块间种植低矮植物,故意造成不让游客按习惯走路,而需小心翼翼地避开植物,踩到石面上,使游赏时更具身临自然野趣的情境。同时也让游客感到岩石园中除了岩石及其阴影处外,到处都是植物(见图7.51)。

多数高山植物喜欢肥沃、疏松、透气及排水良好的土壤,土壤酸度可保持在 pH 6～7,故在土壤中常掺入粗沙砾、腐叶土、骨粉及其他腐殖质。这些产于高山的植物常年生长在云雾当

中,土壤排水快;体内水分并不完全依靠根部吸水却部分依赖茎叶从潮湿的空气中吸取。故其茎、叶对湿度要求高,但根对水分的要求却较少。高山植物从高海拔迁移至低海拔的成功,关键在于度过夏天炎热的气候。因此夏季要创造凉爽湿润的土壤环境,冬季则要干燥和排水良好,不然这些云锦杜鹃等高山植物易因湿冷而腐烂死亡。自然的野生环境中,很多高山植物生长在被松散石块覆盖的山坡上。夏季融雪提供大量冷凉的雪水,冬季有雪窝保护其越冬。在岩石园中创造碎石缓坡来模拟这种自然环境,同时保证在夏季能获得足够的水分,并有良好的排水,而冬季又不会太潮湿。当然碎石坡的面积可大,可小,甚至可以做成碎石栽植床,使一些高山植物生长良好。

岩石园中种植床是极为重要的。除了在岩石块摆置时留出石隙与间隔,再填入各种栽植土壤外,多数要专门砌出栽植池。栽植池一般挖下 60 cm,最底层 20 cm 用不透水的砾石、黏土或水泥砌成。其上,在边缘留一排水孔,填入 20 cm 深的碎石、砾石或其他排水良好的物质。然后再填入 15 cm 深、直径为 4～5 cm 的粗石,使之堵住大石块之间的缝隙,也可阻止上面的沙石下沉堵塞排水孔。最上面再覆盖 5 cm 厚,用园土、腐叶和易保水的小碎石片均匀混合的栽培土壤。在栽培土壤上再撒些小卵石、碎石以隔开土表,既便于自然雨水的渗水,又可保护植物的根部。平时打开排水孔,以便每天充足的浇水畅通地排走。旱季堵上排水孔,以便保持土壤湿度。排水孔的水可汇集一起流入池塘。池中和池边种植水生、沼生植物,使岩石园变得更妩媚动人。砌栽植床时必须注意底部要略朝外倾斜,以利排水。土面及栽植床前的岩石块宜向内略倾斜或向外稍伸出,以利承接雨水。较扁平的石块不宜垂直插入土中,起不到任何作用(见图 7.52)。

图 7.51　连云港苍梧绿园岩石小径景观

图 7.52　南京师范大学岩石园植物景观

7.2.7.3　岩石园中植物的选择与配置

岩生植物应选择植株低矮、生长缓慢、节间短、叶小、开花繁茂和色彩绚丽的种类。一般来讲,木本植物的选择主要取决于高度;多年生花卉应尽量选用小球茎和小型宿根花卉,低矮的一年生草本花卉常用作临时性材料。日常养护中要控制生长茁壮的种类。

植物配植要模拟高山植物景观。一般高山上温度低、风速大、空气湿度大、植物生长期短,乔木长不起来,只有灌丛草甸或高山草甸。从宏观的高山植物景观来看,有些灌丛作为优势种极为突出者,如武夷山自然保护区 2 000 m 以上有龙胆,高度仅 5 cm 左右,平铺地面,开花时一片紫色;也有成片的莛花和滴水珠。这种成片的优势种形成的色块非常壮观。但有些高山灌丛除有优势种外,还有大量其他伴生种,如云南玉龙雪山 3 600 m 的山头山,虽然开紫花的杜鹃占优势,但也有很多蔷薇属,绣球菊属,卫矛属,忍冬属的灌木,还有绿绒蒿、葱属等草本花卉。

同样,在高山草甸上不但有优势种极为突出的草本花卉,如甘海子边一片红色的马先蒿或一片蓝紫色的唇形科植物,而且也有各种花卉竞相争艳的五花草甸。安徽黄山顶五月份有 40 多种高山花卉在一处同时盛开;江西井冈山的罗霄山上满坡盛开有 30 余种野生花卉。但从微观的植物景观来看,不同的生态环境生长着不同的高山植物,具有相同生态习性的高山植物生长在一起,有喜阳的、耐阴的、喜潮湿沼泽的、喜潮湿排水良好的等。有时一处缝隙中长着好几种高山植物。这些自然景观都是我们进行岩石园植物配植时良好的素材和样本。每一丛种类的多少及面积的大小视岩石园大小而异,同时要兼顾色彩上的视觉效果。

　　众多的高山植物在岩石园的配植中除色彩、线条等景观设计要求外,主要需满足其对光照及土壤湿度上的要求。岩石园中除将岩生植物配植在合适的位置外,为控制植物种类,还可在坡面上植上草坪。为进一步具有自然外貌,在草坪上可配植各种宿根、球根花卉,模拟自然的高山草甸。

附录　中国部分城市市花和市树

直辖市、特别行政区

1. 北京市

   市花:月季、菊花。月季,蔷薇科蔷薇亚科蔷薇属灌木。菊花,菊科菊属宿根亚灌木

   市树:国槐、侧柏。国槐,豆科蝶形花亚科槐属落叶乔木。侧柏,柏科侧柏属常绿乔木

2. 上海市

   市花:玉兰,又名白玉兰,木兰科木兰属落叶乔木

3. 天津市

   市花:月季,蔷薇科蔷薇亚科蔷薇属灌木

   市树:绒毛白蜡,又名津白蜡,木犀科白蜡树属落叶乔木

4. 重庆市

   市花:山茶花,山茶科山茶属多年生常绿灌木或小乔木

   市树:黄葛树,又名大叶榕、马尾榕,桑科榕属落叶大乔木

5. 香港

   市花:红花羊蹄甲,又名羊蹄甲,豆科苏木亚科羊蹄甲属落叶乔木

福建省

6. 福州市

   市花:茉莉花,木犀科茉莉属常绿灌木

   市树:榕树,又名细叶榕树,桑科榕属常绿大乔木

7. 厦门市

   市花:叶子花,又名三角花、九重葛。紫茉莉科宝巾属落叶藤本灌木植物

   市树:凤凰树,又名凤凰花,豆科苏木亚科凤凰木属落叶乔木

8. 漳州市

   市花:水仙,又名雅蒜,石蒜科水仙属多年生草本

9. 泉州市

   市花:刺桐、含笑。刺桐,又名广东象牙红,豆科蝶形花亚科刺桐属落叶乔木。含笑,木兰科含笑属常绿灌木或小乔木

10. 三明市

    市花:杜鹃花,杜鹃花科杜鹃花属常绿或落叶灌木

广东省

11. 广州市

    市花:木棉,又名英雄树,木棉科木棉属落叶大乔木

12. 深圳市

市花:叶子花,又名三角花、九重葛。紫茉莉科宝巾属落叶藤本灌木植物

市树:荔枝树,无患子科荔枝属常绿乔木

13. 汕头市

　　市花:凤凰树,又名凤凰花,豆科苏木亚科凤凰木属落叶乔木

14. 湛江市

　　市花:洋紫荆,又名弯叶树、马蹄豆,豆科苏木亚科羊蹄甲属半落叶乔木

15. 惠州市

　　市花:叶子花,又名三角花、九重葛,紫茉莉科宝巾属落叶藤本灌木植物

16. 肇庆市

　　市花:鸡蛋花、荷花。鸡蛋花,夹竹桃科鸡蛋花属常绿灌木至小乔木。荷花,睡莲科莲属多
　　　　年生挺水草本

17. 中山市

　　市花:菊花,菊科菊属宿根亚灌木

18. 江门市

　　市花:叶子花,又名三角花、九重葛。紫茉莉科宝巾属落叶藤本灌木植物

19. 韶关市

　　市花:杜鹃花,杜鹃花科杜鹃花属常绿或落叶灌木

20. 佛山市

　　市花:玫瑰花,蔷薇科蔷薇亚科蔷薇属落叶丛生灌木

21. 梅州市

　　市花:梅花,蔷薇科梅亚科梅属落叶小乔木

22. 珠海市

　　市花:叶子花,又名三角花、九重葛。紫茉莉科宝巾属落叶藤本灌木植物

广西壮族自治区

23. 南宁市

　　市花:扶桑,锦葵科木槿属常绿灌木

24. 桂林市

　　市花:桂花,木犀科木犀属常绿乔木

江西省

25. 南昌市

　　市花:金边瑞香、月季。金边瑞香,瑞香科瑞香属常绿灌木,为瑞香的园艺品种。月季,蔷
　　　　薇科蔷薇亚科蔷薇属灌木

26. 鹰潭市

　　市花:月季,蔷薇科蔷薇亚科蔷薇属灌木

27. 九江市

　　市花:杜鹃花,杜鹃花科杜鹃花属常绿或落叶灌木

28. 景德镇市

　　　市花:山茶花,山茶科山茶属多年生常绿灌木或小乔木
29. 吉安市
　　　市花:月季,蔷薇科蔷薇亚科蔷薇属灌木
30. 井冈山市
　　　市花:杜鹃花,杜鹃花科杜鹃花属常绿或落叶灌木

浙江省

31. 杭州市
　　　市花:桂花,木犀科木犀属常绿乔木
32. 绍兴市
　　　市花:兰花,兰科兰属多年生草本。中国兰主要指野生和传统栽培的地生兰,按花期分为
　　　　　春兰、夏兰、秋兰和冬季开花的墨兰、寒兰
33. 宁波市
　　　市花:山茶花,山茶科山茶属多年生常绿灌木或小乔木
34. 温州市
　　　市花:山茶花,山茶科山茶属多年生常绿灌木或小乔木
　　　市树:榕树,又名细叶榕树,桑科榕属常绿大乔木
35. 金华市
　　　市花:山茶花,山茶科山茶属多年生常绿灌木或小乔木
36. 余姚市
　　　市花:杜鹃花,杜鹃花科杜鹃花属常绿或落叶灌木
37. 嘉兴市
　　　市花:杜鹃花、石榴。杜鹃花,杜鹃花科杜鹃花属常绿或落叶灌木。石榴,石榴科石榴属落
　　　　　叶灌木或小乔木
　　　市树:香樟,樟科樟属常绿乔木

湖南省

38. 长沙市
　　　市花:杜鹃花,杜鹃花科杜鹃花属常绿或落叶灌木
　　　市树:香樟,樟科樟属常绿乔木
39. 株洲市
　　　市花:红花檵木,金缕梅科檵木属多年生常绿灌木
40. 湘潭市
　　　市花:菊花,菊科菊属宿根亚灌木
41. 衡阳市
　　　市花:山茶花、月季。山茶花,山茶科山茶属多年生常绿灌木或小乔木。月季,蔷薇科蔷薇
　　　　　亚科蔷薇属灌木
42. 岳阳市
　　　市花:栀子花,茜草科栀子花属常绿灌木

43. 常德市

　　市花:栀子花,茜草科栀子花属常绿灌木

44. 邵阳市

　　市花:月季,蔷薇科蔷薇亚科蔷薇属灌木

45. 娄底市

　　市花:月季,蔷薇科蔷薇亚科蔷薇属灌木

湖北省

46. 武汉市

　　市花:梅花,蔷薇科梅亚科梅属落叶小乔木

　　市树:水杉,杉科水杉属落叶针叶乔木

47. 宜昌市

　　市花:月季,蔷薇科蔷薇亚科蔷薇属灌木

48. 黄石市

　　市花:石榴,石榴科石榴属落叶灌木或小乔木

49. 襄樊市

　　市花:紫薇,又名痒痒树,千屈菜科紫薇属落叶乔木或灌木

　　市树:女贞,木犀科女贞属常绿小乔木

50. 荆门市

　　市花:石榴,石榴科石榴属落叶灌木或小乔木

51. 孝感市

　　市花:荷花,睡莲科莲属多年生挺水草本

52. 鄂州市

　　市花:梅花,蔷薇科梅亚科梅属落叶小乔木

　　市树:香樟,樟科樟属常绿乔木

53. 老河口市

　　市花:桂花,木犀科木犀属常绿乔木

54. 十堰市

　　市花:石榴、月季。石榴,石榴科石榴属落叶灌木或小乔木。月季,蔷薇科蔷薇亚科蔷薇属灌木

　　市树:香樟、广玉兰。香樟,樟科樟属常绿乔木。广玉兰,又名荷花玉兰,木兰科木兰属常绿乔木

55. 丹江口市

　　市花:梅花,蔷薇科梅亚科梅属落叶小乔木

　　市树:香樟,樟科樟属常绿乔木

江苏省

56. 南京市

　　市花:梅花,蔷薇科梅亚科梅属落叶小乔木

　　市树:雪松,松科雪松属常绿大乔木

57. 无锡市

市花:杜鹃花、梅花。杜鹃花,杜鹃花科杜鹃花属常绿或落叶灌木。梅花,蔷薇科梅亚科梅属落叶小乔木

58. 苏州市

市花:桂花,木犀科木犀属常绿乔木

59. 南通市

市花:菊花,菊科菊属宿根亚灌木

60. 镇江市

市花:蜡梅,蜡梅科蜡梅属落叶灌木

61. 扬州市

市花:琼花,忍冬科荚蒾属落叶或半常绿灌木

62. 常州市

市花:月季,蔷薇科蔷薇亚科蔷薇属灌木

63. 泰州市

市花:月季、梅花。月季,蔷薇科蔷薇亚科蔷薇属灌木。梅花,蔷薇科梅亚科梅属落叶小乔木

64. 连云港市

市花:石榴,石榴科石榴属落叶灌木或小乔木

65. 徐州市

市花:紫薇,又名痒痒树,千屈菜科紫薇属落叶乔木或灌木

安徽省

66. 合肥市

市花:石榴,石榴科石榴属落叶灌木或小乔木

市树:桂花,木犀科木犀属常绿乔木

67. 阜阳市

市花:月季,蔷薇科蔷薇亚科蔷薇属灌木

68. 蚌埠市

市花:月季,蔷薇科蔷薇亚科蔷薇属灌木

69. 安庆市

市花:月季,蔷薇科蔷薇亚科蔷薇属灌木

70. 淮南市

市花:月季,蔷薇科蔷薇亚科蔷薇属灌木

71. 巢湖市

市花:杜鹃花,杜鹃花科杜鹃花属常绿或落叶灌木

72. 马鞍山市

市花:桂花,木犀科木犀属常绿乔木

73. 淮北市

市花:梅花、月季。梅花,蔷薇科梅亚科梅属落叶小乔木。月季,蔷薇科蔷薇亚科蔷薇属灌木

74. 芜湖市

市花:茉莉花、白兰花。茉莉花,木犀科茉莉属常绿灌木。白兰花,又名缅桂,木兰科白兰花属常绿乔木

云南省

75. 昆明市
市花:云南山茶,又名滇山茶,山茶科山茶属常绿灌木

76. 东川市
市花:白兰花,又名缅桂,木兰科白兰花属常绿乔木
市树:香樟,樟科樟属常绿乔木

77. 大理市
市花:高山杜鹃,杜鹃花科杜鹃花属常绿灌木

78. 玉溪市
市花:扶桑,锦葵科木槿属常绿灌木

四川省

79. 成都市
市花:木芙蓉,锦葵科木槿属落叶灌木或小乔木
市树:银杏,又名白果、公孙树,银杏科银杏属落叶大乔木

80. 西昌市
市花:月季,蔷薇科蔷薇亚科蔷薇属灌木

81. 德阳市
市花:月季,蔷薇科蔷薇亚科蔷薇属灌木

82. 自贡市
市花:紫薇,又名痒痒树,千屈菜科紫薇属落叶乔木或灌木
市树:香樟,樟科樟属常绿乔木

山西省

83. 太原市
市花:菊花,菊科菊属宿根亚灌木

河南省

84. 郑州市
市花:月季,蔷薇科蔷薇亚科蔷薇属灌木

85. 洛阳市
市花:牡丹,毛茛科(芍药科)芍药属落叶小灌木

86. 开封市
市花:菊花,菊科菊属宿根亚灌木

87. 新乡市
市花:石榴、月季。石榴,石榴科石榴属落叶灌木或小乔木。月季,蔷薇科蔷薇亚科蔷薇属灌木

88. 鹤壁市
   市花:迎春,木犀科茉莉属落叶灌木
89. 焦作市
   市花:月季,蔷薇科蔷薇亚科蔷薇属灌木
90. 平顶山市
   市花:月季,蔷薇科蔷薇亚科蔷薇属灌木
91. 南阳市
   市花:桂花,木犀科木犀属常绿乔木
92. 许昌市
   市花:荷花,睡莲科莲属多年生挺水草本

山东省

93. 济南市
   市花:荷花,睡莲科莲属挺水植物
   市树:柳树,杨柳科柳属落叶乔木或灌木
94. 青岛市
   市花:山茶,又名耐冬,山茶科山茶属灌木或小乔木
95. 威海市
   市花:月季,蔷薇科蔷薇亚科蔷薇属灌木
96. 济宁市
   市花:月季、荷花。月季,蔷薇科蔷薇亚科蔷薇属灌木。荷花,睡莲科莲属多年生挺水草本
97. 荣成市
   市花:杜鹃花,杜鹃花科杜鹃花属落叶或常绿灌木
98. 枣庄市
   市花:石榴,石榴科石榴属落叶灌木或小乔木
99. 菏泽市
   市花:牡丹,毛茛科(芍药科)芍药属落叶小灌木

河北省

100. 承德市
   市花:玫瑰花,蔷薇科蔷薇亚科蔷薇属落叶丛生灌木
101. 张家口市
   市花:大丽花,菊科大丽花属多年生草本
102. 邯郸市
   市花:月季,蔷薇科蔷薇亚科蔷薇属灌木
103. 廊坊市
   市花:月季,蔷薇科蔷薇亚科蔷薇属灌木
104. 沧州市
   市花:月季,蔷薇科蔷薇亚科蔷薇属灌木

105. 辛集市
市花:月季,蔷薇科蔷薇亚科蔷薇属灌木
106. 邢台市
市花:月季,蔷薇科蔷薇亚科蔷薇属灌木

宁夏回族自治区
107. 银川市
市花:玫瑰花,蔷薇科蔷薇亚科蔷薇属落叶丛生灌木

青海省
108. 西宁市
市花:丁香,木犀科丁香属落叶小乔木或灌木
109. 格尔木市
市花:柽柳,柽柳科柽柳属落叶灌木或小乔木

陕西省
110. 西安市
市花:石榴,石榴科石榴属落叶灌木或小乔木
111. 汉中市
市花:桂花,木犀科木犀属常绿小乔木
112. 咸阳市
市花:紫薇,又名痒痒树,千屈菜科紫薇属落叶乔木或灌木
113. 延安市
市花:牡丹,毛茛科芍药属落叶小灌木

黑龙江省
114. 哈尔滨市
市花:紫丁香,木犀科丁香属落叶小乔木或灌木
115. 佳木斯市
市花:玫瑰花,蔷薇科蔷薇亚科蔷薇属落叶丛生灌木

辽宁省
116. 沈阳市
市花:玫瑰花,蔷薇科蔷薇亚科蔷薇属落叶丛生灌木
市树:油松,松科松属常绿针叶乔木
117. 大连市
市花:月季,蔷薇科蔷薇亚科蔷薇属灌木
118. 阜新市
市花:黄刺玫,蔷薇科蔷薇亚科蔷薇属落叶灌木

119. 丹东市

　　　市花:杜鹃花,杜鹃花科杜鹃花属落叶或常绿灌木

　　　市树:银杏,又名白果、公孙树,银杏科银杏属落叶大乔木

120. 锦州市

　　　市花:月季,蔷薇科蔷薇亚科蔷薇属灌木

　　　市树:圆柏,柏科圆柏属常绿针叶乔木

吉林省

121. 长春市

　　　市花:君子兰,石蒜科君子兰属多年生草本

西藏自治区

122. 拉萨市

　　　市花:玫瑰花,蔷薇科蔷薇亚科蔷薇属落叶丛生灌木

内蒙古自治区

123. 呼和浩特市

　　　市花:紫丁香、小丽花。紫丁香,木犀科丁香属落叶小乔木或灌木。小丽花,为大丽花的

　　　　　小花变种,又称矮型多头大丽花或小轮大丽花,菊科大丽花属多年生草本

124. 包头市

　　　市花:小丽花,为大丽花的小花变种,又称矮型多头大丽花或小轮大丽花,菊科大丽花属

　　　　　多年生草本。

新疆维吾尔自治区

125. 乌鲁木齐市

　　　市花:玫瑰花,蔷薇科蔷薇亚科蔷薇属落叶丛生灌木

　　　市树:大叶榆,又名新疆大叶榆,榆科榆属落叶乔木

126. 奎屯市

　　　市花:玫瑰花,蔷薇科蔷薇亚科蔷薇属落叶丛生灌木

台湾省

127. 台北市

　　　市花:杜鹃花,杜鹃花科杜鹃花属落叶或常绿灌木

128. 新竹市

　　　市花:杜鹃花,杜鹃花科杜鹃花属落叶或常绿灌木

129. 台南市

　　　市花:凤凰树,又名凤凰花,豆科苏木亚科凤凰木属落叶乔木

参 考 文 献

[1] 北京林业大学园林系花卉教研组.花卉学[M].北京:中国林业出版社,1998.

[2] 童丽丽,许晓岗.知花识礼[M].上海:上海科学技术出版社,2006.

[3] 邹惠渝.园林植物学[M].南京:南京大学出版社,2000.

[4] 陈有民.园林树木学[M].北京:中国林业出版社,1990.

[5] 费砚良,张金政.宿根花卉[M].北京:中国林业出版社,1999.

[6] 谢维荪,徐民生.多浆花卉[M].北京:中国林业出版社,1999.

[7] 熊济华.观赏树木学[M].北京:中国农业出版社,1998.

[8] 汪劲武.种子植物分类学[M].北京:高等教育出版社,1985.

[9] 陈俊愉.中国花卉品种分类学[M].北京:中国林业出版社,2001.

[10] 胡嘉琪,梁师文.黄山植物[M].上海:复旦大学出版社,1996.

[11] 中国科学院植物研究所.中国高等植物图鉴(第1册~第5册)[M].北京:科学出版社,1972~1980.

[12] 曾宋君,邢福武.观赏蕨类[M].北京:中国林业出版社,2002.

[13] 中国科学院植物志编委会.中国植物志(第6卷)[M].北京:科学出版社,2000.

[14] 祁承经,汤庚国.树木学(南方本)(第2版)[M].北京:中国林业出版社,2005.

[15] 曹慧娟.植物学(第2版)[M].北京:中国林业出版社,1992.